지역·도시정책의 이해

한국지역학회 편

弘文社

▸▸ 발 간 사

우리나라는 1960년대 전후 황폐화된 국토복구를 시작으로 경제개발 정책에 발맞추어 급격한 서구적 도시화에 대응한 지역·도시 정책을 추구하였습니다. 2000년대 들어서면서 세계경제화, 지식정보화, 기후변화 등 새로운 패러다임에 대한 대처와 지속가능한 지역·도시 발전을 위한 실천적 요소의 필요성이 커지고 있습니다. 이는 기존 지역·도시정책의 전환 또는 새로운 지역·도시정책의 도입을 요구하고 있습니다.

1983년도에 창립한 한국지역학회는 공간이라는 공통점을 매개로 학제적(interdisciplinary) 융합을 통해 독창적인 학문 분야로 발전하였으며, 지역학(regional science)은 오늘날 요구되는 새로운 지역·도시정책 패러다임의 기반을 만들어가는 데에 있어 중요한 역할을 하고 있습니다. 특히 지역·도시정책의 가장 핵심적인 목표라고 할 수 있는 경제적 효율성과 사회적 형평성의 조화를 실현하는 데에 있어 그 동안의 정치선언적이고 규범적인 관점에서 벗어나 지역 가치를 중심으로 한 포괄적인 이해와 접근이 문제해결에 필수적일 것으로 생각합니다.

2015년도에 한국지역학회는 지역·도시 현상에 대한 공간경제학적 이해를 목적으로 「지역·도시경제학: 이론과 실증」을 출간한 바 있으며, 지역·도시 문제에 대한 정책적 접근을 목적으로 「지역·도시정책의 이해」를 금번에 발간하게 되었습니다. 지역·도시 현상과 문제에 대한 공간경제학적 이해와 정책적 접근은 이론과 실제를 통합적으로 이해하는 데에 큰 도움을 줄 수 있을 것으로 기대합니다.

본서의 내용은 3가지의 주제 아래 14개 장의 세부주제로 구성되어 있으며, 열세 분의 지역학 전문가들께서 집필해 주셨습니다. 기획 단계부터 탈고까지 긴 시간을 본서의 출판을 위해 중심적인 역할을 해주신 연세대학교 임업 교수님, 중앙대학교 마강래 교수님, 그리고 연구와 교육에 바쁘신 중에도 본서의 집필에 수고해 주신 모든 분들께 학회를 대표하여 진심으로 감사의 인사를 드립니다. 더불어 한국지역학회의 소중한 지식이 실체적 자산으로 체계화되어 정리됨에 한국지역학회 모든 회원들과 함께 자축하고 싶습니다. 마지막으로 본서가 세상에 나올 수 있기까지 수고해 주신 홍문사 여러분들의 노고에도 감사의 말씀을 전합니다.

마지막으로 본서가 지역학 전문가들을 비롯하여 관련 분야의 실무정책 담당자와 학부 및 대학원 학생들에게도 우리나라 지역·도시정책의 과거와 현재를 이해하고 앞으로 나아갈 바를 고민하는 데에 조금이나마 도움이 되기를 기대하며, 지역학 연구와 실무정책에 본서가 마중물 역할을 할 수 있기를 기대합니다.

2018년 8월

한국지역학회 회장 김홍석

▸▸ 머 리 말

역사는 지역·도시정책의 중요성을 증명하고 있습니다. 자동차에만 의존한 디트로이트는 쇠퇴하였고, 다각화 정책을 전개한 뉴욕은 부흥하였습니다. 가장 가난했던 영국은 산업혁명으로 부흥을 이룬 반면, 부유한 중국은 이에 적절하게 대응하지 못해 몰락의 길을 걸었습니다. 왜일까요? 지역·도시정책은 한 지역·도시의 소멸과 부흥은 물론이고 한 국가의 흥망과 성쇠에도 직결되어 있습니다. 그렇기 때문에 지역·도시에 대한 정책적 논의는 매우 중요하며 역사적 격동기에 그 대안적 모색은 필수불가결하다고 볼 수 있습니다.

지역·도시를 둘러싼 의미 있는 변화가 지금 일어나고 있습니다. 저출생 고령화가 예고하는 중소도시의 쇠퇴, 정보통신 기술혁명으로 촉발된 거리의 소멸, 4차 산업혁명이 몰고 올 새로운 문명의 탄생, 중앙권력의 지방이양과 자치분권화, 에너지 위기와 지구적 기후변화 등이 세상의 뉴 노멀을 만들고 있습니다. 세계의 지역·도시 학자들은 이러한 혁명적 변화가 지역·도시에 어떠한 영향을 줄 것이며 어떻게 슬기롭게 대처할 것인가에 대하여 논의하고 있습니다.

이와 동시에 공간에 기반한 물리적 지역·도시정책의 유효성에 의문의 시선을 던지고 있기도 합니다. 여기에 새로운 지역·도시정책의 뉴 노멀과 새로운 패러다임의 필요성이 제기되고 있습니다. 그 동안 우리나라의 지역·도시정책은 시대적 비망을 읽고 다양한 이해를 조화시키며 정책적 화두를 던져왔습니다. 더불어 패러다임도 변화해 왔습니다. 1960~70년대의 성장정책, 1980년대의 균형발전정책, 글로벌화가 촉발한 1990년대의 경쟁력 강화정책, 2000년대의 사회통합 포용정책이 지역·도시정책의 중심을 이루었습니다. 공간정책에서 경제정책으로 그리고 사회정책으로 정책의 중심도 이동하여 왔습니다.

그렇다면 역사적 격동기에 있는 지금, 지역·도시정책의 뉴 노멀과 새로운 패러다임은 무엇일지에 대해 한국지역학회는 총 3부 14장에 걸쳐 그 해답을 제시하고자 하였습니다. 모든 사람에게 열려있는 공간인 지역·도시는 우리의 삶과 맞닿아 있으며, 그러하기에 지역·도시정책은 시대적 희망을 읽고 다양한 이해를 조화시켜야 하며, 사람으로부터 과정을 시작하고 사람에게 결과가 귀속되어야 한다는 기본 원칙을 견지하여 왔습니다.

이 책은 세계적 화두로 다루어지고 있는 동시대의 지역·도시에 관한 최신 이슈를 분야별로 제시하였으며, 새로운 이론과 다양한 사례를 서술하며 차별화하고자 하였습니다. 지역학(regional science)과 지역계획(regional planning)의 개념을 동시에 포괄하였으며, 필요에 따라 국토 및 도시 그리고 커뮤니티도 지역·도시의 공간적 범주에 포함하였습니다. 저술은 총론과 각론 그리고 전망과 예측을 통하여 지역·도시 정책의 아젠더를 제시하였고, 관련 분야의 연구자와 학생들뿐만 아니라 정책담당자와 일반 시민들도 쉽게 읽을 수 있도록 표와 그림을 통하여 이해의 폭을 넓히고자 하였습니다.

제1부에서는 지역·도시정책의 개념과 역사 그리고 관련 이론을 2개 장에 걸쳐 총론적으로 다루었습니다. 제2부에서는 인구감소시대에서의 지역정책, 지역산업정책, 지역개발과 지방재정정책, 주택정책, 교통부문 지역·도시정책, 기후변화와 지속가능한 지역환경정책, 지역사회정책, 기후변화로 인한 폭염 전망과 적응 대책, 정보통신기술의 발달과 지역정책 등 뉴 노멀에 대응하는 각론적 정책을 제시하였습니다. 제3부에서는 역대 정부별 지역·도시정책 변화와 앞으로의 지역·도시정책을 전망하였습니다.

이 책이 특별한 것은 2017년도 한국지역학회 전기학술대회에서 처음으로 시도한 “지역학 원로학자 라운드테이블” 토론 내용을 있는 그대로의 이야기 형식으로 함께 수록하고 있다는 점입니다. 권원용 전임회장님을 비롯하여 지역학 분야에 오랫동안 정책을 수립하고 실행해온 원로학자분들의 경험과 식견을 동시에 느낄 수 있을 것입니다. 지역학 분야의 원로 거장이 말하는 역사적 기록이기도 합니다. 이 책은 2007년도에 기획되었고 총 13분의 분야별 전문가의 노력 그리고 임업 교수님과 마강래 교수님의 헌신적 노고로 탄생될 수 있었습니다. 감사합니다.

2018년 8월
저자를 대표하여
이상호 씀

▸▸ 저 자

제1부 지역·도시정책의 개요

제 1 장 지역·도시정책의 이해 — 이상대(경기연구원)

제 2 장 지역·도시정책의 이론적 기초 — 박인권(서울시립대학교)

제2부 부문별 지역·도시정책

제 3 장 인구감소시대에서의 지역정책 — 남기찬(국토연구원)

제 4 장 지역산업정책 — 조성철(국토연구원)

제 5 장 지역개발과 지방재정 — 이영성(서울대학교)

제 6 장 주택정책 — 김준형(명지대학교)

제 7 장 지역교통정책 — 이수기(한양대학교)

제 8 장 기후변화와 지속가능한 지역 환경정책 — 손민수(한국건설기술연구원)

제 9 장 지역사회정책 — 김동현(한국환경·정책평가연구원)

제10장 기후변화로 인한 폭염 전망과 적응대책 — 윤동근(연세대학교)

제11장 정보통신기술의 발달과 지역정책: 스마트시티에서 스마트지역으로 — 임윤택(한밭대학교)

제3부 지역·도시정책의 과거와 미래

제12장 역대 정부별 지역·도시정책 변화 — 이원섭(국토연구원)

제13장 지역도시정책 전망 — 이상호(한밭대학교)

제14장 뉴 노멀 시대의 지역정책

감수 임 업(연세대학교)

▶▶ 차　　례

제1부　지역 · 도시정책의 개요

제1장　지역 · 도시정책의 이해

제2장 지역 · 도시정책의 이론적 기초

제2부 부문별 지역 · 도시정책

제3장 인구감소시대에서의 지역정책

제4장 지역산업정책

제7장 지역교통정책

제8장 기후변화와 지속가능한 지역 환경정책

제11장 정보통신기술의 발달과 지역정책: 스마트시티에서 스마트지역으로

제3부 지역 · 도시정책의 과거와 미래

제12장 역대 정부별 지역 · 도시정책 변화

제13장 지역도시정책 전망

01

제1장 지역 · 도시정책의 이해

제2장 지역 · 도시정책의 이론적 기초

제1부

지역 · 도시정책의 개요

제1장

지역 · 도시정책의 이해

요약문

지역·도시정책의 필요성은 당해 지역 주민의 가치를 실현하는 수단이 필요하고, 공간을 기반으로 하는 정책수단이 더 효율적이며, 부문정책인 산업경제정책, 교통·통신인프라정책, 주택정책, 교육문화정책, 조세·금융정책 등과 결합 또는 융합에 유리한 데 있다. 지역·도시정책의 구조는 크게 낙후지역 개발촉진정책, 성장거점지역 육성정책, 도시권이나 광역권 정책, 산업경제 경쟁력 강화정책, 성장지역 규제 및 관리정책 등으로 분류할 수 있다. 앞으로 지역·도시정책은 '삶의 질의 향상'이나 '지역공동체 활력', '복지 향상', '안정적인 고용의 창출' 등 지역사회나 주민들이 피부로 체감할 수 있는 과제가 더 중요하다. 제1장에서는 지역·도시정책의 필요성과 의의, 지역·도시정책의 역사적 변천과 전개과정, 지역·도시정책의 수단과 추진체제, 그리고 지역·도시정책의 새로운 과제와 미래를 살펴본다.

1.1 지역 · 도시정책의 필요성과 의의

1) 지역 · 도시정책의 필요성

인류가 진화를 거듭하면서 한 장소에 정착하고, 도시라는 모듬살이를 만들면서 본격적으로 도시문제들이 나타났다. 19세기부터 시작된 산업화, 광역화는 인류의 모듬살이가 질적으로 변하고, 대규모화하면서 이전과는 다른 지역 · 도시문제들을 드러내기 시작하였다. 이전의 전통적인 지역 · 도시문제들을 보면, 지역차원에서는 경제와 고용의 강화와 균형 있는 도시시스템의 형성, 낙후 및 쇠퇴지역에서의 경제 재구조화, 공간분리와 사회적 배제의 개선, 글로벌 지속가능성 확보 등의 문제들이 있을 수 있고, 좀 더 작은 도시차원에서는 도시 내 일자리와 산업, 도시 내 수질 · 폐기물 · 대기오염, 교통 혼잡, 주택 부족과 저소득층 주거비 부담 등의 다양한 지역 · 도시문제들이 나타나고 있다. 최근 들어서는 문제의 양상들도 많이 다르다. 저출산 고령화에 따른 국가 또는 공동체사회의 지속가능성 위협, 기후변화에 따른 도시와 정주지의 환경 악화, 제4차 산업혁명과 AI 확산에 따른 도시민의 일자리 상실 가능성 등의 새로운 지역 · 도시문제들이 등장하고 있다.

지역 · 도시문제가 있기 때문에 정책이 필요하다. 지역과 도시의 모든 사람과 지방정부는 지역발전을 추구한다. 지역 · 도시정책의 필요성은 첫째, 지역과 그 지역에 사는 사람들이 추구하는 가치를 푸는 수단이 필요하기 때문이다.[1] 지역 · 도시정책은 지역 간 자원배

---

1 이러한 지역발전의 염원은 종종 지역주의와 결합한다. 정치학에서의 지역주의와는 달리 도시 · 지역학의 지역주의는 산업화와 도시화의 진행에 따라 농촌과 도시의 갈등, 대도시의 병리현상을 제거하고, 지방생활을 재창조하려는 데서 출발하였다. 19~20세기 초부터 지역주의는 정책적 · 계획적인 차원에서 적용되기 시작하였다. 지역주의는 독자적 정체성을 지닌 지방고유의 문화적 특성과 자율성을 유지한다는 차원에서 도시화와 산업화에 반대하는 이념을 지니고 있는 반면, 자원의 이용이나 관리에 있어서는 상호연계나 보완성을 중시하여 광역적인 접근을 요구하는 기능적인 역할을 지녔다. 이러한 지역주의는 영국의 전원도시와 뉴타운 운동, 프랑스의 지역주의자연합, 미국의 유역권 개발과 대도시권 관리, 도시미화운동 등의 실천적 형태로 나타났다. 1990년대에 들어와 지역주의는 다양한 경제, 사회문제에 대응하기 위한 지역적 선도와 역할을 총칭하는 용어로 사용되기 시작하였다. 이러한 지역주의(regionalism)는 신지역주의(new regionalism)로 총칭되는데, 지역 간 격차, 특히 중심도시와 근교지역 간 격차 해소, 대도시권 경제발전과 글로벌 지역 간 경쟁력 확보 등의 형태로 나타났다. 다시 말해 지역문제 해결의 사상적 기초로서 지역주의는 지역(즉, 대도시권) 단위의 광역적 서비스 공급, 광역 환경관리, 경제발전을 위한 선도지역과 관리를 위한 거버넌스 등을 접근하는 용어로서 자리매김하게 된다. 그 배경은 복지국가 출현과 지역복지 수요 증가, 경제위기와 신보수주의의 등장, 세계화와 지역 간 경쟁 심화 등에 따른 것이다. 지역주의는 가장 첨예한 아젠다인 지역 불균형의 정치화 과정이자 정치 의제로 발전하게 되며, 이것은 우리나라만의 문제는 아니다. 최근 국제

분에 실질적 영향을 주는 정부(중앙과 지방) 정책과 정책수단이기 때문에 지역과 지역민이 추구하는 가치에 따라 자원배분의 우선순위를 결정하는 효과를 발휘한다. 둘째, 지역 · 도시문제들을 푸는 데 있어 공간을 기반으로 한 정책수단과 내용들이 더 효율적으로 활용될 수 있기 때문이다. 공간적 지역 · 도시정책은 정책 영역과 대상이 분명하고, 정책수단도 정량적, 물리적 개선을 목표로 하기 때문에 인식하기도 쉽고, 그 결과를 평가하기도 쉽다. 셋째, 지역 · 도시정책은 공간을 플랫폼으로 하기 때문에 부문정책인 산업경제 육성정책, 교통 · 통신인프라정책, 주택정책, 교육정책, 문화정책, 조세 · 금융정책, 토지이용규제정책 등을 결합 또는 융합하는 데 매우 유리하다.

실제 우리나라 계획법에서는 지역 · 도시정책의 필요성을 다음과 같이 규정하고 있다. 헌법 제117조의 1항에서는 "지방자치단체는 주민의 복리에 관한 사무를 처리하고 재산을 관리하며, 법령의 범위 안에서 자치에 관한 규정을 제정할 수 있다"고 하여 지방자치를 규정하고 있다. 제120조의 2항에서는 "국토와 자원은 국가의 보호를 받으며, 국가는 그 균형있는 개발과 이용을 위하여 필요한 계획을 수립한다"고 하여 국토균형개발과 이용, 개발, 보전을 규정하고 있다. 또 제122조에서는 "국가는 국민 모두의 생산 및 생활의 기반이 되는 국토의 효율적이고 균형있는 이용 · 개발과 보전을 위하여 법률이 정하는 바에 의하여 그에 관한 필요한 제한과 의무를 과할 수 있다"고 하여 공공 개입의 근거를 마련해 놓고 있다.

또 헌법의 하위법인 국토기본법에서는 제2조에서 국토관리의 기본 이념을 "개발과 환경의 조화를 바탕으로 국토를 균형 있게 발전시키고 국가의 경쟁력을 높이며 국민의 삶의 질을 개선함으로써 국토의 지속가능한 발전을 도모"한다고 명확히 설정하고 있다. 이러한 이념에 토대를 두고 동 법 제3조는 "국토의 균형 있는 발전", 제4조는 "경쟁력 있는 국토 여건의 조성", 제5조는 "환경친화적 국토관리"를 의무적으로 수행할 것을 정하고 있다.

이와 같은 헌법과 국토기본법에서 정한 규정들은 지역 · 도시정책의 필요성을 인정하고, 중앙정부와 지방정부 등의 공공 주체가 지역과 도시에 대한 각종 정책과 제도들을 구축하는 근거가 되고 있다.

적 관심을 끌고 있는 스페인 까탈류냐 주 분리독립이나 영국의 스코틀랜드 분리독립, 이태리 롬바르디아 주와 베니스 주의 분리독립 움직임도 근저에는 지역 불균형 문제와 국가정책에 대한 불만에서 배태된 지역주의의 발현이다. 김용웅 외(2003), 「지역발전론」, 서울: 한울, pp.48~67 참조.

2) 지역 · 도시정책의 의의

지역·도시정책의 의의는 지역이나 도시가 가진 문제들을 푸는 실천적인 노력에 있다. 어느 나라 사회나 국가들은 모두 다양하고 복잡한 경제, 사회, 공간문제들을 가지고 있다. 물론 국가도 전 지구적 관점에서 보면 하나의 지역이지만, 한 국가 내에서 본다면 하나의 공간적 단위인 지역이나 도시는 지역적 맥락을 가진 문제들을 가지고 있다. 따라서 지역·도시정책은 각 공간단위에서, 당해 문제들을 해결하는 공공의 행위로서의 의의를 지닌다.

전통적인 지역발전정책은 지역격차 완화를 목적으로 추진하여 왔다. 즉, 지역을 발전된 지역과 낙후된 지역으로 구분한 다음, 낙후된 지역에 대해 행·재정적 정책수단을 활용하여 인센티브를 주고, 상대적으로 발전된 지역에는 규제정책과 조세 중과 등을 통해 성장을 억제하여 지역격차를 완화하고자 한 것이다. 이 단계에서는 지역·도시정책은 지역격차 완화를 위한 정책수단으로서의 의의를 지닌다. 그러나 글로벌 경쟁시대로의 진입, 투자자본의 자유로운 이동, 분권화의 확대, 중앙정부 및 지방정부의 복지비 부담 증대로 인한 재정여력 감소 등의 여건이 변화하였다. 이러한 문제설정은 1980년대까지 지역정책의 주요한 논거로서 옹호되던 '지역적 재분배'의 논리에서 벗어나 '지역성장'(지역 내 효율성)의 논리로 전환했다는 것을 의미한다.[2] 이에 따라 이 단계에서는 지역·도시정책은 지역성장을 위한 정책수단으로서의 의의를 가진다. 한편 발전된 지역에 대한 규제가 점점 어려워지고, 낙후지역의 성장이나 투자확대가 생각만큼 따르지 않게 되자 지역발전정책의 접근법이나 수단도 사회통합과 같은 사회정책 영역으로까지 확대되고 있어서 사회정책 수단으로서의 의의도 가지기 시작했다.[3]

3) 공공정책 영역으로서의 지역 · 도시정책의 의의

우리가 관심을 갖는 지역·도시정책은 공공정책[4]의 영역에 당연히 들어간다. 지역·

2 정준호·장재홍(2015), "저성장시대의 지역정책의 논리와 추진방향", 「2015년 정책토론회 자료집」.

3 이상대(2015), 「사회통합형 지역발전정책의 가능성과 정책 적용」, 경기연구원.

4 행정학 사전에 의하면, 공공정책이란 정부기관의 장래의 활동 지침을 말한다. 앤더슨(James E. Anderson)은 공공정책을 행위자 또는 행위자집단에 의해 추진될 목적지향적인 행동경로로 정의한다. 정책은 기능에 따라 문화정책·경제정책·교통정책·통일정책·외교정책 등으로 분류될 수 있으며, 또한 정책의 성격에 따라 분배정책·규제정책·재분배정책·구성정책 등으로 분류되기도 한다. 또 위키피디아에 의하면, 공공정책은 법률 및 제도적 관행에 부합

도시정책은 가계, 기업, 공공 중에서 공공(즉, 정부나 정부에 의해 위임된 사무를 수행하는 정부기관)에 의해 수립되고, 실행되기 때문이다. 지역 · 도시정책은 어느 한 소수의 개인이나 기업의 편익과 이해에 복무하는 것이 아니라 공리, 즉 다수 집단과 주체를 대상으로 하여 수립하고, 실행되는 것이다. 그런데 지역 · 도시정책의 구체적 정의는 그 내용에 따라 다를 수 있으며, 각 나라의 정책 전략의 역사와 현재 처해 있는 과제에 따라 달라진다. 왜냐하면 지역 · 도시정책은 공간 또는 장소를 전제로 하여 전개되기 때문에 공간이나 장소가 달라지면 내용도 바뀔 수밖에 없기 때문이다.

지역과 도시문제의 영역들은 공간유형과 내용유형에 따라 분류 가능하다. 먼저 공간유형의 차원에 따라 지역 · 도시정책의 단위가 결정된다. 즉 국가단위–지역단위–도시단위–근린단위 등과 같이 전개됨에 따라 국토정책–지역정책–도시정책–근린 및 커뮤니티 정책으로 구분된다. 내용에 따라서는 산업경제, 토지이용과 관리, 교통, 환경과 에너지, 문화 등으로 스펙트럼이 형성되고, 이에 따라 산업경제정책, 토지이용과 관리정책, 교통정책, 환경과 에너지정책, 문화정책 등으로 구분된다. 이에 따라 국토 차원의 국토산업경제정책과 지역 차원의 지역산업경제정책, 국토 차원의 국토토지이용과 관리정책, 지역 차원의 지역토지이용과 관리정책 등 다양한 조합이 만들어진다. 따라서 지역 차원의 지역정책을 더 세분화하여 들어가면 지역산업경제정책, 지역토지이용과 관리정책, 지역교통정책, 지역환경과 에너지정책, 지역문화정책 등으로 구체화된다.

4) 장소기반정책(place–based policy)으로서의 지역 · 도시정책의 의의

지역 · 도시정책을 접근해가는 데 있어서는 크게 비공간적 정책과 접근과 공간적 접근 정책으로 나눌 수 있다.[5] 이것은 곧 사람기반정책(people–based policy)과 장소기반정책(place–based policy)이란 용어로도 쓰이는데, 크게 다르진 않다. 성장과 발전의 목표를 달성하기 위해서 세계은행(World Bank)은 비장소적 접근정책과 프로그램을 중시하고 있고, 반면 OECD와 EU는 장소기반의 정책과 프로그램을 중시하고 있다. 세계은행의 지역발전론은 지역들을 차별화하지 않는 공간 맹목적인 또는 비공간적인 전략이라고 판단할 수 있

하는 방식으로 문제의 범주와 관련하여 정부가 취한 행동에 관한 원칙적인 지침으로 정의하고, 공공정책의 기초는 국가 헌법 및 법률로 구성된다고 한다. NAVER 지식백과(http://terms.naver.com/entry.nhn?docId=1916077&cid=50301& categoryId=50301).

5 정준호(2014), “지역정책은 사람중심적이어야 하는가, 장소중심적이어야 하는가?”, 산업연구원, KIET 산업경제.

다. 이는 어디에서 살거나 일하든지 간에 개인들의 삶을 제고하고, 생산요소의 이동성을 통해 효율성을 증진하고, 동등한 기회를 보장하는 것이 가장 효과적인 정책수단이라는 입장을 가진다. 공간을 명시적으로 고려하지 않는다는 점에서 사람중심적인 지역발전론이다(Barca et al., 2012; Gill, 2011). 반면, OECD와 EU는 지역정책에 관하여 세계은행과 상이한 입장을 취하고, 장소중심의 지역정책을 강조한다. 즉, 지역기반의 정책개입이 외부효과를 통해 지역에 거주하는 사람들의 성장 잠재력을 형성하고 이를 극대화할 수 있다고 생각하며, 따라서 지역성장 전략은 공간 중립적이어서는 안 되며, 장소에 기반하고 상황에 의존적이어야 한다고 한다(Barca, 2009). 다만 OECD의 시각은 주로 내생적 성장론에 기대고 있는데 반해, EU는 제도주의적 입장을 강조함으로써 다소 다른 출발선상에서 시작하고 있다.[6]

비록 지역 · 도시정책이 비공간적 정책으로서 접근 가능하나 본류는 공간적 정책이다. 공간적 지역 · 도시정책은 정책 영역과 대상이 분명하고, 정책수단도 정량적, 물리적 개선을 목표로 하기 때문에 실행하기도 쉽고, 그 결과를 평가하기도 쉽다. 그렇다고 공간적 지역 · 도시정책이 좋다 나쁘다의 차원은 아니며 쉽다 어렵다는 차원이다. 지역 · 도시정책의 장소기반 접근정책은 두 가지 측면에서 이해될 수 있다(Barca et al., 2012). 첫째, 지리적 맥락이 매우 중요하다는 것이다. 여기서 맥락은 경제적인 측면보다는 사회적, 문화적, 제도적인 측면에서 해당 지역에 착근된 것이다. 둘째, 이러한 전제를 수용하면 그 자체로 공간 중립적인 부문정책으로 지역정책을 대체하려는 시도나 그것의 실효성이나 적실성은 상실될 수 있다. 또 장소기반정책으로서의 지역 · 도시정책은 실체적 측면에서는 정부의 한정된 공간정책을 의미하기보다는 지역 간 자원배분에 실질적 영향을 주는 일체의 정부정책과 정책수단을 의미한다. 여기서 관련정책으로는 산업경제 육성정책, 교통 · 통신인프라 정책, 주택정책, 교육정책, 문화정책, 조세 · 금융정책, 토지이용규제정책 등을 망라한다.

6 정준호 · 장재홍(2015), "저성장시대의 지역정책의 논리와 추진방향", 「2015년 정책토론회 자료집」.

1.2 지역 · 도시정책의 역사적 변천과 전개과정

1) 우리나라에서의 지역정책과 도시정책의 관점

우리나라의 경우, 지역정책은 중앙정부가 많이 관여해 왔으나, 도시정책은 주로 지방정부의 소관이었다. 도시정책은 개별 도시마다 특성도 다르고, 또 공간적 단위도 작아 서울, 부산 등의 특별시나 광역시를 제외하고는 중앙정부가 관여할 여지가 적은 것이 이유일 뿐만 아니라 근본적으로는 도시계획은 도시계획고권(Home－rule Power 원칙)에 따라 기초자치단체의 행정 영역이기 때문이지 않을까 생각한다.[7] 실제 미국이나 일본의 경우에도 도시정책에 대한 중앙정부의 관여도는 낮은 수준이나.

지난 2008년에는 국토교통부가 국가 차원의 도시정책비전을 시도하였다. 아래 〈표 1－1〉과 같이 성장동력 배양, 삶의 질 향상, 도시정체성 확립, 자연환경 회복 등 4가지 정책목표를 설정하고, 이를 달성할 전략을 10가지로 정리한 바 있다. 국토교통부의 공식

표 1-1 국토교통부의 '미래도시비전 2020'에 제시된 도시정책

정책 목표	전략
성장동력 배양	1. 도시의 활력을 증진시킨다. 2. 미래산업의 강화를 위한 토대를 마련한다.
도시의 삶의 질 향상	3. 생활수준을 개선하고 쾌적하고 편안한 도시를 만든다. 4. 취약계층을 배려하는 도시를 만든다. 5. 편리하고 안전한 대중교통 제도를 개발한다.
도시정체성 확립	6. 모든 시민이 참여하는 문화도시를 조성한다. 7. 고유의 아름다운 경관을 보존 · 개발한다.
자연환경 회복	8. 탄소 저감형 라이프스타일을 구현한다. 9. 수질을 개선하고 산림을 보존한다. 10. 범죄와 재해가 없는 도시를 만든다.

출처: 국토해양부(2008). 미래도시비전 2020(Korea's Urban Vision for 2020). 국토해양부.

7 이전이나 현재에도 국토교통부의 홈페이지나 공식적 발간 책자에서도 우리나라의 도시정책에 대한 공식 발표문이나 설명문은 없다.

적 도시정책목표와 전략으로 확정되지는 않았다.

반면, 지역정책은 교통 등 지역 간 인프라나, 국가산업단지 등의 성장거점 마련, 그리고 무엇보다도 낙후지역 발생과 지역 간 격차 문제가 있기 때문에 중앙정부가 주도하는 지역발전 관계법이나 지역발전정책 발표는 많았다. 이러한 이슈는 국가적 아젠다 성격을 가지기 때문에 역대 정부마다 집권 후에는 지역발전정책의 목표, 전략, 사업들에 대한 논의와 구체화작업이 항상 되풀이되고 있다.

2) 지역정책의 역사적 변천과 전개과정

1960년대 공업화, 도시화가 본격화 된 후 지역정책은 이 과정에서 유발된 지역격차 완화를 주목적으로 추진하여 왔다. 기본적인 접근방식은 지역을 발전된 지역과 낙후된 지역으로 구분한 다음, 낙후된 지역에 대해 행·재정적 정책수단을 활용하여 인센티브를 주고, 상대적으로 발전된 지역에는 규제정책과 조세 중과 등을 통해 성장을 억제하여 지역격차를 완화하는 방식이었다. 그러나 글로벌 경쟁시대로의 진입, 투자자본의 자유로운 이동, 분권화의 확대, 중앙정부 및 지방정부의 복지비 부담 증대로 인한 재정여력 감소 등으로 발전된 지역에 대한 규제가 점점 어려워지고, 낙후지역의 성장이나 투자확대가 생각만큼 따르지 않게 되자 지역발전정책의 접근법이나 수단도 재검토할 수밖에 없는 상황으로 전개되었다. 우리나라만을 대상으로 본다면 1980년대는 지역격차 해소와 지역균형발전 목표가 본격적으로 국토계획 및 수도권정비계획을 통해 관철되는 국면이었다.

이후 1990년대는 내외적으로 글로벌화가 진행되면서 세계는 자본의 자유로운 이동이 가능해졌고, 미·일·유럽의 경제침체 장기화가 진행되면서 세계 각국의 지역정책은 저마다 지역경쟁력(또는 도시경쟁력) 강화를 목적으로 추진하기 시작했다. 특히 2000년대에 들어서서 글로벌화가 심화되어 국가경쟁력 제고가 점점 중요해졌고, 국가경쟁력의 요체가 이전의 국가단위에서 지역 단위로 전환되면서 기존의 지역발전정책에 지역경쟁력 제고 목표가 더 중요하게 자리 잡기 시작하였다. 더군다나, 이전의 지역격차 완화, 도로와 댐 등 물리적 인프라 투자 중심의 지역발전정책의 비효율성과 예산낭비가 발생함에 따라 지역발전정책은 지역경쟁력(또는 도시경쟁력) 강화 전략이 중심으로 자리 잡았다. 지역경쟁력 제고 중심의 지역발전정책의 주요 수단들은 지역발전특구, 규제완화특구, 경제자유구역 등의 특구 지정과 함께 신성장산업 지정 및 정부지원 방식으로 추진하였다. 특히 경쟁력의 구

그림 1-1 지역발전정책의 과제 변화와 접근 프레임 변화

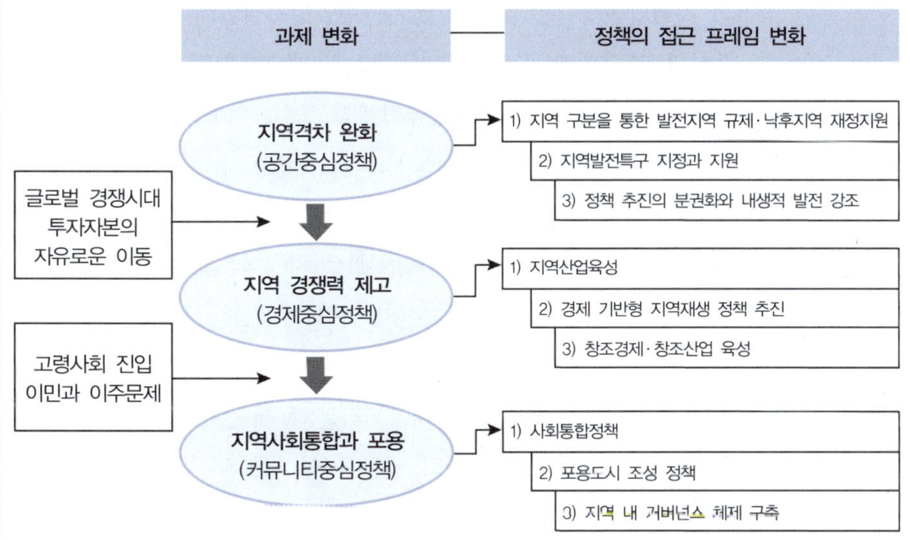

자료: 이상대(2015), 「사회통합형 지역발전정책의 가능성」, 경기연구원 보고서, p.10.

도가 도시 간, 대도시권 간 경쟁으로 잡혀지면서, 저마다 대규모 집적경제 이익과 광역도시권 성장에 초점을 두기 시작했다.[8]

2000년대로 접어든 이후, 유럽을 중심으로 시작하여 지역발전정책의 영역도 사회통합으로 확장되기 시작하였다. 세계화, 신자유주의 시대가 풍미한 후 경쟁의 피로도가 높아졌고 취약지역과 취약계층의 소득과 삶의 질이 악화되었으며, 또 이민자 및 이주자들의 문화와 기존 질서 간에 충돌이 빈번해짐에 따라 사회통합과 격차 완화가 시대적 요구로 집약되기 시작한 때문이다. 이에 따라 지역정책은 교육, 복지, 외국 이주민사회 등의 사회정책적 영역과 결합되기 시작하였다. 특히 지역발전정책이나 도시재생정책에서 두드러진다. 종합하면 지역정책의 초점과 접근방향은 지역격차 완화 → 지역경쟁력 제고 → 지역사회 통합으로 전개되어 왔다고 할 수 있다.[9]

8 이상대(2015), 「사회통합형 지역발전정책의 가능성과 정책 적용」, 경기연구원, pp.9~10.
9 이상대(2015), 「사회통합형 지역발전정책의 가능성과 정책 적용」, 경기연구원, pp.9~10.

3) 역대정부의 지역발전정책 비교

노무현 정부의 지역발전정책은 2003년 국가균형발전특별법의 제정, 대통령자문 국가균형발전위원회 중심의 추진체계 구축, 국가균형발전5개년계획의 수립, 균형발전사업을 재정적으로 뒷받침하기 위한 국가균형발전특별회계의 도입, 수도권 소재 행정기관 및 공공기관의 지방이전을 위한 세종행정중심복합도시(1개), 혁신도시(10개), 기업도시(6개) 건설 정책이었다. 참여정부는 헌법에서 규정한 지역균형발전을 국정과제로서 위상을 부여하고 안정적인 추진체계(특별법, 위원회, 5개년계획, 특별회계)를 구축한 점 그리고 수도권 소재 정부부처와 공공기관의 지방이전을 통해 지방발전의 거점을 형성한 점 등이 주목할 만한 성과라 할 수 있다.[10]

이명박 정부는 지역의 글로벌 경쟁력 취약이라는 문제진단에 따라 지역발전정책의 목표로 '일자리와 삶의 질이 보장되는 경쟁력 있는 지역 창조'로 제시하였다. 지역발전정책의 핵심정책은 광역경제권을 중심으로 한 소위 '5+2 광역경제권정책'이다. 이러한 '5+2'의 7개 광역경제권에 더하여, 163개 시군의 기초생활권, 7개 초광역벨트권 전략을 포함하여 '3차원 지역발전정책'으로 명명하였다. 아울러 지방재정의 확충(지방소비세 · 지방소득세 도입)과 자율성 제고(200여 개 국고보조금을 22개 포괄보조금으로 통합), 중앙정부가 보유한 인 · 허가권의 지방이양과 지방의 계획 · 개발권의 확대를 추진하였다. 이명박 정부는 행정구역을 넘어선 연계협력사업의 추진, 수도권과 지방의 상생발전을 위한 상생발전기금의 도입, 지방재정의 확충(지방소비세 · 지방소득세 도입)과 자율성 제고(포괄보조금)를 실천한 점 등은 주요한 성과라 할 수 있다.[11]

박근혜 정부는 지역 주민들의 체감도가 높은 주거, 교육, 문화, 환경, 보건, 의료 등 삶의 질 분야에서도 지역 간 격차가 확대되는 상황에 주목하였다. 지역발전정책의 목표로 '국민행복, 지역희망: HOPE 프로젝트'를 제시하고, 목표 달성을 위한 주요 정책으로 지역행복생활권 활성화, 일자리 창출을 통한 지역경제 활력 제고, 교육여건 개선 및 창의적 인재양성, 지역문화 융성 및 생태복원, 사각 없는 지역복지 · 의료 등을 추진하였다. 박근혜 정부는 정책의 주체 및 수혜자인 '주민의 번영'(People Prosperity)을 정책방향으로 설정하고, 생활권별 교육, 의료 · 복지, 환경 등의 소프트한 지역발전정책으로 접근한 점은 의미

---

10 송우경(2017.8.), "2000년대 이후 지역발전정책의 회고와 新정부의 정책방향", 산업경제분석, 산업연구원.

11 송우경(2017.8.), "2000년대 이후 지역발전정책의 회고와 新정부의 정책방향", 산업경제분석, 산업연구원.

표 1-2 역대 정부 지역발전정책의 비교

		노무현 정부	이명박 정부	박근혜 정부	문재인 정부
지역문제 정의		수도권 일극집중과 지역 간 발전격차	지역의 글로벌 경쟁력 취약	지역주민의 낮은 삶의 질 만족도(행복도)	저성장 · 저고용 · 저출산 인구절벽 · 지방소멸
지역발전정책의 틀	정책목표	다핵형 · 창조형 선진국가 건설(국가균형발전)	지역의 글로벌 경쟁력 강화(일자리 창출)	국민행복과 지역희망(HOPE)	지역주도 자립적 성장기반 마련
	주요정책	혁신정책(RIS사업) 균형정책(新활력사업) 산업정책(시도전략산업) 공간정책(혁신/세종시)	5+2 광역경제권정책 기초생활권, 초광역벨트 행 · 재정 권한 지방이양 수도권과 지방 상생발전	지역행복생활권 정책 지역경제의 활력 제고 교육여건 개선 · 인재양성 문화 · 환경 · 복지 · 의료	지역인재 · 일자리 선순환 교육체계 도시재생 뉴딜 혁신도시 시즌 2 지역산업 3대 혁신
	정책수단	국가균형발전위원회 국가균형발전5개년계획(2004~2008년) 국가균형발전특별회계 국가균형발전특별법	지역발전위원회 지역빌전5개년계획(2009~2013년) 광역-지역발전특별회계 국가균형발전특별법	지역발전위원회 지역발전5개년계획(2014~2018년) 지역발전특별회계 국가균형발전특별법	국가균형발전위원회 국가균형발전5개년계획(2019~2023년) 국가균형발전특별회계 국가균형발전특별법
성과와 한계		지역균형발전의 제도적 기반 및 추진체계 구축 수도권 집중의 지속과 중장기 전략, 계획 부재	지역 간 상생발전과 지방재정확충과 자율성 제고 광역위원회 역할 제약, 행정구역개편 미추진	주민중심(삶의 질, 행복)으로 정책방향 전환 정책 공감대 미약 및 성과 측정 · 평가 한계	-

주: 1. 노무현, 이명박, 박근혜 정부 관련 내용은 송우경(2017.8.), "2000년대 이후 지역발전정책의 회고와 新정부의 정책방향", 산업경제분석, 산업연구원, p.41를 인용
2. 문재인 정부 관련 내용은 국가균형발전위원회의 「문재인정부 국가균형발전 비전」 보도자료와 홈페이지 자료를 이용하여 필자가 정리하였음.

있는 성과라 평가할 수 있다.[12]

한편, 문재인 정부는 「국정운영5개년계획」을 통해 지역발전정책과 관련하여 '고르게 발전하는 지역'을 국정목표로 제시하고 '골고루 잘사는 균형발전', '사람이 돌아오는 농산어촌' 등을 주요 전략으로 제시하고 있다. 국정과제로는 혁신도시 중심의 클러스터 육성, 산업단지 혁신, 도시재생 뉴딜, 조선산업 경쟁력 제고, 농어업 6차산업화, 친환경 농축산업과 스마트 농업 등을 제시하고 있다. 지난 2월 1일 「문재인 정부 국가균형발전 비전」

12 송우경(2017.8.), "2000년대 이후 지역발전정책의 회고와 新정부의 정책방향", 산업경제분석, 산업연구원.

선포를 통해 지역주도 자립적 성장기반 마련을 목표로 설정하고, 3대 전략과 9대 핵심과제를 제시하였다. 문재인 정부의 지역발전정책은 국가균형발전전략과 지방분권전략을 결합하려고 시도한다는 점에서 이전 정부와 다른 점이 보인다. 따라서 문재인 정부의 지역발전정책이 당면한 과제는 균형발전과 자치분권 전략을 적절히 조화하게 하고, 시너지 효과를 창출해내는 것이다.[13]

그 동안의 지역발전정책의 성과와 한계에 대한 평가는 박하다. 김현호(2017.9.)는 역점적으로 지역발전을 추진해 왔지만 균형발전정책의 목표 모호, 중앙정부가 주도하는 공급자 위주의 정책, 토건이나 물리적 시설 위주, 시설과 기능의 분산수단 중심, 지자체 자율성 부족 등의 문제점을 지적하였다. 실제 국가균형발전특별법에 의한 지역발전특별회계만을 보더라도 지난 12년 동안 104조 원 이상을 투입했으나, 지방의 발전과 성장의 가시적 효과는 나타나지 않고 있다고 평가하였다.[14] 또 강현수(2017.10.)는 지역균형발전정책에 있어서는 구체적 정책 목표 모호, 중앙집권적 정책 추진과 지방정부의 무책임, 부처 할거주의, 정부의 규제 아니면 재정 투입 수단, 민간참여 미흡과 거버넌스 부실의 문제점을 보이고 있다고 진단하였다.[15]

4) 유럽, 일본 등 선진국들의 지역 · 도시정책의 역사적 변천

영국의 지역발전정책은 집권당의 정책운용기조에 따라 정책 목표와 방향이 많이 변화한다. 1990년대 이후 지역개발정책 기조는 중앙정부 정책의 지역화와 분권화로 집약된다. 과거 영국의 지역발전정책은 성장지역에서 저발전지역으로 기업 및 투자를 유도하는 정책이었다. 저발전지역에 대한 재정지원 — 런던 등 성장지역에 대한 입지규제와 성장억제책을 시행하였다. 그러나 이후 지역발전정책은 지역의 자율과 중앙정부 및 EU의 지원을 축으로, 지역개발권한의 지방으로의 이양, 중앙정부의 저발전지역 재정지원제도의 정착 등으로 전환하였다.

프랑스의 지역발전정책은 파리의 과도한 집중과 여타 지역의 낙후에 대한 대응에서 출발하였다. 1940년대에 파리지역으로의 과도한 인구 및 산업 집중을 억제하기 위하여 지

13 김순은(2017.12.), "자치분권과 지역균형발전의 정책적 조화를 위한 추진전략", 「국토정보」, 국토연구원, p.13.

14 김현호(2017), "새 정부 지방분권형 지역균형발전 추진전략의 쟁점 : 추진시스템을 중심으로", 지역발전위원회 워크샵 자료집.

15 강현수(2017.10.14.), "지역균형발전정책 -쟁점과 과제-", 서울대 환경대학원 동창회 토론회 자료집.

역정책이 도입되고, 수상 직속 국토균형발전추진단(DATAR)이 설치 · 운영되었다. 1970년대 중반 이후부터는 파리 수도권 지역에 대한 입지규제책 중심의 지역발전정책에 대한 비판이 제기되면서 동시에 지방의 발전정책들도 지역경쟁력 강화전략으로 점점 바뀌어갔다. 지방의 경쟁력 강화를 위해 지역발전보조금(PAT), 산업분산기금(FAD), 지역창업보조금과 지역고용보조금(PRE) 등의 지원제도를 운영하였다. 최근 프랑스의 지역발전정책은 분산화와 지방의 자율권 강화라는 추세를 지속적으로 견지해오고 있다.

일본의 지역발전정책은 1960년대의 고도성장기를 거치면서 도쿄와 수도권의 초월적 성장과 과밀의 폐해에 대한 우려로 수도권 규제—지방 지원이라는 축을 중심으로 추진되어 왔다. 1960~1973년의 거점형 지역발전정책 → 1973~1985년의 다극분산형 지역발전정책 → 1985~1990년대의 지방권의 전략적 육성정책에 따라 테크노폴리스법과 민활법의 제정 → 2000년대 이후의 구조개혁과 분권형 지역발전체제 정비의 과정을 거쳐왔다. 이후 2000년대 초부터 고이즈미 정권은 민영화와 규제개혁, 공장입지제한법 등 수도권 규제법의 폐지, 시정촌의 재편과 지방재정 재건 등의 전략을 추진하였다. 이러한 기소는 아베 정권에도 계승되어 국가전략특구 지정 등을 내용으로 한 '세 개의 화살' 즉, 통화 완화 · 재정 확대 · 경제구조 개혁 정책을 추진 중에 있다.

1.3 지역 · 도시정책의 구조와 추진체제

1) 목적별 지역 · 도시정책의 구조와 추진체제

지역 · 도시정책은 기업이나 비즈니스의 진흥, 물적 인프라 건설, 주민이나 시민사회에 대한 참여 보장 등이 이뤄지기 때문에 특정의 일부 부서나 기관의 범위를 넘어선다. 따라서 지역 · 도시정책의 위상과 범위는 어느 한 부문, 즉 하나의 부처 업무를 넘어서는 것이며, 정책과 계획의 위상은 일반적으로 국토의 아래이고, 마을(town)이나 근린

(neighborhood)을 넘어서는 중간 수준의 공간영역을 대상으로 한 공공정책을 나타낸다. 지역 · 도시정책의 구조는 크게 낙후지역 개발촉진정책, 성장거점지역 육성정책, 도시권이나 광역권 정책, 산업경제 경쟁력 강화정책, 성장지역 규제 및 관리정책 등으로 분류할 수 있다. 첫째, 낙후지역 개발촉진정책은 상대적으로 낙후하였거나 저발전된 지역의 경제, 사회적 환경을 개선하고, 발전 잠재력을 일깨우기 위해 지역개발 투자나 외부 자원과 기업의 유치를 지원하는 정책들이다. 구체적으로 정책 내용들을 보면, 가장 중요한 것이 국가균형발전특별법, 이에 근거한 성장촉진지역, 산업위기대응특별지역 등의 지원지구 지정과 국가균형발전5개년계획 수립이다. 또 (구)국토건설종합계획법이 바뀐 (현)국토기본법과 (구)특정지역개발촉진법-(구)신발전지역 육성을 위한 투자촉진특별법-(구)지역균형개발 및 지방중소기업 육성에 관한 법률이 바뀐 (현)지역개발 및 지원에 관한 법률에 의한 특정지역 지정과 개발계획 수립이 있다. 이 외에도 오지개발촉진법, 접경지역지원법 등에 의한 지원지구 지정과 개발계획 수립이 있다.

둘째, 성장거점지역 육성정책이다. 이것은 국토의 균형발전이나 지역경쟁력 확보의 거점을 마련하기 위해 지방 중심도시를 집중 육성하기 위한 공간정책이다. 성장거점도시에는 성장을 선도하는 산업이나, 앵커시설을 유치하여 도시 내 부가가치와 일자리를 창출하고, 그 성장효과가 주변지역에 확산되도록 하는 지역발전전략이다. 과거 제2차 국토종합개발계획(1980~1991년)에서는 지역개발을 선도하는 15개의 성장거점도시를 선정[16]하였다. 제1차 성장거점도시에는 중추관리기능, 선도적인 성장산업 유치, 고속교통망 연결, 100만 명 규모의 도시기반 구축 등을 추진하였다. 제2차 성장거점도시에는 주변지역의 경제 · 사회활동을 지원하는 지역서비스 공급 중심지로 육성하였다.

셋째, 도시권이나 광역권 정책이다. 도시와 그 주변지역을 함께 묶어 광역도시권이나 광역경제권으로 육성하는 정책이다. 도시권이나 광역권 정책이 일반 성장거점도시정책과 다른 점은 성장거점도시 육성전략이 단일 도시 중심인데 비해 도시권과 광역권은 중심도시와 그 주변지역을 하나로 묶는 광역적 도시화지역(metropolitan area 또는 city-region) 접근이라는 데 있다. 또 광역도시권과 광역경제권도 약간 강조점이 다른데, 광역도시권은 도시정책 차원으로 접근하고, 광역경제권은 지역정책 차원으로 접근한다. 이에 따라 발전법체계도 광역도시권은 도시계획법 체계로 뒷받침되고, 광역경제권은 지역개발법 체계로 뒷

16 제1차 성장거점도시는 대전 · 광주 · 대구를 선정하고, 제2차 성장거점도시로 춘천 · 강릉 · 원주 · 천안 · 전주 · 남원 · 순천 · 진주 · 안동 · 제주를 선정.

받침된다.[17] 전자는 국토의 계획 및 이용에 관한 법률에 의한 광역도시권 지정 및 광역도시계획 수립으로, 후자는 (구)지역균형개발 및 지방중소기업 육성에 관한 법률에 의한 광역개발권 지정과 광역개발권 개발계획 수립, 이명박 정부의 균형발전특별법에 의한 광역경제권 지정과 광역경제권발전종합계획 수립으로 실행되었다.

넷째, 산업경제 경쟁력 강화정책이다. 지역산업 육성을 위한 기업유치 인센티브와 공간적, 물적 인프라 기반을 제공하는 지역발전정책이다. 공간적인 핵심 정책수단은 산업단지 조성이다. (구)산업기지개발촉진법, (구)지방공업개발법, (구)공업배치 및 공장설립에 관한 법률, 산업입지 및 개발에 관한 법률, 산업단지 인·허가 절차 간소화를 위한 특례법 등에 의한 각종 산업단지 지정 및 산업단지 조성계획 수립 등이 해당된다.

마지막으로 성장지역 규제 및 관리정책으로는 인구와 산업 집중 억제정책이 있다. 구체적인 정책수단은 수도권정비계획법에 의한 과밀억제권역, 성장관리권역, 자연보전권역 지정과 수도권정비계획 수립이다. 수도권 규제정책은 비수도권의 발전 격차를 이유로 성장지역인 수도권의 인구와 산업 성장을 억제하려는 독특한 내용을 지니고 있다.[18] 수도권 규제정책의 필요성이나 실효성을 두고 찬반 논란이 있지만, 지방 활성화-수도권의 집중 억제라는 기본적 구조를 유지하고 있는 우리나라 지역정책의 특징적 구조이다.

2) 가장 대표적인 지역정책인 낙후지역 지원정책의 구조와 추진체제

우리나라 낙후지역 발전을 위한 지역정책은 국가균형발전위원회(구 지역발전위원회 포함)가 정책의 틀을 짜고, 정책의 추진은 소관부처별로 성장촉진 대상지역을 각종 특별지역(또는 구역)으로 지정하고, 각 부처가 가진 법이나 예산을 통해 사업을 지원하는 방식이다. 성장촉진지역은 행자부와 국토교통부가 공동으로 운용하고, 도시활력증진지역은 국토교통부가, 일반 농산어촌은 농림수산식품부가, 오지, 도서, 접경지역 등 특수상황지역은 행정자치부가 운영한다.

17 김용웅 외(2003), 「지역발전론」, 서울: 한울, p.547.

18 수도권 규제완화 관련 국회 입법 심의, 정책 토론회, 매스컴 보도자료 등을 참조.

그림 1-2 우리나라 낙후지역 지원정책의 틀과 내용

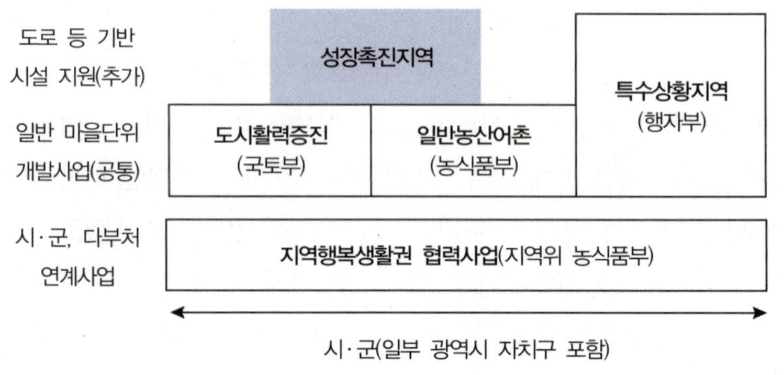

낙후지역 발전 지역정책수단은 노무현 정부 때 「국가균형발전특별법」에 의한 낙후지역 지원 사업으로, 이명박 정부 때 초광역경제권, 광역경제권, 기초생활권 사업으로, 박근혜 정부 때는 지역행복생활권 사업으로써 정권이 바뀌더라도 큰 골격과 내용은 바뀌지 않았다.

노무현 정부는 국가균형발전을 주요한 국정과제로 설정하여 (주) 산업정책－(종) 공간 인프라정책으로 접근방향을 바꿈과 동시에 낙후지역 지원정책을 체계화하려고 노력했다. 2007년에 발표한 2단계 국가균형발전종합계획은 전국 234개 기초자치단체를 4개 그룹으로 분류하고, 낙후도에 따른 차등적 지원을 시도하였다. 분류의 방법은 인구 · 경제력 등 5대 부문 14개 지표의 통계치를 활용하였으며, 평가에 들어간 14개 지표는 인구부문(3), 산업 · 경제부문(4), 재정부문(3) 복지부문(2), 인프라부문(2)으로 구성되었다.

이명박 정부의 '3차원 지역발전정책'은 기계적 균형, 지역 간의 제로섬 게임, 중앙집권적 획일성, 닫혀진 내국적 논리를 지양하고, 전 국토의 성장잠재력 극대화와 경쟁, 신성장동력 발굴 및 지역특화발전, 중앙권한 지방이양 등 분권 강화, 수도권 · 지방 동반상생발전, 기존 균형발전정책의 발전적 보완 등의 5대 추진전략을 설정하였다. 이중 낙후지역에 대한 지역발전정책은 인구, 소득, 재정상황, 서비스 접근성 등을 기준으로 기초생활권을 4개 유형으로 구분하고, 지역별 특화발전을 추진하였다. 또한 예산 지원방식을 기존 부처별 분산지원(5개 부처 15개 사업)에서 '기초생활권 단위 포괄지원'(시 · 군 · 구 자율편성 사업)으로

표 1-3 우리나라의 국토 · 도시계획체제

구분	계획의 목적	수립권자	계획승인
국토종합계획	장기적인 국가발전 방향 사업 및 균형발전 전략	국토교통부	대통령
도종합계획	장기적인 지역발전 방향	도지사	국토교통부 장관
광역도시계획	인접 지역과의 공간 개발 및 지역 간 기반시설에 대한 공동의 이해	시장, 도지사 (국토교통부 장관)	국토교통부 장관
도시 · 군 기본계획	각 도시 · 군의 장기적인 발전방향	시장, 군수	도지사
도시 · 군 관리계획	도시정책의 실질적인 실행방안	시장, 군수	시 · 도지사 국토교통부 장관

출처: 대한민국 법제처 홈페이지, 종합법률정보의 국토기본법과 국토의 계획 및 이용에 관한 법률을 참조하여 작성.

변경하였다.

박근혜 정부는 국민이 체감하는 지역발전정책을 목표로 지역행복생활권정책을 추진하였다. '지역생활권'은 지역주민의 삶의 질 향상에 필요한 일자리 및 교육 · 문화 · 복지 · 주거 · 안전 · 환경 등의 생활기반을 확충하기 위하여 시(특별시, 광역시, 특별자치시 및 제주특별자치도) · 구(자치구를 말한다). 지역생활권마다 '지역생활권 발전계획'을 수립하고, 산업 육성 및 일자리 창출, 인재양성, 과학기술 진흥, 지역발전 거점 육성과 교통 · 물류망 확충, 문화 · 관광 육성 및 환경보전, 복지 · 보건의료의 확충에 관한 사업을 정책수단으로 채택하였다.

문재인 정부는 국정목표를 달성하기 위한 주요전략 중 하나로 '골고루 잘사는 균형발전'을 설정하고, 주요과제로 지역자산을 활용한 특색 있는 문화 · 관광, 매력 있게 되살아나는 농산어촌', '도시재생 뉴딜 및 중소도시 재도약, 인구감소지역을 거주지역으로 등을 추진 중이다. 구체적인 사업내용은 현재 진행 중인 '국가균형발전5개년계획' 재수립을 통해 2018년 말에 나올 예정이다.

3) 도시정책의 추진체제로서의 각종 국토 · 도시계획 수립

우리나라의 도시정책추진체제는 광역도시계획 및 도시기본계획의 수립과 도시관리계획의 실천으로 요약된다. 상위계획인 국토종합계획과 도종합계획의 지침적 내용을 수용하고, 각 시·군 관리기본지역을 수립한 후 실천계획인 도시·군 관리계획을 수립하여 도시개발과 시설확충을 추진한다.

1.4 지역 · 도시정책의 새로운 과제와 미래

1) 지역정책의 패러다임 변화

과거의 지역총생산액(GRDP)과 같은 거시적이고 총량적인 성장목표를 추구하는 전략이 저성장시대로의 진입, 저출산 고령화시대로의 진입으로 투입 대비 효과 면에서 한계를 보이고 있다. 고령화, 잠재성장율 저하, 부동산경기 침체 등 저성장기 환경에서 개발사업 방식 모델이 더 이상 작동 불가능한 상황이 되었다. 인프라 공급 중심, 산업단지 개발 중심의 지역발전정책은 중앙정부뿐만 아니라 지자체의 재정여력 부족으로 더 이상 작동하기 어려운 접근방법이다.

이제부터는 '삶의 질의 향상'이나 '지역공동체 활력', '복지향상', '안정적인 고용의 창출' 등 지역사회나 주민들이 피부로 체감할 수 있는 정책과제가 더 중요하게 되었다. 지역정책 기조를 '지역 간 격차 완화', '지역경쟁력 제고'와 함께 '지역사회의 통합'으로 설정하고, 성장으로 축적한 부를 지역 간, 계층 간에 확산시키는 전략을 채택할 때가 되었다.[19]

이러한 문제인식은 정부의 정책보고서인 대통령 직속 지역발전위원회의 정부보고서(2013.1)에서도 잘 나타난다. "국민 모두가 어디에 살든지 의료, 교육, 안전 등 최소한의 기본서비스의 충족을 중시해야 하고, 양질의 지역 일자리가 만들어져 지역에서도 안정적인 삶을 영위할 수 있어야 한다"는 점을 강조하였다. 또 "SOC 정책은 물론 의료와 복지정책, 교육 및 고용정책, 산업정책, 도시정책, 농어촌정책과 통합 운용 필요"를 지적하고 있다.

19 이상대(2015), 「사회통합형 지역발전정책의 가능성」, 경기연구원 보고서, pp.12~13.

2) 저성장 또는 안정성장시대의 정책과제

잠재성장률이 둔화되고, 저출산 고령화 추세가 나타나게 됨에 따라 과거의 양적·총량적 성장 패러다임은 더 이상 유효하지 않게 되었다. 교외화 추세가 끝나가게 되어 신개발 수요가 줄어들고, 상위계층과 창조계층, 그리고 기업의 도심회귀 현상이 나타나며, 복지재정의 확대로 기반시설이나, 공공시설의 건설 여력은 줄어들게 되어 새로운 성장 패러다임을 요구하고 있다.

표 1-5 저성장시대의 정책과제와 대응을 위한 정책수단

구분	고속성장시대	저성장시대(또는 안정성장시대)
여건	인구가 급격히 성장하고, 신개발 수요가 풍족한 시대	저출산 고령화로 인구가 안정되고, 신개발 수요는 감소
정책과제	도시유입 이농인구의 수용 도시 내 빈곤주거지의 관리 공업용지, 택지개발과 주택공급 확대 도로 등 교통시설 확충 난개발 방지 위한 도시계획과 관리 산업단지 조성과 산업클러스터 육성 물류유통산업과 시설의 확충 환경오염 최소화	도시재생을 통한 구도심 및 기성시가지 재생 도시형 산업 육성과 일자리 거점 개발 저출산 고령사회 대응 도시시설 확충 도시에너지 문제 대응과 신재생에너지 활성화 재난, 기후변화로부터의 안전한 도시 건설 시민참여 도시계획 실현 마을공동체 계획
발전전략과 정책수단	성장전략: 양적, 총량적 성장 정책수단: 신도시개발 및 택지개발사업, 아파트 대량공급, 산업단지 대규모 조성, 고속도로망 교통시설 확충	성장전략: 질적, 스마트 성장 발전전략: 기존도시 재생, 다양한 주택공급, 대중교통환승시설, 자율주행자동차, 산업단지 재구조화, 도시공공서비스 및 시설의 접근성 개선

자료: 이상대 외 (2011), 「저출산 고령사회 진입에 대응한 도시정책 전환방향 연구」, 경기연구원, p.88을 수정 보완.

저성장시대에 대응한 지역발전전략은 질적 성장, 스마트 성장이 되어야 한다. 주요 정책수단으로는 기존도시 재생, 다양한 주택공급, 노인들의 이동성 보장을 위한 대중교통과 자율주행자동차 상용화, 도시공공서비스 및 시설의 접근성 개선 등으로 발전해야 한다. 저성장은 지방재정을 악화시키는 요인이지만, 이를 기회로 제한된 재원을 낭비 없이 효율적으로 활용한다면 재정건전성 확보의 기회가 될 수도 있다.

도시정책의 새로운 패러다임은 저출산 고령화 문제의 시급성과 심각성에 비춰볼 때,

문제에 대한 대응적 접근뿐만 아니라, 문제 원인을 근원적으로 해소하는 접근이 동시에 필요하다. 즉, 단순히 저출산 고령사회의 문제점을 완화하고, 임신했거나 유아를 가진 여성들, 그리고 노인인구나 노인가구들이 도시 내 공간과 시설에 잘 적응하고, 이용에 장애가 없도록 하는 '적응' 차원의 정책 범주만이 아닌, 좀 더 적극적으로 도시를 젊게 하고, 인구의 연소화를 도모할 수 있는 '예방' 차원의 정책도 모색할 필요가 있다.

3) 제4차 산업혁명 시대를 대비하는 지역 · 도시정책 과제

최근 제4차 산업혁명 시대로의 진입과 관련하여 특히 지역산업정책에 대한 영향과 대응전략이 중요한 화두로 떠오르고 있다. 왜냐하면 제4차 산업혁명은 지역산업과 고용 및 경제에 큰 영향을 미칠 수 있기 때문이다. 제4차 산업혁명은 '파괴적 기술'이 실현되기 때문에 기존 주력산업의 쇠퇴와 몰락을 가져올 수 있고, 이것은 지역산업과 고용에 큰 위협요소이기도 하고 기회요소이기도 하다.

유럽연합의 경우, 이러한 이슈에 대응하여 지역별로 바이오기술, 나노기술, 정보통신기술 등을 미래성장동력 산업과 연계하여 지역 특성에 맞는 산업의 구조고도화 전략을 지역발전정책으로 추진하고 있다. 유럽연합에서는 대표적인 지역혁신역량 강화 또는 산업전환정책으로서 '스마트 특성화'(smart specialization)란 명칭으로 대응하고 있다. 이러한 전략의 추진 배경은 미국과 유럽 사이의 생산성 격차를 좁히기 위한 유럽의 산업발전전략의 일환이다.[20]

최근 스마트시티 논의도 제4차 산업혁명 시대에 대비하는 주요 전략 중 하나이다. 스마트시티에 대한 정의는 분분하지만, 대체로 정보통신인프라 환경에서 서로 간에 정보의 공유와 협력이 이루어지고, 동시에 시민이나 기업 등 다양한 사용자 커뮤니티의 의견이 피드백되어 도시서비스를 더욱 지혜롭게 만들어가는 반복적으로 순환되는 프로세스를 갖춘 도시로 이해할 수 있다.[21] 문재인 정부도 스마트시티 국가시범도시로서 '세종 5－1 생활권'과 '부산에코델타시티'를 착수하였고, 앞으로 국정과제인 제4차 산업혁명과 국가균

20 이두희 외(2017.7.), 「스마트특성화전략에 기반한 지역산업 구조전환 사례연구 및 정책 시사점」, 산업연구원, p.9.

21 Anthopoulo(2010)는 디지털시티는 정보통신기술과 인프라를 통해 상호 소통할 수 있는 물리적 환경을 만들어 놓은 것이라면, 스마트시티는 디지털시티가 만들어 놓은 소통의 통로를 통해 부서 간이나 기관 간 혹은 공공과 민간이 소통하여 협력하는 새로운 행동양식이 발생할 수 있도록 환경이 조성된 도시임을 강조하였다. Anthopoulos, L., & Fitsilis, P., 2010, From digital to ubiquitous cities: Defining a common architecture for urban development. 『In Intelligent Environments (IE), 2010 Sixth International Coference on IEEE』, pp. 301－306 참조.

형발전 정책을 서로 연결시킬 것으로 예상된다.

4) 지역 · 도시정책의 새로운 과제와 미래

OECD는 지역의 성장을 촉진하기 위해서는 상이한 정책영역 간의 보완성, 즉 '효율성 – 형평성 – 지속가능성' 원리의 적정한 조합을 강조하고 있다(OECD, 2011). 기존의 성장정책에 대한 성찰을 통해 고립적인 정부개입이나 불균형적인 정책 패키지가 가지는 잠재적인 단점들을 인식하고, 지역 차원에서 성장을 촉진하기 위해서는 조정된 방식으로 다양한 정책적 원리를 상호 조합하는 정책을 구사할 필요가 있다고 한다. 이러한 정책적 접근은 상이한 목표 간의 균형을 용이하게 도모할 필요가 있다는 것을 의미한다.[22]

표 1-6 OECD의 지속가능한 지역성장모형

구분	효율성	형평성	환경 지속가능성
경제정책	지속 성장	경제개혁 → 형평성↑	녹색성장 → 지속가능성↑
사회정책	사회정책 → 효율성↑(지식, 신뢰, 안전)	사회통합	환경적으로 지속가능한 사회정책
환경정책	녹색경제 → 혁신↑	사회정책 → 포용성↑: 빈곤층이 환경악화에 가장 큰 부정적 영향	지속가능한 환경

자료: OECD(2011), OECD Regional Outlook: Building Resilient Regions for Stronger Economies.

최근 국제기구나 유럽, 그리고 우리나라의 실험적인 지역성장 전략은 효율성 중시 — 사회적 형평성 동시 고려 — 지역의 자율성 강화를 공통적으로 보여주고 있다. 문재인 정부의 「국정운영5개년계획」에서도 지역발전정책의 방향을 강력한 균형발전 지원체계의 구축, 지역의 자율 · 책임성 강화로 강조하고 있다.

OECD에 의하면, 지역정책은 성장지역만을 대상으로 하지는 않다고 한다. 성장지역에 못 미치는 지역도 나름대로의 지역자산을 동원하여 국가의 성장에 기여할 수 있으며, 지역별로 성장의 기여요인들이 상이하기 때문에 모든 지역이 동일한 정책수단들을 통해

22 최윤기 외(2014), 「지역특성을 고려한 창조경제 활성화 방안 연구」, 산업연구원.

하나의 성장경로나 전략을 택할 필요는 없다는 것이다. 이처럼 지역을 차별화하고 이에 따른 정책수단들을 강구하려고 노력하고 있다는 점에서 장소에 기반한 지역정책을 잘 보여주고 있다.

표 1-7 OECD가 정리한 유형별 지역성장의 요인들

요인	전국평균 대비 성장의 상대적 수준		
	낙후지역	중간지역	선도지역
인적자본/숙련: 저숙련의 존재	○○	○	○○
인적자본/숙련: 고숙련의 존재	○	○	○○
노동력의 동원: 참여/고용률		○	○○
혁신능력: 특허, R&D 지출, 지식 집약부문의 고용	○	○	○○○
집적효과: 인구밀도, GDP 밀도			○
정부능력	○○	○	○

주: 1) 낙후지역=전국 평균 1인당 GDP의 75% 미만; 중간지역=전국 평균 1인당 GDP의 75%−100%; 선도지역=전국 평균 1인당 GDP의 100% 초과.
2) ○=다소 중요한 요인; ○○: 매우 중요한 요인; ○○○: 상대적인 측면에서 가장 핵심적인 요인
3) OECD(2012)에서 일부 수정 · 보완.

출처: 정준호(2014), "지역정책은 사람중심적이어야 하는가, 장소중심적이어야 하는가", 「KEIT 산업경제 정책과 이슈」.

앞서 살펴본 여건변화에 따른 지역발전 및 도시발전의 패러다임 변화에 따라 앞으로 지역 · 도시발전정책의 주요 과제는 도시 활성화와 도시 · 지역 재생, 저성장과 저출산 극복을 위한 새로운 성장동력산업 발굴과 청년 일자리 창출, 제4차 산업혁명에 대응한 새로운 과학기술기반 지역산업과 스마트시티 조성, 자치분권과 자치경영, 지역의 의료 · 주거 · 교육 복지의 향상과 도시공공서비스 접근성 개선 등으로 집약할 수 있다.

이러한 과제들은 공간을 플랫폼으로 하여 부문정책인 산업경제 육성정책, 교통 · 통신 인프라정책, 주택정책, 교육정책, 문화정책, 조세 · 금융정책, 토지이용규제정책 등과의 결합 또는 융합으로 접근해가게 될 것이다. 따라서 전문화된 부문의 기술 심화, 정부의 역량 제고와 예산 확보 등도 중요하나 정부의 한계를 고려한 부문 간, 사업 간의 연계협력을 통한 거버넌스체제 업그레이드가 매우 중요하다.

1.5 요약 및 결론

전통적인 지역 · 도시문제들을 보면, 지역차원에서는 경제와 고용의 강화와 균형 있는 도시시스템의 형성, 낙후 및 쇠퇴지역에서의 경제 재구조화, 공간분리와 사회적 배제의 개선, 글로벌 지속가능성 확보 등의 문제들이 있을 수 있고, 좀 더 작은 도시차원에서는 도시 내 일자리와 산업, 도시 내 수질 · 폐기물 · 대기오염, 교통혼잡, 주택부족과 저소득층 주거비 부담 등의 다양한 지역 · 도시문제들이 나타나고 있다. 또 저출산 고령화에 따른 지속발전가능성 위협, 기후변화에 따른 도시의 정주지의 환경 악화, 제4차 산업혁명과 AI 확산에 따른 도시민의 일자리 상실 가능성 등의 새로운 지역 · 도시문제들이 등장하고 있다. 지역 · 도시정책은 이러한 문제들을 주로 공간적 접근정책으로 푸는 것이다.

지역 · 도시정책의 필요성은 첫째, 지역과 그 지역에 사는 사람들이 추구하는 가치를 푸는 수단이 필요하고, 둘째, 지역 · 도시문제들을 푸는데 있어 공간을 기반으로 한 정책수단과 내용들이 더 효율적으로 활용될 수 있으며, 셋째, 지역 · 도시정책은 공간을 플랫폼으로 하기 때문에 부문정책인 산업경제 육성정책, 교통 · 통신인프라정책, 주택정책, 교육정책, 문화정책, 조세 · 금융정책. 토지이용규제정책 등과의 결합 또는 융합하는 데 매우 유리하기 때문이다.

유럽, 일본 등 해외뿐만 아니라 우리나라 지역 · 도시정책의 기조도 크게 보면 지역격차 완화 → 지역경쟁력 제고 → 지역사회 통합으로 전개되어 왔다고 할 수 있다. 그런데 2000년대 이후의 큰 흐름은 어느 나라든지 막론하고 중앙정부 중심의 정책과 재정지원을 축소하고 대신 지방정부로의 분권화와 책임성 강화로 진행되고 있다.

현재 지역 · 도시정책의 구조는 크게 낙후지역 개발 촉진정책, 성장거점지역 육성정책, 도시권이나 광역권 정책, 산업경제 경쟁력 강화정책, 성장지역 규제 및 관리정책 등으로 분류할 수 있다. 특히, 낙후지역 · 성장촉진지역은 행자부와 국토교통부가 공동으로 운용하고, 도시활력증진지역은 국토교통부가, 일반 농산어촌은 농림수산식품부가, 오지 · 도서 · 접경지역 등 특수상황지역은 행정자치부가 운영한다. 또 다 부처, 지자체 연계협력 사업은 전통적으로 대통령 직속 균형발전위원회(구 지역발전위원회)가 관장하고 있다.

지역 · 도시정책의 여건과 환경변화에 따라 과거 인프라 공급 중심, 산업단지 개발 중심의 지역발전정책은 중앙정부뿐만 아니라 지자체의 재정여력 부족으로 더 이상 작동하기 어려운 접근방법이 되었고, 지역주민의 관심사도 많이 멀어지고 있다. 이제부터는 '삶의 질의 향상'이나 '지역공동체 활력', '복지향상', '안정적인 고용의 창출' 등 지역사회나 주민들이 피부로 체감할 수 있는 정책과제가 더 중요하다. 그럼에도 지역의 지속가능한 성장과 발전을 위해서는 지역경제 기반의 역량과 안정성이 점점 중요해질 것이다. 향후 지역 · 도시정책의 기조를 '지역 간 격차 완화', '지역경쟁력 제고', '지역사회의 통합'으로 설정하고, 성장과 부가가치의 창출과 함께 부(wealth)의 지역 간, 계층 간 재분배와 지역공동체활동 활성화를 동시에 추진하는 전략이 필요하다. 공간을 플랫폼으로 하는 지역 · 도시정책은 관련 부문정책인 산업경제육성정책, 교통 · 통신인프라정책, 주택정책, 교육정책, 문화정책, 조세 · 금융정책, 토지이용규제정책 등과의 결합 또는 융합으로 접근해가는 의지와 노하우가 점점 중요해지고 있다.

참고문헌

- 지역발전위원회, 2013. 『국민행복과 지역통합을 선도하는 새로운 지역발전 정책 방향: 분야별 정책과제』.
- 강현수, 2017.10.14. “지역균형발전정책 -쟁점과 과제-”, 서울대 환경대학원 동창회 토론회 자료집.
- 김순은(2017.12.), “자치분권과 지역균형발전의 정책적 조화를 위한 추진 전략”, 「국토정보」, 국토연구원.
- 김용웅 외, 2003. 「지역발전론」, 서울: 한울.
- 김현호, 2017.9. “새 정부 지방분권형 지역균형발전 추진전략의 쟁점 : 추진시스템을 중심으로”, 지역발전위원회 워크샵 자료집.
- 송우경, 2017.8. “2000년대 이후 지역발전정책의 회고와 新정부의 정책방향”, 산업경제분석, 산업연구원.
- 이두희 외, 2017.7. 「스마트특성화전략에 기반한 지역산업 구조전환 사례연구 및 정책 시사점」, 산업연구원.
- 이상대, 2015. 「사회통합형 지역발전정책의 가능성과 정책 적용」, 경기연구원.
- 이상대 외, 2011.「저출산 고령사회 진입에 대응한 도시정책 전환방향 연구」, 경기연구원.
- 이용우 외, 2014.「미래 국토발전 장기전망과 실천전략 연구(Ⅲ) -국토공간구조 미래시나리오와 대응전략-, 국토연구원.
- 정준호, 2014. "지역정책은 사람중심적이어야 하는가, 장소중심적이어야 하는가" 「KEIT 산업경제 정책과 이슈」.
- 정준호 · 장재홍, 2015. “저성장시대의 지역정책의 논리와 추진방향”, 「2015년 정책토론회 자료집」.
- 최윤기 외, 2014. 「지역특성을 고려한 창조경제 활성화 방안 연구」, 산업연구원.
- 모리치시게루, 광역권 형성연구회, 2005. 「시정연 번역총서 44: 인구감소시대의 국토비전」, 서울시정개발연구원.
- OECD, 2011, OECD Regional Outlook: Building Resilient Regions for Stronger Economies, OECD.

- Anthopoulos, L., & Fitsilis, P., 2010, From digital to ubiquitous cities: Defining a common architecture for urban development. 『In Intelligent Environments (IE), 2010 Sixth International Coference on IEEE』.
- Barca, F., 2009, An Agenda for a Reformed Cohesion Policy: A Place-Based Approach to Meeting European Union Challenges and Expectations, Independent Report prepared at the request of Danuta Hubner. Brussels: Commissioner for Regional Policy, European Commission.
- NAVER 지식백과(http://terms.naver.com/entry.nhn?docId=1916077&cid=50301&categoryId=50301)(2017.10.30. 기준).
- WIKIPEDIA (https://en.wikipedia.org/wiki/Public_policy)(2017.10.30. 기준).

제2장

지역 · 도시정책의 이론적 기초

요약문

제2장에서는 다양한 정책영역에 공통적으로 적용할 수 있는 지역·도시정책의 인식론적 기초를 다지는 작업을 한다. 이를 위해 우선 정책대상으로서 지역·도시의 개념과 지역·도시문제, 그리고 지역·도시정책의 개념에 대해 살펴본다. 다음으로 지역·도시정책이 추구하는 가치와 정책목표, 궁극적인 지향점 등에 대해 살펴본다. 또한 지역·도시정책에 참여하는 주체들에 대해 살펴보고, 이들이 정책과정의 민주성을 확보하기 위해 추구하는 거버넌스에 대해 논의한다. 마지막으로, 정책주체들이 추구하는 정책목표를 달성하기 위해 도입할 수 있는 정책수단의 일반화된 유형에 대해 살펴본다.

2.1 지역 · 도시정책의 개념

1) 장소와 공간

지역 · 도시정책(urban and regional policy)은 지역 또는 도시라는 공간에서 일어나는 문제들을 해결하기 위한 노력의 일환이다. 주택, 환경, 교통, 일자리, 세금, 상하수도, 공원 등과 관련된 많은 문제들이 모두 지역 또는 도시라는 공간에서 일어나는 문제들이다. 사실 지역 또는 도시라는 공간에 포괄되지 않는 구체적 장소란 상상하기 어렵고, 우리가 경험하는 대부분의 문제들이 구체적 장소에서 나타나기 때문에 지역 · 도시정책이 우리 삶의 거의 모든 문제와 관련이 있다고 할 수 있다. 더욱이 최근 지역 · 도시정책의 범위는 광범위한 부문정책을 포괄하는 방향으로 전개되고 있다(Bachtler and Raines, 2002; Bachtler and Raines, 2002; Yuill et al., 2008).

만약 우리의 삶을 통해 경험하는 거의 모든 문제들이 지역 · 도시정책의 대상이 된다면 굳이 '정책'이라는 용어 앞에 '지역' 또는 '도시'라는 수식어를 붙이는 이유는 무엇인가? 그것은 지역 · 도시정책에서 다루는 문제가 갖는 '지역' 또는 '도시'라고 하는 공간의 차원에 중요한 정책적 관심이 있기 때문이다. 예컨대 지역 · 도시정책에서 다루는 환경문제는 어디서나 발견되는 일반적 문제로서의 환경문제가 아니라, 특정한 지역이나 도시에서 발생하는 특정한 문제로서의 환경문제인 것이다. 그렇다면 '지역' 또는 '도시'는 무엇인가? 이 개념을 이해하기 위해서는 우리는 '공간'(space)과 '장소'(place)의 개념에 대해 먼저 살펴보아야 한다. 지역 또는 도시도 결국 공간과 장소의 한 형태이기 때문이다.

근대 철학의 아버지로 일컬어지는 르네 데카르트(René Descartes)는 '공간'은 균질적인 것으로서 무엇이 채워지기 전에는 어디서나 동질적이라고 하였다. 오늘날 수학과 물리학에서 일반적으로 이용되는 공간좌표계인 직교좌표계(Cartesian Coordinate System)는 그의 이름을 따라 이름이 붙여졌는데, 균질적(homogeneous) 공간에서 위치를 표시하기 위한 근거를 제공한다. 추상적 공간으로서 균질적 공간은 오늘날 너무나 자명한 것처럼 보인다. 예컨대 우리는 서울에서 측정한 1미터가 뉴욕에서 측정한 1미터와 다를 이유가 없다고 믿는다. 이는 그만큼 이러한 근대적 공간관(空間觀)에 우리는 이미 익숙해져 있다는 것을 의미한다. 그런데 사실 우리가 일상적으로 경험하는 '장소'(place)는 그 어디에도 동일한 곳을 찾기 어렵다. 모든 물질과 현상들을 제거해버리고 남는 빈 공간으로서의 추상적 공간과 달리 구체적 장소는 전혀 균질적이지 않고 이질적이다. 구체적 장소로서의 서울이라는 도시와 뉴욕이라는 도시는 엄밀히 말해 전혀 다른 두 장소이다.

우리가 일상적으로 경험하는 구체적 '장소'는 오랜 역사를 통해 형성된 자연환경과 인간사회의 다양한 관계들이 결합되어 독특한 특성을 지닌다. 이러한 특수성은 해당 공간에 상당기간 지속되어 그 장소에 거주하는 사람들의 행위와 거기에서 벌어지는 다양한 사회현상에 영향을 준다. 물론 이러한 장소성은 영속적이라기보다 일상적으로 변화하는 사회현상에 비해 상대적으로 오랜 시간 지속된다고 할 수 있다. 장소성을 구성하는 요소에 따라서 그 지속시간은 달라진다. 산과 바다, 기후와 같이 자연환경은 잘 변하지 않거나 오랜 시간을 거쳐서 조금씩 변화하며 그 장소를 특징짓는다. 반면 인구, 사회관계, 정치권력, 경기변동 등과 같이 사회적 과정(social process)은 비교적 빨리 변화하면서 짧은 시간 동안 그 장소를 결정한다. 물론 풍습이나 제도, 규범, 체제(regime)와 같이 상대적으로 오래 지속되는 사회적 과정도 있다. 중요한 것은 이 모든 자연적·사회적 과정들이 구체적 장소에서 발생하여 그 장소를 형성한다는 사실이다.

장소마다 '다름', 즉 특성을 만들어내는 것은 추상적 공간을 채우는 자연, 인간, 사회의 다양한 실체(entity)와 그들이 서로 상호작용하며 만들어내는 과정(process)의 독특한 결합의 양식이다. 결국 장소는 공간에서 만들어진 인간과 자연의 작용, 그리고 양자 간 상호작용 역사의 산물로서, 상당시간 동안 지속되며 그곳에서 발생하는 인간들의 행위와 사회현상에 영향을 준다.[1] 이러한 장소성은 개인이나 집단, 정부의 의사결정이나 행위에 있어서 선택의 폭을 줄이는 이른바 '경로의존성'(path-dependence)을 발생시킨다.[2]

지역 또는 도시 또한 이러한 구체적 장소로서 독특한 장소성을 지닌 이질적 공간으로서 다양한 자연환경, 인구, 정치체제, 경제체제, 관습, 제도 등을 지니고 있다. 이러한 특성은 상당기간 지속되며 그곳에 거주하는 주민들의 행위를 규정하고 다양한 문제들을

1 물론 새로운 행위와 현상들이 반복되면 그 자체가 새로운 장소성을 형성하고, 기존의 질서에 변화를 가져와서 장소성의 변화를 초래한다. 이러한 장소와 인간의 변증법적 관계는 인간 행위 영향력의 크기에 따라 장소성 변화의 속도를 결정한다.

2 경로의존성의 개념에 대해서는 Arthur et al. (1987), Arthur(1994), Liebowitz(1995), David(2001) 등을 참조하고, 지역성장의 경로의존성과 관련해서는 박인권(2011), Martin and Sunley(2006) 등을 참조할 것.

만들어낸다. 따라서 지역 · 도시정책의 대상이 되는 지역 · 도시문제들은 구체적 장소라는 독특한 환경에서 나타나는 특수한 문제일 수밖에 없다.

2) 지역 · 도시의 개념

그럼에도 불구하고 '도시' 또는 '지역'과 같이 일반적 이름으로 구체적 장소들을 추상화하는 것은 장소의 유형에 따라 나타나는 문제들의 원인과 현상이 유사성을 지니기 때문이다. 서울과 뉴욕은 역사와 지리적 특성이 다른 특수한 장소들인 동시에, 경제적으로는 자본주의 질서가 유세하고 정치적으로는 자유주의 체제가 작동하며 인구밀도가 높고 대도시이자 세계도시라는 공통점이 있다. 메트로폴리탄 지역이라고 하는 실체도 세계 곳곳에서 발견되는 공통적 현상이다. 이러한 공통점들은 거기서 발생하는 문제들의 유사성으로 이어지는 경우가 많다.

특히 '도시'(cities)는 많은 수의 비농업인구가 집중되어 거주하는 고밀도의 정주공간으로서, 공통적으로 좁은 공간에 많은 인구를 수용하기 위한 주택, 상하수도, 도로 및 교통시설, 상업 및 업무시설 등을 갖추고 있다. 또한 도시는 각종 지형지물과 행정구역 등에 의해 대체로 명확히 구분되는 경계를 갖는다. 인구규모와 산업구조, 인프라 공급조건에 따라 대/중/소도시, 공업/서비스/관광 도시, 중심/주변/위성 도시 등 다양한 유형으로 구분되기도 한다. 하지만 각 유형별로는 도시에서 나타나는 문제들이 대체로 유사성을 지니는 경우가 많다. 대도시에서 발견되는 교통문제, 주택문제, 공동체 해체 문제 등은 도시마다 원인과 현상에 차이가 있기도 하지만 많은 경우 공통의 속성들을 지닌다. 미국의 클리블랜드, 디트로이트 등 쇠퇴하는 공업도시들은 그 나름대로 유사성들을 지니고, 중국과 인도의 도시들처럼 급속히 성장하는 도시들 역시 나름의 유사한 문제들을 안고 있다. 이런 점에서 도시와 도시문제에 대해서는 비교적 다루는 문제의 종류, 원인, 현상, 결과 등에서 보편성을 찾기가 용이한 편이다.

반면 '지역'(regions)은 그 용어가 사용되는 맥락에 따라서 그 규모와 경계가 달라지는 매우 모호한 개념이다(Vanhove, 1999; 김용웅 외, 2009). 도시 내 근린지역과 같은 소지역을 지칭하는 경우도 있고, 특정 도시 또는 농촌지역 등 행정구역 내의 지리적 범위를 지칭하는 경우도 있으며, 도시를 포함하여 주변지역까지를 포함하는 도시－지역(city－regions)을 의미하는 경우도 있다(Friedmann, 2001; Vanthillo and Verhetsel, 2012). '동북아지역', '서유럽

지역', '북미지역' 등과 같이 국가의 경계를 넘어서는 지역을 의미하기도 한다. 정의의 다양성만큼이나 지역문제 또한 도시문제보다 훨씬 더 다양하고 복잡하다. 만약 지역을 국가의 범위보다 더 큰 지리적 범위를 의미하는 것으로 볼 경우, 지역문제는 국가 간 갈등과 분쟁 등 외교적 문제까지를 포괄하게 된다. 물론 지리적 범위를 크게 보면 볼수록 장소적 특수성의 의미는 사라지게 된다. 이런 이유에서 우리가 이 책에서 다루는 지역은 장소성을 지니는 지리적 범위로서 대체로 한 국가 내의 도시 또는 도시와 주변지역을 포함한 광역도시권, 그리고 기타 비도시지역을 의미한다. 거주인구 기준으로 도시화율이 90%에 육박하는 우리나라 현실에서는 도시 및 주변지역의 중요성이 강조될 수밖에 없기 때문에, 도시문제와 지역문제를 구분해야 할 필요가 없는 것처럼 보인다.

요컨대 지역 · 도시정책의 대상으로서의 지역 또는 도시문제는 정치적 경계를 갖는 도시 또는 비도시지역, 그리고 주변지역까지를 포함하는 지리적 범위에서 특수한 장소성을 기반으로 나타나는 문제들을 의미한다. 다만 구체적 장소에서 나타나는 문제와 문제해결을 위한 정책의 일반화를 위해 '도시' 및 '지역'이라는 추상적 개념과 '지역 · 도시문제'라는 일반적 개념을 도입하기로 한다.

3) 지역 · 도시정책의 개념

일반적으로 공공정책(public policy)이란 국가나 지방정부와 같은 공공기관이 집합적인(collective) 문제를 해결하기 위해 의도적으로 시민사회 또는 시장의 영역에 개입하여 사람들에 영향을 미치는 행위에 대한 원칙 또는 지침을 의미한다(Dunn, 2008; Knoepfel, 2007). 보통 정책의 대상 영역에 따라 산업정책, 재정정책, 환경정책, 노동정책, 과학정책과 같이 정책이 구분된다. 지역 · 도시정책 또한 이러한 공공정책의 하나라고 할 수 있다. 다만, 정책의 대상영역이 앞서 언급한 부문정책과 달리 부문(sector)이 아니라 지역 · 도시이다. 그렇다면 지역 · 도시라는 정책영역이 부문과 다른 점은 무엇인가?

우선 부문(sector)은 문제의 성격과 관련이 된 개념인 반면, 지역 · 도시는 문제가 발생하는 장소와 관련된 개념이다. 예컨대 '산업'이라는 정책 부문은 특정 지역이나 도시의 산업을 대상으로 하기보다는 정책이 미치는 전 지역의 산업을 대상으로 한다. 농업, 철강산업, 자동차산업, MICE(Meetings, Incentives, Conventions, and Exhibitions)산업 등에 대한 육성 또는 규제정책은 해당 산업 전체에 적용된다. 이런 점에서 부문은 탈장소적이다. 반면

정책대상으로서 지역 · 도시는 앞서 언급한 대로 구체적 장소성을 갖는다(Barca et al., 2012). 해당 장소에서 가장 중요한 문제가 무엇인지, 이에 대한 대응은 그 지역 내에서 어떻게 해야 하는지에 대한 답을 찾아야 한다. 예컨대 실업률이 높은 도시라면 일자리를 늘리거나 실업인구가 다른 곳에서 일자리를 잡을 수 있도록 하는 대안이 나와야 한다. 이 문제에 대한 해결은 산업, 노동 · 고용, 교육 등 여러 부문에 걸쳐서 접근할 수 있다. 이런 점에서 정책 대상으로서 지역 · 도시는 종합적 성격을 갖는다.

따라서 지역 · 도시정책은 여러 부문에 걸쳐 복합적으로 나타나는 종합적인 문제를 다루는 종합정책의 성격을 갖는다. 국가정책이 국가라는 지리적 영역 내에서 일어나는 문제에 대한 종합적 접근인 것과 마찬가지로, 지역 · 도시정책 역시 해당 장소에 대한 종합적 접근이다. 이런 점에서 지역 · 도시정책은 국가정책의 축소판(microcosm)이라고 할 수 있다(Saunders, 1986). 중앙정부가 국가의 여러 문제들에 대해 여러 부문에 걸친 종합적인 처방을 위해 정책을 마련하는 것과 같이, 지방정부 또는 그 연합체는 지역 · 도시의 문제를 해결하기 위해 정책을 마련한다.

그러나 지역 · 도시정책은 근본적으로 국가의 정책과는 차이가 있다. 무엇보다 지역 · 도시는 국가에 비해 외부세계에 대해 훨씬 더 열려 있는 시스템(open system)이어서, 외부의 힘을 통제하기 어렵다. 국가의 경우와 달리 배타적 경계를 가지고 있지 않아서 사람이나 물자가 쉽게 이동할 수 있고, 국가 권력 또는 다른 지역의 정책주체의 영향력이 전달되기 쉽다. 특히 국가가 국경 내의 영토에 대해 배타적 주권을 갖는 것과는 달리, 지방정부는 자기 관할지역 내에서 이런 권한을 갖기 어렵다. 지방정부는 입법의 권한이 없고, 조례와 같은 자치법규의 내용은 국가 혹은 주정부 차원에서 제정되는 법령의 제한을 받게 된다. 또한 어떤 지역 · 도시에 대한 정책의 수립 및 집행의 주체가 해당지역을 관할하는 지방정부가 아닌 중앙정부 또는 중앙관서의 지방청이 되기도 한다. 이런 점에서 지역 · 도시정책의 주체는 지방정부 하나가 아니라 중앙정부, 중앙관서 지방청, 공기업 등 여러 주체가 될 수 있다. 그리고 요즘에는 시민단체나 주민조직 역시 정책의 주체로 참여하는 경우가 종종 있다. 정책주체에 대해서는 뒤에서 자세히 다루도록 한다.

요컨대 지역 · 도시정책은 일정한 지역 또는 도시에서 발생하는 집합적인 문제들을 해결하기 위해 지방정부, 중앙정부, 공기업 등 각종 공공기관들과 시민 및 주민단체들이 시장과 시민사회의 여러 영역에 직 · 간접적으로 개입하여 기업, 가계, 개인 등 민간부문 주체들의 행위에 영향을 주는 공공정책의 한 분야라 할 수 있다. 이러한 정책은 여러 부문을 가로지르는 종합적 접근을 필요로 한다는 점에서 광범위하지만, 영향력의 지리적 범위가 전국적이지 않고 해당 지역 또는 도시에 제한된다는 점에서 국지적이다.

2.2 지역 · 도시정책의 가치와 문제

1) 효율성과 경제성장

지역·도시정책의 첫 번째 가치는 효율성(efficiency)이고 이와 직결된 목표는 해당 지역 또는 도시 경제의 성장(growth)이라 할 수 있다. 흔히 완전경쟁시장 상황에서 효율성이 달성된다고 믿지만 실제 세계에서는 그렇지 못한 경우가 많은데, 공공의 개입을 통해 효율성이 증진한다는 것이 정책의 중요한 전제가 된다. 경제적 비효율의 극복은 그 자체로 의미 있는 것이기도 하지만 지역·도시는 이를 통해 해당 지역 또는 도시의 경제적 성장을 가져오는 것을 목표로 한다. 경제적 성장은 해당 지역에 거주하는 사람들의 복리와 직결되기 때문이다.

효율성은 여러 가지로 정의할 수 있지만 파레토 최적(Pareto Optimum)에 의해 정의된다. 파레토 최적이란 어떤 사람의 행복을 저해하지 않으면서 다른 사람의 행복을 향상시킬 수 있는 '파레토 개선'이 불가능한 상태를 달성하는 것을 의미한다(Sen, 1987). 일반적으로 완전경쟁시장에서 개인이나 회사가 자신의 이익을 극대화하기 위해 노력하면, 정부가 특별히 나서지 않아도 시스템 전체의 효율성은 자연스럽게 높아진다. 이른바 '보이지 않는 손'이 작동하기 때문이다. 그러나 시장에서 외부효과(externalities) 또는 정보의 비대칭이 발생하면 이러한 효율성은 달성되지 않는데, 이를 시장의 실패(market failure)라 한다. 외부효과는 행위의 결과를 행위자가 아닌 제3자가 받는 것을 의미하는데, 이로 인해 효과의 원인행위가 최적상태보다 과대하게 또는 과소하게 생산되게 된다. 정보의 비대칭 역시 완전경쟁시장을 저해하는 요소이다. 시장이 제대로 작동하기 위해서는 모든 행위자들이 정보를 투명하게 알고 있어야 하는데, 많은 경우 한쪽만 제대로 정보를 가지고 있고 다른 쪽은 가지고 있지 못한다. 이 경우에도 불완전한 정보에 기반을 둔 거래가 나타나 효율성이 저해된다.

지역·도시정책은 이와 같은 시장의 실패 상황에서 공공의 개입을 통해 이러한 비효율의 요소를 제거하는 것을 목표로 한다. 지역·도시정책의 개입이 외부효과를 내재화하고 정보의 비대칭성을 제거함으로써 시장의 실패를 극복하도록 돕는다는 것이다. 경제적 효율성의 증대는 생산성의 증대, 소비에 따른 효용의 증대 등을 가져와서 궁극적으로 경제성장으로 이어진다. 어떤 지역의 경제성장은 해당 지역에서 더 많은 부가 창출되도록 함으로써 거주하는 사람들의 복리를 평균적으로 증진시킨다. 또한 지역의 부의 증진은 인구와 물자의 지속적 유입을 가져오고, 이에 따라 혁신이 일어나서 더욱 더 많은 경제성장으로 이어진다. 이러한 선순환을 가져오도록 하는 것을 지역·도시정책이 지향하는 것은 당연하다.

지역·도시정책의 맥락에서 효율성과 관련하여 가장 흔히 언급되는 문제는 대도시 과밀과 관련된 문제들이다. 특히 과거 서울과 같은 개발도상국의 대도시들은 급속한 인구 증가에 따라 주택, 상하수도, 도로 등 인프라 공급 부족, 양질의 일자리 부족, 범죄와 환경오염, 교통혼잡 등의 문제가 발생해왔다. 집적경제의 편익을 누리기 위해서는 어느 정도 규모가 확보되어야 하지만, 어느 규모를 넘어서면 집적에 따른 불경제가 더 커서 효율성이 떨어지므로, 효율성을 극대화하는 적정인구규모(optimum city size)가 필요하다는 주장이 제기되었다. 즉, 도시의 인구규모가 증가함에 따라 인구 1인당 소득은 증가하지만 한계증가율은 체감하여 완만하게 증가하는 데 반해, 1인당 비용은 초기에 감소하나 한계증가율은 체증하여 나중에는 빠르게 증가하므로, 순소득이 극대화되는 인구규모가 존재하는데 이것이 적정인구규모라는 논리이다(McCrone, 1969). 적정인구규모에 대한 학술적 논쟁이 상당히 지속되고 경험적으로 적정규모를 측정하려는 시도도 계속되었으나, 도시의 공간적 범위의 설정문제, 비용과 편익 계산의 어려움 등으로 이해 결론에 도달하지는 못했다(Gore, 1984).

사실 인구의 자유로운 이동을 보장하는 체제에서 지역·도시정책을 통해 적정인구규모를 달성하려는 시도는 현실적이지 못하다. 그보다는 과밀에 따라 효율성을 저해하는 요소들을 찾아 그것을 해소하는 시도가 적절하다. 예컨대 대도시 과밀에 따른 혼잡과 환경오염은 대표적인 부정적 외부효과로서 적절히 통제하지 않으면 원인행위가 과대 생산되어 해당 지역뿐만 아니라 다른 지역의 효율성까지 저해한다. 이 경우 지역 · 도시정책을 통해 해당 도시의 과밀을 통제하면 해당 지역뿐만 아니라 국가 전체의 경제적 효율이 증대된다.

2) 형평성과 사회적으로 정의로운 발전

지역 · 도시정책의 두 번째 가치는 형평성(equity)이고 이와 직결된 목표는 해당 지역 · 도시의 사회적으로 정의로운 발전(socially just development)이라 할 수 있다. 형평성은 사회적 정의와 관련된 가치로서 누구나가 사회로부터 정당한 대우를 받고 정당한 몫의 부를 가질 것을 요구한다. 그런데 일반적으로 시장에서는 자동으로 달성되지 않는 것으로 여겨지기 때문에, 지역 · 도시정책의 개입을 통해 형평성을 증진시켜야 한다. 이를 통해 궁극적으로는 사회적으로 정의로운 발전을 이루는 것을 목표로 한다. 사실 많은 나라에서 지역 · 도시정책은 이러한 '사회적' 목적 달성을 위해 추진되어 왔다(SArtobolevskii, 2013; Barca et al., 2012; Deacon et al., 2007; Storper, 1997).

형평성은 어떤 사람 또는 지역의 상태를 다른 사람 또는 지역과 비교할 때 나타나는 차이와 차별을 극복한 상태를 의미하므로 상대성을 기초로 성립되는 개념이다. 즉, 형평성은 물질적 부의 상대적 배분과 관련된다. 빈곤의 문제와 관련해서도, 형평성은 상대적 빈곤과 관련이 깊다. 인간으로서 존엄성을 유지하는 데 필요한 최소한의 물질적 부를 갖추고 있다 하더라도, 어떤 사람이나 지역은 상대적으로 빈곤할 수 있다. 이 경우는 형평성이 달성되지 않은 상태이다. 사회적으로 정의로운 발전은 지역이 평균적으로 성장하는 것을 지향하는 것이 아니라, 이러한 상대적 빈곤상태가 없도록 균형 있게 발전한다는 것을 의미한다.

그런데 이러한 형평성은 효율성과 반드시 함께 가는 것은 아니다. 효율성과 경제성장이 형평성으로 이어지는가의 문제에 대해서는 학술적으로 역사 깊은 논쟁거리 중 하나였다. 예컨대 사이먼 쿠즈네츠(Simon Kuznets)는 미국, 영국, 독일의 데이터를 분석하여 경제성장 초기에는 빈부격차가 증가하다가 어느 범위를 넘어서면 빈부격차가 줄어드는 역 U 자형 곡선을 그린다는 가설을 발표했다(Kuznets, 1955). 이른바 '쿠즈네츠 곡선(Kuznet Curve)'이 바로 그것이다. 많은 사람들이 쿠즈네츠 곡선을 효율성과 형평성의 긍정적 관계를 설명하는 근거로 활용하지만, 정작 쿠즈네츠 본인은 이러한 해석을 경계했다. 빈부격차가 줄어든 것은 경제성장의 자연스러운 결과라기보다는 노동자계급 및 빈곤계층의 정치적 자각과 실천이 있었기 때문에 가능했다는 것이다. 실제로 서구 선진국의 최근의 데이터들은 경제성장이 되더라도 빈부격차가 증가하는 양상을 보여주고 있다(Piketty, 2014).

지역 · 도시정책의 맥락에서 형평성과 관련하여 가장 흔히 언급되는 문제는 지역 간, 농촌-도시 간 격차(disparities) 등 지역 간 불균등 발전 문제이다. 이 문제를 효율성과 연결시켜 접근하는 시도도 있으나, 근본적으로 이 문제는 기회의 균등한 배분이 바람직하다고 보는 형평성의 가치와 연결된다. 그런데 신고전파 경제학에서는 교통과 통신의 발달 따라 상품과 사람이 지역 간에 이동하면서 지역 간 상품가격 격차도 줄어들고 소득격차를 줄어드는 수렴(convergence) 경향을 예측한다(Gore, 1984). 그리고 실제로 이를 뒷받침하는 실증적 연구결과도 많다(Richardson, 1974; Sala-i-Martin, 1996; Xu and Zhu, 2009; Young et al., 2008). 반대로 교통비용이 감소하더라도 지역 간 불균등 발전은 사라지지 않을 것이라는 주장도 꾸준히 제기되어 왔다. 스웨덴의 사회과학자인 군나르 뮈르달(Gunnar Myrdal)은 순환 · 누적 인과(circular and cumulative causation)작용을 통해 일찍이 발전한 지역이 계속해서 성장한다고 주장했다(Myrdal, 1958). 신고전파 경제학을 비판하며 신경제지리학을 주창했던 폴 크루그만(Paul Krugman)과 후지타 마사히사(Masahisa Fujita) 역시 규모의 경제로 인해 교통비용이 감소하더라도 중심과 주변의 격차는 심화된다고 주장했다(Fujita and Krugman, 2004; Krugman, 1991).[3] 영국의 맑스주의 지리학자인 도린 메시(Doreen Massey)는 세계적인 차원에서 진행되는 불공정한 공간적 노동분업이 불균등 발전을 심화시킨다고 주장했다(Massey, 1984). 지역 간 불균등 발전 또는 지역 간 격차의 심화(divergence)에 관한 이러한 이론적 주장을 뒷받침하는 실증적 연구결과도 상당수 있다(Dewhurst, 2010; Hammond, 2006; Motoyama et al., 2014; Terrasi, 1999). 이런 점에서 지역 간 격차와 불균등 발전의 문제를 시장에 오롯이 맡기기보다는 형평성 강화 차원에서 지역 · 도시정책의 의제로 삼아야 한다는 것은 대체로 받아들여지고 있다. 실제로 유럽에서는 이 가치와 목표를 달성하는 것이 지역정책에서 가장 중요한 의제가 되고 있다(Artobolevskii, 1997; Commission European, 2014; Davies et al., 2015; Vanhove, 1999).

지역 · 도시정책에서 중요시되는 형평성과 사회적으로 정의로운 발전은 두 가지 차원에서 살펴볼 수 있다. 지역 내 형평성과 지역 간 형평성이 바로 그것이다. 지역 내 형평성

3 중심(core)과 주변부(periphery)로 지역을 구분하고 이들 지역 간 격차의 증대과정을 처음으로 모형화한 사람은 프리드만(Friedmann, 1966)이다. 신경제지리학에서는 이 중심-주변부 모형을 경제학적 모형으로 발전시킨 것이라고 할 수 있다.

은 지역 내 계층 간 격차와 불평등 문제에 초점을 맞춘 개념이라면, 지역 간 형평성은 주로 다른 지역 간 격차에 초점을 맞춘 개념이다. 이러한 두 차원의 형평성을 달성한 발전을 우리는 사회적으로 정의로운 발전이라 할 수 있다. 일반적으로 지역 · 도시정책에서는 형평성의 공간적 차원을 강조하여 지역 간 격차에 초점을 맞추는 경향이 있다. 그러나 지역 · 도시정책이 지역 내 사람들 혹은 계층 간 형평성 문제 역시 중요하게 다루지 말아야 할 이유는 없다.

3) 생물다양성과 환경적으로 지속가능한 발전

지역 · 도시정책의 세 번째 가치는 생물다양성(biodiversity)이고 이와 직결된 목표는 해당 지역 · 도시의 환경적으로 지속가능한 발전(environmentally sustainable development)이라 할 수 있다. 생물다양성은 환경보존과 관련된 가치로서 인간뿐만 아니라 다양한 생물 종들이 함께 번영할 것을 요구한다. 그런데 일반적으로 형평성과 마찬가지로 인간의 사적 이익을 추가하는 시장에서는 자동으로 달성되지 않기 때문에, 지역 · 도시정책의 개입을 통해 이를 증진시켜야 한다고 여겨진다. 이를 통해 지역 · 도시정책은 환경적으로 지속가능한 발전이라는 목표를 이루고자 한다.

생물다양성은 시스템으로서 생태계(eco-system)가 전체적으로 번영하기 위한 필수적 조건이다. 생태계는 여러 종들이 서로 의존하면서 생존하는 시스템이어서 한 종의 소멸은 다른 종에 연쇄적으로 영향을 주고 궁극적으로는 인간도 부정적 영향을 받게 된다. 생물다양성은 다양한 대안적 먹이사슬을 확보함으로써 이러한 부정적 영향을 최소화하는 데 기여한다. 기후변화와 같은 갑작스러운 외부의 충격에 대해 생태계가 탄력성(resiliency)을 갖는데도 도움을 준다. 따라서 생태계를 구성하며 살아가는 인류가 생물다양성을 확보하기 위해 노력하는 것은 매우 중요한 의미를 갖는다.

그런데 이러한 생물다양성은 효율성, 심지어 형평성의 가치와도 항상 함께 하는 것은 아니다. 경제적 효율성의 추구는 종종 지나친 생태계의 파괴와 환경오염을 불러일으켰다. 어떤 경제행위의 비용과 편익의 계산에서 늘 등장하는 할인율(discount)은 미래에 발생하는 환경의 가치를 과소평가하게 하였다. 따라서 현 세대의 이익을 극대화하기 위해 환경파괴가 가져올 미래세대의 피해는 과소평가되게 된 것이다. 형평성의 가치 역시 생물다양성의 가치와 종종 충돌한다. 빈곤의 퇴치와 사회복지의 달성을 위한 여러 노력들은 개발을 정당화하였고, 많은 경우 개발은 환경의 오염과 생물다양성의 후퇴를 가져왔다. 이런 점에서 생물다양성은 효율성 및 형평성과 대비되는 지역 · 도시정책의 독립적 가치로서 의미가 있다고 할 수 있다.

생물다양성을 추구하여 지역 · 도시정책이 궁극적으로 달성하고자 하는 발전은 환경적으로 지속가능한 발전이다. 이 개념은 1987년 유엔의 '환경 및 개발 세계위원회'에서 발간한 보고서인 「우리 공동의 미래」에서 처음 소개되었다(World Commission on Environment and Development, 1987). 이는 미래 세대의 필요를 저해하지 않으면서 현 세대의 필요를 충족시키는 발전을 의미한다. 현 세대의 번영을 위해 유한한 자원인 지구생태계를 모두 소진하지 않아야 미래에도 꾸준히 번영할 수 있다는 아이디어이다. 따라서 환경적 지속가능성은 유한한 지구의 수용력을 고려해야 생태계의 자원이 소진되지 않고 미래에도 꾸준히 사용할 수 있다는 것을 의미한다. 따라서 환경적으로 지속가능한 발전은 지구생태계의 환경적 수용력을 고려한 인간과 자연의 조화를 추구하는 발전이라 할 수 있다.

4) 지역 · 도시정책의 중심가치 및 목표

지역 · 도시정책은 구체적 장소의 문제와 연결되어 있고 시대상황과 같은 맥락에 따라 강조점이 달라지기 때문에 장소와 시기에 따라 중시되는 가치와 목표도 달라진다. EU 등 많은 지역에서 전통적으로 지역정책은 주로 사회통합을 중심 가치로 두고, 빈곤 지역 또는 도움이 필요한 지역에 대한 하향식 지원을 중심으로 전개되어 왔다(Artobolevskii, 1997; Artobolevskii, 2013; Deacon et al., 2007; Trón, 2004). 1990년대 이후에는 세계화가 진행되고 지역 간 경쟁이 심화되면서 낙후지역에 대한 지원보다는 모든 지역의 경쟁력 향상과 혁신을 위한 정책으로 무게중심이 옮겨가는 경향이 있다(Bachtler and Raines, 2002; Bachtler and Raines, 2002; Vanthillo and Verhetsel, 2012; Yuill et al., 2008). 그러다가 최근에는 효율성과 형평성을 동시에 추구하고 여기에 생물다양성까지 강조하는 '지속가능발전'을 추구하는 경향으로 바뀌고 있다(Yuill et al., 2008).

효율성, 형평성, 생물다양성은 지역 · 도시정책을 지탱하는 세 가지 중심 가치로서 모두 중요한 의미를 갖기 때문에, 어떤 하나를 위해서 다른 것들이 희생되어서는 안 된다. 그런데 앞서 살펴본 바와 같이 이 세 가지 가치는 상호 보완적이면서도 상호 갈등적이기도 하다(Campbell, 1996). 이 세 가지 가치를 모두 만족하는 종합적 발전의 목표는 종종 지

그림 2-1 지속가능발전의 세 가치

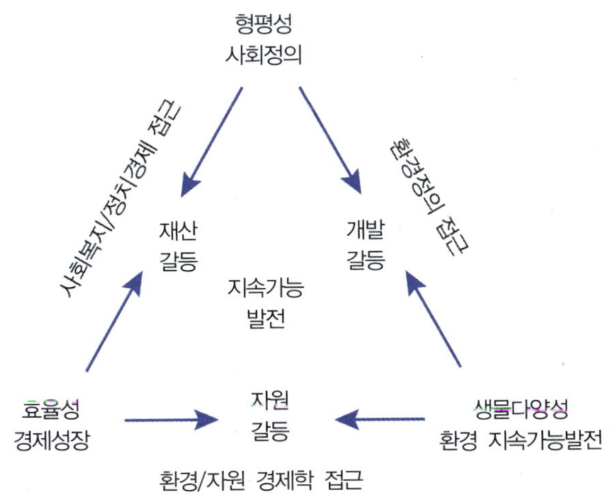

자료: Campbell(2013), p.83의 그림을 번역 · 수정

속가능발전(sustainable development)으로 일컬어진다. '환경적으로'라는 수식어가 없는 '지속가능발전'은 환경적으로뿐만 아니라, 경제적으로나 사회적으로도 지속가능하다는 것을 내포한다.

그런데 세 가지 가치를 동시에 추구하는 것은 쉬운 일이 아니다. 세 가치 사이에는 상호 갈등이 발생할 수 있기 때문이다. 이 점에 대해서 스콧 캠벨(Campbell, 1996)은 재산갈등(property conflict), 자원갈등(resource conflict), 개발갈등(development conflict)으로 설명하고 있다. 먼저 경제성장을 지향하는 가치인 효율성과 사회적 정의를 지향하는 형평성 사이에는 재산의 배분을 둘러싼 갈등이 있을 수 있다. 효율성은 생산성에 따른 차등적 재산배분을 지향하는 반면, 형평성은 균등한 재산의 배분을 지향하는 데서 발생하는 갈등인 셈이다. 다음으로 환경보호를 지향하는 가치인 생물다양성과 효율성 사이에는 자원의 이용과 보존을 둘러싼 갈등이 있을 수 있다. 효율성은 현세대의 자원 이용을 더 중시하는 반면 생물다양성은 장구한 미래세대의 필요를 위해 되도록 자원을 보존하자는 입장이기 때문에 발생하는 갈등이다. 마지막으로 형평성과 생물다양성 사이에는 낙후된 지역의 개발을 둘러싼 갈등이 있을 수 있다. 형평성은 낙후된 지역도 선진지역만큼 개발해야 한다는 것을 암시하는 반면, 생물다양성은 이미 이뤄진 개발만으로도 충분히 많은 환경파괴가 이뤄졌으므로 더 이상의 개발에 신중해야 한다는 것을 암시하기 때문에 발생하는 갈등이다.

지역 · 도시의 지속가능발전은 이러한 세 가지 갈등을 극복하고 세 가지 가치 사이의 균형점을 찾은 발전을 의미한다. 효율성과 형평성 사이의 재산갈등은 사회복지 또는 정치경제학적 접근을 통해 해소할 수 있다. 효율성과 생물다양성 사이의 자원갈등은 미래세대의 환경 및 자원가치를 충분히 고려한 환경 · 자원경제를 통해 해소할 수 있다. 형평성과 생물다양성 사이의 개발갈등은 선진지역의 환경오염에 대한 책임과 저발전지역의 과도한 피해를 인정하는 환경정의를 통해 해소할 수 있다(Campbell, 2013).

요컨대 지역 · 도시정책이 지향하는 종합적 발전의 모습은 경제적으로 성장하고, 사회적으로 정의로우며, 환경적으로 지속가능한 발전으로서, 지속가능발전이라고 요약할 수 있다. 이는 사회복지 및 정치경제적 접근, 환경 및 자원경제, 환경정의 등을 통해 달성된다.

2.3 지역 · 도시정책의 주체와 거버넌스

1) 지역 · 도시정책의 주체

지역 · 도시정책은 어떤 지역 또는 도시라는 공간에서 일어나는 문제들을 해결하기 위한 공공의 개입으로서, 개입의 주체가 되는 공공(公共)기관은 해당지역을 관할하는 지방정부뿐만 아니라 국가의 중앙정부, 중앙관서의 지방청, 공기업 등 다양한 주체가 될 수 있다. 이것은 정책대상이 되는 장소인 지역 · 도시가 갖는 특수성 때문이다. 앞서 살펴본 바와 같이 다른 부문정책과 달리 지역 · 도시정책은 정책주체에게 배타적 관할권을 부여하지 않는 것이다.

먼저 가장 중요한 주체로는 지방정부(local government)를 들 수 있다. 지방정부는 관할지역 내 주민들로부터 제한된 권한을 위임받아 해당 지역을 관리하고 주민들에게 일상적 서비스를 제공하는 역할을 수행하는 권위(authority)이다. 중요한 사실은 지방정부가 주민들로부터 모든 권한을 위임받는 것이 아니라 일부의 권한만을 제한적으로 위임받는다는 것이다. 이런 이유 때문에 하나의 지역에 대해서도 둘 이상의 지방정부의 권한이 미칠 수 있고, 더 중요하게는 중앙정부의 권한이 작용할 수 있다. 예컨대 우리나라의 지방자치제도는 두 계층의 지방정부체제를 가지고 있어서 한 지역에 대해 광역지방자치단체인 시·도와 기초지방자치단체인 시·군·구가 동시에 다른 부분에 대한 권한을 갖는다. 미국과 같은 경우에도 많은 주에서 군(counties)과 기초자치단체(municipalities)가 다른 권한을 갖고 있고, 학교지구(school districts)도 초·중등교육에 대한 권한을 갖는다.

다음으로 중앙정부(central government) 또는 국가(state) 역시 중요한 정책주체이다. 중앙정부 또는 국가는 보통 자기 영토에 대한 배타적 권한을 갖고, 국민들로부터 가장 많은 권한을 위임받아 행사한다. 따라서 지역·도시정책의 대상이 되는 지역에 대해서도 국가는 많은 정책수단을 동원하여 영향력을 행사할 수 있다. 많은 경우 중앙정부는 전국적으로 적용될 수 있는 대강의 원칙을 담은 정책을 수립하고, 자신의 권한을 지방정부에 위임하여 해당 지역에 대한 세부적 정책 수립과 집행을 담당하게 한다. 그러나 중앙관서들은 종종 정책의 신속하고 효율적인 집행을 위해 전국을 몇 개의 관할지역으로 나누어 지방청을 두기도 한다. 우리나라 국토교통부의 국토관리청이나 환경부의 유역환경청 등이 대표적인 예이다.

세 번째로 중앙 및 지방의 공기업(public enterprises) 역시 중요한 정책주체이다. 중앙정부와 지방정부는 정책집행의 효율성을 높이기 위해 공기업을 설립하여 운영하는 경우가 많다. 이들 공기업은 공공의 목적과 민간기업 운영의 효율성을 동시에 추구하여 관료제의 한계를 극복하는 데 도움을 준다(유훈 외, 2010). 이들 공기업은 국가나 지방정부가 부여한 권한을 바탕으로 자신이 보유한 자산과 재원을 이용하여 정부의 지역·도시정책을 집행하는 역할을 한다. 예를 들어 우리나라 토지주택공사는 신도시나 주택단지를 개발하고 공공임대주택을 건설하여 운영하는 역할을 함으로써 어떤 지역·도시의 발전에 기여한다.

네 번째로 시민사회(civil society)나 주민조직 역시 중요한 역할을 하는 주체이다. 전통적인 지역·도시정책에서는 공공기관이 정책의 주체가 되고 시민사회 또는 주민은 정책의 대상이 되었다. 그러나 최근에는 시민들의 자발적 참여 욕구가 증대되고, 정책의 민주적 수립과 집행이 중시됨에 따라 시민들이 중요한 정책주체가 되고 있다. 시민참여는 정책과정의 민주성을 높일 뿐만 아니라 정책집행의 효과성 또한 높이는 경우가 많다(Arnstein, 1969). 정책수립 및 집행, 평가과정 등 정책과정에 참여함에 따라 시민들은 정책에 대해 관심이 높아지고, 자신들에게 정말로 필요한 것들을 정책내용에 반영할 수 있으며, 자원 활동 등을 통해 정책 집행과정에서 필요한 자원을 제공할 수 있기 때문이다.

2) 지역 · 도시정책의 거버넌스

지역·도시정책은 이처럼 다양한 주체들이 참여하여 이뤄지기 때문에 서로 다른 의견을 조율하고 협력하는 것이 중요하다. 정부(government) 이외의 다양한 주체들이 참여하여 수립·집행·평가되는 정책과정을 이해하기 위한 대표적인 준거 틀은 거버넌스(governance)라고 할 수 있다. 거버넌스는 정책과정의 주체를 정부로 한정하지 않고 시민사회와 시장 영역의 다양한 주체들까지(OECD, 2010) 포괄하는 틀로 바라보고, 그들의 협력과 갈등, 참여와 배제와 같은 복잡한 상호작용을 이해하게 해준다.

지역·도시정책과 관련하여 가장 중요한 주체 간 상호작용 중 하나는 정부 간 관계(Inter-Government Relations: IGRs)라 할 수 있다. 앞서 언급한 바와 같이 어떤 지역·도시에 대해서 중앙정부와 둘 이상의 지방정부가 동시에 정책주체로 관여한다. 이 경우 주체 간 적절한 역할 배분과 협력이 중요한 과제로 등장한다. 중앙정부와 지방정부 사이의 관계는 대체로 수직적이고 권한의 배분이 비교적 명확한 편이다. 중앙정부는 전국적으로 적용되는 법령과 규칙을 제정하는 등 제도를 마련하고 전국적 규모의 사업을 기획하며, 효율성 및 지역 간 형평성을 등을 고려하여 재원을 지방정부에 배분하는 역할을 수행한다. 지방정부는 중앙정부가 마련한 제도를 적용하고 사업을 실제로 집행하는 역할을 수행하고, 이 과정에서 중앙정부로부터 지원을 받는다. 최근 재원배분의 효율성을 높이기 위해서 중앙정부는 공모형식의 사업을 추진하여 사업의 계획 내용이 사업의 목적에 부합하고 충실한지, 사업 집행 주체의 능력과 준비상태는 양호한지, 기존의 실적은 우수한지 등을 평가하여 지원대상을 선정하기도 한다.

물론 정부 간 관계가 이처럼 수직적이고 일방적인 것만은 아니다. 지방정부의 역량이 강화되고 지방자치가 정착됨에 따라 지방정부가 시범사업을 통해 우수사례를 만들고 이를 중앙정부에 역제안하여 제도가 만들어지는 경우도 많다. 물론 이 경우에도 지방정부는 기존 법규의 테두리 내에서 사업을 진행해야 하지만, 지방정부 자체 재원이나 권한을 활용하여 사업을 진행하고 필요한 경우 중앙정부의 지원을 요청하기도 한다. 특히 우리나라 광역시·도와 같은 광역자치단체는 역량과 자원의 측면에서 우수하여 이러한 상향적 모델을 만든 사례도 많다(최민지, 2017).

다음으로 지방정부 간 관계 역시 중요한 문제이다. 특히 기존의 행정구역을 넘어서는 '지역'을 대상으로 정책이 수립되고 집행되는 경우, 이것은 매우 중요한 과제가 된다. 광역도시권(city-regions)과 같은 지역은 기존의 행정구역과 경계가 일치하지 않아 정책을 수립하거나 집행할 때 권한을 갖는 지방정부를 정의하기가 어렵다. 이들 지역을 대상으로 서비스를 제공하는 경우 여러 지방정부가 협력하여 계획을 수립하고 비용을 분담해야 한다. 비용분담, 명칭 결정, 운영권 등 여러 가지 결정해야 할 사항들이 많은데, 이에 대한 합의가 이뤄지지 않으면 사업이 진행되기 어렵다. 특히 미국과 같이 기초자치단체의 분절화(fragmentation)가 심하게 이뤄진 경우 정부 간 협력이 중요한 과제가 된다.

기존의 행정구역을 넘어서는 광역적 차원의 지역정책이 필요한 이유는 두 가지로 생각해볼 수 있다. 먼저 기존의 행정구역이 지역주민들의 일상적 생활의 범위가 일치하지 않고 너무 작아서, 다른 지역의 주민들도 지방정부의 서비스를 이용하는 경우가 많다는 점이다. 일상적으로 통근이 이뤄지는 노동시장의 지리적 규모는 많은 경우 기초자치단체의 범위보다 넓다. 또한 주택시장이나 학군(school districts) 역시 기존의 행정구역의 경계와 꼭 일치하는 것은 아니다. 이 경우 서비스의 제공의 주체와 수익자가 일치하지 않는 문제가 발생하므로, 이에 대한 조정을 위해서는 지방정부 간 협력이 필요한 것이다. 다른 이유는 규모의 경제(economies of scale)의 원리와 관련이 있다. 작은 규모의 시설이나 서비스를 여러 개 제공하는 것보다 하나의 큰 것을 제공할 때 비용도 절감되고 지역주민들이 느끼는 편익도 증가할 수 있다는 것이다. 이런 이유로 많은 나라에서 광역도시권을 대상으로 한 정책과 계획을 수립하여 집행하곤 한다. 특히 간선도로의 건설 및 운영과 같이 지역 간 연결성이 중요한 경우에는 특히 지방정부 간 협력이 중요하여, 광역도시권 계획 수립을 위한 조직을 운영하기도 한다. 예컨대 미국 연방정부는 광역적 교통계획의 수립과 집행을 장려하기 위해 메트로폴리탄계획기구(Metropolitan Planning Organization: MPO)를 운영할 것을 권장한다.

세 번째로 대학, 대형병원, 비영리재단, 비영리기구(Non-Profit Organization: NPO) 등 비정부기관과의 협력 문제 역시 중요한 과제이다. 지역·도시정책에서 이들 비영리·비정부기관들이 차지하는 역할은 점점 더 커지고 있다. 이들이 가지고 있는 풍부한 자원과 고용능력, 지역사회에 미치는 영향력 등으로 인해 어떤 지역의 발전정책을 수립하고 집행하는 데 있어서 이들이 역할을 할 수 있도록 하는 것은 지방정부의 중요한 역할이 되고 있다. 더욱이 1980년대 이후 증가하는 재정압박으로 인해 정부의 재정지출 능력이 줄어듦에 따라 이들 비정부기구들에 대한 의존도가 증가하고 있다(Gerometta et al., 2005).

네 번째로 적극적인 시민참여를 촉진하는 것은 지역 · 도시정책의 '좋은' 거버넌스(good governance) 구축에 있어서 가장 중요한 과제이다. 비민주적 정부 혹은 특정 이해집단에 의해 좌우되는 거버넌스에 대비되는 개념으로서 좋은 거버넌스는 참여집단 사이의 건전한 긴장 및 협력관계가 유지되고 시민들이 주요 의사결정에 적극적으로 참여하는 거버넌스이다(UNESCAP, 2009; World Bank, 2000). 그런데 지역 · 도시정책 과정에서 특정 계층이나 지역의 사람들 — 특히 빈곤층, 장애인, 이주자, 여성, 청소년 등과 같은 사회적 약자들이 체계적으로 배제되는 매커니즘이 작동하는 '사회적 배제'(social exclusion) 현상이 나타날 수 있다. 제도적으로 이들의 참여가 가로막힌 경우도 존재하고, 법적으로는 참여가 보장되어 있지만 실질적 역량이 부족해서 이들의 참여가 사실상 불가능한 경우도 있다(박인권, 2015; 박인권 · 이민주, 2016). 지역 · 도시정책의 좋은 거버넌스 형성을 위해서는 이들의 참여를 확대하기 위한 여러 가지 정책적 수단이 마련되어야 하는 것은 당연하다.

정책과정의 민주성은 앞에서 지역 · 도시정책의 세 가지 가치로 제시한 효율성, 형평성, 생물다양성에 더해서 동시에 추구해야 하는 네 번째 가치이다. 앞선 세 가지 가치가 지역 · 도시정책의 내용적 가치라면 민주성은 과정적 가치라 할 수 있다. 지역 · 도시정책을 위한 좋은 거버넌스 구축은 바로 이 민주성을 달성하기 위한 과정이기도 하다.

2.4 지역 · 도시정책의 수단

1) 법 · 제도적 수단

법·제도적 수단은 지역·도시정책의 목표를 달성하기 위해 국가 또는 중앙정부가 가장 흔하게 사용하는 정책수단이다. 그래서 좁은 의미의 정책(policy)은 종종 법·제도와 동일한 의미로 사용되기도 한다. 법·제도는 부정적 행위를 금지하거나 억제하기 위한 규제(regulation)와 긍정적 행위를 장려하기 위한 지원(support) 제도를 모두 포함한다. 재정적 지원을 제외한 지원은 행정적 지원과 특정 행위에 대한 규제완화를 포함한다.

규제는 개인이나 집단의 행위를 바람직한 방향으로 유도하기 위해 특정 행위를 하지 못하도록 하는 제도로서, 이를 위반하는 경우 공권력에 의해 제재(sanction)를 가하는 것을 말한다. 즉, 규제는 부정적 행위가 나타나지 못하도록 하는 제도이며, 강제성이 강하고 단속 이외의 비용 없이 효과적으로 집행할 수 있다. 그러나 긍정적 행위를 장려하거나 촉진하기는 어려운 단점이 있다. 예를 들어 토지이용 규제 중 하나인 용도지역제(zoning)는 대표적 규제로서 도시를 토지용도별로 구획하고 각 지역마다 일정한 토지이용 행위와 개발밀도의 상한을 명시하여 토지이용 행위를 제한한다.

정부가 이처럼 사적으로 소유한 토지 위에서 일어나는 개인의 행위를 제한할 수 있는 것은 경찰권(police power)을 가지고 있기 때문이다. 경찰권이란 사회 전체의 안전과 건강, 윤리를 수호하기 위해 이를 침해하는 개인이나 집단의 행위를 물리적으로 금지하거나 억압하는 정부의 권한을 의미한다. 규제는 이러한 경찰권 행사의 대상과 범위를 명시하여 공권력의 행사가 적법한 절차에 따라 이뤄지도록 하는 기능을 한다.

지원제도는 지역·도시정책의 목표 달성에 필요한 행위를 장려하고 촉진하기 위해 정부가 제공하는 행·재정적 지원을 제공하는 것을 말한다. 지원대상이 되는 행위를 하지 않는 것에 대해서는 특별한 제재가 없기 때문에 규제 제도만큼 강제성은 없다고 할 수 있다. 따라서 개인이나 집단의 행위를 변화시키는 데는 규제만큼 효과적이지 않을 수는 있으나, 긍정적 행위를 유도하는 데는 규제보다 훨씬 효과적일 수 있다. 지원의 내용은 행정적 절차를 간소화해주거나 필요한 서비스를 제공하는 행정적 지원과 조세감면, 보조금 지급과 같은 직 · 간접적 재정지원을 모두 포함한다.

법 · 제도는 중앙정부가 주도하여 마련하고 지방정부는 이를 구체화하거나 집행하는 역할을 수행한다. 일반적으로 의회를 포함한 중앙정부가 입법절차에 따라 법률을 마련하여 제도의 큰 틀을 마련하고, 지방정부는 그 범위 내에서 일부 내용을 특정하여 조례 등 자치법규를 제정할 수 있다. 그러나 지방정부는 법률이 정한 범위를 넘어서서 규제를 할 수 없기 때문에, 지방정부의 규제 권한은 제한적이라 할 수 있다. 다만 집행의 권한이 지방정부에 속해 있거나 중앙정부에 의해 위임된 경우에는 해당 관할지역 내에서 지방정부가 강력한 권한을 갖기도 한다. 예컨대 용도지역제와 같은 토지이용 규제를 위반한 경우에 대해서 지방정부는 자신이 가진 경찰권을 가지고 단속하여 벌금 부과, 인 · 허가의 취소, 건물 강제철거 등과 같은 행정처분을 수행할 수 있다.

그러나 전반적으로 볼 때 지방정부가 지역 · 도시정책을 위해 독자적으로 법 · 제도를 만들어서 집행하는 것은 매우 제한적이라 할 수 있다. 특히 지역 · 도시 주민들의 삶의 질과 직결되어 있는 환경, 노동, 복지 등 분야에 대해서는 전국적 수준에서 기준이 마련되는 경우가 많기 때문에 지방정부가 독자적으로 제도를 마련하기는 어렵다. 예컨대 수질 및 대기오염의 기준, 최저임금, 기초생활보장 기준, 유류세 등 각종 조세에 대한 세율 등은 대개 중앙정부가 전국적 기준을 마련하여 적용하기 때문에 지방정부가 재량권을 가지고 독자적인 정책을 구사하기 어렵다.

2) 계획수단

일반적으로 계획(planning)은 법 · 제도의 틀 내에서 특정한 정책목표의 달성을 위해 필요한 수단들을 고안하고 평가하여 적절한 수단을 선택하여 집행하고, 집행의 결과를 평가하여 당초 결정된 사항을 수정하는 일련의 과정을 말한다. 법 · 제도가 계획의 실행에 필요한 구조와 환경을 먼저 만들고, 계획은 이 범위 내에서 정책을 효율적 또는 효과적으로 집행하기 위해 도입하는 체계적 행정행위인 셈이다. 대개 도로, 상하수도, 공원, 발전시설 등 인프라의 건설과 관리와 같이 정책의 집행에 많은 시간과 비용이 소요되는 경우에 계획이 필수적으로 뒤따르게 된다. 이러 연유에서 지역 · 도시정책에서 계획은 국토계획, 지역계획, 도시계획 등과 거의 같은 의미로 사용된다.

일반적으로 일정한 지역에 대한 계획의 권한은 그 지역을 관할하는 지방정부가 갖는다. 예컨대 도시계획은 일정한 행정구역 내에 있는 도시에 대한 계획으로서 해당 지방정부가 계획의 수립과 집행을 맡는다. 다만 인접지역과의 연계와 계획의 일관성을 위해 광역정부에 계획의 권한이 있는 경우도 있다. 예컨대 우리나라 자치구의 도시계획 수립은 별도로 하지 않고 자치구가 속한 광역시에서 일괄적으로 수립한다. 계획의 주체로는 지방의회, 지방행정부, 도시계획위원회, 지역주민 등 다양하며, 여러 계기를 통해 각각 다른 역할을 수행한다. 지방행정부는 보통 계획초안을 마련하고, 도시계획위원회에서 심의한다. 이 과정에서 타운홀 미팅, 공청회 등을 통해 지역주민들이 참여하여 의견을 개진한다. 지방정부의 의지에 따라 이러한 주민참여가 계획 초기단계부터 적극적으로 이뤄질 수도 있고, 후반부에 형식적으로 이뤄질 수도 있다. 많은 경우 계획의 채택은 지방의회에서 이뤄지고, 조례 등 자치법규로 제도화되는 경우도 많다.

계획의 대상은 토지이용, 교통, 주택, 환경, 공원 · 녹지, 재정 등 다양하지만, 지역 · 도시정책과 관련하여 기본적으로 포함되는 계획은 토지이용과 교통 분야의 계획이다. 계획의 목표 연도를 정하고 인구를 예측하고, 인구의 변화에 따른 토지이용 및 교통 수요를 예측하여 이를 충족하기 위한 토지 및 교통 시설 공급 대안을 설정한다. 그리고 여러 대안들 중에서 정책목표 달성을 위한 최적의 대안을 선택하고 이를 집행하게 된다.

이러한 계획과정은 도시기본계획(master plan)의 수립과 같이 정기적으로 이뤄지는 경우가 많다. 많은 경우 계획은 특별한 계기가 없어도 정기적으로 재검토하고 새로 수립하도록 되어 있다. 이는 시대변화에 따른 계획 환경의 변화를 계획에 반영하여 계획의 적실성(relevance)을 유지하기 위해서이다. 정기적으로 이뤄지는 계획 수립 과정에서 지역 · 도시정책의 주체들은 자신의 정책목표들이 최대한 잘 반영되도록 하고 있다.

지역 · 도시정책의 대상이 지역 또는 도시 등 공간적 실체로서의 장소이고, 많은 활동이 공간상에서 전개된다는 점에서 도시계획, 지역계획 등 공간계획이 지역 · 도시정책에서 갖는 의의는 실로 대단하다. 구체적 장소와 연계되지 않는 지역 · 도시정책은 사실상 불가능하기 때문에, 지역 · 도시정책은 계획과 불가분의 관계에 있다고 할 수 있다. 특히 지방정부가 계획의 수립과 집행권한을 가지고 있고, 광범위한 부문을 포함할 수 있기 때문에 계획 수단은 지역 · 도시정책의 목표달성을 위해 가장 자주 광범위하게 사용된다. 정책의 주체들은 계획의 내용과 절차를 적절히 조정함으로써 정책의 목표를 효과적으로 달성할 수 있다.

3) 재정 · 경제적 수단

지역 · 도시정책의 목표 실현을 위한 세 번째 정책수단은 재정 · 경제적 수단이다. 대부분의 지역 · 도시정책이 이 수단을 포함하고 있다고 해도 과언이 아닐 정도로 이 수단은 매우 광범위하게 사용된다. 이는 법적 규제와 같이 개인 및 집단의 행위를 직접적으로 통제하기보다는 경제적 유인(incentives)을 제공함으로써 스스로 바람직한 방향으로 행동하도록 유도하는 수단이다. 바람직한 행위에 대해서는 조세감면, 재정지원 등 금전적 보상을 제공하고, 부정적 행위에 대해서는 과세하는 것이 바로 이러한 수단의 구체적 사례이다.

법적 규제와 달리 재정 · 경제적 수단은 직접적인 규제가 아닌 간접적 규제이기 때문에 강제성이 약하다. 따라서 법적 규제보다 정책효과의 즉각성이 떨어질 수도 있고, 정책을 집행하는 데 따른 비용이 많이 발생하여 재정에 부담이 될 수 있다. 그러나 정책대상 집단의 자율성을 보장하여 민간의 창의성이 정책과정에 발휘될 수 있는 장점이 있다. 또한 직접 규제는 행위의 구체적 과정을 통제하는 반면, 재정 · 경제적 수단은 과정보다는 결과를 통해 평가하는 경우가 많다. 따라서 구체적 과정들을 통제하는 데 따른 정책집행 비용을 절약할 수 있는 장점이 있다.

이러한 장점 때문에 재정 · 경제적 수단은 지역 · 도시정책에서 가장 많이 광범위하게 사용된다. 하비 암스트롱과 짐 테일러(Armstrong and Taylor, 2000)는 여러 지역정책의 수단들을 제시하고 이를 크게 미시정책, 거시정책, 협력 등 세 가지로 구분하였다. 미시정책 수단은 노동과 자본의 지역 간, 부문 간 배분에 영향을 주는 수단이고, 거시정책 수단은 통화, 재정, 무역 관련 정책을 통해 지역적 수준에서 소득과 지출에 영향을 주는 수단을 말한다. 한편 협력 수단은 하나의 지역 내 혹은 다른 지역 간에 정책의 효과적인 수립과 집행을 위해 정책주체들이 협력하는 것을 말한다. 그런데 그들이 제시한 미시정책 및 거시 · 재정정책의 수단들은 대부분 이 범주에 속하는 것들이다.

암스트롱과 테일러가 제시한 미시정책수단은 크게 노동의 정착 및 이동 관련 정책과 자본의 입지 관련 정책으로 구분된다.[4] 침체된 지역의 노동자들에게 교육 · 훈련 기회를 제공하거나 실업급여 등을 제공하는 것은 노동의 보유를 위한 정책수단이다. 반면 침체된 지역으로부터 고용기회가 많은 지역으로 노동자들이 이주하는 것을 보조하는 정책수단들

4 폴 체슈어 외(Cheshire et al., 2014)는 지원대상에 따라 가계지원정책과 기업지원정책, 물리적 환경지원정책으로 구분한다. 이 경우 가계지원정책과 기업지원정책은 각각 노동정책과 자본정책과 유사하다. 다만 물리적 환경지원정책은 간접적으로 가계와 기업을 지원한다는 점에서 노동정책과 자본정책 모두의 수단이 될 수 있다.

도 있다. 주택 보조금, 이사비용 보조금, 일자리 알선 등과 같은 정책수단들이 여기에 해당한다. 자본의 입지와 관련된 정책은 침체된 지역으로 기업들을 유치하기 위해 제공되는 각종 세금감면과 보조금 혜택으로서, 법인세 및 재산세 감면, 토지 제공, 기업 대부 이자 지원, 노동자 임금 보조, 벤처기업 지원, 연구개발 지원 등 종류는 매우 다양하다(Armstrong and Taylor, 2000; Cheshire et al., 2014; Vanhove, 1999). 물론 법인세 감면과 같은 조세정책수단은 거시적 차원에서 적용되지만, 감면대상지역을 특정함으로써 특정지역에 유리하게 작용할 수 있다.

한편 거시정책수단은 통화, 재정, 무역 관련된 정책들로서 국가 전체에 영향을 미치지만, 재정지출이 집중된 지역이나 무역 관련 산업이 많은 지역은 이로 인해 영향을 받을 수 있다(Armstrong and Taylor, 2000). 특히 국가의 재정정책은 지방정부의 한정된 자원을 보충하여 지역의 발전에 기여할 수 있다는 점에서 매우 중요하다. 재정정책은 다시 조세정책과 재정지출로 나눠볼 수 있다. 조세정책은 정부가 거두어들일 세금의 대상과 양을 조정하여 정책대상 집단의 행위를 변화시키는 방법이다. 바람직한 행위에 대해서는 낮은 세율을 적용하거나 감면하여 장려하고, 부정적 행위에 대해서는 높은 세율을 적용하여 이를 억제하는 것이다. 예를 들어 자기 지역에 특정산업의 기업을 유치하기 위해 재산세 등 조세를 감면하는 정책은 장려를 위한 방법이다. 반대로 유류 소비를 줄여 대기오염을 방지하기 위해 유류세율을 높이는 것은 부정적 행위를 억제하기 위한 방법이다. 재정지출은 일단 거두어들인 세금을 정부가 지출함으로써 정책목표를 달성하는 방법이다. 낙후된 지역의 교통 인프라 및 산업시설을 개선하기 위해 재정을 투입하여 시설을 개선한다든지, 농촌지역의 중심지를 활성화하기 위해 공모사업을 시행한다든지 하는 것이 여기에 해당한다.

재정 · 경제적 정책수단은 공통적으로 재정에 부담을 준다. 특히 지방정부의 입장에서는 자신이 사용할 수 있는 재원이 매우 제한되어 있어 이 수단을 이용하기가 쉽지 않다. 지역 · 도시정책에 있어서 많은 경우는 대개 중앙정부가 재원을 제공하고 지방정부가 이를 집행하는 형태를 띤다. 지역균형발전을 위해 낙후된 지역을 선별하여 국가 재정을 투입한다든지, 해당지역에 입지하는 기업의 법인세를 감면하는 등의 정책은 그러한 예라 할 수 있다.

재정 · 경제적 정책수단의 지역 간 차등적용은 정책의 대상이 되는 기업이나 개인의 입지를 변화시키는 데 기여하는 것으로 알려져 있다(Johansson, 2002). 앞서 언급한 바와 같이 도시 및 지역은 사람이나 물자가 쉽게 이동할 수 있는 열린 공간이다. 따라서 긴 시간을 놓고 보고 개인이나 기업은 자신의 이익이 극대화되도록 주거지 또는 기업입지를 선택하게 된다. 이러한 입지선택의 메커니즘을 적절히 활용한다면 지역 · 도시정책의 주체들은 지역 간 차등화 된 정책효과와 지역균형발전과 같은 정책목표를 달성할 수 있다.

2.5 요약 및 결론

본 장에서는 지역 · 도시정책의 인식론적 기초를 다지기 위해 지역 · 도시의 개념, 지역 · 도시문제, 정책의 가치와 목표, 정책의 주체와 거버넌스, 정책수단 등에 대해 살펴보았다. 이러한 논의는 세부적 정책영역에 대한 구체적 논의에 앞서, 지역 · 도시정책들이 공통적으로 문제를 인식하고 해결하는 방법에 대한 인식의 토대를 마련하기 위한 작업이다.

우리는 지역 · 도시정책은 지역 또는 도시라는 구체적 장소에서 발생하는 집합적 문제들을 해결하기 위해 정부 및 공공기관이 시장과 시민사회에 체계적으로 개입하는 것이라 정의하였다. 이때 정책대상이 되는 지역 · 도시는 문제가 발생하는 공간으로서 오랜 역사를 통해 형성된 특수성을 갖는 구체적 장소이고, 다양한 부문의 문제가 서로 얽혀 발생하는 복합적 문제 영역이다. 지역 · 도시정책은 이러한 구체적 장소성을 갖는 공간에 개입하여 개인과 집단의 행위를 변화시킴으로써 그 지역이 갖는 문제를 해결하고자 한다. 지역 · 도시정책이 지향하는 가치는 효율성, 형평성, 생물다양성으로 요약할 수 있으며, 이러한 가치는 상호 보완적인 동시에 갈등적이다. 지역 · 도시정책은 궁극적으로 이러한 갈등을 해결하고 경제성장, 사회적 정의, 환경적으로 지속가능한 발전 등을 모두 만족하는 '지속가능발전'을 추구한다. 이러한 정책 목표 달성에 관여하는 주체는 중앙정부, 지방정부, 공기업 등 공공기관뿐만 아니라 비정부 · 비영리 기관과 시민사회, 지역주민 등 다양한 집단 및 개인들이다. 지역 · 도시정책 과정의 민주성을 확보하기 위해서는 이러한 다양한 주체들이 상호 협력하고 때로는 건전하게 견제하는 '좋은 거버넌스'를 구축해야 한다. 지역 · 도시정책 주체들이 도입할 수 있는 정책수단으로는 법 · 제도적 수단, 계획적 수단, 재정 ·

경제적 수단 등이 있다. 이들 정책수단은 정책효과의 즉각성, 지방정부의 권한, 재정적 부담, 중시하는 점 등에서 다른 속성을 지니므로 구체적 정책의 내용에 따라 적절한 수단을 선택할 필요가 있다.

지역 · 도시정책에 대한 이러한 인식은 향후 세부 정책 영역의 논의에도 공통적으로 적용된다. 물론 세부 영역에 따라서 정책목표와 수단, 주체 등에서 강조점이 다를 수는 있겠다. 지역균형발전정책이 사회적 정의와 경제성장에 초점을 맞추는 경향이 있다면, 환경보전정책은 주로 생물다양성과 환경적으로 지속가능한 발전을 강조할 것이다. 그럼에도 불구하고 궁극적으로 이들 세부 지역 · 도시정책들이 지향하는 발전의 목표는 동일하며 접근하는 방식 또한 대동소이하다. 정책대안의 세부적 내용에 차이가 있을 뿐, 큰 범주에서 보다 적용하는 정책수단 또한 대체로 동일하다. 따라서 이러한 일반적 인식론에 대한 논의는 이후 전개되는 세부 정책 영역을 다양성 속에서도 방향을 잃지 않고 일관된 흐름을 찾는 데 도움을 줄 것이다.

참고문헌

- 김용웅 · 차미숙 · 강현수, 2009. (新) 지역발전론, 전면 개정판[실은 3판]. 파주: 한울아카데미.
- 박인권, 2011. Path dependence of urban growth and decline in the U.S. 도시행정학보, 24(4): pp.151~174.
- 박인권, 2015. 포용도시: 개념과 한국의 경험, 공간과 사회, 25(1): pp.95~139.
- 박인권 · 이민주, 2016. 도시 포용성 구성개념과 지표체계의 개발: 한국의 포용도시 의제 설정을 위하여, 공간과 사회, 26(4): pp.109~158.
- 유훈 · 배용수 · 이원희, 2010. 공기업론, 신판[실은 7판]. 파주: 법문사.
- 최민지, 2017. 서울시 정책 제안 39건, 새 정부서 활용. 경향신문(2017.5.14.). http://m.khan.co.kr/view.html?artid=201705142306015&code=620101&med_id=khan#csidx2d5cedea2bbe3308562056e6dc7fbcd (최종접속일: 2017.11.29.).
- Armstrong, M., and Taylor, J., 2000. *Regional Economics and Policy*, 3rd ed. Oxford, UK and Malden, MA, USA: Blackwell.
- Arnstein, S. R., 1969. A ladder of citizen participation, *Journal of the American Institute of Planners*, 35(4): pp.216~224.
- Arthur, W. B., 1994. *Increasing Returns and Path Dependence in the Economy*. Ann Arbor: University of Michigan Press.
- Arthur, W. B., Ermoliev, Y. M., and Kaniovski, Y. M., 1987. Path-dependent processes and the emergence of macro-structure, *European Journal of Operational Research*, 30(3): pp.294~303.
- Artobolevskii, S. S., 1997. *Regional Policy in Europe*. London and Bristol, PA: Jessica Kingsley Publishers (with the Regional Studies Association).
- Artobolevskii, S. S., 2013. Regional policy: Social compensation or economic development? *Regional Research of Russia*, 3(1): pp.75~81.
- Bachtler, J., and Raines, P., 2002. *A new paradigm of regional policy? reviewing recent trends in europe*. Glasgow, UK: European Policies Research Centre,

University of Strathclyde.

- Barca, F., McCann, P., and Rodriguez-Pose, A., 2012. The case for regional development intervention: Place-based versus place-neutral approaches, *Journal of Regional Science*, 52(1): pp.134~152.
- Campbell, S. D., 1996. Green cities, growing cities, just cities?: Urban planning and the contradictions of sustainable development, *Journal of the American Planning Association*, 62(3): pp.296.
- Campbell, S. D., 2013. Sustainable development and social justice : Conflicting urgencies and the search for common ground in urban and regional planning, *Michigan Journal of Sustainability*, 1: pp.75~91.
- Cheshire, P. C., Nathan, M., and Overman, H. G., 2014. *Urban Economics and Urban Policy: Challenging Conventional Policy Wisdom*. Cheltenham, UK and Northampton, MA, USA: Edward Elgar.
- Commission European, 2014. *The european union explained: Regional policy*. Brussels, Belgium: European Union.
- David, P. A., 2001. Path Dependence, its Critics and the Quest for 'Historical Economics', In: P. Garrouste, and S. Ionnides (eds.), *Evolution and Path Dependence in Economic Ideas: Past and Present*. Cheltenham, England: Edward Elgar Publishing.
- Davies, S., Ferry, M., and Vironen, H., 2015. *Regional policy in europe targeting growth and inequality*. Glasgow, UK: European Policies Research Centre.
- Deacon, B., Ortiz, I., and Zelenev, S., 2007. *Regional social policy*. New York, NY: United Nations, Department of Economics and Social Affairs.
- Dewhurst, J. H. L., 2010. Convergence and divergence in regional household incomes per head in the united kingdom, 1984-93, *Applied Economics Applied Economics*, 30(1): pp.31 35.
- Dunn, W. N., 2008. *Public Policy Analysis An Introduction*. Upper Saddle River, N.J.: Pearson Prentice Hall.
- Friedmann, J., 2001. Regional development and planning: The story of a collaboration, *International Regional Science Review*, 24(3): pp.386~395.
- Friedmann, J., 1966. *Regional Development Policy; a Case Study of Venezuela*. Cambridge, Mass.: M.I.T. Press.
- Fujita, M., and Krugman, P., 2004. The new economic geography: Past, present, and the future, *Papers in Regional Science*, 83: pp.139~164.

- Gerometta, J., Haussermann, H., and Longo, G., 2005. Social innovation and civil society in urban governance: Strategies for an inclusive city, *Urban Studies*, 42(11): pp.2007~2021.
- Gore, C. G., 1984. *Regions in Question: Space, Development Theory, and Regional Policy*. New York: Methuen.
- Hammond, G. W., 2006. A time series analysis of U.S. metropolitan and non–metropolitan income divergence, *The Annals of Regional Science*, 40(1): pp.81~94.
- Johansson, B., 2002. How can Regional Policies Influence the Location Advantage of a Region? In: B. Johansson, C. Karlsson and R. Stough (eds.), *Regional Policies and Comparative Advantage*. Cheltenham, UK and Northampton, MA: Edward Elgar.
- Knoepfel, P., 2007. *Public Policy Analysis*. Bristol: Policy Press.
- Krugman, P., 1991. Increasing returns and economic geography, *Journal of Political Economy*, 99(3): pp.483~499.
- Kuznets, S., 1955. Economic growth and income inequality, *The American Economic Review*, 45(1): pp.1~28.
- Liebowitz, S. J., and Margolis, S. E., 1995. Path dependence, lock–in, and history, *Journal of Law, Economics and Organization*, 11(1): pp.205~26.
- Martin, R., and Sunley, P., 2006. Path dependence and regional economic evolution, *Journal of Economic Geography*, 6(4): pp.395~437.
- Massey, D. B., 1984. *Spatial Divisions of Labour: Social Structures and the Geography of Production* Macmillan.
- McCrone, G., 1969. *Regional Policy in Britain*. London: Allen &Unwin.
- Motoyama, Y., Cao, C., and Appelbaum, R., 2014. Observing regional divergence of chinese nanotechnology centers, *Technological Forecasting and Social Change*, 48(1): pp.11~21.
- Myrdal, G., 1958. *Economic Theory and Under–Developed Regions*. Bombay: Vora.
- OECD, 2010. *Regional Development Policies in OECD Countries*. Raris, France: OECD Publishing.
- Piketty, T., 2014. *Capital in the Twenty–First Century [Le Capital Au XXIe siècle]* (A. Goldhammer Trans.). Cambridge, MA: The Belknap Press of Harvard University Press.

- Richardson, H. W., 1974. Empirical aspects of regional growth in the united states, *The Annals of Regional Science*, 8(2): pp.8~23.
- Sala-i-Martin, X. X., 1996. Regional cohesion: Evidence and theories of regional growth and convergence, *European Economic Review*, 40(6): pp.1325~1352.
- Saunders, P., 1986. *Social Theory and the Urban Question*. London: Hutchinson Education.
- Sen, A., 1987. *On Ethics and Economics*. Oxford, UK and New York, NY, USA: Basil Blackwell.
- Storper, M., 1997. *The Regional World : Territorial Development in a Global Economy*. New York: Guilford Press.
- Terrasi, M., 1999. Convergence and divergence across italian regions, *The Annals of Regional Science*, 33(4): pp.491~510.
- Trón, Z. (2004). Need for regional policy and some theoretical basis. *1st DRC Summer School*, pp.10~22.
- UNESCAP, 2009. *What is good governance?*. Bangkok, Thailand: United Nations Economic and social Comission for Asia and the Pacific.
- Vanhove, N., 1999. *Regional Policy : A European Approach*. Aldershot: Ashgate.
- Vanthillo, T., and Verhetsel, A., 2012. Paradigm change in regional policy: Towards smart specialisation? lessons from flanders (belgium), *Belgeo*, (1-2): pp.1~18.
- World Bank, 2000. *Cities in Transition : World Bank Urban and Local Government Strategy*. Washington, D.C.: The World Bank.
- World Commission on Environment and Development, 1987. *Our Common Future*. Oxford and New York: Oxford University Press.
- Xu, Z., and Zhu, N., 2009. City size distribution in china: Are large cities dominant? *Urban Studies*, 46(10): pp.2159~2185.
- Young, A. T., Higgins, M. J., and Levy, D., 2008. Sigma convergence versus beta convergence: Evidence from U.S. county-level data, *Journal of Money, Credit and Banking*, 40(5): pp.1083~1093.
- Yuill, D., Ferry, M., and Vironen, H., 2008. *New policy frameworks, new policy approaches: Recent regional policy developments in the EU and norway*. Glasgow, UK: European Policies Research Centre.

02

제2부

부문별 지역 · 도시정책

제3장

인구감소시대에서의 지역정책

요약문

제3장에서는 공간상에서의 인구증감과 관련한 다양한 이슈와 소재를 제공하고 이를 통해 국가 및 지역의 근간을 형성하는 인구에 대해 독자들이 다시금 생각하게 하는 데에 목적이 있다. 이를 위하여 인구의 증감과 관련한 과거의 논의들로부터 시작하여, 지방소멸, 인구집중의 양과 질의 문제 등 인구감소시대의 지역이슈와 이에 대한 국가 및 지역의 대응으로서 중추거점도시 육성, 컴팩트시티 전략, 이주정책의 활용 등에 대해 살펴본다.

3.1 인구감소 현상이 공간에 던지는 메시지

'인구'(人口)라 함은 특정지역에 거주하고 있는 사람의 총수를 의미하는데, 이는 단순한 객체로서의 많고 적음의 문제를 넘어서, 생산의 측면에서는 노동력을 제공하며, 소비의

그림 3-1 세계 인구수 전망(단위: 억 명)

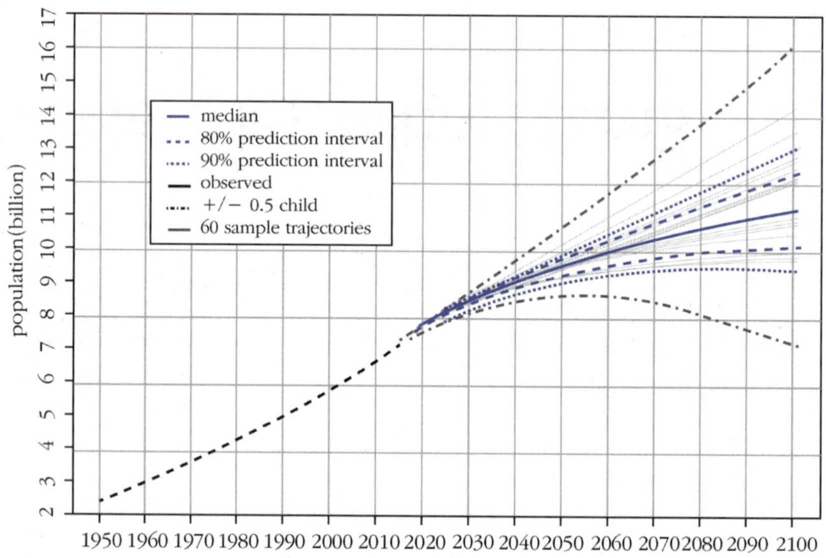

자료 출처: United Nation. 2017. World Population Prospect.

측면에서는 수요자로서의 역할을 수행하는 등 세계, 국가 및 지역의 사회시스템의 근간을 형성하는 중요한 경제적 존재로서 작용한다. 따라서 인구 문제의 근간은 인구가 특정지역에 많거나 혹은 적게 집중하였을 때, 사회의 체계를 어떻게 운용해야 하는 문제와 연결되어 있다. 이러한 측면에서 인구증감의 문제는 단순히 특정지역의 절대적인 인구의 숫자가 변동하는 현상으로서의 의미보다, 국가 및 지역의 주요한 생산자이자 수요자가 변화함에 따라 이를 지탱하는 사회시스템을 운영하는 데 있어 제약요건이 발생할 수 있다는 측면에서 중요한 문제로 다뤄져야 한다.

인구감소의 현상은 적어도 현재 상황에서는 전 세계적 이슈사항은 아닌 것으로 보인다. UN의 자료에 의하면, 현재의 세계 인구는 75억이 넘는 수준이며, 2050년에 이르면 100억 명이, 2100년에 이르면 110억의 인구를 넘어서게 될 것으로 전망하고 있다(UN, 2017). 결국 인구증감에 대한 문제, 특히 인구감소에 대한 문제는 우리나라를 비롯하여 특정 국가 및 지역이라는 한정된 공간범위 안에서 나타나는 국지적인 현상의 하나로 볼 수

그림 3-2 국내 인구전망(단위: 만 명)

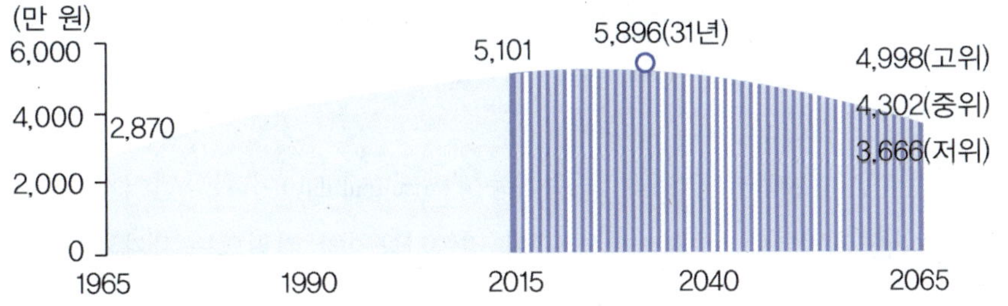

자료출처: 통계청, 2016. '장래인구추계: 2015~2065년'. 보도자료.

있으며, 이와 연계된 다양한 사회·경제적 시스템과 연계되어 문제를 야기한다는 측면에서 민감하게 검토되어야 하는 필요성을 제기한다고 할 수 있다.

최근 우리나라는 '인구감소'라는 단어가 더 이상 새롭게 느껴지지 않을 정도로 그 현상자체를 받아들이고 있다. '2015년'이나 '2032년' 등의 인구전망과 관련한 연도도 더 이상 새롭지 않다. 근본적으로 낮은 출산율과 높은 기대수명으로 인해 인구성장률은 '15년 이후로 감소추세에 접어들었으며, 2032년에 이르러 인구의 절대적인 총량이 감소추세로 접어드는 마이너스 인구성장을 시작하는 것으로 보고되고 있다.

인구감소는 국가적으로는 대비해야할 큰 문제점임에 틀림없다. 그러나 지역에서 바라보는 인구감소의 문제는 국가의 그것보다 더 심각해 보인다. 인구와 관련한 이슈는 공간적으로 구획된 특정 지역의 인구성장이 다른 지역의 인구감소를 유발할 수 있다는 상대적인 측면이 존재하기 때문에, 인구와 관련한 정책을 수립하고 적용하는 데 있어서는 다양한 여건을 고려한 대책의 수립이 필요하다. 이러한 측면에서 본 장에서는 공간상에서의 인구증감과 관련한 다양한 이슈와 소재를 제공하고 이를 통해 국가 및 지역의 근간을 형성하는 인구에 대해 독자들이 다시금 생각하게 하는 데 목적을 가지고 있다고 할 수 있겠다.

3.2 인구증감과 관련한 과거의 논의들

우리는 지난 2000년대 초반 '지속가능성'(sustainability)이라는 단어가 전 지구적으로 큰 화두였음을 기억한다. 주지하다시피 이 지속가능성의 키워드는 세계환경 및 개발위원회(World Commission on Enviroment and Devleopment)의 브룬틀란트 보고서(Brundtland Report)로 유명한 '우리 공동의 미래'(Our common Future)에서 직접적으로 언급되어왔음을 알고 있다. 시계를 조금만 되돌려 보면 이 지속가능성의 개념을 로마클럽(Club of Rome)이 1972년 출간한 '성장의 한계'(The Limits to Growth)에서 찾을 수 있다. 여기에서는 기하급수적(geometric series) 인구증가와 산술급수적(mathematic series) 식량증가의 관계 속에서 '지속가능성'에 필요한 몇 가지 개념을 제시하였다는 의의를 갖는다.

이 개념에 대한 시계를 조금만 더 거슬러 올라가면, 만날 수 있는 학자가 토마스 맬서스(Thomas Malthus)이다. 맬서스는 1789년 출판한 그의 저서 '인구론'(An Essay on the Principle of Population)에서 이러한 기하급수적 인구증가에 대한 문제점을 적시 하였다. 급속도로 증가하는 인구에 대한 해답을 성욕억제 혹은 전쟁, 전염병 등 다소 급진적인 방법으로 제시하였다는 측면에서 다양한 비판의 시선이 존재하기도 하지만, 그의 인구론은 적어도 '인구'라는 측면에서 국가 경제의 다양한 문제점을 고찰하였다는 측면에서 충분한 의의를 찾을 수 있을 것으로 평가된다.

최근 이러한 맬서스의 인구론에 대한 문제인식에 기반한 이야깃거리가 다양한 매체를 통해 논의되고 있는 것처럼 보인다. 비단 뉴스에서의 무거운 사회 · 정치면을 언급하지 않더라도, 이러한 이슈는 다양한 관점에서 생각해볼 거리를 제시한다. 봉준호 감독의 영화 「설국열차」(Snow Piercer)의 마지막 엔딩씬에서 나오는 주인공 크리스 에반스가 머리칸에서 겪는 가치판단의 주제의식과 톰 행크스가 주연으로 나오는 영화 「인페르노」(Inferno)에서의 생화학무기가 주는 주제의식은 맬서스가 주장한 논의와 그 궤를 같이 한다. 이의 근본적인 맥락은 유한한 자원을 보다 효율적으로 활용하기 위한 방안으로서 소비에 해가 되는 인구의 무한성에 대한 통제로부터 시작한다. 우리는 어떠한 가치판단을 할 것인가? 인구문제는 우리가 통제 가능한 것인가? 가능하다면 어떻게 해야 하는가?

그림 3-3 20~39세 여성인구와 65세 이상 고령인구의 상대비와 '출산지도'

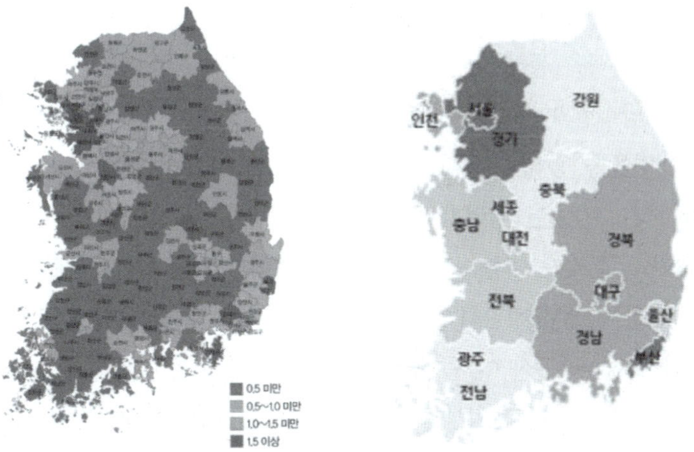

한국고용정보원 행정자치부

자료: 한국고용정보원. 2016. 지역 고용동향 브리프, 행정자치부 출산지도.

3.3 인구감소시대의 지역이슈

1) 지방 소멸의 징후가 나타나는가?

일본의 마스다 히로야는 2014년 「지방소멸」(地方消滅)이라는 다소 자극적인 제목의 책을 출간하였다. 해당 보고서는 일본의 절반에 해당하는 지방자치단체가 소멸하고, 대도시만 생존하는 극점사회가 올 것이라고 예측하는 다소 충격적인 내용을 담고 있다(마스다 히로야, 2015). '지방의 소멸', '극점사회'와 같은 심각한 위기상황에 대해 아베정부는 '지방창생'(地方創生)전략을 전면적으로 내세우면서, 일자리창출, 이주확대, 결혼·출산·육아 실현, 지역 간 광역연계 등의 세부적인 실천전략을 제시하였다.

우리나라는 어떠한가? 일본에서 이러한 보고서가 나오자 국내에서는 '인구절벽', '인구소멸' 등 우려를 표현하는 단어들이 연이어 나타나고 있다. 2016년 국내 고용정보원에서 이와 유사한 분석을 통해 이른바 '소멸위험 지역'을 도출하였다. 소멸위험 지역은 마스다 히로야의 지방소멸과 유사한 방법을 통해 산출되었는데, 이는 젊은 여성인구 대비 고령인구의 상대비율을 통해 이른바 소멸위험 지역을 도출한 것이었다. 유사한 맥락의 또 다른 사례를 보자. 2016년 행정자치부에서는 '대한민국 출산지도'라는 홈페이지를 오픈했다. 홈페이지가 오픈되자 이를 살펴본 많은 국민이 비판을 쏟아냈다. 출산지도의 공표를 통해 가장 빈번히 언급된 비판의식은 여성을 마치 아이를 갖는 자원의 일부로 치환했다는 측면일 것이다. 그러나 사실 이 출산지도는 각 지역별 여성비율, 출산율 등 통계청을 통해 공식적으로 제공되는 통계의 일부를 지도로 표현하고 있는 것으로, 사실 전혀 새롭지 않은 자료의 일부로 판단된다.

고용정보원의 소멸위험 지역과 행정자치부의 출산지도는 같은 주제의식을 공유하고 있고, 이를 주장하기 위한 합리적인 자료 중 일부를 제시하고 있다고 판단된다. 이러한 위기의식에 대한 공유는 그 자체로도 의의가 있을 수 있으나, 이보다 중요한 것은 정부정책의 방향성이 출산정책에 있어서 그만큼 수동적임을 인정하였다는 데서 찾을 수 있겠다. 이는 마치 '우리는 가임여성의 분포를 제공했으니, 아이는 너희가 낳아라.'와 같은 메시지를 던져주고 있는 것처럼 보인다. 오히려 출산율을 공표하고, 출산 및 육아를 위한 자원현황을 공표함으로서 정부정책의 사각지대를 스스로 깨닫는 과정이 더 중요한 것으로 판단된다.

이러한 과정상에서의 어리숙함을 차치하면, 이러한 두 사례가 주는 메시지는 유사하다. 이러한 메시지를 공간적인 맥락으로 치환하여 해석하면, 결국 방점은 지방의 소멸을 방지하는 방법이 '젊은 층에게 매력적인 도시만들기'에 놓여있다는 것이다. 즉, 젊은 층에 매력적인 도시는 출산율을 증대시킬 수 있는 잠재력을 가진 도시로 커갈 수 있으며, 결국 모든 계층의 삶의 질을 높이는 데 유리한 특성을 가질 수 있다는 측면으로 해석될 수 있다는 것이다. 그렇다면 어떻게 이러한 도시를 만들 수 있을까?

2) 인구는 어디로 집중하는가?

공간상에서 인구의 증감이 보다 중요하게 여겨지는 이유 중 하나는 인구의 집중현상이 도시의 발달과 밀접하게 연결되어 있기 때문이다. 일반적으로 특정 공간이 저개발상황에서 점차 도시 및 대도시로 발날하면서 인구의 사회적 증가는 더욱 크게 나타나고 있다. 우리나라의 경우 70년대 50%에 불과하던 도시화율이 '05년 이후 90%가 넘게 나타나는 것은 국가의 인구가 도시로 급속도로 집중하고 있음을 단적으로 나타내는 지표라 할 수 있다. 이를 바꾸어 말하면 도시－지방간의 인구배분의 경쟁에서 도시로의 집중현상은 더욱 고착화됨과 동시에 지방의 인구가 점차 감소하면서 도시에서는 집적의 불경제 현상이 발생되며, 지방은 집적경제 자체를 잃게 되는 양상이 동시에 나타나고 있는 것이다.

〈그림 3－4〉는 1975년, 2010년의 인구에 대해 Zipf(1949)의 순위규모법칙(rank－size rule)을 응용하여 나타낸 그래프이다.[1] 이 그래프는 몇 가지 측면에서 시사점을 가지는데, 이를 보면 인구의 집중현상은 기존에 높은 인구를 갖는 지역에서는 시간의 흐름에 따라

그림 3-4 지역의 인구규모(log population size)와 순위(rank)와의 관계('75~'10)

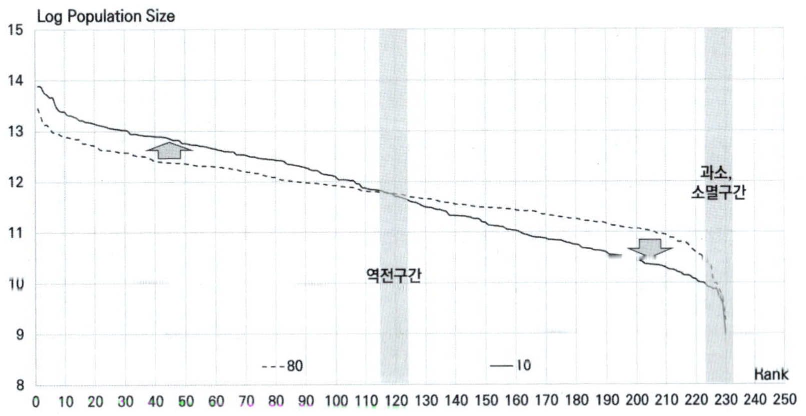

자료: 통계청, 각연도, '인구총조사'통계를 바탕으로 저자 직접 산출

1 본 분석에서 사용된 Zipf's rank size rule의 수식은 $P_r = P_1 \cdot e^{(-qr)}$ (P_r은 순위 r인 인구규모를 의미하며, r은 순위를 q는 계수를 의미함)임.

더욱 높은 집중을 가지게 되고 기존에 낮은 인구를 갖는 지역은 더욱 더 낮은 인구수를 가지게 됨을 나타낸다. 이 인구의 증감현상이 역전되는 구간이 약 120위 안팎의 구간으로 나타나는 것으로 보인다. 또한 220위권 밖의 지역은 기본적인 인구의 규모가 과소한 지역으로 판단되는데 이러한 지역에서의 인구유출현상은 보다 심각한 문제를 유발할 수 있다. 이는 단순한 인구의 감소의 문제보다도 지역의 측면에서 불균형의 상황이 가속화되고 있는 상황이 주는 문제가 존재한다는 것이다. 즉, 인구감소의 문제보다 도시의 과소화, 지방의 소멸에 대한 문제가 더 중요할 수 있다는 것이다.

3) 인구가 증가하는 모든 지역은 건전하다고 평가될 수 있는가?

앞서 살펴보았던 것처럼 인구의 총량적인 측면에서, 특정 지역의 인구증가는 지역의 사활을 건 문제와 연계될 수 있다. 그러나 인구가 증가하는 모든 지역이 건전한가에 대한

그림 3-5 세대별 인구증감-전체인구 증감 지역

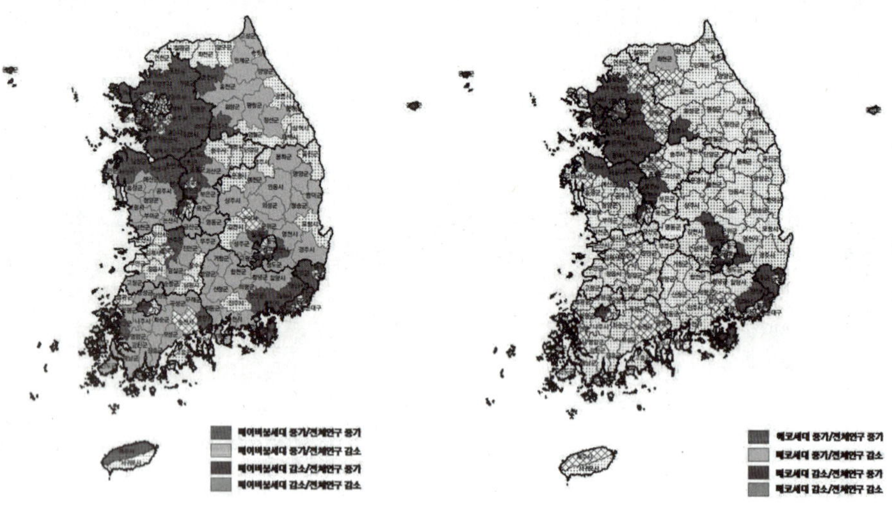

(a) 베이비붐세대 (b) 에코세대

출처: 남기찬(2013) "베이비붐세대 및 에코세대의 인구동향과 지역정책에 대한 시사점", 국토정책 Brief. No. 432.

부분은 별도의 논의가 필요하다. 남기찬(2013)의 연구를 보면, 인구가 증가하는 지역은 수도권 일대와 광역시 위주로 증가되는 현상을 보이고 있음을 알 수 있다. 수도권 동부 및 북부의 경우 전체의 인구는 증가하고 있는 것을 확인할 수 있다. 그러나 젊은 층이라 할 수 있는 '에코세대'(echo generation)의 인구는 감소하는 반면, 노령인구라 할 수 있는 '베이비붐세대'(baby-boom generation)가 증가되는 현상을 보이고 있다. 이와는 다소 다른 패턴은 전체인구는 감소하고 있으나, 베이비붐세대의 인구가 증가되고 있는 지역이라 할 수 있다. 이러한 패턴은 불행하게도 광역시 및 인근지역을 제외하고 광범위하게 나타나고 있음을 알 수 있다.

이처럼 어떠한 지역은 인구자체는 증가하고 있으나, 그 증가의 특성이 고령인구에 기인하기 때문에, 지역차원에서는 오히려 부양의 부담이 더욱 증대되는 패턴이 나타나고 있다. 따라서 인구증가의 양상에 대해서 생산가능인구의 집중지역과 은퇴인구 집중지역의 공간적 격리현상 고찰할 필요가 있다. 은퇴하는 인구가 많이 집중하는 지역이 무조건 건전하지 않다는 의미는 아니다. 적어도 특정 세대의 인구가 집중한다는 의미는 해당지역의 유·무형의 자원에 대한 매력도에 기인한다고 할 때, 향후 해당지역으로 집중하는 인구의 특성을 고려한 시의성 있는 지역정책의 발굴을 통한 대비책 마련이 중요하다는 데 논의의 방점을 두고자 한다.

4) 대도시는 안전한가?

타 지역에 비해 비교적 많은 인구가 집중하는 것으로 판단되는 대도시는 인구감소의 국가적 이슈에서 안전할 수 있는가? 특히 우리나라의 경우 수도권-비수도권의 이분법적 국토 양극화의 현상을 여전히 비판의 소재로 활용하는 관점이 많은 가운데, 수도권은 이러한 인구감소의 측면에서 동떨어진 섬으로 판단하는 경향이 짙은 부분도 존재하는 것이 사실이다.

앞서 논의한 바와 같이 수도권은 우리나라의 국토전반의 구조 속에서 상이한 객체로 판단되어지고 있다. 이는 그 위상과 특성에 의한 것으로 볼 수 있기 때문에, 인구의 질적 차이를 분석하는 차원에서도 같은 맥락을 가진다고 할 수 있다. 기존의 많은 연구들에서 그간의 수도권의 인구가 증가하였다는 측면과 비록 최근 수도권의 인구가 감소하고 있음에도 불구하고 타 지역에 비해 보다 젊은 생산가능인구가 집중하고 있으며, 비수도권은

그림 3-6 서울시 동별, 연령구간별 비중의 변화(2000, 2014년)

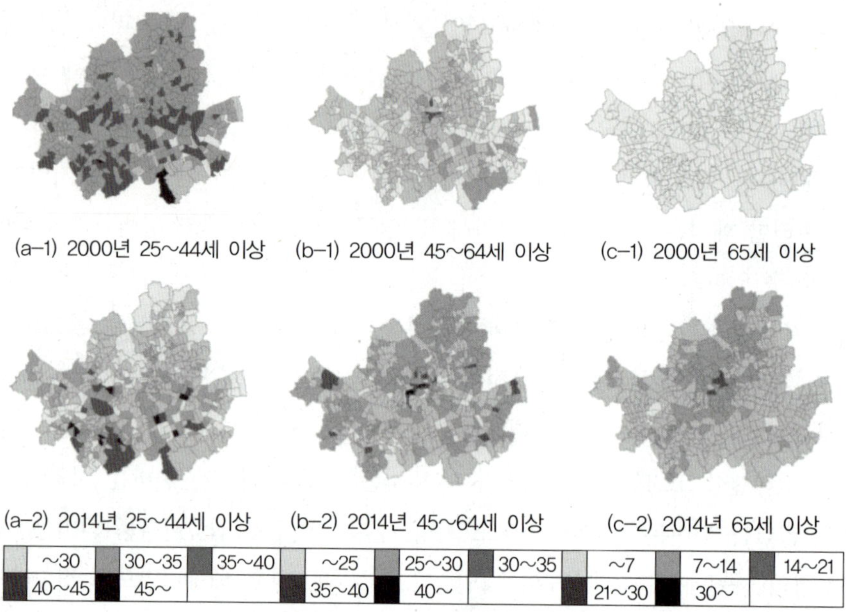

출처: 통계청, 각연도. '주민등록인구현황'을 바탕으로 저자 직접 작성

이에 비해 고령인구가 빠르게 증가하고 있다는 측면에서 인구성장의 질적 차이에 대해 논의하는 계기가 될 수 있다. 이러한 비판의 목소리는 일견 타당한 측면이 존재한다. 그러나 대도시 내부에서도 특정 지역을 중심으로 발생하는 공간적 상이현상(spatial dissimilarity)은 무시할 수 없는 문제를 유발할 수 있다.

특히 서울은 빠르게 고령화되어 가고 있는 상황 속에서 특정공간의 고령화 현상이 두드러지게 나타나고 있는 상황이다. 서울시의 평균연령이 40.2세인데, 강남 · 서초 · 송파의 경우 38~39세 수준임에 비해, 중구 · 종로구 · 강북구의 경우 42~43세 수준에 달한다. 특정 동의 경우 격차는 더욱 크게 나타나는데, 송파구 잠실2동의 경우 35세의 평균연령을 가지는 반면, 중구 을지로동의 경우 51세의 수준에 달하고 있다. 2000년 서울은 65세 고령인구의 비율이 7%가 넘는 '고령화' 동이 하나도 존재하지 않았지만, 2014년에 이르러 고령인구의 비율이 30%가 넘는 초고령 지역이 발생하는 등 급속한 고령화의 추세에 있다.

이러한 연령 양극화는 지역 간 생활양식을 바꾸어 동일 도시 내에서도 서로 이질적인 문화를 형성하는 특징을 만들고 있다. 더욱이 젊은 층이 지속적으로 유출되고, 고령층 위주로 인구를 구성하는 지역이 발생할 수 있다는 측면에서 연령 양극화에 대한 문제점은 더욱 심각한 상황이라 할 수 있다.

3.4 국가 및 지역의 대응

1) 기존 정부의 인구분산 정책의 성과와 한계

우리나라의 국민은 거주이전의 자유를 가지고 있다. 이 의미는 기본적으로 인구이동을 위해서는 거주민이 이전지역을 선택하는 데 있어 자신의 효용을 극대화 할 수 있는 지역을 선택함을 의미한다. 즉, 지역이 주는 효용의 가치를 타 요소와 같이 가감하여 연속형 범주로서 고려해야 한다는 의미로서 받아들일 수 있겠다. 따라서 인구이동을 위한 정부정책은 지역이 갖는 연속형 범주로서의 효용의 가치를 보다 상승시키는 데 있다고 하겠다.

과거로부터 인구이동을 통한 분산정책은 다양하게 존재하여왔으나, 최근까지 그 이슈가 이어지고 있는 것은 참여정부에 시작된 혁신도시, 기업도시 등 지역균형발전에 근간한 인구의 이주정책을 직접적으로 들 수 있겠다. 이 중에서도 혁신도시 및 세종시의 경우 공

표 3-1 전국 혁신도시 공공기관 이전현황 및 가족동반 이주 비율(단위: 개수, %)

지역	합계(평균)	부산	대구	전남(광주)	울산	강원	충북	전북	경북	경남	제주
대상	154	13	11	16	9	11	12	12	12	11	20
완료	107	12	8	13	7	5	6	9	8	7	16
가족동반 이주 비율	(23.1)	28.5	28.1	20.9	25.6	11.5	15.3	27.3	18.1	24.5	32.7

자료: 공공기관지방이전추진단. 2015년 5월 기준.

공기관 및 정부부처들의 이전 및 관련 분야 종사자들의 직접적 거주이전을 일부 달성하였다는 성과도 존재하는 것으로 평가된다.

그러나 혁신도시와 세종시는 두 가지 측면에서 보다 면밀한 평가가 필요하다. 첫 번째는 공공기관 등 종사자의 직접적 이동에 관한 사항이다. 이는 앞서 언급한 바와 같이 거주지를 선택하는 데 있어서의 효용성을 높여주는 것이 아니라, 이를 선택하지 않으면 안되는 범주형의 상황을 만들어준 것이다. 이는 과거 식민지 사회에서의 노예이동에 해당하는 억압된 이동(forced migration)의 측면으로 해석될 여지가 있다. 직업을 볼모로 거주이전을 억압하는 행태로 볼 여지가 있다는 것이다. 이러한 측면으로 인해 당초 서울을 비롯한 수도권으로부터의 인구이전을 통한 지역균형성장의 실적이 요원한 것으로 판단된다.

두 번째는 직접적 인구이동 이후 발생하는 간접적 이동의 양상이다. 무엇보다도 혁신도시 등의 정책의 방점은 이러한 간접적 인구이동에 놓여있다고 할 것이다. 혁신도시를 통해 이주한 기관은 지역의 인재를 고용하여 지역의 인재유출을 차단하거나, 세종시 건설을 통해 공급된 양질의 정주환경은 이주민으로 하여금 그들의 입지 효용을 향상시키는 데 일련의 역할을 수행하였다는 긍정적 측면이 존재한다. 그럼에도 불구하고 그 효과를 기대하기 위해서는 보다 장기적인 기다림이 필요할 것으로 보인다. 세종시 등에 공급된 주택은 서울 등 수도권으로부터의 이주보다는 주변지역으로부터의 이주현상으로 인한 제로섬 게임을 유발한다던가, 새로운 투기의 장으로 변질된 양상을 더 보이고 있기 때문이다.

문재인 정부에서는 참여정부의 혁신도시의 취지를 받아들여 '혁신도시 시즌2'를 준비중이다. 혁신도시 시즌2의 골자는 혁신도시를 산업클러스터의 중심지로 육성하여 지역 성장의 새로운 모멘텀으로 활용코자 함에 있다. 그간의 혁신도시 추진의 성과와 한계를 명확히 이해하고, 기존 도심의 활력을 단순히 이전시키는 '원도심공동화' 등의 문제점을 해소하고, 지역 간의 연계 협력을 기반으로 하는 면적인 계획으로 추진될 필요가 있겠다.

2) 지역 간의 대응전략 및 지역 내 대응 전략

① 중추거점 도시육성의 의의

인구의 지역적 쏠림현상은 앞서 언급한 바와 같이 개인의 효용극대화를 위한 입지선택에 있어 자연스러운 현상이다. 지역균형발전이 지역정책에 있어 일정부분 합의된 사항이라 할지라도, 이를 끌고 나아가는 수단에 있어서는 정부 간의 차이점이 존재한다. 이른바 균형발전을 위한 균형성장론과 불균형성장론에 대한 것이다. 직접적으로 지역정책을 추진하는 정부부처에서 정책에서 소외되는 지역을 만들 수 없다는 차원에서 균형성장론을 추진하는 데는 이견을 달 수 없지만, 진정한 의미에서의 균형성장을 위해서는 불균형성장을 바탕으로 추진되어야 한다는 측면이 최근 더욱 설득력을 얻고 있음을 부정할 수 없다. 이것이 이른바 '중추거점도시'의 육성이다.

우리나라의 경우 흔히 이야기 하고 있는 수도권-비수도권의 패러다임을 중심으로 한 '일극중심'의 현상이 지역균형발전의 화두로 여전히 논의되고 있다. 수도권 과밀화를 해소할 수 있는 근본적인 대책은 수도권의 성장을 규제하는 방법에서 찾을 것이 아니라 지방 대도시의 적극적 육성을 통해 해소하자는 관점이 지역의 '중추거점 도시육성'의 방향이 되어야 한다. 지역정책이 최고의 정책적 화두 중의 하나였던 참여정부에서는 앞서 논의한 기업도시, 혁신도시, 세종시를 중심으로 한 균형성장론이 큰 정책수단으로 활용되었다. 참여정부의 지역정책은 그 취지에는 큰 공감을 얻었으나, 정책의 수단을 지역이라는 면(面)적인 측면보다는 점(點)적인 측면으로 접근하였다는 측면에서 한계가 존재했던 것으로 평가받는다.

뒤 이은 MB정부의 지역정책은 이른바 5+2광역경제권으로 대변된다. 광역적인 경제권을 설정하자는 측면에서 그 의의가 존재하였으나, 정책적으로 세심한 접근을 할 수 없는 거대권역이었다는 측면에서 아쉬움이 남는다는 평가가 있다. 박근혜 정부에서는 '지역행복생활권' 정책이 대표적인 지역정책으로 추진되었다. 지역행복생활권 정책의 한 형태로 제시되었던 것이 '중추도시생활권'의 육성 및 활성화이다. 그러나 지역행복생활권에서의 '중추도시생활권'은 우리가 상상하는 경제권으로서의 중추거점도시와는 거리가 있음을 부정할 수 없다. 그마저도 수도권은 정책의 대상에서 제외하고자 했던 것은 수도권-비수도권의 패러다임이 여전히 존재하였음을 의미한다.

앞으로 제시될 바람직한 지역균형발전으로서의 수단은 다양하게 존재할 수 있으나, 적어도 지역의 경쟁력을 향상하고 인구유출을 방지하기 위해서는 경쟁력 있는 지역을 중추거점도시화하는 과정이 필요하다. 이러한 중추거점도시는 단순히 거점도시만을 위한 정책으로 추진되어서는 안 된다. 중추거점도시의 육성은 중추거점도시와 이와 연계된 주변도시에 필수적인 서비스에서부터 고차적인 서비스를 공급해줌과 동시에 상호 간 일자리를 제공하는 삶의 터전이 되어야 한다. 고차적인 서비스 중 특별히 지역에서 필요로 하는 의료·보건·복지 등의 서비스는 수도권 의존성이 큰 상황에서 이의 역할을 분담할 수 있는 기능이 필수적으로 고려되어야 한다.

지방의 대도시를 육성하는 경우 나타날 수 있는 반발은 지방도시-지방도시 간의 다툼이다. 지방도시 중 상대적으로 더 양호한 환경을 가지는 것으로 평가받는 지방대도시를 육성·활성화하는 경우 이보다 열악한 상황에 놓여있는 중소도시의 경우 상대적 박탈감에 놓일 수 있다. 그러나 보다 장기적이고 거시적인 관점에서 지방대도시의 육성은 지방대도시-지역중소도시가 상생할 수 있는 방법임을 명심할 필요가 있다. 아울러 국토 전반의 건전성을 추구할 수 있음은 물론이고, 지방 중추거점도시를 육성함으로 인해 그간 지루하게 논의한 수도권-비수도권의 논리에서도 탈피하여 중추거점도시 간의 경쟁력 제고를 꾀할 수 있음을 인지할 필요가 있다.

② 컴팩트시티, 도시재생의 활용

국토전반의 차원에서 지방대도시의 육성에 대한 관점과 더불어 지방도시 내부에서의 정책방향은 지역중심지를 중점적으로 육성하는 압축적 성장의 관점이 시행될 필요가 있다. 인구감소시대에 지방도시의 전략을 강구함에 있어서 도시의 공간구조를 근본적으로 개편하려는 노력은 필수적으로 고려되는 사항이다. 지방의 도시가 거점대도시에 비해 가지는 약점은 미개발지가 산적해 있다는 것이다. 그러나 역설적으로 지방의 우수한 자연환경을 바탕으로 보다 안락한 정주여건을 제공하는 데 있어서 이러한 미개발지는 적극적으로 활용될 수 있는 자원으로 볼 수 있다. 따라서 중소도시의 미개발지역을 어떻게 개발할 것인가에 대한 고민보다는 이를 유지·보전하면서 기 개발된 지역을 어떻게 효율적으로 운용할 수 있을 것인가에 대한 관심을 가질 필요가 있다.

이를 위해서는 교통인프라를 중심으로 지역 내 접근성을 증대시키고, 기성 시가지를 중심으로 보건·의료 등의 기본적인 서비스를 압축적으로 제공하여 거주민들의 쾌적성을 담보할 수 있는 방향으로의 전환이 필요하다. 도야마시의 노면전차 '센트럼'과 이를 중심으로한 컴팩트시티 전략은 우리에게도 유효할 수 있다. 문재인 정부 핵심 정책으로 예상되는 도시재생의 적용은 이러한 관점에서 논의될 필요가 있다. 도시재생의 주요한 객체와 목적은 이러한 지방 기성시가지의 압축적 고도화가 되어야 한다. 다만 도시재생 사업에 막대한 자본의 투입이 예정되어있는 만큼 부동산가격의 상승 등 부정적 영향을 최소화하는 세심한 정책설계가 필요하다.

③ 이주정책의 활용: 노동력은 단일민족에게만 적용되지 않는다.

우리나라는 동북아를 기반으로 다민족 국가의 이주민이 빠르게 유입하고 있는 지역 중의 하나이다. 국내체류외국인의 규모는 '00년 기준 50만 미만이었으나, '07년 100만을 넘어서 '16년 현재 150만이 넘는 규모를 보이고 있다(출입국. 외국인정책 통계연보. 각 연도). 이를 바꾸어 해석하면 우리나라는 활용이 가능한 풍부한 외국인 노동력을 보유하고 있는 상황이라 할 수 있다. 이주 노동자는 다양하게 구분되어 질 수 있다. 산업별로 보면 일반 외국인력의 대부분은 제조업(83.7%)에서 일하고 있으나, 중국 조선족 등 방문취업 동포는 제조업 약 58%, 서비스업 약 24%, 건설업 약 14% 등 다양한 산업에 분포되어 있음을 알 수 있다(행정안전부, 2015).

이주 노동자가 기여하는 국내의 경제적 효과는 생산유발액 약 21조, 부가가치 유발액 약 10조에 달한다는 보고가 있다(한국경제신문, 2016). 이러한 경제적 효과는 단순노무직으로 치부했던 건설 등의 산업에서부터 국내 주요 핵심 산업인 전기/전자기기, 화학제품 등의 고부가가치 산업에 이르기까지 방대하게 산출되는 것으로 보인다. 최근 이러한 경향은 이주 노동자가 우리나라의 뿌리산업을 지탱하는 근간으로 형성되어 있음을 직접적으로 나타내고 있다고 해도 과언이 아니다. 이처럼 이주 외국인을 활용하는 방안은 생산가능인구가 점차 감소하는 우리나라의 실정에 뚜렷한 대안 중에 하나로 자리매김하고 있다.

체류외국인의 특성에 대한 고려를 통해 활용분야를 차별화할 수 있겠으나, 우선적으로 외국인의 출신국가별로 거주하는 지역적 특성에 따른 차이를 통해 지역정책을 수립하는 데 활용할 수 있을 것으로 판단된다. 민성희 외(2015)의 연구를 보면, 중국, 일본, 베트남, 필리핀의 체류외국인의 거주분포는 서로 사뭇 상이함을 확인할 수 있다. 중국, 일본인의 경우 수도권에 다수 집중함을 확인할 수 있으나, 베트남의 경우 경부축을 중심으로 한 분포현상이 필리핀의 경우 호남축을 중심으로 한 분포패턴을 확인할 수 있다. 이를 모나 적극적으로 활용하면, 이주정책을 통해 지역에 따른 이주노동력에 대한 활용이 가능할 것으로 판단된다. 여기에 더해 우리나라는 북한 이주 노동력이라는 수수께끼의 보따리를 가지고 있음을 잊지 않아야 한다. 대북분위기가 원만하지 않은 가운데서도 북한 이주 노동력에 대한 대비는 항상 민감하게 다루어질 필요가 있다. 지구상에서 일시에 특정국가의 노동력을 두 배에 가깝게 확장시킬 수 있는 잠재력을 가진 국가는 한반도가 유일한 것으로 판단된다.

그림 3-7 인종별 다문화가족의 공간적 분포 패턴

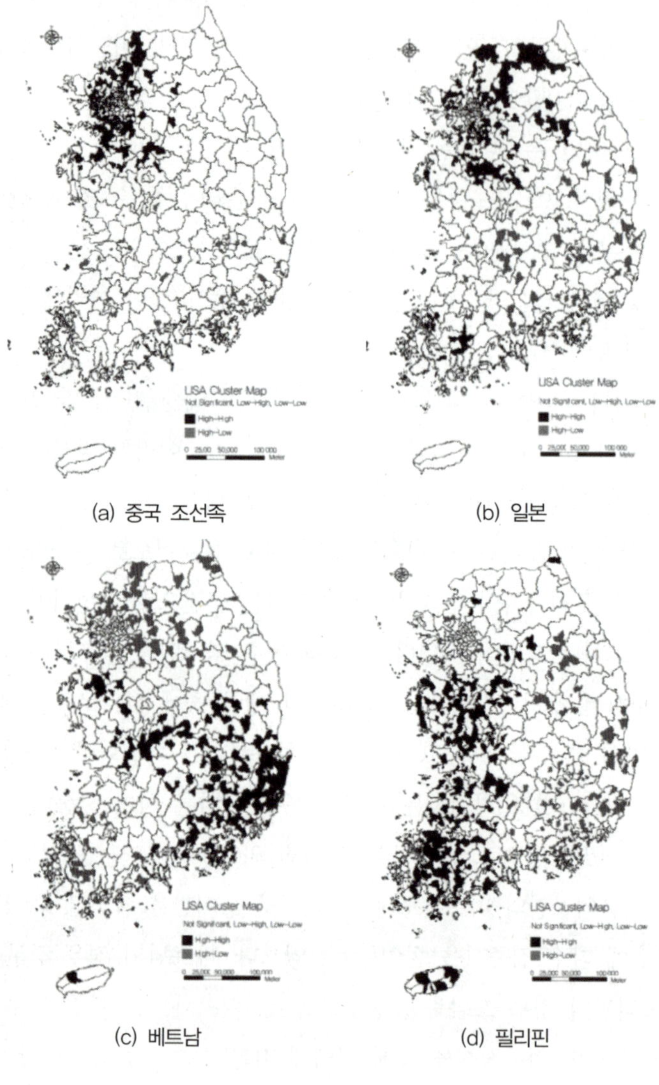

(a) 중국 조선족 (b) 일본

(c) 베트남 (d) 필리핀

출처: 민성희, 안용진, 박정호, 2015. 인종별 다문화가족 밀집거주지의 공간분포 특성, 국토연구 37, pp.115~130.

다양한 연구에서의 남북의 통일 혹은 그에 준하는 경제공동체의 양상이 나타나는 경우 남하할 것으로 추측되는 북한인구는 정도의 차이가 존재하나 500만 명에 가깝게 추산되고 있다. 이는 우리나라 전체인구의 10%에 달하는 수치로서 이러한 현상이 일거에 발생되는 경우 기회요인으로 작용하기보다는 오히려 위협요인으로 작용될 여지도 존재한다. 따라서 보다 적극적인 측면에서 사전적 대응방안에 대한 마련이 필요하다. 남하할 것으로 예상되는 대부분의 북한 이주민이 서울을 중심으로 한 수도권에 분포할 것으로 예상되는 반면, 수도권의 과도한 생활비용을 감당하지 못하는 주민들에 대한 대응방안 및 이주민의 집단거주지 등 정책적 방안에 대한 밑그림이 논의될 필요가 있다.

이를 위해서 몇 가지 측면에서의 의식의 전환이 필요할 것이다. 가장 기본적으로는 이러한 이주 노동자를 단순한 '노동력'으로만 판단하는 우를 범해서는 안 된다는 것이다. 우리가 그들을 내국인과의 경쟁의 대상으로만 치부하는 순간 우리 역시 단순한 고용자에 갇히게 될 뿐이다. 실제로도 이주 노동자의 상당부분은 여전히 국내 근로자가 희망하지 않는 단순노무를 세공하는 입공에 종사하고 있기 때문에 국내 노동자의 고용기회를 직접적으로 침해하지는 않는다는 측면의 논의가 강하다. 오히려 그들의 우리와 같은 생활터전을 공유하며 산출하는 사회·경제적 편익에 초점을 맞출 필요가 있다는 것이다. 따라서 이주 노동력을 우리의 이웃으로 대하고, 그들의 문화를 이해하려는 노력위에 그들의 터전을 바람직하게 조성하는 것이 지역경제에 도움이 될 수 있는 그들의 잠재력을 끌어낼 수 있는 바람직한 방향이 될 것으로 판단된다.

3) 국가와 지역의 인구정책 방향

부족한 노동인력을 보충하는 방법으로서의 이주정책은 매력적인 대안이 될 수 있다. 그러나 국가 및 지역의 경제적 근간을 유지하는 데 있어서의 항구적인 대안이 되기에는 한계가 있을 수 있다. 우리는 보다 지속가능한 방법으로서의 근본적인 인구정책마련이 필요한 시기에 놓여있음을 인지해야 한다. 정부는 이러한 측면에서 2004년 이래로 대통령직속 저출산·고령사회위원회를 설립하여 운영하고 있다. 출범 10년이 넘은 위원회는 총 세 차례의 '저출산 고령사회 기본계획'을 발표하고 이를 추진하기 위한 범부처적 노력을 경주하고 있는 중이다. 그러나 저출산·고령사회위원회에 대한 가시적인 성과에 대한 평가는 아직 냉정한 상황이다. 이는 기본계획을 실현하기 위한 예산집행 등 실질적인 기능이 부재하고, 범부처의 협력을 이끌어내기엔 여전히 부처 간 칸막이를 넘기가 힘들다는 것이 중론이다. 위원회를 통해 제안된 다양한 정책대안에 대해 실효성에 의문을 표하는 의견도적지 않다. 그러나 무엇보다도 위원회를 원활히 작동하게 하기 위한 지도자의 의지 부족을 가장 큰 원인으로 꼽는 의견들이 많다. 인구를 총괄하는 부처의 설립 등 현재의 제도를 체계적으로 전환하는 방법은 장기적으로 마련하더라도 인구문제를 해소하기 위해서는 육아참여를 위한 근로시간 혜택, 아동수당의 지급 등 보다 충격적인 요법을 적용할 필요가 있다. 이는 단순히 포퓰리즘의 문제로 치부할 것이 아니라, 우리사회의 문제를 바라보는 지도자의 인식을 보여주는 방법이 될 수 있기 때문이다. 이러한 국가차원의 정책을 추진함에 있어 근본적으로는 지역차원의 인구정책과 궤를 같이 하거나, 지역차원의 계획의지를 지원해줄 수 있는 방향이어야 함은 두말할 나위 없다. 국가정책은 지역차원의 인구정책에 대한 의지를 담아낼 수 있는 기반으로서 그 중요성이 있기 때문이다.

국가차원의 인구정책의 시도와 더불어 지역단위에서의 인구정책 또한 다양하게 나타나고 있다. 이 중 가장 빈번히 언급되는 부분은 '계획인구의 적정성'에 대한 부분이다. 인구정책의 시발점은 실현가능한 인구의 설정에 있다. 특히 지역차원에서는 감당가능한 적정인구의 설정은 무엇보다도 중요하다고 할 수 있다. 우리나라의 모든 도시와 군에서는 '도시(군)기본계획'을 수립토록 하고 있는데, 여기서의 핵심적인 계획지표 중의 하나가 바로 '인구'이다. 앞서 언급한 바와 같이 인구는 지역의 모든 운영시스템의 근간을 형성하고 있기 때문이다. 이와 같은 맥락에서 '도시(군)기본계획'을 수립할 때, 가장 빈번히 언급되고 비판을 받는 것이 지역에서 수립한 인구계획에 대한 '신뢰성'에 대한 부분이다. 그간 이러한 기본계획에서의 목표인구는 그 산출의 신뢰성은 차치하고서라도 지역의 '계획의지'에 높은 비중을 두었기 때문에 그 신뢰성에 대한 문제가 있다는 점은 인지하면서도 실제적으로 그를 지역의 계획목표 내지는 지역의 의지로 치환하였던 관행이 존재하였음을 부정할 수 없다는 것이다. 그러나 이에 대한 변화의 움직임이 최근 보이고 있다. 2017년 국토교통부에서는 이러한 지역의 과도한 인구 부풀리기에 대한 제동의 일환으로 '2035 평택도시기본계획안'에서의 목표인구(120만 명, 현재 47만 명)에 대한 재설정을 통보한 바 있다. 우선적으로 지역계획에서의 목표인구는 지역의 계획목표로서의 그 취지를 존중해야함이 타당하겠지만, 특정지역에서 감당하기 어려운 터무니없는 숫자놀음은 해당지역의 지속가능성에 큰 도움이 되지 않는 것으로 판단함이 옳다.

끝으로, 지역 및 국가의 인구정책 수립 및 시행에 앞서 지역의 인구를 바라보는 패러다임이 변화하고 있음을 인식해야 한다. 우리는 언젠가부터 인구가 많은 지역, 많이 증가하는 지역을 '선'(善)으로 느껴왔다. 산업화시대에 급속도로 성장한 과거 성장의 역사를 반추하며 얻어낸 경험치의 하나로 풀이된다. 이는 인간의 효용을 거주지 입지의 측면에서 봤을 때, 일견 타당할 수도 있다. 그러나 성장(growth)의 시대가 발전(development)의 시대를 넘어 안정(stable)의 시대로 향하는 만큼, 안정적 성장의 시대에서는 인구의 증가보다도 거주민의 삶의 질에 초점을 맞춘 내실 있는 소도시의 역할을 기대할 수 있을 것이다. 지역의 시스템을 일시에 변경할 수 있는 지역은 많은 인구가 서로 엉켜 삶을 영위하는 대도시보다 인구의 규모가 비교적 작은 소도시에서 보다 효과적일 수 있다. 지역 내의 모두가 행복하고, 모두가 편리하게 삶을 영위할 수 있는 강소도시의 출현을 가능하게 할 지역의 적극적 정책수립 및 추진을 기대한다.

3.5 더 생각해 보기: 인구감소시대, 4차 산업혁명과 분배의 정의

인구감소시대의 명(明)과 암(暗)은 다양한 방면에서 예측되고 있다. 특히 4차 산업혁명 시대와 결부되어 예견되는 인구감소시대는 유토피아(Utopia)의 느낌보다는 디스토피아(Dystopia)의 색채가 강하게 나타난다. 4차 산업혁명은 자동화, 기계화로 인해 적은 고용으로도 높은 부가가치가 창출될 수 있다는 측면에서 기회요인임과 동시에 자동화기계가 노동력을 대치하여 이로 인한 대규모 실업유발의 가능성이 존재한다는 측면에서 위기요인으로 지적되고 있다. 이러한 측면에서 4차 산업혁명시대에 눈여겨 볼 패러다임 중 하나가 '분배'에 대한 정의를 어떻게 할 것인가이다. 기계화 및 자동화의 과실을 오롯이 기업가에게 돌릴 것인가? 아니면, 지금의 이러한 혜택을 누릴 수 있도록 터전을 제공한 국가 및 국민의 몫을 인정할 것인가?

유사한 맥락에서 인구감소시대에는 감소하는 인구에 비례하여 감소하는 노동력으로 인해 지역경제에 대한 부정적 예측이 존재하고 있음이 분명하다. 4차 산업혁명의 성장 엔진이 될 수 있는 신산업이 집적되어 있는 대도시에서의 과실이 해당지역에만 귀속되어야 할 것인가? 4차 산업혁명을 맞이하기 위해 기술의 개발, 적용만큼이나 시급한 문제는 이의 과실에 대한 배분에 있어서 기업가와 노동자의 문제와 더불어, 과실의 지역적 분배에 대한 사회적 합의가 필요할 것이다. 이것이 4차 산업혁명이 인구감소시대에 지역에 던져주는 위기이자 기회의 요인이 될 수 있음을 부정할 수 없다. '카이사르의 것은 카이사르에게' 가야 하지만, '국가의 과실은 국민에게' 가야하지 않을까? 고민이 필요한 시점이다.

참고문헌

- 김준영, 2016. "청년인구의 지방 유출과 수도권 집중", 지역 고용동향 브리프, 2016년 가을, 한국고용정보원.
- 공공기관지방이전추진단. 2015년 5월 기준 (http://innocity.molit.go.kr).
- 남기찬, 2013. "베이비붐세대 및 에코세대의 인구동향과 지역정책에 대한 시사점", 국토정책 Brief. No. 432, 국토연구원.
- 마스다 히로야, 2015. 지방소멸, 서울 : 와이즈베리.
- 민성희, 안용진, 박정호, 2015. 인종별 다문화가족 밀집거주지의 공간분포 특성, 국토연구 37, pp.115~130.
- 통계청, 2016. '장래인구추계: 2015~2065년'. 보도자료.
- 통계청, 각연도, '인구총조사'.
- 통계청, 각연도. '주민등록인구현황'.
- 출입국 · 외국인정책본부, 각연도. 출입국 · 외국인정책 통계연보.
- 한국경제신문, 2016. "이주노동자, 그들이 없으면 공장도 세상도 불편하다", 보도자료.
- 행정자치부, 대한민국 출산지도(http://birth.korea.go.kr).
- 행정안전부, 2015. 지방자치단체 외국인 주민현황.

- Malthus, T. R. 1798. *An Essay on the Principle of Population*,
- Meadows, D. H., Meadows, D. L., Randers, J. and Behenis, W. W., 1972. *The Limits to Growth*, Universe Books.
- World Commission on Enviroment and Devleopment, 1987. *Our Common Furure.* London, Oxford University Press
- United Nation. 2017. World Population Prospect.(https://esa.un.org/unpd/wpp/)

제4장

지역산업정책

요약문

제4장은 우리나라 지역산업정책의 이론과 실천을 다룬다. 제1절에서는 개념에 대한 이해를 돕기 위해 지역산업정책의 주체, 목표, 수단을 고찰한다. 이어서 제2절에서는 지역산업정책의 이론적 흐름을 논의하고, 이에 따른 정책개입의 논거를 정리한다. 제3절은 지방자치제도 시행 이후 지역산업정책의 흐름을 목표, 수단, 체계의 변화로 구분해 논의한다. 마지막 소절에서는 지역산업정책을 둘러싼 최근의 이슈와 동향을 다룬다.

4.1 지역산업정책의 개요

1) 지역산업정책의 주체

지역산업정책의 사전적 정의는 특정지역의 산업기반을 발전시키기 위한 정부의 개입이다. 그러나 엄밀한 의미에서 개념을 정의하는 작업은 생각보다 단순하지 않은데, 이는 지역산업정책이라는 개념에 쉽게 정제하기 어려운 혼종성이 존재하기 때문이다. 무엇보다 먼저 지역산업정책에는 국가와 지방이라는 상이한 주체의 역할이 혼재한다. 국가의 개입 없이 지방이 주도하는 정책의 경우만 구분해 지역산업정책이라 명명할 수 있다면 명료할 것이다. 그러나 정책추진 과정에서 양자의 역할은 섞여있는 경우가 대부분이라, 서로의 경계를 구분하기가 모호해지는 경우가 많다.

우리나라 지역산업의 지형은 사실 대부분 지역산업정책의 결과라기보다 국가단위 산업정책의 결과로서 빚어졌다. 산업화 시기 정부는 '경제개발 5개년계획'을 수립해 국가산업의 성장공식을 정의했고, 구미나 포항 같은 지방거점에 대규모 산업단지를 지정해 기반산업을 집적시켰다. 주력산업 성장이 한계에 봉착한 1994년에는 정보통신부를 신설하고 안산, 광주, 대구 등에 지정된 테크노파크를 중심으로 벤처기업을 지원해 정보통신산업을 새로운 주력산업으로 육성했다. 이 같은 산업정책의 흐름 속에서 지방주체의 역할은 조금씩 그 범위를 확장해오고 있다. 초기에는 중앙정부가 설계한 정책을 지역단위에서 집행하는 수동적인 역할이 맡겨졌다면, 점차 지역주체 스스로 정책을 설계하고 그 결과에 책임을 지는 영역이 확대되는 추세다. 그러나 여전히 중앙정부와 지방의 역할은 지역산업정책 안에 공존한다. 지방이 주도적으로 사업을 집행하는 경우라도, 중앙정부의 지원과 조정은 정책의 추진과정에 중요한 영향을 미친다.

우리나라에서 지역산업정책이 추진되는 일반적인 방식은 지방정부가 기획한 사업을 중앙정부가 평가한 뒤 예산을 지급하는 방식이다. 우리나라 지자체의 조세수입 구조는 지방자치제도가 시행된 이래 최근까지 대략 국세 80%와 지방세 20% 수준을 유지하고 있으며, 2016년 기준 평균 재정자립도 역시 52.5% 수준을 기록하고 있다. 즉, 지역 스스로의 재원과 역량으로 산업정책을 펼칠 여력이 있는 지자체는 소수에 불과해 대부분 중앙정부의 의사결정에 의존하는 구조라 할 수 있다. 이 때문에 제도적으로는 지방 스스로의 사업기획 기능이 허용되고 있더라도, 실질적으로는 중앙정부의 지침이나 표준화된 가이드라인이 지배적으로 관철되기 쉽다. 중앙정부의 의사는 유치업종 선정이나 사업추진 방식 결정에 있어 세부지침의 형태로 직접 반영되기도 한다. 동시에 지자체 스스로도 중앙정부의 평가지침 및 투자 우선순위를 고려해 사업을 기획하기 때문에 지자체 간 사업종목이 천편일률적으로 통일되는 간접적인 측면의 효과도 있다. 특히 중앙정부가 기본적인 평가 틀을 제시하는 공모방식 지원사업에 지자체들의 관심이 집중되면서 오히려 지역내발적인 과정을 통해 발굴되는 사업들은 많은 관심을 받지 못하게 되는 경우도 허다하다.

또 다른 지역산업정책의 주체로서 제3섹터라고도 불리는 민관협의기구들의 역할을 언급할 필요가 있다. 지역산업 분야에서 대표적인 민관협의체는 지방정부와 협업해 지역산업 생태계 육성을 지원하는 테크노파크다. 중앙정부 역시 한국산업기술진흥원 같은 민관협의체를 통한 추진방식을 중요한 사업경로로 활용하고 있다. 이들은 민간기관이 정부의 협조를 통해 공공서비스를 제공하는 방식의 협의체로서, 시장에 대한 민감한 대응과 유연한 사업추진을 통해 정부조직의 경직성을 보완한다는 취지를 갖고 설립되었다. 국민의정부 시기 설립되어 현재까지 기능을 유지하고 있는 테크노파크의 경우, 기업보육에 집중했던 초기 모습에 비해 현재는 산학연 연계협의회를 운영하는 등 지역산업 거점 기능을 지원하고 있다. 다만, 문제는 이들 조직 역시 정부로부터의 자율성을 확보하지 못하고 있다는 점이다. 재정적인 영역뿐 아니라 운영지침이나 사업추진 과정에 있어서도 정부로부터의 일정한 독립성을 유지하지 못하는 경우가 대부분이어서 설립취지를 살린 유연한 사업운영이 제대로 이뤄지지 못하고 있는 상황이다(장재홍 외, 2013).

2) 지역산업정책의 목표

지역산업정책은 그 목표에 있어서도 혼종적인 속성을 갖고 있다. 지역정책과 산업정책이라는 서로 다른 정책목표가 얽혀있는 까닭이다. 지역정책의 핵심 가치가 형평성(equality)이라면, 산업정책의 핵심 가치는 효율성(efficiency)이다. 지역정책의 주된 목표가 지역 간 균형발전에 있다면, 산업정책은 주요산업의 경쟁력을 유지하고 강화하는 데 그 역량을 집중한다. 이처럼 양자의 논리는 많은 지점에서 서로 경합한다. 그럼에도 불구하고

표 4-1 지역산업정책의 패러다임 전환

구분	이전 패러다임	새로운 패러다임
목표	낙후지역의 입지적인 불리함을 해소하기 위한 일시적 보상	지역경쟁력 제고를 위해 모든 지역의 저개발된 잠재력을 개발
정책개입의 단위	행정적 단위	기능적인 경제지역
전략	업종별 접근	통합된 개발 프로젝트
사업수단	보조금 및 국가재정 지원	연성자본과 경성자본의 지원 (자본투자, 노동시장, 경영환경, 사회적자본, 네트워크)
행위자	중앙정부	다양한 층위의 정부기관

자료: OECD(2009), 51쪽 하단 표 인용.

정책현장에서 어느 하나의 논리를 완전히 택하거나 버리는 것은 불가능하다. 오히려 양자 간의 긴장을 지역이라는 장소성 안에서 조율하는 것이 지역산업정책의 근본적인 문제라 할 수 있다.

모든 지역산업정책은 형평성과 효율성의 가치를 일정한 기준으로 조합해 추진하지만, 그 가중치는 사업마다 상이하기 마련이다. 효율성을 중시하는 지역산업정책은 성장의 잠재력이 큰 지역에 지원을 집중하는 선별적인(selective) 전략을 중시한다. 업종의 선택에 있어서도 전후방 연쇄효과가 크고 국가경제에의 기여도가 높은 산업을 선별하는 접근이 중시된다. 더불어 투자의 효율성을 높이기 위해 국지적인 단위보다는 광역적인 단위에서 사업을 전개해 지역 간의 자원 연계와 공유를 지향하는 경우가 보통이다. 반면에, 형평성을 중시하는 정책에서는 자립적인 산업기반이 열악한 낙후지역 개발에 우선순위가 위치된다. 따라서 첨단업종에 지원을 집중하기보다는, 지역 주민이 체감할 고용성과를 기대할 수 있는 지역주력산업을 발굴하고 육성하는 데 정책역량을 집중하는 경우가 보통이다. 정책의 층위 역시 소외지역이 발생하기 쉬운 광역단위 사업보다는 국지적인 단위에서의 추진이 중시되며, 이에 따라 지역주체와의 협업을 통한 상향식(bottom-up) 계획방식이 활용될 수 있는 여지가 넓다.

지역산업정책의 최근 사례에서는 형평성과 효율성의 목표를 분절적으로 추진하는 것이 아니라 통합하려는 시도가 뚜렷하게 나타난다. 지역 균형발전의 목표가 우선시되던 지역정책 사업에서도 고성장지역의 자원을 낙후지역으로 단순히 재배치하는 방식의 접근은 지양되는 추세다. 그보다는 모든 지역이 자기 나름의 성장 잠재력을 갖고 있다고 전제하고, 지역내발적인 과정을 통해 각 지역의 특색에 맞는 발전경로를 찾는 전략이 중시되고 있다. 이 같은 전략은 고성장지역과 저성장지역 모두가 각자의 특성에 맞게 성장해법을 찾도록 지원함으로써 형평성의 목표를 달성한다. 동시에 각 지역의 이용되지 않던 잠재력을 실현함으로써 국가 산업체계 전반의 효율성을 추구한다. 정책목표의 전환은 국제적으로도 뚜렷하게 관찰되고 있는 흐름이다. 27개 선진국의 지역산업정책을 비교한 OECD(2009) 역시 모든 지역에서 지역산업의 경쟁력을 개선하는 통합적인 사업방식이 지역산업정책의 새로운 패러다임으로 부상하고 있음을 제시했다(〈표 4-1〉 참조).

3) 지역산업정책의 수단

지역산업을 육성하기 위해 활용되는 정책수단은 지역외생적인 수단과 지역내발적인 수단으로 구분해 정리할 수 있다. 양자는 산업발달의 동력을 지역 바깥에서 찾는지, 내부에서 찾는지에 따라 구분된다. 먼저 외생적인 접근은 지역 외부의 기업이나 기관을 역내로 유치하기 위한 정책수단으로서, 세제 지원과 보조금 지원이 패키지화된 산업단지 공급이 대표적인 사례다. 반면 내생적인 접근은 지역 내에서 활동하고 있는 경제주체들의 역량을 확대하기 위한 정책수단이다. 기업체들의 연구개발 활동을 지원하거나 노동자들에게 교육·훈련 프로그램을 지원하는 사업이 이에 해당된다.

외생적 접근은 대기업이나 연구기관 같은 앵커기관을 유치해 지역산업에 대한 파급효과를 도모한다. 예를 들어, 대기업의 신규 분공장을 유치할 경우, 연관된 공급업체들의 네트워크가 함께 유입될 가능성이 높기 때문에 지역산업의 역량을 빠르게 확대할 수 있다. 물론 이 같은 전세에도 문제가 없는 것은 아니다. 한편으로, 지역 간의 기업유치 경쟁이 지나칠 경우, 인프라의 중복투자와 무분별한 보조금 낭비를 초래하는 경우가 많다. 이는 결과적으로 국가 전체적인 자원배분의 효율성을 저해하는 제로섬 게임을 야기할 우려가 크다(Bradshaw and Blakely, 1999). 또 다른 한계로서 대기업의 분공장들은 인력 소요가 적은 기계화 공정을 전면 도입하는 경우가 많기 때문에 실제적인 고용 파급효과가 제한적이라는 지적이 있다. 유명한 사례의 하나는 전북 순창군의 고추장 산업이다. 우리나라의 대표적인 고추장 가공업체가 집적해있는 순창군에서는 전국 고추장 소비량의 약 40%가 생산된다. 그러나 고도로 기계화된 공장들은 많은 노동력을 필요로 하지 않았고, 순창의

표 4-2 지역산업정책의 수단

구분	외생적 접근	내발적 접근
접근 방식	지역 외부의 앵커기관을 지역으로 유치해 파급효과 도모	지역 내부에서 활동하는 산업주체들의 역량 및 연계 강화
정책수단	세제혜택, 산업단지 개발, 기업유치 보조금 등	기업체 연구개발 활동지원, 근로자 교육 프로그램, 창업지원, 역내 기업 네트워킹 등
주요 한계	외부기관과 지역 간의 연계가 약할 경우, 지역산업에 대한 파급효과 역시 제한적일 수 있음 지역 간의 기업유치 경쟁은 국가 전체적으로 제로섬 게임의 비효율을 야기할 수 있음	초기 조건이 열악한 지역의 경우 내발적인 자원만으로는 저성장의 덫을 탈출하기 어려움

가파른 인구감소를 역전시키지도 못했다. 고추장 생산에 소요되는 고추와 콩 역시 순창 내에서 수급되는 비중은 미미한 수준이다(이원재, 2012). 이처럼 외부기관의 유치는 그 자체만으로 지역산업의 파급효과를 담보하지 못한다. 오히려 더 중요한 것은 유치된 기관이 얼마나 지역의 산업토양에 뿌리를 내릴 수 있는지의 문제라 할 수 있다.

내발적 접근의 정책수단들은 이상 언급된 외생적 접근의 한계를 보완한다. 지역기업에 대한 연구개발 보조금 지원사업이나 근로자 교육프로그램을 지원하는 사업은 지역기업들이 외부기관의 지식이나 자원에 의존하지 않고 자생적인 기술역량을 확보할 수 있도록 돕는다. 최근 강조되고 있는 정책수단은 지역의 창업환경과 기업가정신(entrepreneurship)을 촉진하기 위한 사업이다. 지역민의 기업가정신 발휘는 지역사회에 잠재되어 있던 저활용 자원과 기회를 발굴해 계발한다는 점에서 지역자원의 효율적 배분과 혁신을 이끄는 중요한 동인으로 기여할 수 있다(Acs and Storey, 2004). 특히 창업의 빈도와 성공률이 지역의 환경에 따라 크게 달라진다는 선행연구들의 보고는 창업에 대한 정책개입의 필요성을 실증적으로 지지하는 관찰이라 할 수 있다(Audretch and Keilbach, 2004). 그러나 기술형 창업의 상당수는 대기업이나 공공연구소 같은 앵커기관 종사자들이 프로젝트에서 파생된 아이디어를 갖고 조직 바깥에서 창업을 감행하는 스핀오프(spin-off) 형태의 창업으로 발생한다(김형주 외, 2016). 이러한 관찰은 창업을 촉진함에 있어 지역내발적인 역량과 지역외생적인 자원의 효과적인 결합이 필요하다는 점을 시사하고 있다.

4.2 지역산업정책의 이론적 기초

고전적인 경제학의 입장은 지역산업에 대한 정책개입의 필요성을 지지하지 않는다. 단기적으로는 자연조건이나 규모의 경제에 따라 지역산업의 성장 격차가 발생할 수 있다. 그러나 장기적으로는 시장가격 메커니즘이 지역 간 격차를 영(零)에 수렴시킨다는 것이 고전적인 경제학의 신념이다. 구체적인 논리는 이러하다. 경제학은 대개 경제성장을 1인당 생산성 증가로 정의한다. 생산성을 높이려면 자본가는 자신이 고용한 노동자에게 더 많은 자본을 투자해야 한다. 일정 시점까지는 더 많은 자본과 결합된 노동자가 더 생산적으로 일한다. 그러나 한 사람이 여러 기계를 동시에 사용할 수는 없기에 자본의 투자수익은 결국 감소하기 마련이다. 지역 전체로도 마찬가지다. 임대료가 상승하고 혼잡비용 같은 집적 불경제가 발생하면서 투자수익은 더 가파르게 감소한다. 결국 투자의 한계편익이 한계비용 밑으로 내려서는 시점이 오면, 자본의 역외 이탈이 본격화되는데, 투자자들은 수익률이 여전히 높은 곳, 즉 자본투입량이 적은 낙후지역을 찾아 이동할 것이다. 이 과정이 무한히 반복된다 할 때, 세계 모든 지역의 성장은 동일수준에 수렴한다. 이것이 그 유명한 지역성장의 수렴이론(convergence theory)이다.

다수의 경제학자들은 이제 더 이상 수렴가설을 믿지 않는다. 일단 실증지표가 정반대 현상을 지시하기 때문이다. 동시에 이론적 측면에서도 모든 생산요소의 투자수익이 반드시 체감하지는 않는다는 것이 일반화되고 있다. 특히 인적자본(human capital)의 투자수익은 규모에 따라 증가하는 경향이 뚜렷하다. 대학에서 인공지능 분야 박사학위를 취득한 사람이 있다 하자. 학위를 마친 그는 주변 소도시에서 창업에 도전한다. 단순제조업에 특화된 이 동네에는 인공지능의 성과에 대해 토론할 사람도 없고, 그의 가치를 알아보며 작업을 의뢰할 이도 없다. 그의 인적자본은 적어도 이 동네에서는 가치 있는 재산이 아니다. 결국 그는 동종업계의 중심지라 불리는 대도시로 자리를 옮긴다. 인공지능 전문가가 즐비한 이 도시에서 그가 보유한 지식은 매우 중요한 자산이다. 똑똑한 사람들 곁에서 일하게 된 그는 자신의 인적자본을 다른 이들의 인적자본과 결합해 전보다 생산적인 작업을 할 수 있게 된다. 그의 지식은 조직범위를 넘어 주변으로 유출되고, 동료와 경쟁자 모두의 생산성을 높인다. 또 남들보다 뛰어난 지식을 개발할 수 있으면 이내 가치를 알아본 투자자가 몰려들 것이기 때문에, 추가적인 학습과 혁신에 몰두할 강한 유인이 부여된다. 이 같은 과정이 사회적으로 반복되면 끊기 힘든 선순환이 생긴다. 역내로 인적자본이 유입될수록 인적자본의 투자수익은 증가하고 이 때문에 더 많은 인적자본이 역내로 유입된다. 달리 말해, 인적자본 투자의 수익이 규모에 따라 체감하지 않고 오히려 체증하는 상황이다. 이것이 바로 인적자본 외부효과(human capital externalities) 이론이다.

1986년 시카고대학의 박사과정 학생이었던 폴 로머(Paul Romer)는 『수확체증과 장기성장』(increasing returns and long－run growth)이라는 제목의 학위논문을 통해 내생적성장이론(endogenous growth theory)의 탄생을 알린다. 내생적성장이론은 지식외부효과 메커니즘에 따라 지역산업의 성장이 특정지역으로 집중될 수 있다는 점을 논증한다. 이러한 논리는 수렴이론과는 반대로 지역산업에 대한 정책적 개입에 정당성을 부여한다. 내생적성장이론의 관점에서 볼 때, 지식자본의 초기 투자수준이 열악한 지역은 새로운 투자유인이 부재한 탓에 향후에도 투자가 부진할 가능성이 높다. 적어도 시장의 조절기능만으로는 저성장의 늪을 탈출하는 것이 어렵다. 따라서 낙후지역이 일정한 임계점에 도달하기까지는 정책적 지원을 통한 투자가 선행되어야 한다는 것이 지역산업정책의 중요한 논거다.

지식투자가 활발한 지역이라 하더라도 정책개입의 필요성이 없는 것은 아니다. 지식의 높은 부존량이 반드시 활발한 외부효과로 이어진다는 보장은 없기 때문이다. 실제로 진화경제학(evolutionary economics) 문헌의 관찰에 따르면, 우수한 자원을 가진 지역이더라도 혁신체계를 구성하는 요소 간 유기적 연계가 이뤄지지 못하는 경우 지식의 유통과 혁신 창출에 실패하는 사례가 많다. 이 같은 상황을 기존의 시장실패(market failure) 상황과 구분해 시스템실패(system failure)라 칭한다(Woolthuis et al., 2005). Carlsson and Jacobsson(1997)은 시스템실패를 다시 네트워크실패와 제도적실패로 구분했다. 전자는 행위자 간 소통과 협업이 발달되지 못해 체계 전반의 생산성이 저하되는 상황이며, 후자는 행위자 간 관계를 바람직한 방향으로 조정할 제도적 기반이 부재한 상황이다. 사실 양자는 별개의 문제가 아니라 하나로 연결되는 문제다. 먼저 네트워크실패를 초래하는 주된 원인은 신뢰의 부재다. 다른 주체와 상호의존적인 관계를 맺는다는 것은 상대의 불법행위에 따른 취약성을 감수하며 상대를 신뢰한다는 뜻이기 때문이다. 따라서 네트워크가 형성되고 자원이 순환하기 위해서는 각 주체가 인식하는 취약성을 구조적으로 보완해줄 장치가 필요한데, 이것이 바로 제도의 역할이자 정부 역할이 개입될 수 있는 지점이다. 정부는

그림 4-1 부산 명지·녹산 국가산업단지의 전경

법제와 규범을 효과적으로 정비해 제도적실패를 해소할 수 있다. 또는 민관협의체 같은 중간지원조직을 구성해 네트워크실패를 완화할 수 있다.

이상 살펴본 바와 같이, 지역산업과 관련된 이론적 논의는 시장의 기능만으로 산업의 혁신과 성장이 조절되기 어렵다는 점을 보여준다. 각국 정부의 정책개입 수준 역시 이 같은 논의의 흐름에 대응해 심화되어 왔다. 수렴이론이 정책적 사고를 지배하던 시기에는 성장거점을 선정해 투자를 집중하는 것이 최선의 접근이라 인식되었고, 낙후지역의 저성장은 시간이 흐르면 해소될 문제라 여겨졌다. 그러나 지식외부효과의 확산이 지역 간 격차를 심화시킨다는 내생적성장이론의 통찰이 수용되면서, 지역마다 나름의 정책적 안목을 갖고 특화산업의 지식기반에 투자해야 한다는 인식이 확산되었다. 우리나라 역시 비슷한 노선을 따라 지역산업에 대한 정책적 개입을 심화시켜왔다. 다음 장에서는 우리나라 지역산업정책의 흐름을 목표, 수단, 추진체계의 변화로 구분해 살펴본다.

4.3 우리나라 지역산업정책의 흐름

1) 정책목표의 변화

우리나라에서 지역산업정책이 본격적으로 시행된 시기는 1990년대 후반이다. 1980년대 초반부터도 지역 간 산업격차 심화에 대한 문제의식은 꾸준히 제기되고 있었다. 이 시기 발표된 제2차 국토종합개발계획('82~'91)을 살펴보면 지방의 산업기반 확충을 위해 중소규모 산업단지를 분산배치한다는 구상이 포함되어 있다. 같은 시기인 1982년 제정된 「중소기업진흥법」에는 중소기업의 지방유치가 중요한 축으로 고려되어 있다. 이어서 제1차 수도권정비계획('84~'96)이 시행된 1980년대 후반에는 군장공업단지, 녹산공업단지, 대불공업단지 등 산업화 단계에 소외되었던 서남권 지역에 대한 산업 인프라 투자가 집중적으로 이뤄졌다.

90년대 이후 지역산업정책의 전개는 〈그림 4-2〉에 표현된 세 가지 단계로 구분할 수 있다. 첫 번째 단계는 지역경제 활성화를 위해 지방 거점도시의 산업고도화를 추진했던 국민의정부 시기의 지역산업정책이다. 대표적으로 「4개 지역산업진흥계획」은 대구의 섬유산업, 부산의 신발산업, 경상남도의 기계산업, 광주의 광산업을 전략산업으로 선정한 뒤 지자체 및 지역기업 협의체가 함께 사업을 전개한 상징적인 사례다. 각 지역에는 혁신센터 등의 인프라가 설치되었고, 이를 거점 삼아 연구개발비 지원 및 인력양성 프로그램이 추진되었다. 이처럼 물리적 인프라와 인적자본 투자를 함께 추진해 외환위기 이후 침체되어 있던 지방경제를 활성화하는 한편, 신산업으로의 구조조정을 촉진하는 것이 이 시기 지역산업정책의 목표라 할 수 있다. 그러나 대부분의 사업은 국지적인 단위에서 추진되었고 혁신과정 전반에 대한 시스템적인 접근이 등장하지는 못하였다.

국민의정부 이후 우리나라의 지역산업정책은 공간적 범위가 지속적으로 광역화되는 추이를 보인다. 참여정부 시기의 지역산업 정책목표는 자생적인 혁신생태계 구축이라 압축할 수 있다. 이 시기의 정책수단들은 산업클러스터(industrial cluster)와 지역혁신체계(Regional Innovation Systems; RIS)라는 이론적 개념에 기초해 조직되었다. 마이클 포터

(Michael Porter)가 주창한 산업클러스터는 '특정 분야에서 협력하고 경쟁하며 상호연결되어 있는 기업과 제도기관의 지리적 군집'이다(Porter, 2000). 마이클 포터는 클러스터가 입지적인 비교우위를 형성하는 원리를 설명하기 위해 공급, 수요, 관련산업, 기업의 전략·경쟁조건이 맞물리는 다이아몬드 모델을 제안했다. 우리나라에 수용된 클러스터 논의의 대부분은 다이아몬드 모형의 관련산업 조건('related and supporting industries')에 해당하는 산·학·연·관 네트워크 구축에 집중되었다. 이 같은 이해는 '역내 지원기관에 연결되어 있는 기업들의 지리적 군집'(Asheim and Gertler, 2006)이라는 지역혁신체계(RIS)의 협의적 정의와 호환된다. 참여정부 시기 지역혁신체계는 국지적인 산업클러스터와 국가단위 혁신체계를 중개하는 광역(시·도)층위 개념으로 활용되었다. 그러나 산업클러스터와 지역혁신체계의 개념 모두 산·학·연·관 연계를 통해 지역의 자생적인 혁신역량을 창출한다는 데 초점이 맞춰져 있었다. 이 같은 구상을 실행에 옮기기 위해 참여정부는 지방대학 육성 등 지역주체 역량강화에 힘쓰는 한편, 지역혁신협의회를 통한 상향식 공모사업을 추진했다. 이를 통해 시·군 단위에서 107개에 달하는 지역특화발전특구가 조성되었으나, 대다수 사업이 지역자원을 활용한 관광사업에 치우치는 한계를 보이기도 했다.

이처럼 참여정부 시기 지역산업정책이 형평성에 무게를 싣는 지역정책 성격이 강했다면, 뒤를 이은 이명박 정부는 효율성을 중시하는 산업정책의 관점에서 지역산업정책을 재편한다. 효율성을 추구하기 위한 전략은 사업의 공간적 범위를 광역화하고, 사업비 지원을 중견사업체에 집중하는 것이었다. 이러한 철학에 따라 이명박 정부의 지역산업정책은 광역경제권의 글로벌경쟁력을 강화하는 데 집중한다. 대표적인 사업은 「광역경제권선도산업육성사업」이다. 사업의 기본 구상은 전국을 다섯 개의 광역경제권(충청권, 호남권, 동남권, 대경권, 수도권)과 두 개의 특별광역경제권(강원권, 제주권)으로 구분한 뒤 광역경제권마다 선도산업 프로젝트를 추진하는 것이다. 참여정부가 국지적 공간 범위(시·군 단위)와 광역적 공간 범위(시·도 단위)를 연계하려 시도했던 것과 달리, 이명박 정부는 시·도 단위를 넘어서는 지역 간 연계를 통해 세계무대와 경쟁하는 데 초점을 맞췄다. 시·도 단위에서 추진되는 지역전략산업육성사업이나 지역연고산업진흥사업 역시 유지되었으나, 이전 정부와 비교할 때 지자체 단위에서 기획되는 지역산업 예산은 현저히 비중이 감소하게 된다(박재곤 외, 2014). 지역주도형 사업기획의 창구는 여전히 열려 있었으나, 선정된 이후의 사업추진은 중앙정부 주도로 전개되었다.

박근혜 정부는 이명박 정부의 정책기조를 계승하는 가운데, 기존 정책구도의 한계를 보완하는 데 집중했다. 중요한 변화의 하나는 광역경제권이라는 기존의 공간구획을 경제협력권이라는 개념으로 대체한 것이다. 전자가 시 · 도 단위에서 구획된 행정구획이라면, 후자는 사업의 성격에 따라 탄력적으로 정의되는 기능적 광역권으로서 실제적인 산업입지 분포를 고려해 정의한다. 동시에 박근혜 정부는 전임정부가 지나치게 첨단산업 중견지원 지원에 집중해 역내 파급효과가 적었다는 인식에서 일자리 창출을 위한 지역주력산업 지원을 안배했다. 이 점에서 박근혜 정부의 지역산업 정책기조는 국민체감형 지역발전이라 할 수 있다. 마지막으로 광역사업에서 지역주체 참여가 차단되었다는 비판을 의식해, 국비 기준 30% 지방비를 매칭해 지자체 참여와 책임부담을 유도했다(최윤기 외, 2014; 지역발전위원회, 2017).

2) 정책수단의 변화

지역산업을 지원하기 위해 정부는 다양한 유형의 정책수단을 구사한다. 가장 기본적인 정책수단은 기업활동을 지원하는 물리적 인프라를 공급하는 것이다. 산업단지나 지식산업센터를 공급해 기업에게 입주공간과 지원시설을 제공하는 경우가 대표적인 사례다. 또 다른 유형의 사업은 기업의 연구개발행위나 기술이전을 지원하는 것인데, 주관기업이 조직한 컨소시엄에 정부가 기술료를 지원하는 경우가 이에 해당한다. 이밖에도 정부는 인력양성 프로그램을 운영하거나 기업지원서비스를 제공하는 방식으로 지역산업의 발달을 지원하기도 한다(정종석 외, 2011).

산업화 시기부터 지역산업 부양에 가장 빈번하게 사용되어 왔던 정책수단은 대규모 산업입지의 공급이었다. 즉, 지방거점에 산업단지를 개발한 뒤 저렴한 분양가와 세제혜택을 유인 삼아 입주기업을 유치하는 전략이다. 산업화 시기의 대규모 산업단지 개발은 저렴한 토지와 인력을 찾아 지방으로 생산기지를 이전해야 했던 당시 산업계의 필요에 부응하는 것이었다. 특히 수도권과 영남권을 중심으로 지정된 국가산업단지들은 수출공업화의 전진기지로서 국가산업 발달에 중요한 공헌을 했다. 전기 · 전자, 기계 등 국가 주력업종에 특화되어 있는 산업단지들은 규모의 경제를 달성하기 용이한 조건을 제공해 우리나라 기업들이 수출시장에서 가격 경쟁력을 확보할 수 있게 했다. 정부 역시 입주기업에 대한 지원 역시 산업단지와 연계된 패키지 형태로 제공함으로써, 한정된 자원을 효율적으로 사용해 산업 생태계를 구축할 수 있었다. 2016년 기준 전국에 지정된 산업단지의 수는 1,158

개이며 국토면적의 1.4%에 육박하는 1,400㎢를 차지하고 있다(한국산업단지공단, 2016).

외환위기 이후 지식산업 육성이 국가과제로 부상하면서 대규모 산업입지 공급을 축으로 구축되었던 기존의 정책수단은 한계를 노출한다. 우선적인 문제는 전통적인 산업단지의 구조가 새로운 지식경제를 육성하기에 부적절함을 드러냈다는 점이다. 지식경제의 주동력이라 할 수 있는 기술혁신은 서로 다른 업종과 기술의 경계선에서 발생하는 경우가 빈번하다. 따라서 지나치게 특정업종에 특화된 구조보다는 연관된 산업이 다양하게 입지해있는 환경을 필요로 한다. 따라서 새롭고 다양한 지식에 폭넓게 접속할 수 있고 시장동향을 다양하게 파악하기 유리한 대도시 입지가 지식경제의 중요한 입지조건으로 부각되고 있다. 물론 비용절감과 생산의 신속성이 중요한 업종에서는 동종업종 사업체가 집적해 있는 산업단지가 여전히 효율적일 수 있다. 그러나 첨단산업과 기성산업의 경계가 모호해지고, 전산업의 스마트화·지능화가 진행되고 있는 현 시점에서 전통적인 산업도시들의 입지적 조건은 갈수록 한계를 드러내고 있다.

또 다른 이슈는 대기업 분공장 중심 체제의 취약성이다. 지방도시에 흩어진 산업단지들은 수도권에 본사를 위치시킨 대기업의 분공장을 중심으로 조직된 경우가 많다. 자연스레 각 산업단지의 주요 기업들은 지역 내 기능적인 연계에 의존하기보다, 지역 바깥으로 발달되어 있는 본사 조직의 네트워크에 의존하는 비중이 높았다. 이렇게 지역의 산업토양에 착근되지(embedded) 못한 분공장들은 시장조건과 본사전략의 변화에 따라 생산설비를 이전할 수 있기 때문에 지역경제를 취약성에 노출시킨다. 더불어 역내 생태계에 뿌리를 내리지 못한 분공장들은 지역주체와의 협업구조에 적극적으로 참여할 동기나 기회 역시 찾기 어려웠고, 이는 지역산업 생태계의 경쟁력을 약화시키는 조건으로 작용했다.

이처럼 기존 정책수단의 취약성이 명확해짐에 따라 정부는 지역산업 정책수단의 전환을 도모해왔다. 앞 세대의 정책수단들이 동종업종 사업체의 산업집적이라는 공간정책을 축으로 페기지화되어 있었다면, 2000년대 이후 등장한 정책수단들은 다양한 주체들을 연계하는 클러스터 공간전략을 중심으로 재편되는 추세다. 여기서 새롭게 강조되는 정책수단은 네트워킹이라 할 수 있다(Bradshaw and Blakely, 1999). 이와 관련된 사례로서, 한국산업단지공단은 2005년부터 「산업집적지경쟁력강화사업」이라는 클러스터 사업을 지원하고 있다. 2005년 7개 산업단지에서 시범적으로 사업을 시작한 산업단지 클러스터 사업은 현재 전국 산업단지로 대상지역을 확대하고 있다. 대표적인 사업은 클러스터 내 산학연 주체로 구성된 협의체를 업종 및 기술분야별로 조직해 주체 간의 공동협력 활동을 지원하는 미니클러스터 사업이다. 이 밖에도 혁신도시를 거점으로 분산되어 있는 공공기관들의 자원을 활용해 지역주체들을 연계하는 네트워크 사업 역시 정책적인 네트워킹의 사례라 할 수 있다.

3) 추진체계의 변화

앞 소절에서 설명된 정책수단의 전환 과정은 필연적으로 추진체계의 변화를 수반한다. 우리나라에서 지역주체가 산업정책의 주체로 본격 무대 위에 등장한 것은 참여정부 시기다. 자립형 지방화를 국정목표의 하나로 설정했던 참여정부는 지방분권, 지방분산, 지방분업이라는 삼분정책을 통해 지역주체의 역량과 권한을 강화하고자 했다. 이 시기부터 국가균형발전특별법 제정에 따라 국가균형발전위원회와 시 · 도지역혁신협의회가 운영되기 시작하였다. 이 중에서 국가균형발전위원회는 이명박 정부 시기 지역발전위원회로 명칭이 변경된 뒤 현재까지 기능을 유지하고 있다. 정부 당연직위원과 민간 위촉위원으로 구성되는 지역발전위원회는 지역 및 부처 간의 협업이 필요한 사업에 대한 연계 기능을 수행한다.

시 · 도지역혁신협의회는 이명박 정부에서 광역경제권발전위원회로 명칭이 변경되었고, 박근혜 정부에서는 다시 시 · 도생활권발전협의회로 개명되었다. 박근혜 정부의 지역행복생활권은 종전의 광역경제권 · 기초생활권 구획을 대체하는 권역으로서, 지역민이 실질적인 정책효과를 체감할 수 있도록 기능적인 공간범위를 정의하는 데 차별성을 두었다. 전국 63개 생활권의 지역정책을 조율하는 생활권발전협의회는 위원장인 시 · 도지사가 위촉하는 민간전문가 등의 위원으로 구성되고 있다. 주요한 기능은 시 · 도발전계획을 심의하고, 지자체에서 작성한 지역생활권 발전계획을 검토 · 조정하는 것이다(박성호 외, 2013).

지역산업의 추진체계에 있어 또 다른 중요한 변화는 지역산업정책의 집행과 평가를 수행하는 전문기관들이 설립되었다는 것이다. 대표적인 기관은 1995년 기술하부구조 확충 5개년계획을 통해 탄생한 테크노파크이다. 현재까지 조직을 유지하고 있는 각 지역의 테크노파크들은 지역산업 사업 간의 연계와 조정 기능을 주로 담당하며, 지역주체 간의 네트워크 거점으로서도 기능하고 있다. 지역별 특화센터 역시 지역산업정책의 추진주체로서 중요한 기능을 수행하고 있는데, 지역별 전략산업을 따라 지정된 전라북도의 자동차부품 산업혁신센터나 부산의 기계부품소재기술지원센터 등이 그 대표적인 사례라 할 수 있다.

한편, 지역산업의 기획 및 평가기능을 지원하는 주체로서 참여정부는 전략산업기획단을 설립했다. 이어서 이명박 정부 시기에는 5+2 광역경제권 구상을 지원하기 위해 선도산업지원단이 경제권마다 조직되었고, 광역단위 사업평가를 위한 지역사업평가원 설립이 이뤄졌다.

4.4 지역산업정책의 최근 이슈

1) 클러스터 공간전략의 재고: 창업과 혁신을 지원하는 플랫폼 전략

앞 장에서 살펴본 바와 같이, 클러스터 개념을 중심으로 한 공간전략은 2000년대 초반 이래 우리나라 지역산업정책의 중심축이 되어왔다. 본래 클러스터는 서구 혁신지역들의 급속한 성장을 설명하기 위한 이론적 틀로서 등장했다. 그러나 우리나라에서는 지역간 균형발전을 달성하기 위한 정책수단으로서 클러스터 개념이 빠르게 수용되었는데, 여기에 한국형 클러스터 전략의 특이성과 한계가 있다. 한편으로, 클러스터 공간전략은 지역주체의 네트워크에 기초한 내생적인 성장동력을 조명했다는 점에 의의가 있다. 그러나 국가주도로 실행된 공식화된 클러스터 전략이 오히려 지역내발적인 숙의과정을 저해했다는 비판 역시 존재한다(남기범, 2004).

최근의 기술환경 변화는 클러스터 공간전략의 틀을 새로운 각도에서 도전하고 있다. 기본적으로 클러스터는 생산체계(production system)에 집중하는 사고방식이다. 구매자와 납품업체의 관계로 얽혀 있는 기업 간의 가치사슬이 주된 관심사이며, 그것을 둘러싼 제도적 환경에 나머지 관심이 주어진다. 반면, 지식의 순환체계에 대해서는 상대적으로 적은 관심이 주어졌다. 특히 시제품 설계나 양산화 단계 이전의 아이디어 생산 과정에 대해서는 논의하는 바가 적다. 그러나 최근에는 디지털경제에 기반한 플랫폼의 영향력이 확대됨에 따라 아이디어 개발부터 시제품 생산까지의 과정이 빠르게 압축되는 상황이다. 특히

그림 4-2 세계 최대규모 창업 인큐베이터 파리 Station F의 오피스 모습(左)과 회의공간 모습(右)

자료: Wired 온라인 기사(http://www.wired.co.uk/gallery/step-inside-station-f-the-worlds-largest-startup-campus)

하나의 혁신적인 아이디어가 기성산업의 질서를 빠르게 재편하는 사례가 다수 관찰되고 있다. 이에 따라 선진국에서는 창의적인 생각을 가진 인재들이 활발하게 상호작용할 수 있는 플랫폼을 조성해 기존 클러스터 정책의 한계를 보완하려는 노력이 모색되고 있다. 이러한 흐름의 정책들은 지식체계와 생산체계 간의 유기적인 결합을 생태계적인 관점에서 조명한다. 산업의 클러스터에서 지식의 생태계(ecosystem)로 지역산업정책의 강조점이 이동하고 있는 것이다.

최근 조성되고 있는 플랫폼 기관들은 주로 미래형 산업의 창업과 혁신을 촉진하는 데 초점을 맞추고 있다. 대표적인 사례는 프랑스 정부의 기술인큐베이터 사업이다. 프랑스 정부는 전국 71개 경쟁력거점(Pôles de compétitivité)에 200여 개 기술인큐베이터 센터를 설치해 혁신적인 생각을 가진 인재들의 기술형 창업을 지원하고 있다. 각 기술인큐베이터에는 연구기관, 스타트업 엑셀러레이터(startup accelerator), 벤쳐캐피탈, 기술지원조직이 참여해 창업가를 위한 기술훈련, 재원조달, 사업자문, 행정적 지원, 관련 인력의 네트워킹 서비스를 제공한다. 대표적으로 파리 수도권에 위치한 공공인큐베이터인 IncubAlliance는 2000년 설립 이래 최근까지 243개의 기술형 창업을 지원하였다. 비슷한 목적을 가진 국내 사업에는 성남시 판교테크노밸리 내에 조성된 스타트업캠퍼스 사례가 있다. 2016년 3월 개관한 스타트업캠퍼스는 국내외 민간 엑셀러레이터 조직이 공동운영하는 방식으로 창업가를 위한 지원 프로그램을 운영하고 있다. 각 엑셀러레이터 기관별로 오디션을 통과한

그림 4-3 뉴욕 맨하탄 루즈벨트 섬에 조성된 Applied Sciences NYC의 조감도

자료: Applied Sciences NYC 홈페이지(https://www.nycedc.com/project/ap-plied-sciences-nyc)

예비 창업자에게 입주공간을 제공한 뒤, 사업구상에서 시장진출에 이르는 창업의 전 과정을 3년 동안 지원하는 방식이다.

2) 도심부 산업공간의 부상: 제조업의 융합화 · 서비스화 · 스마트화

앞 소절의 논의와 연관된 맥락에서, 최근 지역산업정책에는 도심부에 혁신적인 산업공간을 조성하려는 시도가 중요한 이슈로 부상하고 있다. 대도시에 위치한 앵커기관 주변으로 연관기업이 집적하는 추세는 이전부터 존재했다. 대표적으로 미국 보스톤 시내의 MIT(Massachusetts Institute of Technology) 캠퍼스 주변으로 세계적인 테크기업들이 집적한 켄달스퀘어(Kendall Square) 사례를 언급할 수 있다. 이러한 추세가 강화되고 있는 동시에, 최근에는 대학이나 연구기관이 직접 대도시 중심부에 산업시설을 이전해 혁신생태계를 조성하는 시도가 이어지고 있다(Katz and Wagner, 2016). 대표적인 사례는 뉴욕시 루즈벨트 섬에 조성되고 있는 Applied Sciences NYC 프로젝트다. 뉴욕시는 세계적인 연구대학인 코넬대학교 및 테크니온-이스라엘 공과대학과 협정을 체결하고, 이들 기관의 신산업분야 연구시설을 맨하탄 중심부에 유치해 산학연계형 혁신생태계를 조성하겠다는 계획을 추진하고 있다.

도심부 산업공간의 부상은 지식경제의 심화에 따른 제조업의 패러다임 전환과 연결되어 있다. 최근의 신산업은 소프트웨어와 하드웨어, 문화콘텐츠와 정보통신 기술과 같은 다양한 부문의 접점에서 융합적인 형태로 발생하고 있다. 이러한 측면에서 대도시가 가진 다양성과 개방성은 신산업이 성장하기에 유리한 조건으로 작동한다(Brookings Institution, 2017). 더불어 최근의 제조업은 소비자 개인의 필요에 맞춰진 개인화된 제품생산의 폭을 넓혀가고 있는데, 이는 3D프린팅 같은 신기술 도입에 힘입어 앞으로도 확대될 가능성이 있다. 이러한 제조업의 개인화 추세는 제조업의 또 다른 추세인 서비스화 흐름과 맞물리며 실수요자와의 상호작용이 용이한 대도시의 입지적 강점을 부각시킨다. 마지막으로 로봇과 인공지능이 결합된 생산시설의 지능화를 뜻하는 제조업의 스마트화 추세 역시 산업공간의 집약화와 청정화에 기여함으로써 도시입지 생산시설의 폭을 확대하리라는 전망이 가능하다(장철순 외, 2016).

3) 지방분권과 거버넌스: 수평적 · 기능적 거버넌스로의 전환

지역산업정책의 또 다른 이슈는 정책추진의 거버넌스를 개선하는 것이다. 구체적으로, 기존의 수직적인 거버넌스를 수평적이고 개방적인 체계로 전환하는 데 논의가 집중되고 있다. 앞 장에서 살펴본 바와 같이, 우리나라의 지역산업정책은 지방이 기획하고 중앙정부가 평가 · 조정 · 지원하는 상향식 구조를 표방하고 있다. 그러나 실제로는 중앙정부의 우선순위가 지배적으로 반영되는 하향식 구조를 탈피하지 못하고 있다. 이에 따라 각 지방의 신산업 육성전략 역시 지역맥락을 반영한 독창성을 담아내지 못하고 획일화되는 문제가 반복되어 왔다.

해외에서는 지역산업정책의 거버넌스를 개혁하기 위한 다양한 시도가 관찰된다. 대표적인 사례로 유럽연합의 스마트특성화(smart specialisation) 정책을 언급할 수 있다(European Union, 2012). RIS3(National/Regional Research and Innovation Strategies for Smart Specialisation)라고도 명명되는 스마트특성화 전략은 유럽연합 지역개발기금사업에 지원을 신청하는 지역에게 유럽연합이 제시하는 일종의 가이드라인이다. 여기서 스마트특성화란 경쟁력이 줄어들고 있는 쇠락산업의 역량을 새로운 방식으로 조합하거나 고도화해 혁신적인 다각화를 시도하는 것이다. 이를 위해 유럽연합은 '기업가적 발견과정'(entrepreneurial discovery process)이라 명명된 상향식의 계획과정을 진행할 것을 권고하고 있다. 즉, 기업가가 시장을 분석해 사업을 구상하는 마인드로 지역의 새로운 먹거리를 발굴해야 한다는 원리를 명시한 개념이다. 기업가적 발견과정의 핵심주체는 결국 지역에 기반을 둔 기업가들이 되어야 하며, 지방정부는 이들의 탐색과정을 정책 거버넌스의 중심에 위치시키기 위한 조정자적 역할을 수행한다.

유럽연합은 스마트특성화 전략의 구체적인 단계와 모형을 권고하고 있다. 먼저는 지역의 산업잠재력과 시장조건에 대한 사전적인 분석이 이뤄져야 하고, 이어서 정부, 기업, 연구기관, 시장 및 시민사회를 아우르는 지역 네트워크가 형성되어야 한다. 이후에는 참여자 간의 강도 높은 토론을 통해 지역산업 발전의 비전과 실행전략을 설계하는 절차가 뒤따른다. 마지막으로 구체적인 사업추진의 로드맵을 작성하는 단계와 독립적인 전문가에 의해 모니터링 및 피드백을 수렴하는 단계가 수반된다(Foray, 2015). 이상의 절차는 조선산업에서 항공산업으로 산업기반을 다각화하는 데 성공한 스페인 안달루시아의 사례나 기존의 제지산업을 현대화해 나노기술과 융합된 고부가가치 산업창출에 성공한 핀란드 사례에서 구현된 바 있다(European Union, 2012).

참고문헌

- 김형주, 성경모, 임영훈, 고병욱, 이다은, 채윤식. 2016. 지역 기반의 지식트라이앵글에서 대학의 역할 강화 방안. 세종 : 과학기술정책연구원.
- 남기범. 2004. 클러스터 정책실패의 교훈. 한국경제지리학회지 7: pp.407~432.
- 박재곤, 최윤기, 김영수, 송하율, 김찬준, 최준석, 김현우, 김영민, 정준호, 나카무라 코지로. 2015. 지역산업정책의 주요 이슈 분석과 개선방향. 세종: 산업연구원.
- 최윤기, 김선배, 박재곤, 홍진기, 변창욱, 최준석, 정준호. 2014. 지역특성을 고려한 지역별 창조경제 활성화 방안 연구. 세종: 산업연구원.
- 장재홍, 김동수, 이두희, 허문구, 박상철, 허만율. 2013. 지방정부의 지역산업 육성정책 분석 및 정책적 시사점 — 지방정부 세출분석을 중심으로. 세종: 산업연구원.
- 장철순, 박정일, 임영태, 구형수. 2016. 도시산업공간 인벤토리 분석을 통한 산업입지 정책방안 연구. 세종: 국토연구원.
- 장철순, 류승한, 문정호, 장은교, 이승욱, 정우성, 조성철, 유현아. 2017. 4차산업혁명시대의 신산업입지 전략연구(중간보고서). 세종: 국토연구원.
- 정종석, 송하율, 김영수, 김찬준. 2011. 지역산업 육성지원제도의 개편방안. 세종: 산업연구원.
- 지역발전위원회, 2017,
- 박성호, 오성익, 장금용, 윤광일, 이상관, 이원섭, 김현호, 송미령. 2013. 지역행복생활권 가이드라인 해설집. 서울: 지역발전위원회.
- 한국산업단지공단. 2016. 통계로 본 한국의 산업단지 15년.

- Acs, Z., and Storey, D. 2004. Introduction: Entrepreneurship and Economic Development, *Regional Studies*, 38: pp.871~877.
- Asheim, B., and Gertler, M. 2006. The geography of innovation: Regional innovation systems, In: J. Fagerberg, and D. C. Mowery (eds.), *The Oxford Handbook of Innovation*. London, UK: Oxford University Press.
- Audretch, D., and Keilbach, M. 2004. Entrepreneurship capital and economic

performance, *Regional Studies*, 38: pp.949~959.

- Brookings Institution, 2017. *Advancing a New Wave of Urban Competitiveness: The Role of Mayors in the Rise of Innovation Districts*. New York: Project for Public Spaces.
- Carlsson, B., and Jacobsson, S. 1997. In search of a useful technology policy: General lessons and key issues for policy makers. In: B. Carlsson (ed.), *Technological Systems and Industrial Dynamics*. Boston, MA: Kluwer Academic Publishers.
- European Union, 2012. *Guide to Research and Innovation Strategies for Smart Specialization (RIS3)*. Luxemburg: Publication Office of the European Union.
- Foray, D. 2015. *Smart Specialisation: Opportunities and Challenges for Regional Innovation Policy*. Abingdon: Routledge.
- OECD, 2009. *Regions Matter: Economic Recovery, Innovation and Sustainable Growth*. Paris: OECD Publishing.
- Porter, M. E. 2000. Location, competition, and economic development: Local clusters in a global economy, *Economic Development Quarterly*, 14: pp.15~34.
- Woolthuis, R. K., Lankhuizen, M., and Gilsong, V. 2003. A system failure framework for innovation policy design. *Technovation*, 25: pp.609~619.

제5장

지역개발과 지방재정

요약문

제5장에서는 분권화정리를 통해 지방정부가 스스로의 살림살이를 책임져야 하는 이유를 살펴본 뒤, 어떤 원칙으로 지방정부의 규모를 정할 것인지를 살펴본다. 다음으로, 토지와 건물에 대한 세금에 관한 이론과 지방정부 재정 조정 제도를 지방정부 수입과 관련하여 고찰한다. 지방 자치 이후 우리나라 지방정부들의 지출이 어떻게 변했는지를 고찰하고, 시사점을 살펴본다. 마지막으로는 민자유치에 대해 고찰한다.

5.1 지방정부의 살림살이는 왜 지방정부가 하는 것이 바람직한가?

지방재정은 지방정부의 재정을 줄여서 사용하는 표현이다. 재정(財政)은 직역을 하면 재물을 다스린다는 뜻이다. 근래에는 주로 공공기관의 살림살이인 수입과 지출 또는 이에 대한 관리를 지칭한다. 지방재정은 지방정부가 관할하는 지역의 발전을 도모한다는 명확한 목적과 방향을 갖는다. 지방재정은 지역의 발전을 위한 수단이며, 이를 위한 과정인 동시에, 그 결과물이기도 하다. 여기에 지방재정의 중요성이 있다.

지방재정을 중앙정부가 관장하면 안 될까? 분권화정리(Decentralization Theorem)에 따르면 지방재정은 지방정부가 관장하는 것이 자원의 효율적 배분에 더 도움이 된다. 공공서비스에 대해 주민들이 원하는 것(선호)이 지방정부마다 다르기 때문이다. 저녁 파티의 주최측이 참석자들에게 원하는 음식을 묻지 않고, 스테이크와 크림 파스타를 주식으로 하는 메뉴를 획일적으로 제공한다고 하자. 이 메뉴를 좋아하는 사람은 행복하겠지만, 얼큰한 한식과 녹차를 좋아하는 사람의 반응은 어떨까? 먹는 시늉만 한 채 그대로 남기는 사람도 있을 것이다. 스테이크, 크림 파스타, 라떼를 만드는 데 들어간 노동, 자본, 재료가 아무런 의미없이 낭비되는 것이다. 메뉴를 통일하면 준비하기는 쉽지만, 제 값을 못하는 속상한 결과를 초래한다. 중앙정부가 획일적으로 결정하면 지방정부의 서로 다른 선호를 반영하지 못하기 때문에 자원이 의미없이 낭비된다는 것이 분권화정리의 핵심이다.

다음 그림은 분권화정리를 보여준다. 두 개의 지방정부 A와 B가 있다고 하자. 한 지방정부 안에서는 주민들의 선호가 같지만, 두 지방정부 간에는 다르다고 하자. X축은 재화나 서비스의 양이고, Y축은 가격이다. 지방공공재의 공급곡선은 수평이라고 가정한다. 공급곡선은 재화나 서비스를 한 단위 추가로 생산할 때 추가로 들어가는 생산비용, 즉 한계비용을 보여준다. 공급곡선이 수평이라는 것은 지방공공서비스의 공급량이 증가해도 한계비용이 같은 수준에서 유지된다고 가정하는 것이다. 수요곡선은 재화나 서비스에 대한 지불용의액을 보여준다. 지불용의액은 소비를 한 단위 추가로 늘릴 때에 소비자가 추가로 느끼는 효용(한계효용)을 반영한다. 소비량이 증가할수록 한계효용은 감소하기 때문에, 지불용의액도 감소한다. 수요곡선이 소비가 증가할수록 아래로 내려가는 것은 그 때문이다. 이 그림에서 지방정부 B에 거주하는 시민의 수요곡선 D_B는 지방정부 A에 거주하는 시민의 수요곡선 D_A보다 높은 곳에 있다. 수요곡선이 더 높이 있다는 것은 지방공공서비스에 대한 지불용의액이 더 크다는 뜻이다. 지방정부 B의 주민이 A의 주민보다 간절하게 지방공공서비스를 원한다는 것이다.

수요곡선과 공급곡선이 만나는 지점에서 결정되는 균형 수요 및 공급량은 지방정부 A에서는 Q_A이고 지방정부 B에서는 Q_B이다. 중앙정부의 수요곡선은 지방정부 A와 B의 선호를 조금씩 반영하여 D_A와 D_B의 사이에 있는 D_C라고 하자. 균형 수요 및 공급량은

그림 5-1 분권화정리(Decentralization Theorem)

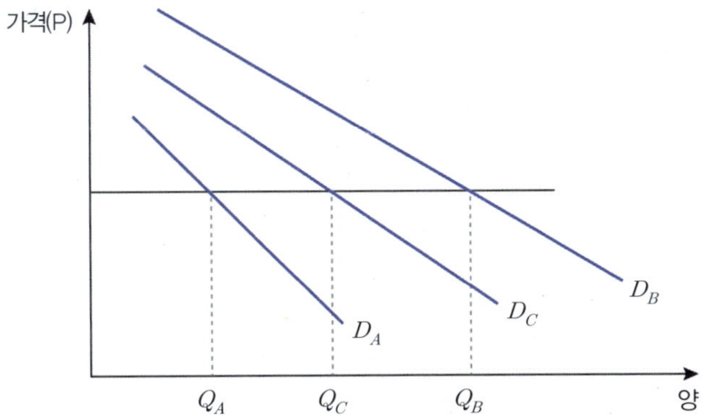

Q_C가 될 것이다. 문제는 중앙정부에 의해 결정된 Q_C에 대해 지방정부 A와 B의 주민 모두가 불만이라는 것이다. 지방정부 A의 주민들은 자신들이 원하는 것보다 훨씬 많은 양의 지방공공서비스가 제공되어서 불만이고, 지방정부 B의 주민들은 자신들이 원하는 것보다 훨씬 적은 양의 지방공공서비스가 제공되기 때문에 불만을 느끼게 된다. 지방정부 A에 살고 있는 주민의 입장에서 생각해보자. 자신들의 선호를 반영하면 Q_A가 가장 좋은데, 여기서 더 지방공공서비스를 늘려서 Q_C만큼이 공급된다면, 한계비용은 공급곡선을 따라 증가하지만, 한계효용은 수요곡선을 따라 증가한다. Q_A를 넘어서면 공급곡선이 수요곡선 위에 있는 것을 알 수 있다. Q_A를 넘어서서 지방공공서비스를 공급하고자 하면 지방정부 A의 주민이 감내해야 하는 한계비용이 그들의 한계효용보다 크다는 것을 뜻한다. 후생의 관점에서 보면 손해를 보는 것이다. 따라서 중앙정부가 자신들의 선호를 반영하지 않고 일방적으로 정한 Q_C에 대해서 불만일 수밖에 없다.

이처럼 사람들이 원하는 바와 다르게 지방공공재가 공급되면, 자원은 낭비될 수밖에 없다. 여러분이 아주 진한 빨간색 스카프를 선물 받았다고 하자. 별로 마음에 들지 않아서, 스카프가 일 년 내내 옷장에서 썩고 있다면, 그 새빨간 스카프를 만들기까지 투입된 원재료, 노동력, 디자인은 아무런 가치를 창출하지 않고, 낭비되는 것과 같다.

5.2 지방정부 관할 구역의 크기는 어떠한 원칙으로 정해야 할까?

지방재정을 지방정부가 관장할 경우, 지방정부가 관할하는 영역은 크게 하는 것이 좋을까? 아니면 작게 하는 것이 좋을까? 이론적으로는 선호의 차이, 규모의 경제(economy of scale),[1] 외부효과(external effect)를 고려해서 정해야 한다. 지방정부마다 선호가 다르면, 그에 맞게 지방정부를 작게 설정하는 것이 바람직하다.

규모의 경제는 지방정부의 규모가 커지면서, 공공서비스의 공급단가가 낮아지는 현상이다. 파티 참석자마다 각기 다른 메뉴를 선택한다면, 음식을 준비하는 사람들은 한 종류의 음식을 딱 1인분만 만들어서, 100인 100색의 각기 다른 음식을 만들어야 한다. 일일이 다른 재료를 다듬어서, 각기 다른 요리법으로 만들어야 한다. 이 작업이 얼마나 힘든 지는 음식을 만들어본 사람은 쉽게 알 것이다. 한 메뉴로 100인분을 만드는 일은 훨씬 쉽다. 재료를 구매할 때, 한 번에 대량으로 구매하기 때문에, 재료비도 적게 들고, 수고도 덜 수 있다. 이러한 현상이 일종의 규모의 경제이다. 하나의 메뉴를 1인분씩 만들 때보다 한 메뉴로 100인분을 만들 때 생산단가가 더 내려가기 때문이다. 규모의 경제가 크면 클수록 해당 공공서비스를 공급하는 지방정부의 규모를 크게 하는 것이 바람직하다. 규모의 경제가 아주 크면 결국에는 중앙정부가 총괄하는 것이 바람직할 것이다. 그러나 규모의 경제가 뚜렷하지 않다면 굳이 지방정부의 영역을 크게 할 필요는 없을 것이다.

지방정부의 적정 규모를 고려할 때 마지막으로 생각해야 할 요소가 외부효과이다. 외부라는 것은 시장경제의 바깥에 있다는 것을 뜻한다. 이는 응분의 대가를 지불하지 않는다는 뜻이다. 시장에서는 원래 무언가 좋은 것을 누리려면 그에 따른 가격을 지불해야 하며, 다른 사람을 불편하게 하면 그에 대한 보상을 하는 것이 원칙이다. 여기에는 긍정적 외부효과와 부정적 외부효과가 있다. 많은 돈을 들여서, 열심히 인재를 길러 낸 인재들이 다른 곳으로 떠난다고 하자. 열심히 인재를 길러 낸 곳은 고생만 하고 정작 혜택은 누리지 못하는 반면에, 다른 지방정부는 고생한 것 없이 혜택만 누리는 상황으로서, 긍정적 외

---

1 규모의 경제라고 할 때 '경제'는 엄밀하게는 경제적 이득을 뜻한다. 따라서 규모의 경제라는 말은 규모에 따른 경제적 이득이라고 해석하면 더 쉽게 이해할 수 있다.

부효과의 한 예이다. 우리나라의 비수도권에서 흔히 겪는 문제이다. 이런 문제가 지속되면 인재육성에 힘쓰는 지방정부는 없을 것이다. 한 지방정부의 산업단지에서 버리는 폐수가 강을 따라 다른 지방정부로 흘러 내려가서, 악취와 수질 오염을 일으킨다고 하자. 부정적 외부효과의 예이다. 산업단지를 버리는 지방정부에서 피해를 입는 지방정부에 보상을 하도록 조치를 취하지 않으면, 계속해서 오염물질을 버릴 것이다. 이렇게 외부효과가 발생하면 지방정부의 관할 구역을 세분화하는 것보다 외부효과의 영향을 받는 영역을 포괄해서 광역적으로 관리하는 것이 바람직하다.

5.3 지방정부 관할 구역의 크기는 어떠한 원칙으로 정해야 할까?

1) 중위투표자의 법칙(Median Voter Theorem)

위에서 분권화정리를 다루면서, 중앙정부가 획일적으로 결정하는 것보다는 지방정부가 자신의 선호를 반영하여 결정하는 것이 자원배분의 효율성에 바람직하다는 것을 살펴봤지만, 그렇다고 해서 지방정부가 언제나 최적의 의사결정을 하는 것은 아니다. 다수결에 의한 의사결정이 가지고 있는 맹점 때문에 그렇다. 이러한 현상은 중위투표자의 법칙에 의해 잘 설명된다. 투표권을 가진 사람들을 선호의 순서대로 줄을 세웠을 때, 중간 순위에 해당하는 사람이 중위투표자이다. 중위투표자의 법칙에 따르면, 다수결에 의한 정치적 의사결정에서는 결국에는 중위투표자의 선호대로 결정된다. 다음의 그림을 보면서 이러한 현상을 생각해보자.

한 지방정부에 주민이 세 사람 있다. s, m, b가 그들이다. 여기서 s는 small, m은 median을, b는 big을 대신 표현한 것이다. s는 지방공공서비스를 아주 조금만 원하는 사람이다. b는 명칭이 나타내듯이 지방공공서비스를 아주 상하게 원하는 사람이다. m은 세 사람 가운데, 중위투표자이다. 이 세 사람의 수요 곡선은 각기 다르다. s는 지방공공서비

그림 5-2 중위투표자의 법칙

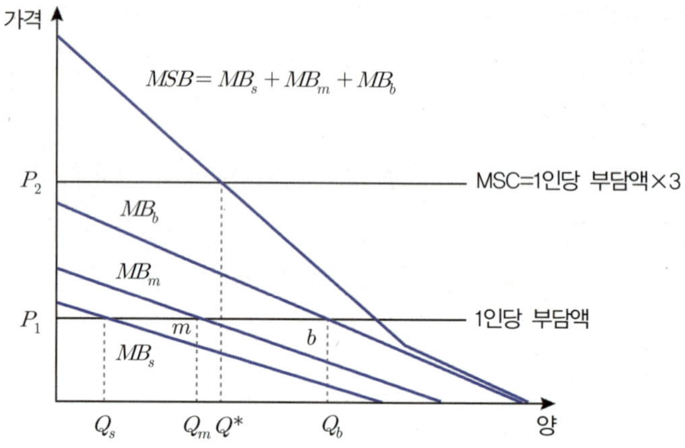

스에 대한 수요가 약하기 때문에 수요곡선이 셋 중에서 가장 아래쪽에 있다. 가장 강한 수요를 갖고 있는 b의 수요곡선은 가장 높은 곳에 위치한다. m의 수요곡선은 s와 b의 중간에 자리 잡고 있다. 앞서 분권화정리를 살펴볼 때처럼 공급곡선은 수평이라고 가정하자. 지방공공서비스의 공급곡선은 한계비용을 보여주는 곡선이다. 이 지방정부에서는 그 비용을 세 명의 주민이 각각 1/3씩 똑같이 부담한다고 가정하자. 그러면 s, m, b가 각각 원하는 지방공공서비스의 양은 각자의 수요곡선과 이 공급곡선이 만나는 지점인 Q_s, Q_m, Q_b가 된다. 세 사람은 각자 자기가 원하는 대안을 마음속에 품고 있으면서, 자기의 대안이 선택되기를 바랄 것이다.

이제 남은 것은 각자가 원하는 지방공공서비스의 양을 투표안으로 부쳐서, 정치적 의사결정, 즉 다수결 원칙을 활용해서 표결에 부치는 것이다. 먼저 Q_s와 Q_m의 두 대안을 표결에 부치자. 투표자는 s, m, b 세 사람이다. s는 당연히 Q_s에 표를 던질 것이다. b 또한 자신이 가장 좋아하는 대안인 Q_b에 투표할 것이다. 이런 상황에서 결국 캐스팅보트는 중위투표자인 m이 거머쥐게 된다. 이 경우, m은 자기가 가장 좋아하는 Q_m이 대안에서 빠져 있기 때문에, 여기에 좀 더 가까운 Q_s에 투표를 할 것이다. 여러분이 여기에 제시된 세 개의 대안들 가운데, 아무거나 임의대로 두 개를 골라서 투표에 부쳐보면, 그 어떠한 경우라도 결국에는 중위투표자가 캐스팅보트를 쥐게 되고, 그가 선호하는 대안으로 결정된다는 것을 어렵지 않게 알 수 있다.

그러면, 중위투표자 법칙의 핵심인 다음 질문을 생각해보자. 사회적으로 최적인 대안과 중위투표자가 가장 선호하는 대안, 즉 Q_m을 대안으로 놓고 표결에 부치면 어떤 결과가 나올까? 이에 답하기 앞서 먼저 사회적으로 최적인 대안이 무엇인지 생각해보자. 이를 위해서는 이 지방정부 전체 차원의 수요곡선과 공급곡선을 먼저 도출해야 한다. 흔히 사회적 수요곡선과 공급곡선이라고 부르는 곡선들이다. 사회적 수요곡선은 각 시민들의 (수요곡선상에 드러난) 지불용의액을 모두 더하여 얻을 수 있다. 사회적 공급곡선은 세 사람의 한계공급곡선에 3을 곱해서 얻을 수 있다. 그림에서 MB곡선은 한계편익(Marginal Benefit) 곡선인데, 이것이 곧 수요곡선이다. MSB(Marginal Social Benefit)곡선은 개별 개인들의 한계편익을 모두 더하여 구한 곡선이다. MSC(Marginal Social Cost)곡선은 한계사회비용 곡선으로서, 사회 전체 차원에서의 공급곡선이며, 개인들이 직면한 한계비용을 모두 더한 곡선이다. 여기서는 지방정부 내 시민들이 서로 균등하게 지불한다고 가정하고 있기 때문에, MSC는 1인당 부담액에 3을 곱한 것과 같다. 사회적으로 가장 바람직한 의사결정은 사회적 수요곡선과 공급곡선이 만나는 지점인 A^*가 된다.

자, 이제, 사회적으로 가장 바람직한 A^*와 중위투표자가 선호하는 대안인 Q_m을 투표에 부쳐보자. 어떤 결과가 나올까? s는 어느 대안에 표를 던질까? 그림에서 보면 s입장에서는 Q_m이 Q^*보다 자기가 가장 선호하는 Qs에 더 가깝다. 따라서 s는 Q_m에 투표할 것이다. m은 두말할 나위 없이 Q_m에 투표할 것이다. 아무리 Q^*가 최적이라고 해도, 사람들은 자기가 선호하는 쪽으로 투표한다. 이제 남은 시민은 b밖에 없다. b는 자기가 가장 원하는 대안인 Q_b에 Q^*가 더 가깝기 때문에, Q^*에 투표할 것이다. 그렇지만, s와 m이 이미 Q_m으로 투표한 상태이기 때문에, 과반수로 질 수 밖에 없는 운명이다. 이러한 결과는 지방자치가 중앙집권보다는 더 좋지만, 완벽할 수는 없다는 것을 뜻한다

2) 티보(Tiebout)의 가설과 지방정부 체계의 효율성

중위투표자의 법칙은 민주주의적 의사결정에 내재되어 있는 어두운 단면과 한계를 잘 보여준다. 그런데 혹시 중위투표자가 선호하는 대안인 Q_m과 Q^*가 일치하는 기가 막힌 상황은 없을까? 그렇다면, 지방정부에서 하는 의사결정은 최적의 의사결정으로 연결될 것이다. Tiebout는 여기에 아주 단순하면서도 명료한 대안을 제시한다. 위의 중위투표자

의 법칙을 설명한 그림에서, 사실 가장 근본적인 문제점은 한 지방정부 안에서 주민들의 선호가 각기 다르다는 점이다. 만약 한 지방정부 안에 있는 사람들의 선호가 완전히 같다고 하자. 이렇게 되면, 세 사람의 선호가 곧 중위투표자의 선호인 동시에 사회적으로 최적인 대안이 된다(왜 이렇게 되는지는 연습문제를 통해 생각해보자).

문제는 어떤 경우에 지방정부 내에 거주하는 주민들의 선호가 똑같아 질 것인가이다. 여기서 티보는 다음과 같은 몇 가지 간단한 가정을 한다. 이러한 가정이 성립되는 도시를 다른 말로 열린도시체계(open city system)라고도 부른다.

1) 여러 지방정부가 존재하며, 이들은 서로 다른 세율과 지방공공서비스(tax and benefit package)를 제공한다.
2) 세율과 지방공공서비스의 측면에서 이들 지방정부들 사이의 차이점에 관해 사람들은 비교할 수 있다.
3) 사람들이 원하는 지방정부로 이주하는 비용은 없다(또는 크게 부담되지 않는 정도이다).

어떤 지방정부는 세율이 높은 대신에 지방공공서비스의 수준이 높은가 하면, 다른 지방정부는 세율이 낮은 반면에 지방공공서비스의 수준이 낮을 수도 있다. 이런 양극단 사이에 세금과 지방공공서비스의 매우 다양한 조합이 있을 것이다. 티보에 따르면 대략 위의 조건이 충족되면, 사람들은 자신에게 가장 적합한 지방정부를 선택하고, 그곳으로 이주할 것이다. 사람들의 이주는 세율과 지방공공서비스의 수준에 관해서 지방정부와 이주자 간의 묵시적인 사회적 합의를 바탕으로 한다. 이러한 이주는 결국 사람들이 자신들이 원하는 세율과 지방공공서비스에 대해서 투표를 하는 것과 같다. 흔히 발로 하는 투표(voting by feet)라고 불리는 현상이다.

5.4 지방정부의 수입

1) 지방정부 자체 재원의 핵심은?

정부의 핵심 재원은 역시 세금이다. 그에 따라 정부의 재원은 흔히 조세수입과 세외수입으로 나눈다. 세금을 이해할 때에는 왜 그 세금을 거두어야 하는지를 분명히 해야 한다. 대체로 중앙정부 또는 연방정부의 핵심 재원은 소득세이다.[2] 소득세는 왜 거두어야 할까? 한 나라의 국민이라면 누구라도 인권의 차원에서 누려야 하는 최소한의 삶의 질(Quality of life)이 있다. 넓게 보면, 삶의 질 안에는 교육, 의료, 국방, 치안, 안전, 환경 같은 많은 내용이 포함된다.[3] 시장경제에서는 삶의 질의 상당 부분을 시장에서 구매해야 한다. 현실에서는 이를 구매하기 힘든 계층이 많다. 장애인을 생각해보자. 장애인이 직접 일해서 소득을 올리는 것은 쉽지 않다. 최근 들어 급증하고 있는 절대 빈곤층이 고령의 1인 가구이다. 이들 역시 직접 일해서 소득을 창출하는 것은 힘들다. 이러한 애로사항을 겪는 수많은 집단들 역시 대한민국의 국민이며, 최소한의 삶의 질을 누려야 할 권리가 있다. 그렇다면, 이를 위해 어떠한 원칙에 의해 국민들에게 세금을 부과해야 할 것인가? 결국 시장에서 경제적 능력이 좋은 사람이 더 많이 세금을 내고, 그렇게 거둔 재정수입으로 모든 국민이 최소한의 삶의 질을 누릴 수 있도록 하는 것이다. 그에 따라 소득세의 세율 체계 또한 소득이 높을수록 세율이 올라가는 누진세 체계로 운용되는 것이다. 이른바 응능(應能)의 원칙이다.

지방정부는 중앙정부와 존재의 이유가 다르다. 지방정부가 자율적으로 지방재정을 운용하는 것이 효율적 자원배분에 더 바람직하기 때문에 지방정부가 존재하는 것이다. 이러한 원칙에 부합되려면 자원의 효율적 배분에 기여한 지방정부가 더 많은 세금 수입을 거둘 수 있어야 한다. 토지와 건물에 대한 세금은 이에 잘 부합된다. 자본화(capitalization)

2 실세계 대부분의 나라에서 중앙정부 또는 연방정부의 또 다른 핵심 재원은 법인세이다. 그러나 본 교재에서는 지방재정에 초점을 맞추고 있고, 지방세 설명에 필요한 내용만을 다루기 때문에, 법인세까지는 논의하고 있지 않다.

3 중앙정부가 해야 하는 일은 이외에도 소득재분배, 경기의 조절 등 굉장히 많다. 그렇지만, 이 모든 것을 다 포괄해서 지칭할 수 있는 표현이 아마도 '삶의 질'(Quality of Life)일 것이다. 그에 따라 본 장에서는 중앙정부의 역할을 삶의 질로 설명하고 있다.

현상 때문이다. 여러 지방정부 가운데 지방정부 A에서 주민의 세금 부담은 다른 지방정부와 같은데, 지방공공서비스의 질(質)은 유독 빼어나다고 하자. 주변에 있는 주민 대부분은 지방정부 A로 이주해서 살기를 원할 것이다. 그러나 지방정부 A에 있는 부동산은 제한적이기 때문에, 지방정부 A에 있는 부동산 가격은 상승할 것이다. 이렇듯 지방정부의 성과가 부동산 가격에 반영되는 현상이 자본화다. 지방정부 A에서 지방공공서비스의 질은 다른 지방정부와 같은데, 세금 부담이 다른 지방정부의 절반에 불과하다고 하자. 역시 마찬가지 현상이 발생할 것이다. 따라서 다수의 지방정부가 존재할 때에는 토지와 건물을 과세대상으로 하여 세금을 부과하면, 성과가 뛰어난 지방정부가 더 많은 조세수입을 거둘 수 있다. 그에 따라 전세계의 많은 나라에서 지방세는 토지와 건물에 대한 과세를 지방세의 주요 세원으로 운용하고 있다.

세금을 운용할 때, 가장 큰 문제는 경제적 왜곡이 초래되는 것이다. 경제적 왜곡이란, 세금을 도입한 후에 사람들이 의사결정을 바꾸는 것을 뜻한다. 소득세율을 올리면, 소득이 많을수록 더 많은 세금을 지불해야하기 때문에, 사람들은 열심히 일하기를 꺼리게 된다. 특정 품목을 구매할 때에 세금을 과중하게 부과하면 그 품목에 대한 소비가 줄어든다. 이러한 왜곡은 사람들이 세금을 피하기 때문에 나타난다. 그런데, 토지는 성격이 다르다. 일상생활에서는 토지를 사용하지 않을 수 없기 때문에 토지세율을 높여도 토지사용을 쉽게 줄이지 못한다. 그만큼 경제적 왜곡이 적다. 토지세의 중립성이라고 불리는 성질이다. Henry George는 경제적 왜곡을 불러일으키는 세금을 없애고, 대신 토지에만 세금을 부과하자는 토지단일세론을 주장했다. 오늘날 국가가 수행해야 하는 수많은 기능과 역할을 생각하면 토지세 하나만으로 세금을 운용하기는 쉽지 않지만, 토지세가 지방정부의 세원으로 좋은 성질을 갖고 있는 것은 분명하다. 토지세는 결국 토지의 가치를 대상으로 세금을 부과하는 것이기 때문에 토지가치세라고 부르기도 한다.

건물에 대한 과세는 토지세보다 경제적 왜곡이 많다고 알려져 있다. 건물은 토지에 자본이 결합된 것이기 때문에, 건물에 대한 과세는 자본에 대한 과세와 비슷하다. 자본은 이동성이 높다. 물론 완성된 건물은 움직일 수 없다. 그러나 세금이 건물에 부과되면 건물을 지을 때의 수익성이 하락하므로, 다른 유형의 자산, 즉 은행의 예금, 채권, 주식 등의 자산으로 자본이 흘러간다. 장기적으로는 주택 공급이 감소해서, 오히려 저소득층이 손해를 본다는 것이 Dick Netzer가 주장한 재산세에 관한 구견해(Old View)이다.[4] 그럼에도

4 토지세와 재산세에 의한 이러한 효과는 지방정부마다 세율에 차이가 없다는 것을 전제로 한다. 지방정부마다 세율

불구하고, 위에서 언급한 자본화 현상을 고려하면 재산세가 지방공공서비스에 대한 과세로서, 효율적인 세금임을 밝힌 연구들이 많다.

즉 토지나 건물에 대한 과세를 지방세의 주축으로 하면 지방정부 체계 전반에 걸쳐 자원배분의 효율성 향상에 도움이 될 수 있다. 지방정부가 지방공공서비스를 관할하도록 하는 지방분권이 바람직한 이유를 분권화정리에 입각해서 생각한다면, 이는 지방세에 적합한 성질이다. 지방정부가 다른 지방정부보다 더 나은 양질의 공공서비스를 더 적은 비용으로 제공한다면, 지방정부는 더 많은 재정수입을 올릴 수 있다. 더 나은 성과에 대한 경제적 보상이 작동하는 것이다. 이러한 경제적 보상은 지방정부에만 그치지 않는다. 지방정부가 거둔 더 나은 성과는 지방정부 내 토지와 건물의 자산가치로 반영되기 때문에, 해당 지역의 지역주민들은 지방정부가 제대로 일하는지를 끊임없이 감시하게 되는 강력한 인센티브가 존재하게 된다. 지방정부 내에서 이른바 집합적 재산권이 형성되는 것을 뜻한다.[5]

2) 우리나라 지방세 체계의 문제점

위에서 검토한 세금의 이론에 부합하려면 지방정부의 조세수입이 토지나 건물의 가치 변화를 잘 반영할 수 있어야 한다. 지방정부가 열심히 일한 결과로 토지나 건물의 가치가 상승할 때, 지방세수입이 증가할 수 있는 체계가 중요하다는 것을 뜻한다. 이렇게 볼 때, 우리나라의 지방세 체계에서는 몇 가지 아쉬운 점이 있다. 우선, 지방세는 대부분 토지나 건물에 대한 과세로 이루어졌는데도, 지방세수입이 전체 재정수입에서 차지하는 비중이 높지 않다.[6] 이는 뒤에서 다시 살펴본다. 또한 토지나 건물에 대한 과세의 수입이 토지나 건물의 가치의 증가보다는 거래량의 증가에 더 민감하게 반응하도록 되어 있다. 대

에 차이가 있다면 얘기는 복잡해진다. 예를 들어 Mieskauski와 Zodrow가 수상한 재산세의 신견해(New View)에 따르면 지방정부마다 재산세율이 다르면, 1) 재산세가 높은 곳이거나 낮은 곳이거나 관계없이 임대인은 손해를 보며, 2) 재산세가 높은 곳에서는 임차인이 손해를 보지만, 재산세가 낮은 곳에서는 임차인이 이득을 본다. 이에 대한 논의는 이영성·이정전(2007. "토지세와 재산세의 운용에 대한 소고," 환경논총 45: pp.75~96)을 참고할 것. 그런데 우리나라는 지방정부들의 재산세율이 다르지 않기 때문에, 재산세의 구견해가 더 맞다고 판단된다. 또한 응익세적 관점도 있지만, 본 교과서의 수준을 넘기 때문에 여기서는 생략한다.

5 물론 집합적 재산가치의 극대화는 지방정부 내에서 재산가치를 떨어뜨릴 수 있는 토지이용, 시설, 기반시설 등을 주민들이 강력하게 반대하도록 하는 부작용을 초래하기도 한다. 또한 재산가치의 상승으로 인해 피해보는 사회적 계층이 발생하기도 한다.

6 기존에 토지나 건물에 대한 과세를 학계에서는 주로 보유과세의 측면에서 형평성 향상을 위한 방법으로 많이 논의했다. 하지만 여기에서는 토지나 건물에 대한 과세가 효율성 측면에서 바람직하다는 시각에서 논의하고 있다.

표적인 것이 광역자치단체의 조세수입에서 핵심인 취득세와 등록세이다. 취득세는 재산을 취득할 때, 등록세는 재산을 취득한 사람이 등기부등본에 올릴 때 부과되는 세금이다. 취득세와 등록세 수입은 부동산의 거래량에 의해서 좌우되며, 매년 지불하는 것이 아니라, 재산을 취득한 사람이 한 번 지불하는 세금이다. 토지나 건물의 가치에 하등의 변화가 없더라도 단지 거래량만 많으면 재정수입이 증가하도록 되어 있는 구조이다. 이러한 조세체계에서는 지방정부들이 양질의 지방공공서비스를 제공함으로써 토지나 건물의 재산가치를 향상시키는 것으로 재정수입을 늘리기보다 단지 거래량을 늘리는 정책을 펼친다. 거래량을 늘리는 가장 손쉬운 방법은 지방정부 관할 구역 내에서 새롭게 입주하는 주택이나 건물 수를 늘리는 것이다. 따라서 현재의 지방세체계에서는 기존의 자산가치를 높이는 도시재생보다는 신규개발과 난개발을 장려하는 유인책이 작동할 가능성이 있다.

우리나라 지방세 체계가 지닌 또 다른 문제는 지방정부 사이의 격차이다. 토지나 건물에 대한 세금 위주로 지방정부가 살림살이를 운용하도록 하면, 토지나 건물의 가치가 떨어지는 지방정부는 재정수입을 거두어들이는 데 어려움이 많을 수밖에 없고, 주민이 필요로 하는 공공서비스를 정상적으로 제공하는 것이 힘들다. 효율성을 고려하면, 토지나 건물에 대한 가치를 중심으로 지방세를 부과하는 것이 필요하다고 했지만, 그러한 체계에서는 지방정부들 사이에서 양극화가 더 극심해질 가능성이 높다. 토지나 건물에 부과하는 세금이 지방정부의 재정수입에서 차지하는 비율이 높지 않은데도, 이미 지방정부들 사이의 양극화는 상당히 심하다.

지방정부의 전체 살림살이에서 스스로의 재원이 차지하는 비율을 재정자립도라고 부른다. 2017년 예산 기준으로 작성한 〈표 5-1〉을 보면 우리나라에서 지방정부들의 재정자립도에 차이가 크다는 것을 쉽게 알 수 있다. 토지와 건물의 가치가 떨어지는 군 지역

표 5-1 지방정부들의 재정자립도(2017년 예산 기준)

	재정자립도의 평균	최고	최저
광역시 · 도	46.0	83.3	21.3
시	35.4	72.2	11.3
군	17.7	49.7	8.6
구	30.0	68.5	13.5

표 5-2 지방정부들의 수입 현황(2017년 예산 기준)

	광역시·도 (십억 원)	비율(%)	시 (십억 원)	비율(%)	군 (십억 원)	비율(%)	구 (십억 원)	비율(%)
지방세수입	50065.8	38.1	14952.2	21.7	2312.9	7.5	4853.0	17.2
세외수입	10047.3	7.7	9334.3	13.6	1728.4	5.6	2637.0	9.3
지방교부세	9593.9	7.3	11970.7	17.4	11830.5	38.1	343.3	1.2
조정교부금등	-	-	3327.6	4.8	814.6	2.6	4506.4	16.0
보조금	1944.8	1.5	19318.8	28.1	10817.1	34.9	13962.3	49.5
지방채	44067.3	33.6	282.6	0.4	48.3	0.2	-	-
보전수입 등 및 내부거래	15615.4	11.9	9656.2	14.0	3480.9	11.2	1920.9	6.8
합계	131334.5	100.0	68842.4	100.0	31032.7	100.0	28222.9	100.0

의 경우에는 재정자립도의 평균이 17.7% 밖에 되지 않는다. 시와 구의 절반 수준이다. 시·구와 군 사이의 격차뿐 아니라, 시·군·구 내에서도 상당한 격차가 존재한다. 예를 들어 시를 보면 재정자립도의 최고와 최저가 72.2%인 반면에, 최저는 11.3%에 불과하다. 군도 마찬가지로 최고가 49.7%인 반면에, 최저는 8.6%이다. 재정자립도가 완벽하게 100%인 지방정부는 없기 때문에, 아무리 여건이 좋은 지방정부라고 해도 어느 정도 중앙정부의 지원을 필요로 한다. 그에 따라 지방정부재정조정제도가 필요하게 된다.

〈표 5-2〉는 우리나라 지방정부들의 재정수입 현황을 보여준다. 세외수입은 세금 이외에 지방정부가 거두어들이는 각종 수수료 등의 수입이다. 지방교부세는 지방교부금이라고도 불린다. 지방교부세법에 따르면 여기에는 보통교부세와 특별교부세가 있다. 보통교부세는 기준재정수입액이 기준재정수요액에 미달하는 자치단체에 대해 그 미달분만큼을 지원하는 것이다. 특별교부세는 말 그대로 특별한 사유가 있을 때 지원하는 교부세이다. 조정교부금은 광역자치단체 내에서 기초자치단체들 사이의 재정격차를 조정하기 위한 교부금이다. 교부세(금)와 달리 보조금은 사용 용도에 제한이 있는 지원액이다. 〈표 5-2〉를 보면, 재정력이 가장 약한 군의 경우, 전체 재정수입에서 지방교부세와 보조금에 대한 의존도가 매우 높은 것을 알 수 있다. 지방교부세와 보조금이 차지하는 비중을 보면 군의 전체 재정수입 가운데 거의 73%를 차지한다. 지방정부의 자체적인 재원이 매우 취약하다

는 것을 알 수 있다. 구 또한 보조금이 전체 수입의 50%를 차지할 정도이다.

3) 지방재정조정제도

지방정부가 스스로의 살림살이를 책임지도록 제도를 운용할 때 가장 당혹스러운 것은 지방정부들 사이의 재정여건에 차이가 크다는 점이다. 태어날 때부터 부유한 사람이 있는가 하면, 3대가 가난에서 벗어나지 못하는 집안에서 태어난 사람도 있다. 비슷한 여건의 집안에서 태어났더라도, 인생의 굴곡을 겪으면서 축적한 자산이 사람마다 다른 것은 우리 모두 겪는 세상 이치이다. 마찬가지로, 예전부터 곳간이 넉넉하거나 시간이 지날수록 곳간이 부유해지는 지방정부가 있는가하면, 본래 여건이 어렵거나 시간이 지날수록 곳간이 허전해지는 지방정부가 있게 마련이다. 그런데, 지방자치제도 아래에서는 지방정부가 살림살이를 스스로 책임져야 하니, 중앙정부나 상위 지방정부가 나 몰라라 하는 것은 무책임한 처사가 된다. 왜 그럴까?

첫째, 앞의 표를 다루면서 설명했지만, 재정자립도가 100%인 지방정부는 거의 없다. 그것은 선진국에서도 마찬가지이다. 근본적으로 중앙정부가 활용하는 세금인 소득세와 법인세가 지방정부가 활용하는 조세들보다 수입을 거두어들이기에 훨씬 좋기 때문이다. 중앙정부가 의지하는 소득세와 법인세는 개인의 소득과 법인의 이익 가운데 일부를 세금으로 거두어들인다. 반면에 지방정부가 주로 의지하는 토지와 건물에 대한 세금은 사람들이 벌어들인 현금이 없더라도, 재산의 가치에 비례해서 세금을 부과하기 때문에, 세율을 강하게 적용하는 것이 힘들다. 그렇다고 해서, 소득세와 법인세를 지방세로 하는 것은 조세이론에 맞지 않다. (지방정부도 경제 발전을 위해 노력하지만) 경제에 관한 큰 틀과 정책은 중앙정부 차원에서 이루어지기 때문이다.

둘째, 대한민국의 국민이라면 누구든지 최소한의 삶의 질을 누려야 하는 권리가 있다. 살림살이가 힘든 지방정부에 대해서 도움을 주지 않으면, 그 지방정부에 살고 있는 주민들은 대한민국 국민으로서 누려야 하는 최소한의 삶의 질을 누리지 못할 가능성이 있다. 지방정부가 부유하거나 가난하거나 상관없이 대한민국 국민으로서 최소한의 삶의 질을 누릴 수 있도록 나라가 배려해야 한다.

셋째, 지방정부가 스스로의 살림살이를 책임지도록 하는 것은 자원배분의 효율성을 향상시키기 위한 것이지만, 뒤에서 논의하는 비교경쟁에서 알 수 있듯이 지방정부들 사이의 재정격차가 지나치게 되면, 지방자치를 통한 효율성 향상을 이룰 수가 없게 된다. 지방정부 사이의 재정격차를 완화시키기 위한 정책은 근본적으로는 형평성을 위한 정책이지만, 이 정책이 효율성이 발휘되도록 하는 기본 여건을 조성한다는 것에 주목해야 한다.

지방정부들의 재정여건을 조정하기 위해 우리나라가 활용하는 제도는 지방교부세(지방교부금)와 국고보조금이 있다. 지방교부세와 국고보조금은 조건이 붙는가에 따라 구분된다. 조건 없이 (조건이 있더라도 느슨하게) 지방정부에게 배부되는 것이 지방교부세(금)이고, 조건이 좀 더 강하게 붙는 것이 국고보조금이다. 지방교부세(금)는 국세의 일정 비율을 세원으로 가져오기 때문에 뒤에 '세'를 붙여서 부르지만, 지방정부에게 현금으로 지원하기 때문에 '금'을 붙여서 부르기도 한다. 지방교부세나 지방교부금이나 똑같은 대상을 지칭한다. 조건이 전혀 없는 보통교부세가 있는가 하면, 특수한 상황에서 약간의 조건이 붙는 특수교부세가 있다. 이와 달리 국고보조금은 주로 특정 사업을 지원하기 위한 보조금이기 때문에 사용처에 조건이 붙는다. 최근에는 국가의 지원에 매칭(matching)하여 지방정부가 부담하는 조건이 붙는 국고보조금이 많이 증가하고 있다. 예를 들어, 국가가 50억을 지원할테니, 지방정부도 해당 사업을 위해 50억을 내놓는 것을 흔히 매칭(matching)한다고 표현한다.[7]

지방교부세(금)는 조건이 없기 때문에, 또는 조건이 있더라도 느슨하기 때문에, 지방정부들이 매우 선호한다. 그렇지만, 자칫 지방정부들이 공짜로 받는 돈으로 생각해서 도덕적 해이를 초래하기 쉽다. 국고보조금은 지방교부세(금)보다 조건이 강하게 붙기 때문에 지방정부들이 때로는 부담스러워한다. 특히 지방정부가 매칭(matching)하는 것을 조건으로 하는 국고보조금의 경우, 지방정부들이 더 부담스러워하는 경향이 있다. 따라서 지방교부세(금)는 지방정부들의 도덕적 해이가 발생하지 않도록 제도를 운용해야 하며, 국고보조금은 중앙정부와 지방정부가 서로 절실하게 필요로 하는 사업을 발굴해서 서로 부담을 덜 느끼면서, 효과적으로 활용될 수 있도록 운용할 필요가 있다.

7 예전에는 '지방양여금'이라는 제도가 있었지만, 2005년에 폐지되었다.

5.5 지방정부의 재정지출과 그 효과

1) 지방정부 재정지출의 중요성

지방재정에 관한 기존의 논의는 대부분 지방정부의 재정수입에 초점을 맞추었다. 그러나 지방정부의 존재 이유는 적절한 재정지출을 통해 효과적으로 지방공공서비스를 제공하고, 지역의 발전을 도모하는 것이다. 이렇게 보면 지방정부의 수입보다는 지출이 더욱 중요하다고 할 수 있다. 우리나라 지방정부의 경제 규모가 매우 작은 것을 고려할 때, 한 해 재정지출 규모가 적어도 수천억 원에 달하는 지방정부의 재정지출은 지역경제에 매우 중요하다.[8]

재정수입과 지출의 관계는 원인과 결과의 관계 또는 선후 관계를 명료하게 구분하기가 힘들다. 닭이 먼저냐 달걀이 먼저냐라는 관계와 비슷하다. 지역경제가 탄탄해서 재정수입이 넉넉하게 들어오는 지방정부는 재정지출 규모 또한 클 것이다. 이렇게 보면 재정수입이 재정지출을 좌우한다. 그러나 지방정부의 재정지출은 지역경제를 통해 지방정부의 재정수입에 영향을 미칠 것이다. 이런 시각에서 보면 지방정부의 재정수입은 과거에 지방정부가 관할하는 구역에서의 재정지출과 민간 투자가 축적된 결과라고 볼 수 있다.

지방정부의 재정지출이 지역경제와 지역발전에 미치는 영향에 관한 이론을 찾기는 쉽지 않다. 재정수입의 경우에는 어떻게 구성되는 것이 바람직한지 다양한 이론이 있는 것과 다른 부분이다. 지역발전과 지역경제에 보탬이 되기 위한 재정지출의 방향을 파악하려면, 실제 우리나라 현실에서 지방정부의 재정지출이 지역경제와 지역발전에 미치는 영향을 검토하는 것 외에 달리 방법이 없다.

8 이영성, 2009, 시·군·구의 사회개발비가 지역내총생산에 미치는 영향에 관한 실증분석, 지역연구, 25(3), pp.5~23.

표 5-3 지방정부들의 재정지출 현황(2017 예산 기준)

분야	광역시도		시		군		구	
	금액 (십억 원)	비율 (%)	금액 (원)	비율 (%)	금액(원)	비율 (%)	금액(원)	비율 (%)
일반공공행정	18,352	14.0	4,422	6.4	1,803	5.8	1,549	5.5
공공질서 및 안전	5,379	4.1	677	1.0	664	2.1	165	0.6
교육	9,980	7.6	1,131	1.6	283	0.9	394	1.4
문화 및 관광	5,314	4.0	3,727	5.4	2,071	6.7	704	2.5
환경보호	8,461	6.4	10,302	15.0	3,867	12.5	1,319	4.7
사회복지	42,570	32.4	18,183	26.4	5,837	18.8	14,649	51.9
보건	1,935	1.5	1,204	1.7	563	1.8	798	2.8
농림해양수산	7,193	5.5	4,502	6.5	5,661	18.2	175	0.6
산업·중소기업	2,729	2.1	1,211	1.8	607	2.0	123	0.4
수송 및 교통	11,592	8.8	5,829	8.5	1,301	4.2	1,325	4.7
국토 및 지역개발	7,371	5.6	5,897	8.6	3,163	10.2	811	2.9
과학기술	485	0.4	11	0.0	0	0.0	0	0.0
예비비	1,042	0.8	2,778	4.0	688	2.2	400	1.4
기타	8,930	6.8	8,969	13.0	4,525	14.6	5,810	20.6
합계	131,334	100.0	68,842	100.0	31,032	100.0	28,223	100.0

2) 지방정부 재정지출의 현황과 최근의 경향

지방정부의 재정지출 항목들을 살펴보자. 지방정부의 재정지출은 최근까지도 일반행정비, 사회개발비, 경제개발비로 나뉘었다. 최근에는 재정지출의 카테고리를 좀 더 세분하여 구분하고 있다. 〈표 5-3〉은 2017년 예산 기준으로 우리나라 지방정부들의 지출 항목별 규모를 보여준다. 일반행정비로 불렸던 항목이 이제는 일반공공행정, 공공질서 및 안전 지출로 세분화되었다. 사회개발비는 이제 교육, 문화 및 관광, 환경보호, 사회복지, 보건 지출로 세분화되었다. 경제개발비는 농림해양수산, 산업·중소기업, 수송 및 교통, 국토 및 지역개발, 과학기술 지출로 세분화되었다. 〈표 5-3〉을 보면 몇 가지 특징이 나타난다. 단일항목으로는 사회복지 항목이 광역지방정부와 기초지방정부 모두에서 가장 비중이 크

표 5-4 지방정부 재정지출 항목들의 비중 비교

분야	광역시·도(%)	시(%)	군(%)	구(%)	시+군+구(%)
일반행정비	18.1	7.4	7.9	6.1	7.2
사회개발비	52.0	50.2	40.7	63.3	50.8
경제개발비	22.4	25.3	34.6	8.6	23.9
예비비 및 기타	7.6	17.1	16.8	22.0	18.1
합계	100.0	100.0	100.0	100.0	100.0

출처: 통계청

다. 사회개발비에 포함되었던 지출 항목 가운데 사회복지 지출이 단연 돋보이지만, 다른 항목들의 비중 역시 높다. 경제개발비에 속해 있던 항목 가운데에서는 수송 및 교통, 국토 및 지역개발 지출이 여전히 높은 비중을 차지하고 있다. 수송 및 교통은 주로 도로 개설을 비롯한 기반시설 확충에 쓰인다. 국토 및 지역개발 지출에서는 주택 및 산업단지 관련 지출이 주로 큰 비중을 차지한다.

2017년의 재정지출에 나타난 특징을 과거와 비교하면 많은 변화가 있다. 비교를 위해 위의 항목들을 과거의 일반행정비, 사회개발비, 경제개발비에 맞게 집계한 뒤, 이들 항목이 전체 예산에서 차지하는 비율을 〈표 5－4〉와 같이 살펴보자. 광역시·도, 시, 군, 구의 모든 경우에 사회개발비가 가장 많은 비중을 차지하는 것을 볼 수 있다. 광역시·도와 시에서는 사회개발비가 전체 재정지출에서 차지하는 비중이 절반을 넘고 있으며, 구에서는 63.3%에 이르는 수준이다. 대체로 경제력이 떨어지는 군에서만 40.7%로서 절반에 미치지 못한다. 그러나 이 역시 군의 일반행정비나 경제개발비보다 훨씬 많은 수준이다. 군은 대체로 광역시·도, 시, 구에 비해 경제력이 떨어진다. 아마도 그 때문에 군에서는 상대적으로 경제개발비를 많이 지출하고 있는 것을 볼 수 있다. 경제개발비가 군의 전체 예산에서 차지하는 비중은 34.6%이지만, 광역시·도, 시, 구에서는 훨씬 낮은 수준인 것을 알 수 있다.

이러한 경향을 이영성(2009)에서 정리한 〈표 5－5〉와 비교해보자. 위의 자료와 달리 시·군·구를 구분하지 않고 정리했다. 1996년부터 2007년까지를 다루고 있기 때문에, 2017년 자료를 이용한 위의 표와 비교하면 지난 20년 동안의 몇 가지 추세를 알 수 있다. 첫째, 1996년부터 2007년까지 일반행정비가 지속적으로 감소하고 있다. 1996년에 27%이

표 5-5 일반행정비, 사회개발비, 경제개발비의 비중 변화

	1996년	비율	2000년	비율	2005년	비율	2007년	비율
일반행정비	63759	0.27	69817	0.23	166715	0.20	189432	0.19
사회개발비	81575	0.34	120570	0.40	344733	0.42	430796	0.43
교육 및 문화비	9869	0.12	17786	0.15	59721	0.17	73335	0.17
보건 및 생활환경비	33475	0.41	41055	0.34	98175	0.28	110993	0.26
사회보장비	15971	0.20	34867	0.29	124890	0.36	181771	0.42
주택 및 지역사회개발비	21259	0.26	26863	0.22	61946	0.18	64697	0.15
경제개발비	82539	0.35	96587	0.32	251889	0.30	288290	0.29
농수산개발비	31751	0.38	6488	0.27	83101	0.33	95408	0.33
지역경제개발비	3967	0.05	10572	0.11	32829	0.13	36411	0.13
국토자원보존개발비	45412	0.55	57283	0.59	115344	0.46	125590	0.44
교통관리비	1408	0.02	2244	0.02	20614	0.08	30882	0.11
시·군·구 일반회계 총지출	238976		304139		826015		991340	
우리나라 국내총생산	4485964		5786645		8652409		9750131	

출처: 이영성(2009).

던 일반행정비는 2007년에 19%로 줄었다. 2007년에 시·군·구의 전체 일반행정비가 시·군·구의 전체 예산에서 차지하는 비중은 7.2%에 불과하다. 둘째, 사회개발비의 꾸준한 증가이다. 사회개발비는 1996년에 34%에서 2007년에 43%로 증가했다. 2017년의 경우, 시·군·구의 전체 사회개발비는 시·군·구의 전체 예산의 50.8%에 이른다. 셋째, 경제개발비의 꾸준한 감소이다. 1996년에 35%이던, 경제개발비는 2007년에는 29%로 감소했다. 위의 2017년 자료를 보면, 경제개발비는 23.9%에 불과하다.

3) 지방정부 재정지출의 효과

지난 20년 동안 우리나라의 지방정부들은 일반행정비와 경제개발비의 비중을 줄이고, 사회개발비 비중을 늘린 것으로 이해할 수 있다. 교육, 문화, 관광, 환경보호, 사회복지, 보건 분야에 더 많은 자원을 배분한 것이다. 이러한 변화는 어느 한두 해에만 벌어진

것이 아니라, 지난 수십 년에 걸쳐 일관되게 나타난 것이다. 거대한 구조적 변화라고 볼 수 있다. 이러한 변화를 가능하게 한 원동력은 무엇일까? 그것은 결국 지방자치에 의한 것이다. 즉 지방정부들이 자율적으로 재정지출의 용처와 방식을 정할 수 있게 되면서, 중앙정부와 구별되는 지방정부의 선호가 반영된 결과이다. 지방정부의 선호에는 주민들의 바람이 적지 않게 반영되었을 것이다.

바라보기에 따라서는 사회개발비의 비중 증가는 장기적인 경제성장에 부정적이라고 생각할 수도 있다. 지방자치의 선거과정 속에서 지방정부의 의사결정이 주민들의 표를 얻기 위한 선심성 정책으로 치우친 결과라고 평가할 수 있기 때문이다. 그러나 지방정부의 재정지출이 경제성장에 미친 영향을 추정한 실증연구에 따르면, 반드시 부정적인 것만은 아니다. 이영성(2009)에 따르면 경제개발비보다는 사회개발비가 시·군·구의 지역내총생산에 더 도움이 되는 것으로 나타났다. 이영성(2009)은 자료의 한계 때문에 경기도, 강원도, 경상남도, 경상북도, 대전광역시의 시·군·구를 대상으로 연구했는데, 1인당 사회개발비가 1% 증가하면 1인당 지역내총생산은 0.24% 증가했지만, 1인당 경제개발비가 1% 증가하면 1인당 지역내총생산은 0.07%밖에 증가하지 않았다. 더욱 흥미로운 것은 1인당 지역내총생산 성장률이 평균 이상인 곳과 평균 이하인 곳으로 나누어 분석했을 때의 결과이다. 1인당 지역내총생산의 성장률이 평균 이상인 시·군·구에서는 1인당 경제개발비가 1% 증가하면 1인당 지역내총생산은 0.15% 증가했으며, 1인당 사회개발비가 1% 증가하면 1인단 지역내총생산은 0.18% 증가했다. 그러나 1인당 지역내총생산의 성장률이 평균 이하인 시·군·구에서는 경제개발비가 지역내총생산에 아무런 영향을 미치지 못했지만, 1인당 사회개발비가 1% 증가하면 1인당 지역내총생산은 0.2% 증가하는 것으로 나타났다. 이는 지역개발과 지방정부의 재정에 관해서 매우 중요한 시사점을 던져준다. 사회복지, 교육, 문화, 환경 등에 대한 지출이 낭비성일 것으로 생각하는 시각이 많이 있지만, 실제로는 이러한 지출이 낙후지역의 경제성장에 더 도움이 된다는 것을 뜻한다.

과거에는 성장 자체가 지고지순한 가치였다. 성장 일변도의 정책에서는 대체로 형평성보다는 효율성을 중시한다. 그러나 지속가능성의 관점에서 보면, 경제·사회·환경의 세 가지 부문이 모두 소홀히 할 수 없는 소중한 가치이다. 어느 하나라도 소홀히 하면, 장기적으로 경제성장은 지속가능하지 않다. 이 중 사회 부문은 현 세대의 사회적 형평성 측면에서 복지적 지출의 필요성을 강조한다. 복지적 지출은 ① 사회통합을 촉진하여 정치·사회적 안정에 도움이 되고, ② 유효수요를 창출하여 경제성장의 토대가 되며, ③ 대중들의 생활형편 향상, 보편적인 교육과 의료 제공으로 인적자본이 형성되고, ④ 보육과 노인부양 같은 사회서비스 제공은 그만큼 일자리를 창출하는 동시에, 여성이 경제활동에 참여할 수 있기 때문에 경제성장에 도움이 된다.[9] 낭비성의 복지지출은 바람직하지 않지만, 적어도 우리나라의 지방정부들에서는 사회개발비 지출이 경제개발비 못지않은 또는 그 이상으로 경제성장에 도움이 되는 것으로 나타났다. 특히 경제성장률이 낮은 지역에서는 더욱 효과가 좋았다. 사회개발비에는 사회복지뿐 아니라, 환경과 문화에 대한 지출도 포함되는데, 이들 지출 역시 지속가능성의 측면에서 나름의 역할을 하는 것으로 판단된다.

사회개발비가 지니는 이러한 효과를 감안하면, 그동안 지방정부의 의사결정은 장기적인 경제성장에 더 도움이 되면서 형평성을 충족시키는 방향으로 자원배분 방식을 전환해 온 것으로 평가할 수 있다. 지방자치가 자원배분의 효율성을 제고시킨다는 것을 보여준다고 해석할 수도 있다. 그러나 재정지출을 통한 지방정부의 자원배분이 최적의 완벽한 결정은 아니었다. 시·군·구 가운데 가장 낙후한 곳은 군(郡)이다. 군은 주로 농촌과 낙후지역이 많다. 평균적으로 경제 여건이 가장 좋은 곳은 구(區)이다. 구(區)는 대도시에서만 존재하는 자치단체이기 때문이다. 재정지출에서 경제개발비가 차지하는 비중은 시·군·구 가운데 군에서 가장 높다. 앞서 논의한 것처럼 경제개발비는 낙후한 곳에서는 경제성장을 이끌어내지 못하는데도, 낙후 지역에서는 여전히 경제개발비에 더 많이 의존하고 있는 것이다. 낙후지역에서 미래의 경제발전을 위한 선택으로 판단되지만, 결과적으로는 그리 효과적인 결정은 아니라고 말할 수 있다.

4) 지방정부의 비교경쟁(yardstick competition)

지방정부의 재정지출과 관련해서는 정치적 의사결정에 따른 효과를 검토하지 않을 수 없다. 선거를 거쳐 낭선되어야 하는 자치단체장은 재정지출을 할 때, 시민들의 반응과 그들의 정치적인 지지를 신경쓰지 않을 수 없기 때문이다.[10] 이 때 주목해야 하는 현상이 비교경쟁(yardstick competition)이다. 비교경쟁은 주민들이 자신들의 자치단체장을 이웃 지방정부와 비교하면서 시작한다(Besley and Case 1995). 자치단체장이 자신들의 선호를 반영

9 김태일, 2011, 복지국가는 비효율적인가?(참여연대 홈페이지. http://www.peoplepower21.org/welfare/672172).

10 이하, 비교경쟁에 관한 논의는 김용욱·이영성(2013), 이영성 외(2014)의 내용을 대부분 그대로 인용한 것임을 밝힌다.

하는 사람이라고 판단하면, 주민들은 그의 재선을 위해 투표하고, 그렇지 않다면 투표하지 않는다. 재선을 바라는 자치단체장이라면 주민의 선호를 반영하려고 노력할 것이다. 주민의 선호와 그에 따른 주민들의 요구는 일정 부분 주변 지방정부와의 비교를 통해 형성되기 때문에, 자치단체장의 정책은 이웃 지방정부와 비슷해지는 현상이 나타난다. 우리나라의 사회개발비에도 지방정부들 사이에서 이러한 동조화 현상이 관측된 바 있다(김용욱 · 이영성, 2013). 대체로 외국에서의 연구 결과에 따르면, 이러한 비교경쟁은 효율성의 향상으로 이어진다. 주변 자치단체장과 비교당하는 상황에서 자치단체장들은 늘 주변을 참고하고, 때로는 모방하면서 좋은 정책을 개발하기 위해 노력할 수밖에 없는 상황이기 때문이다. 그런데, 이영성 외(2014)에 따르면 우리나라에서는 이러한 비교경쟁에 따른 동조화가 효율성의 향상으로 이어지지는 않는 것으로 나타났다. 동조화는 있는데, 효율성 향상으로 이어지지 않는 것은 외형상으로만 모방을 할 뿐, 실질적인 성과의 경쟁으로 이어지지는 않고 있다는 것이다.

그렇다면 비교경쟁이 효율성 향상으로 이어지려면 어떠한 조건이 필요할까? 그 가운데, 우리나라에서는 어떠한 조건이 충족되지 못하는 것일까? 이영성 외(2014)에 따르면 비교경쟁이 효율성 향상으로 이어지기 위한 조건은 크게 네 가지이다. 첫째, 자치단체장이 주민의 선호를 반영하면서 높은 성과를 보이는지를 유권자가 판단할 수 있어야 한다. 유권자가 이웃 지방정부의 공공서비스 수준과 효율성에 대한 정보를 충분하게 수집해서 자신의 지방정부와 비교하고, 정확하게 판단하기는 쉽지 않다(Hindriks and Lockwood, 2009; Bradford et al. 1969). 둘째, 빼어난 성과를 보인 자치단체장이 재선에 성공하는 확률이 높아야, 그러한 자치단체장을 주변에서 따라 하면서 효율성이 향상된다(Padovano and Petrarca, 2013). Wolfers(2002)에 따르면 미국에서 호황기에는 성과가 떨어지는 주지사도 당선되지만, 불황기에는 성과가 좋은 주지사도 떨어지는 경향이 있다. 어느 나라에서나 양극화의 심화(Solé-Ollé and Sorribas-Navarro 2008; Geys and Vermeir 2008; Kiss 2012), 경제불황 및 실업률의 증가(Howell and Vanderleeuw 1990; Hansen 1999), 인종 · 도덕 · 사회적 이슈(Mooney and Lee 1995; Lublin 2004)가 쟁점으로 떠올라 선거 분위기를 좌우하면 자치단체장의 성과와 투표결과는 쉽게 어긋난다. 특정 정당에 대한 충성도가 너무 강해서, 그 정당에 속한 자치단체장이 성과와 무관하게 무조건 당선되어도 효율성 향상을 기대하기 힘들다. 셋째, 이웃한 지방정부들의 재정여건에 차이가 크면 유권자가 판단을 그르칠 가능성이 높다(Kotsogiannis and Schwager 2008; Allers 2012). 재정여건이 좋은 지방정부의 단체장은 자신의 정치적 야망을 달성하기 위한 정책을 펼쳐도 주민 요구를 충족시킬 수 있지만, 재정력이 약한 지방정부의 단체장은 최선을 다해도 주민을 만족시키기가 힘들다. 후자가 인정받아야 비교경쟁에 의한 효율성 향상이 가능하다. 넷째, 유권자들이 관심을 갖고 투표해야 하지만(Kingdon 2003; Kiousis et al. 2006), 투표율은 대부분 너무 낮다.[11] 우리나라에서의 비교경쟁에 의한 동조화가 효율성 향상으로 이어지지 않는 이유로는 위의 네 가지가 모두 조금씩 영향을 미치는 것으로 판단된다.

우리나라에서는 여전히 지방정부들의 재정격차가 상당하기 때문에 유권자들이 지방정부들을 비교하여 자치단체장의 성과를 판단할 때 오류가 발생하기 쉽다. 시·군·구의 선거결과는 자치단체장의 성과보다 중앙 정치의 동향에 크게 영향 받을 뿐 아니라, 지역에 따라서는 특정 정당에 대한 충성도가 선거결과에 막대한 영향을 미쳤다. 더구나 정당의 자치단체장 후보는 지역 당원들의 투표를 거치는 예비선거 대신 중앙당 공천을 통해 이루어지기 때문에 자치단체장은 지역주민에게 성과를 인정받는 것보다 중앙당의 공천을 받는 것이 더욱 절실하다. 이러한 여건들은 비교경쟁이 효율성 향상으로 연결되는 것을 방해할 수 있다. 요컨대, 주민들이 그러한 재정지출의 진정한 성과를 가능한 정확하게 판단하고, 진정으로 주민들을 위해 열심히 일해서 뛰어난 성과를 자치단체장이 당선되도록 하는 기제가 작동해야 지방정부들 사이의 비교경쟁이 효율성 향상으로 이어질 수 있다는 것이다. 지방자치 이후 많은 변화가 있었고, 그 변화 가운데 긍정적인 성과도 많았지만, 앞으로도 더 많은 발전이 필요하다는 것을 뜻한다.

5.6 지역개발과 민자유치

최근 들어 공공부문이 재정여력이 예전 같지 않기 때문에, 공공부문이 직접 공공서비스를 모두 제공하는 것은 쉽지 않다. 또한 공공부문이 효율성을 향상시키기 위해 많은 노

11 이에 대한 더욱 상세한 내용은 이영성 외(2014)를 참고할 것.

력을 해왔지만, 여전히 민간부문의 창의성과 활력이 필요하다. 그에 따라 민간의 자금과 노하우(know-how)를 활용하는 움직임이 많이 있다. 대표적인 것이 '민자유치'이다. 민간 자본을 유치하여 공공서비스를 제공하는 것이다. 우리나라에서는 1994년에 '사회간접자본 시설에 대한 민자유치 촉진법'이 제정되면서 본격적으로 도입되기 시작했다. 법의 이름이 시사하듯이 사회간접자본 시설을 건설하는 데 민자유치를 주로 활용하고 있다. 민자유치에서 가장 중요한 것은 사회간접자본의 공공성을 유지하면서 민간부문이 참여할 수 있을 만큼의 수익성을 어떤 방식으로 어느 정도나 보장해주는가이다. 민자유치의 다양한 방법은 바로 이에 대한 대응책으로서 만들어진 것이다.

우리나라에서 그동안 활용된 민자유치 방식으로는 BTO(Build-Transfer-Operation)와 BTL(Build-Transfer-Lease)을 들 수 있다. BTO는 민간 기업이 사회간접자본을 건설(Build)하고, 소유권을 공공부문으로 넘긴(Transfer) 뒤에, 공공과 약정한 기간 동안 사회간접자본에 대한 운영권을 갖고, 사회간접자본 이용자에게 이용료를 부과하여 수익을 확보하는 방식이다. 도로와 터널에서 많이 활용되었다. 그런데 민간기업이 BTO방식으로 민자사업에 참여할 때에는 리스크가 있다. 사회간접자본의 건설과 시공에는 상당히 큰 규모의 자금이 투입되어야 한다. 그 비용을 민간기업은 스스로 조달해서 지금 당장 지출해야 한다. 문제는 사회간접자본 시설이 완공된 뒤에, 민간 기업이 그 시설을 운용하여 과연 수익을 낼 수 있을 것인가이다. 이용료를 거두어들여서 수익을 거두는 데에는 길게는 수 십년이 소요되기 때문이다. 미래는 불확실하다. 기간이 길면 길수록 더욱 불확실하다. BTO 방식에서는 그러한 불확실성을 민간 기업이 짊어질 수밖에 없다. 운용기간 동안에 생각 이상의 뛰어난 수익을 거둘 수도 있다. 사회간접자본을 이용할 사람들이 미래에 몇 명이나 될 것인지에 대한 예측은 많은 경우 오류투성이였다는 것을 우리 모두가 익히 알고 있는 바다.

그 때문에 고안된 방식이 최소수입보장제도(Minimum Revenue Guarantee)이다. 미래의 불확실성에 따른 위험을 민간 기업이 고스란히 짊어져야 한다면 민간 기업은 그런 사업을 할 수가 없다. 만에 하나 엄청난 손실이 발생할 수 있다면, 때로는 그 때문에 기업이 위태로운 상황에 처할 수 있다면, 그 어떤 기업도 사업에 참여하지 않을 것이다. 최소수입보장제도에서는 공공과 민간이 BTO사업을 계약할 때, 민간이 거두어야 하는 최소 수입을 정한다. 사회간접자본을 운영할 때, 민간 기업이 거두는 수입이 최소 수입을 밑돌면, 최소 수입과 실제 수입의 차이만큼을 공공이 민간에게 지원해주는 제도가 최소수입보장제도이다.

기업이 미래에 겪을 수 있는 불확실성과 그에 따른 위험을 사전에 원천적으로 제거하는 것이다. 그런데, 최소수입보장제도는 그동안 사회적으로 많은 논란에 휩싸였었다. 왜 그랬을까? 한번 생각해보자. 어떠한 이유에서든지, 공공과 민간이 체결한 계약에서 최소수입이 높게 책정되었다고 하자. 사실상 계약서상에 규정된 최소수입이 최소수입이 아니라 그 이상이 되는 것이다. 민자사업에 따른 위험을 과도하게 보상하는 상황이 되는 것이다.

이러한 문제의 대안으로 활용된 방식이 바로 BTL(Build－Transfer－Lease)이다. 민간기업이 사회간접자본을 건설(Build)하여, 소유권을 공공부문으로 넘긴 뒤에(Transfer), 공공부문으로부터 임차료를 받는 것이다. 소유권을 넘긴 뒤에 임차료를 받는다는 것이 조금은 어색할 수 있다. 쉽게 생각하면, 민간 기업이 사회간접자본을 건설한 뒤, 그에 따른 비용을 매년 임대료 형식을 빌어서 되돌려 받는 것이다. 형식적으로는 민간 기업이 소유권을 공공부문으로 넘기지만, 내용상으로는 임대(Lease)하는 것과 같다. 여기서 핵심은 임대료 형식으로 돌려 받을 때, 이를 어떠한 방식으로, 그리고 어느 수준으로 설정할 것인가이다. 통상적으로 BTL사업에서는 시중 이자율에 약간의 프리미엄을 얹어서, 기업의 자본조달비용보다 조금 높은 수준에서 설정한다. 이러한 방식 역시 미래의 불확실성을 사전에 제거할 수 있다. 다만, 기업이 거두는 수익률을 자본비용보다 약간만 더 높은 수준으로 설정함으로써, 최소수입보장제도와 같은 폐해를 없애는 장치이다. 민간 기업 입장에서는 큰 수익을 거둘 수는 없지만, 오랜 기간에 걸쳐서 일정 수준 이상의 수익을 거두는 것이 큰 장점이다.

참고문헌

- 김용욱, 이영성. 2013. 이웃한 지방정부들의 비교경쟁과 사회개발비 지출의 동조화. 지역연구 29(3): pp.3~18.
- 이영성. 2009. 시군구의 사회개발비가 지역내총생산에 미치는 영향에 관한 실증분석. 지역연구. 25(3): pp.5~23.
- 이영성, 김용욱, 박준영. 2014. 지방정부의 비교경쟁에 따른 재정지출변화가 경제성장에 미치는 영향－사회개발비를 중심으로. 지역연구 30(3): pp.27~51.
- 이영성, 이정전. 2007. 토지세와 재산세의 운용에 대한 소고. 환경논총 45: pp.75~96.

- Allers, M. A., 2012. Yardstick Competition, Fiscal Disparities, and Equalization. *Economics Letters*, 117(1): pp.4~6.
- Besley, T. and A. C. Case., 1995. Incumbent behavior: vote－seeking, tax－setting, and yardstick competition, *American Economic Review*, 85(1): pp.25~45.
- Bradford, D. F., R. A. Malt and W. E. Oates, 1969. The Rising Cost of Local Public Services: Some Evidence and Reflections, *National Tax Journal*, 22: pp.185~202.
- Geys, B. and J. Vermeir, 2008. Party cues and yardstick voting, *European journal of political economy*, 24(2): pp.470~477.
- Hansen, S. B., 1999. Life Is Not Fair: Governors' Job Performance Ratings and State Economies, *Political Research Quarterly*, 52: pp.167~188.
- Hindriks, J. and B. Lockwood, 2009. Decentralization and Electoral Accountability: Incentives, Separation and Voter Welfare, *European journal of political economy*, 25: pp.385~397.
- Howell, S. E. and J. M. Vanderleeuw, 1990. Economic Effects on State Governors, *American Politics Research*, 18: pp.158~168.
- Kingdon, J. M., 2003. *Agenda, Alternative and Public Policies*, Longman.

- Kiousis, S., Mitrook, M., Wu, X. and Seltzer, T., 2006. First – and second – level agenda – building and agenda – setting effects: Exploring the linkages among candidate news releases, media coverage, and public opinion during the 2002 florida gubernatorial election, *Journal of Public Relations Research*, 18: pp.265~285.
- Kiss, Á., 2012. Divisive politics and accountability, *European journal of political economy*, 28(2): pp.208~214.
- Kotsogiannis, C. and R. Schwager, 2008. Accountability and fiscal equalization, *Journal of Public Economics*, 92: pp.2336~2349.
- Lublin, D., 2004. *The Republican South: Democratization and Partisan Change*, Princeton and Oxford: Princeton University Press.
- Mooney, C. Z. and M. H. Lee, 1995. Legislative Morality in the American States: The case of Pre – Roe Abortion Regulation Reform, *American Journal of Political Science*, 39(3): pp.599~627.
- Oates, W. E., 1972. *Fiscal Federalism*, Harcourt Braceand Jovannovich.
- Padovano, F. and I. Petrarca, 2014. Are the responsibility and yardstick competition hypotheses mutually consistent?, *European Journal of Political Economy*, 34: pp.459~477.
- Solé – Ollé, A. and P. Sorribas – Navarro, 2008. *Does partisan alignment affect the electoral reward of intergovernmental transfers?*, XV Encuentro de Economía Pública: políticas públicas y migración.
- Wolfers, J., 2002. *Are Voters Rational?: Evidence from Gubernatorial Elections*, Stanford University, Graduate School of Business Working Paper No. 1730.

제6장

주택정책

요약문

제6장에서는 먼저 국내 가구들이 경험하는 주택문제는 무엇인지, 그래서 과연 주택정책이 필요한 것인지 살펴본다. 이 주택문제를 해결하기 위해 현재 정부가 갖고 있는 주택정책의 수단을 크게 주거종합계획, 임대주택의 공급, 주택자금의 지원, 투기수요의 억제로 구분하여 간략히 살펴본다. 마지막으로 주택정책에 대한 정부의 지속적인 노력에도 불구, 향후 해결해야 할 주택의 과제를 투자수요 억제의 기조 탈피, 임대주택정책의 재점검, 지방정부 주도 주택정책으로의 전환 등으로 나누어 설명한다.

6.1 주택징책의 필요성

주택정책은 국민에게 쾌적하고 안정적인 주거 제공을 목적으로 한다. 이는 “국가는 주택개발정책 등을 통하여 모든 국민이 쾌적한 주거생활을 할 수 있도록 노력하여야 한다"는 대한민국헌법(제35조 제3항), 그리고 "국민은 … 물리적·사회적 위험으로부터 벗어나 쾌적하고 안정적인 주거환경에서 인간다운 주거생활을 할 권리를 갖는다"는 주거기본법(제2조)을 통해서 구체적으로 명시되어 있다.

그러나 주택은 대부분의 개인이나 가구가 시장에서 그 비용을 직접 지불하는 사적 재화(private good)이다. 이 점에서 주택정책은 반드시 정부가 모든 국민에게 쾌적하고 안정적인 주거를 직접 지어 제공하는 것을 의미하지 않으며, 대부분은 주택시장(housing market)을 통해 쾌적하고 안정적인 주거가 원활히 공급되는 시스템의 구축을 뜻하고, 또 이 시장에서 적절한 주거기회를 확보하지 못하는 가구들을 위한 특화된 대책을 의미한다. 따라서 주택정책의 필요성은 가구의 적절한 주거기회를 확보하는 데 있어 현 주택시장이 갖고 있는 한계의 범위와 심각성에서부터 탐색될 수 있다.

주택문제는 크게 양의 문제와 질의 문제, 가격의 문제, 그리고 입지의 문제로 구분할 수 있다. 먼저 양의 문제는 인구나 가구 규모에 비해 주택재고(housing stock)가 절대적으로 부족할 때 발생한다. 양의 문제를 나타내는 정량적 지표로 흔히 주택보급률과 인구 천 명당 주택수를 사용한다. 주택보급률은 가구수 대비 주택의 수를 백분율로 나타낸 것

그림 6-1 주택보급률 - 2015년

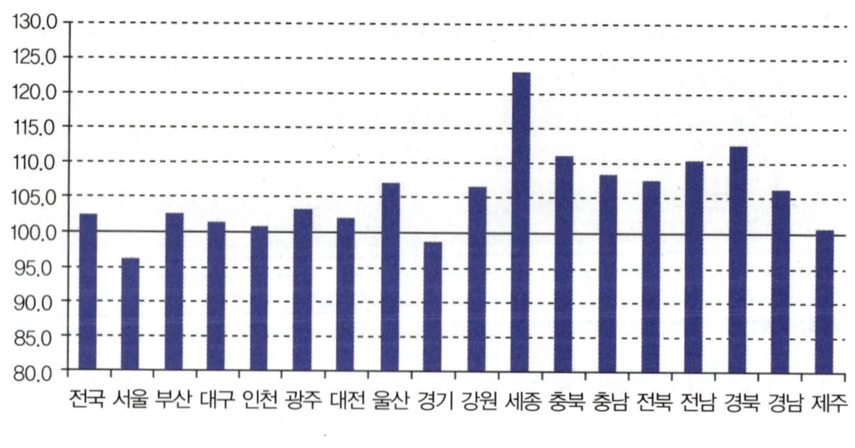

자료: 국토교통부, 주택보급률(국가통계포털).

이다(식 1). 주택의 수가 가구의 수보다 많을 때 주택보급률이 100을 넘게 되며, 흔히 자연공실률까지 고려하여 105 이상을 적정한 수치로 지칭하기도 한다. 2015년 기준 전국 및 시도별 주택보급률은 〈그림 6-1〉과 같다. 서울과 경기를 제외한 대부분의 지역에서 주택보급률이 100%를 넘으며, 세종, 경북, 충북, 전남 등은 110% 이상의 주택보급률을 보이고 있다.

$$\text{주택보급률}(\%) = \frac{\text{주택수}}{\text{가구수}} \times 100 \qquad \text{▸ 식 1}$$

주택보급률은 주택재고의 충분함을 보여주는 지표로서 우리나라 주택정책에서 장기간 활용되어 왔으나, 주택 및 가구의 수를 측정하는 방식에 따라 민감하게 달라진다는 단점도 지니고 있다. 특히 가구의 수는 '보통가구'로도 불리는 혈연가구만을 대상으로 할지, 1인가구와 5인 이하 비혈연가구까지 포함하는 '일반가구' 개념으로 정의할지, 외국인가구와 6인 이상 비혈연가구까지 포함하는 전체 가구로 설정할지에 따라 그 값이 계속 변화한다. 이에 시기 간, 지역 간 특히 국가 간 비교의 기준으로 인구 천 명당 주택수가 더 보편적으로 사용된다. 〈그림 6-2〉는 OECD 국가들의 인구 천 명당 주택수를 내림차순으로

그림 6-2 인구 천 명당 주택수 - 2015년

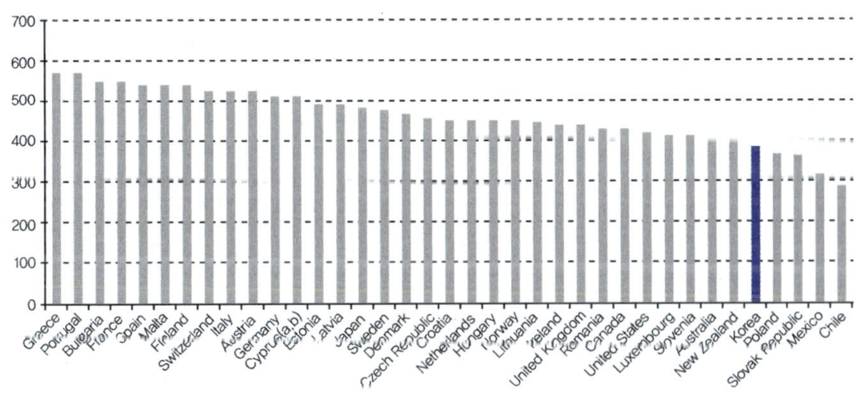

자료: OECD Affordable Housing Database－Dwelling per thousand inhabitants.

정렬한 것이다. 한국은 383호로 칠레, 멕시코, 슬로바키아, 폴란드에 이어 인구 천 명당 주택수가 가장 적은 국가들에 포함된다. OECD 평균은 460호로 한국에 비해 큰 차이를 보인다.

$$\text{인구 천 명당 주택수} = \frac{\text{주택수}}{\text{인구수} \div 1{,}000} \qquad \text{▸ 식 2}$$

주택의 충분한 재고도 중요하지만, 공급된 주택의 질도 매우 중요하다. 창문이 없는 주택, 상하수도가 구비되지 않은 주택 등이 야기하는 위생, 보건의 문제는 산업혁명으로 자본주의 경제체제가 구가하던 시기에도 사유재산권 행사의 제한을 스스로 선택하게 할 만큼 강력한 사회적 영향력을 지닐 정도이다. 일반적으로 주택의 질적 문제를 가늠하는 지표로는 가구당 혹은 1인당 주거면적, 1실당 거주인원, 가구당 사용방수 등의 규모·면적 기준이 사용되기도 하며, 동시에 입식부엌 가구의 비율, 수세식 화장실 구비 가구의 비율,

표 6-1 주택의 질적 지표

연도	가구당 주거면적 (㎡)	1인당 주거면적 (㎡)	방당 거주인원 (명/방)	가구당 사용방수 (방/가구)	입식부엌의 비율 (%)	수세식 화장실 비율(%)	온수목욕의 비율 (%)
1970	35.9	6.8	2.4	2.2	-	-	-
1975	41.4	8.2	2.3	2.2	-	-	-
1980	45.8	10.1	1.8	2.2	9.7	12.3	4.3
1985	46.4	11.3	1.9	2.2	34.6	33.1	20.0
1990	51.0	13.8	1.5	2.5	52.4	51.3	34.1
1995	57.3	17.2	1.1	3.1	84.1	75.1	74.8
2000	62.9	20.2	0.9	3.4	93.9	86.9	87.3
2005	66.0	22.8	0.8	3.6	97.9	94.0	95.8
2010	67.4	25.0	0.7	3.7	98.4	97.0	97.6
2016	70.1	33.2	0.76	3.5	99.4	99.0	98.6

자료: 2005년까지의 수치는 김경환 · 서승환(2009: 237), 2010년 수치는 통계청의 인구주택총조사, 그리고 2016년 수치는 국토교통부 주거실태조사 결과(국토교통부, 2016a)를 참고. 2016년 방당 거주인원은 마이크로데이터를 활용해 저자가 별도 계산.

온수목욕 가구의 비율 등 시설 기준이 사용되기도 한다.

1970년부터 현재까지 국내 주택에 대한 이상의 질적 지표 수치들은 〈표 6-1〉과 같다. 가구당 주거면적은 35.9㎡에서 70.1㎡로 약 2배 가까이 증가하였으며, 1인당 주거면적은 6.8㎡에서 33.2㎡로 약 5배 가까이 증가하였다. 1970년만 하더라도 방 1개에 2.4명이 거주하였으나, 현재에는 0.76명으로 일반적으로 거주하지 않는 방도 존재하고 있는 상황이다. 입식부엌, 수세식화장실, 온수목욕이 가능한 가구의 비율도 9.7%, 12.3%, 4.3%에서 2016년 기준 거의 100%에 육박하고 있다. 지난 50여 년의 기간 동안 국내 가구가 소비하는 주택의 질적 수준은 비약적으로 개선되었음을 확인할 수 있는 대목이다.

이와 같은 주택 품질의 대대적인 발전에도 불구, 여전히 열악한 주택에 거주하고 있는 가구가 함께 존재한다. 이를 살펴볼 수 있는 가장 기본적인 지표는 주택 이외 거처 가구의 비중이다. 이를 논의하기 위해서는 먼저 통계청의 거처와 주택의 개념에 대한 이해가 필요하다. 통계청은 주택의 상위 개념으로 “사람이 거주하고 있는 모든 장소를 통칭하는 말로서 구조적으로 분리되고 독립된 하나의 거주단위”인 거처(living quarter)를 사용한다. 이 거처 중 ‘① 영구건물, ② 한 개 이상의 방과 부엌, ③ 독립된 출입구, ④ 관습상 소유 또는 매매의 한 단위’라는 네 가지 요건을 모두 충족한 경우를 주택으로 구분한다. 통계청은 전체 거처 중 주택으로서 갖추어야 할 이 기본 조건을 충족하지 못한 ‘주택 이

표 6-2 거처 유형별 일반가구의 수

구분		가구	백분율
주택		18,597,608	
주택 이외의 거처		770,088	3.98%
	오피스텔	367,150	
	호텔, 여관 등 숙박업소의 객실	30,686	
	기숙사 및 특수 사회 시설	33,437	
	판잣집, 비닐하우스	6,601	
	기타	332,214	
합계		19,367,696	
오피스텔을 제외한 주택 이외 거처 거주 가구		402,938	2.08%

자료: 통계청, 인구총조사(2016년).

표 6-3 최저주거기준 미달가구의 비율

구분		가구(만 가구)	백분율(%)
최저주거기준 미달가구		102.7	5.4
	면적 기준 미달가구	60.2	3.1
	시설 기준 미달가구	50.4	2.6
	침실 기준 미달가구	9.3	0.5

자료: 국토교통부(2016b), p.77

외의 거처'에 대한 상세 통계를 제공하고 있다. 〈표 6-2〉에 따르면 주택 이외 거처에 거주하는 가구는 2016년 기준 77만 가구로 전체 일반가구의 3.98%를 차지하고 있다. 상대적으로 품질이 양호한 오피스텔을 제외할 경우 40만 가구로 전체 일반가구의 2.08%가 숙박업소의 객실, 기숙사, 특수사회시설, 판잣집, 비닐하우스 등에 거주하고 있는 상황이다.

주택의 질적 기준에 대한 평가지표로 최저주거기준도 사용할 수 있다. 국토교통부는 "국민이 쾌적하고 살기 좋은 생활을 하기 위하여 필요한 최소한의 주거수준에 관한 지표"(주거기본법 제17조 제1항)로서 최저주거기준을 설정하였는데, 여기에 제시된 면적 기준, 시설 기준, 그리고 침실 기준에 미달하는 가구가 100만 이상이 존재하고 있다(〈표 6-3〉).[1] 지하, 반지하, 옥탑방에 거주하는 가구, 쪽방에 거주하는 가구도 각각 59만(3.1%) 가구와 8만(0.4%) 가구에 이른다(국토교통부, 2016b: 71).

주택재고가 충분하고, 또 그 질이 양호하다 하더라도 주택에 거주하기 위해 지불해야 하는 비용이 가구의 부담능력 범위를 크게 초과할 때, 주거비부담(housing affordability)의 문제가 발생한다. 주택소비를 위해 적정 규모 이상의 가계 소득을 배분하는 것은 다른 생계비 지출을 줄임으로써 가구의 삶의 질을 전반적으로 저하시킬 수 있다는 우려도 존재한다. 이 주거비부담은 주택의 점유형태(housing tenure)에 따라 그 형태가 다르다. 자가가구의 경우 주택구입가격 마련에 대한 부담, 그리고 주택구입 과정에서 이용한 주택담보대출의 원리금을 지속적으로 상환해야 하는 부담이 발생하며, 임차가구는 월세 등 정기적으로 내야하는 임대료에 대한 부담이 존재한다. 특히 우리나라는 임차의 한 유형으로 주택구입가격의 절반 정도에 달하는 비용을 임대료로 부담하는 전세제도가 발달되어 있어, 다른

1 최저주거기준에 대한 자세한 내용은 국토해양부(2011)을 참고할 것.

표 6-4 국토교통부 주거실태조사에 따른 주택 점유형태의 분포

구분		전체 가구 대비 비율(%)	임차가구 대비 비율(%)
자가		56.8	
임차		39.2	
	전세	15.5	39.5
	보증금 있는 월세	20.3	51.8
	보증금 없는 월세	2.7	6.9
	사글세, 연세	0.7	1.8
무상		4.0	
합계		100.0	100.0

자료: 국토교통부(2016a), p.12

나라들과는 달리 임차가구도 자가가구와 마찬가지로 전세금, 보증금 등의 목돈을 마련해야 하는 부담이 존재한다. 〈표 6-4〉에 따르면 보증금이 없는 월세나 사글세, 연세 등 목돈 부담이 불필요한 임차가구는 전체 임차가구의 8.7%에 불과하다.

먼저 자가에 대한 주거비부담을 나타내는 지표는 소득 대비 주택가격 비율(Price to Income Ratio, PIR), 주택구입능력지수, 주택구매력지수, 주택구입기회지수, 주택구입물량지수 등 매우 다양하게 존재한다. 이 중에서도 한국주택금융공사에서 제공하는 주택구입기회지수(Korea Housing Opportunity Index, K-HOI)는 〈표 6-5〉와 같다. 주택구입기회지수는 지역 내 전체 주택 중에서 중간 소득의 가구가 주택담보대출을 활용하여 구입할 수 있

표 6-5 지역별 주택구입물량지수(K-HOI)

연도	전국	서울	부산	대구	인천	광주	대전	울산	경기	강원	충북	충남	전북	전남	경북	경남	제주
2012	64.8	32.5	63.4	73.8	72.0	86.5	74.5	87.4	62.3	89.5	86.8	86.4	86.5	95.4	93.2	81.8	67.5
2013	63.3	27.4	62.1	61.5	72.7	87.0	71.0	84.4	58.2	89.2	83.8	87.5	86.2	95.8	90.1	81.1	68.4
2014	62.5	26.4	59.0	53.2	69.4	86.0	77.2	81.5	56.4	91.5	82.5	87.9	87.1	96.5	88.0	78.7	69.4
2015	61.7	23.8	56.8	49.6	62.3	80.3	81.4	76.4	54.4	93.8	85.8	91.8	86.3	95.5	86.9	79.5	51.2
2016	60.4	20.2	48.3	55.3	57.8	80.8	79.7	75.9	51.8	87.6	85.7	91.7	84.7	93.4	92.1	79.5	43.7

자료: 한국주택금융공사(2017).

표 6-6 소득 대비 임대료 비율

구분	전체	지역			소득계층		
		수도권	광역시	도지역	저소득층	중소득층	고소득층
평균	21.4	24.6	16.9	15.1	26.7	18.9	20.6
중위수	18.1	17.9	15.4	14.2	23.1	14.9	19.0

자료: 국토교통부(2016b), p.92

는 주택의 비중을 의미한다. 100%이면 모든 주택을 가구의 부담능력 범위 내에서 부담할 수 있음을, 0%이면 부담능력 내에서 구입할 수 있는 주택이 없음을 뜻한다. 전국적으로 살펴보면 이 비율은 2016년 기준 60.4%이다. 중간 소득 수준의 가구가 전체 주택의 60%를 지불할 수 있으므로 양호한 상황으로 평가할 수 있다. 그러나 시도별로 나누어 살펴보면 일부 지자체들은 50% 미만의 수치들이 확인된다. 특히 부산, 대구, 경기, 제주 등의 수치는 최근 5년간 크게 낮아지고 있으며, 서울의 경우 2016년 기준 중간 소득을 가지고 있는 가구가 구입할 수 있는 주택의 물량이 20.2%에 불과한 상황이다.

임차가구의 주거비부담을 나타내는 지표로는 소득 대비 임대료 비율(Rent to Income Ratio, RIR)이 주로 활용된다. 일반적으로 주거에 대한 비용이 전체 소득의 4분의 1(25%)에서 3분의 1(33%) 이상을 차지하는 경우 주거비부담이 존재하는 것으로 평가된다. 국토교통부 주거실태조사에 따르면 2016년 기준 임차가구의 RIR 평균은 21.4%이다.[2] 집단별로 나누어 살펴보면 광역시, 도지역에 비해 수도권 거주 가구가, 그리고 중고소득층 가구에 비해 저소득층 가구가 높은 RIR을 보이고 있다.

앞서 언급한 주택의 양과 질, 그리고 가격의 문제는 입지의 변화로서 얼마든지 해결될 수 있다. 주택이 많이 공급된 곳, 양질의 주택이 있는 곳, 그리고 주택가격이 저렴한 지역으로 이주하는 선택이 존재하기 때문이다. 그러나 가구의 주요 일자리가 고정되어 있다면, 이 입지 선택은 곧 통근거리 증가, 직주불일치(job–housing mismatch)라는 비용을 수반한다. 실제 국내의 인구이동통계에서 그 증거를 확인할 수 있다. 〈표 6–7〉은 수도권의 3개 시·도에 대해 전입사유별 순이동자수를 나타낸 것이다. 서울은 2016년 한 해 동은 14만 명이 유출되었으며, 그 중 10만 명은 주택을 이동사유로 언급하였다. 인천과 경

2 국내 임차가구에 대한 RIR 산정은 보증금에 대한 월세 전환에 대한 가정이 요구된다. 국토교통부 주거실태조사에서는 국민은행 및 한국감정원에서 조사된 연도별 월세이율을 활용하여 보증금을 월세로 전환하였다.

표 6-7 서울, 인천, 경기의 전입사유별 순이동자수

구분	합계	직업	가족	주택	교육	주거환경	자연환경	기타
서울	-140.3	7.7	-51.3	-97.9	18.7	-0.2	-8.5	-8.8
인천	5.8	-5.5	3.9	9.9	-2.0	-0.2	-1.0	0.7
경기	133.6	14.1	25.1	92.9	-0.8	-0.7	-1.1	4.0

단위: 천 명.
자료: 통계청, 국내이동통계 (2016년).

기는 각각 6천 명, 그리고 13만 명의 인구유입을 기록하였으나, 이동사유로 직업을 언급한 인구는 경기는 1만 4천 명에 불과하며, 인천은 오히려 6천 명 감소로 나타난다. 반면 주택을 이동사유로 인천과 경기에 순유입된 인구는 각각 1만 명과 9만 명에 이르고 있다. 김준형 · 최막중(2006)에 따르면 서울의 소득 5분위 이하 중저소득층 가구들은 직장 가까이에서 저렴한 주택을 찾기가 훨씬 더 어려운 상황에 있다.

주택정책은 국민의 쾌적하고 안정적인 주거 제공을 목적으로 하지만, 실제 주택은 시장에서 각 개인이나 가구가 소비하는 사적 재화이기 때문에 주택정책은 주로 이 시장에서 생겨난 문제점들에 대응하는 형식을 취한다. 지금까지 이 문제점들을 크게 양과 질, 가격, 그리고 입지의 관점에서 나누어 살펴보았다. 먼저 양적 문제에 있어서는 주택보급률 상에서는 충분히 공급된 것으로 판단되지만 인구 천 명당 주택수로 볼 때 아직 추가공급의 여지는 존재하는 것으로 나타난다. 질적 측면에서는 1인당 주거면적 등이 과거 반세기에 걸쳐 급격히 개선되었으나, 적게는 40만에서 많게는 100만에 이르는 가구들이 주택 이외 거처에 거주하고 있거나 최저주거기준 미달 주택에 거주하는 등 질적 문제에 직면하고 있는 상황이다. 주거비부담 문제는 서울을 비롯한 일부 지역들 내 가구들이 중간소득을 지니고 있음에도 불구하고 시역 내에서 주택구입기회를 확보하기 어려운 형태로 나타나고 있다. 이상의 주택문제를 해결하기 위한 외곽으로의 주거이동으로 인해 수도권을 중심으로 가구들의 직주불일치 현상도 심화되고 있다. 이처럼 생활권 내에서 쾌적하고 안정적인 주거기회가 주택시장에 의해 완벽히 제공되지 않고 있으며, 이를 보완하기 위한 사회적 노력이 필요한 상황이다.

6.2 주택정책의 수단

1) 주거종합계획

혹자는 특정 시점에 발표하는 주거안정대책이나 경기안정 혹은 경기활성화 대책이 곧 주택정책인 것처럼 생각하기도 한다. 2017년에도 「실수요 보호와 단기 투기수요 억제를 통한 주택시장 안정화 방안」(8월 2일), 「사회통합형 주거사다리 구축을 위한 주거복지 로드맵」(11월 29일) 등 굵직굵직한 정부의 종합대책이 발표되었다. 그러나 이와 같은 비정기적 대책 이외에도 법에서 정한 매우 구체적인 주택정책의 계획체계가 존재한다. 바로 '주거종합계획'이 그것이다.

「주거기본법」에 명시된 주거종합계획은 국민의 주거안정과 주거수준의 향상을 위해 정부가 마련하는 가장 기본적이면서 종합적인 계획이다. 주거종합계획은 크게 장기계획과 단기계획으로 구분된다. 장기계획은 10년 단위로, 단기계획은 연도별로 마련하는 계획으로서, 단기계획은 장기계획을 토대로 수립하여야 한다. 또한 주거종합계획은 수립 주체를 기준으로 중앙정부(국토교통부)가 수립하는 주거종합계획과 지자체(시 · 도 등 광역자치단체)가 수립하는 주거종합계획으로 구분할 수도 있다. 시 · 도 주거종합계획 역시 10년 단위의 장

그림 6-3 주거종합계획의 유형 및 지위

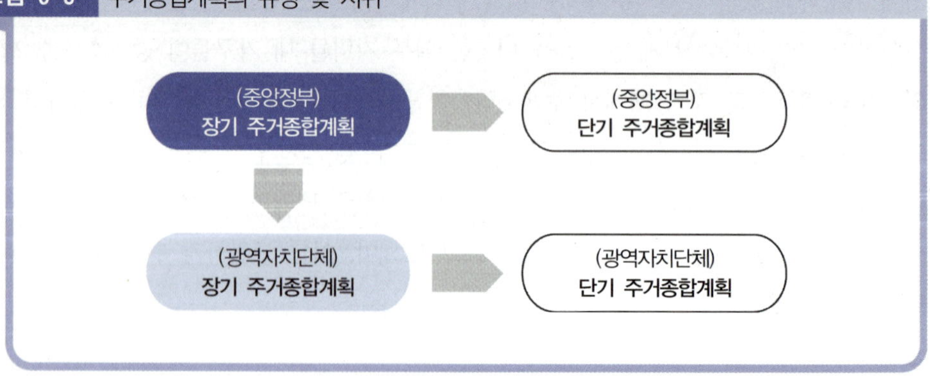

표 6-8 주거종합계획의 내용적 범위

1. 주거정책의 기본목표 및 기본방향에 관한 사항
2. 주택 · 택지의 수요 및 공급에 관한 사항
3. 공공임대주택 등 공공주택의 공급에 관한 사항
4. 공동주택의 관리에 관한 사항
5. 주거정책 자금의 조달 및 운용에 관한 사항
6. 주거환경 정비 및 노후주택 개량 등에 관한 사항
7. 장애인 · 고령자 · 저소득층 등 주거지원이 필요한 계층에 대한 임대주택 우선공급 및 주거비 지원 등에 관한 사항
8. 제17조에 따른 최저주거기준 및 제19조에 따른 유도주거기준에 관한 사항
9. 제21조에 따른 주거복지 전달체계에 관한 사항
10. 그밖에 대통령령으로 정하는 사항

(주거기본법 제5조 제1항)

단위: 천 명.
자료: 통계청, 국내이동통계 (2016년).

기계획과 연도별 단기계획으로 구분되는데, 시 · 도의 장기계획은 중앙정부의 장기계획에 부합하여야 하며, 시 · 도의 단기계획은 시 · 도의 장기계획에 부합하여야 한다. 이와 같은 여러 계획들의 위상 및 관계는 다음 〈그림 6-3〉과 같이 정리될 수 있다.

「주거기본법」은 주거종합계획이 다루어야 할 세부 내용도 다음과 같이 나열하고 있다. 다른 계획과 마찬가지로 계획의 목표 및 방향이 계획에서 가장 핵심적 지위를 갖는다. 특별히 주거종합계획에서는 향후 주택 및 택지의 수요, 그리고 현재의 공급계획 및 가용토지, 물량 등 주택의 수급 상황 및 전망에 대한 검토가 중점적으로 이루어진다. 이를 바탕으로 공공임대주택, 주거환경 정비, 노후주택 개량, 자금지원 등 각론에 대한 논의가 이루어진다.

2) 임대주택의 공급

자력으로 시장에서 기본적인 수준의 주택을 마련하지 못하는 가구를 지원할 수 있는 가장 직접적인 방법은 그들이 거수할 주택을 직접 공급하는 것이다. 이 주택을 우리나라에서는 흔히 '공공임대주택' 혹은 '임대주택'으로 부른다. 사실 이 주택을 반드시 공적 주체가 공급할 필요가 없기에 '공공임대주택'도 정확한 용어로 보기 어려우며, 이 주택이 반드시 임대형으로만 공급될 필요도 없기에 '임대주택'도 정확한 용어가 아니다. 이 주택들

이 널리 공급되고 있는 유럽에서 통용되는 용어는 사회주택(social housing)으로서, “일반 시장에서 소요(needs)를 충족할 수 없는 가구들을 위해 제공되는 주택으로서, 수혜가구를 위해 할당하는 규칙이 적용되는 주택”(CECODHAS, 2006)으로 정의된다.

적합한 용어에 대한 이견이 존재함에도 일단 ‘임대주택’으로 통칭한다고 할 때, 이 임대주택은 공급주체에 따라 공공임대주택과 민간임대주택으로 구분한다. 임대주택을 제공하는 주체가 공공일 때 공공임대주택, 민간일 때 민간임대주택으로 분류하는 방식이지만, 민간임대주택이라 하더라도 시장보다 저렴한 가격으로 제공하기 위해 저렴한 택지를 활용하거나 재정 및 기금 지원, 그리고 세제혜택 등을 누리는 등 정부의 직간접적인 지원을 받으므로 순수한 ‘민간’ 임대주택으로 보기는 어렵다. 주택을 공급하는 방식을 기준으로도 구분할 수 있는데, 직접 건설하는 건설임대주택과 민간의 재고를 구입해 제공하는 매입임대주택으로 크게 나눈다.

일반적으로 알려져 있는 임대주택의 유형 구분은 이 중 공공건설임대주택의 세부 유형으로 영구임대, 50년임대, 국민임대, 행복주택 등이다. 이는 정권이 들어설 때마다 새로운 임대주택 프로그램을 제안한 결과이다. 예를 들어 영구임대는 노태우 정부에서, 국민임대는 김대중 정부에서, 그리고 행복주택은 박근혜 정부에서 새롭게 제안한 프로그램이다. 그러나 세부적으로 살펴보면 이와 같은 유형들 사이에서 건설재원, 입주대상 등의 차이가 존재한다. 초반에 공급된 영구임대의 경우 국고보조금의 비중이 대부분을 차지하였으며, 입주가구도 수급권자를 중심으로 최저소득층으로 한정된다. 반면 이후 공급된 임대주택들은 국고의 직접 지원규모가 감소하는 반면, 주택도시기금, 사업자 그리고 입주자의 부담이 증가하며, 입주대상도 넓어지고 임대료도 상승하는 경향을 보인다.

공공의 주도로 임대주택을 건설, 이를 제공하는 주거복지 프로그램은 몇 가지 점에서 문제를 노출하기도 한다. 첫째, 지역 전체에 산재해 있는 최저소득층, 극빈층을 건설된 임대주택으로 집중시킴으로써, 사회적 낙인(social stigma) 효과를 발생시킨다. 입주가구 내에서 발견되는 부정적 행태들은 주변 지역 주민들로부터 단절과 갈등을 야기, 사회적 배제(social exclusion) 현상까지 만들어낸다. 둘째, 단기간 내 목표물량을 채우려다보니 임대주택은 주로 도심으로부터 떨어진 외곽에 자리하게 된다. 대중교통 접근성이 떨어지고, 교통비부담이 크며, 인근에서 풍부한 고용기회를 찾기 어려운 탓에, 이와 같은 주거입지는 정작 저소득가구로부터 외면받기 쉬우며, 그 결과 공급물량이 비적격가구에 의해 점유될 가능성이 높다.

표 6-9 주요 공공건설임대주택의 유형

구분	재원	입주대상	규모	임대료
영구 임대	국고보조금: 85% 입주자: 15%	국민기초생활보장법에 의한 수급권자 저소득국가유공자, 일군위안부, 한부모가족, 북한이탈주민, 장애인, 65세 이상 직계존속을 부양하는 자로서 수급권자 선정기준의 소득평가액 이하인 자, 아동복지시설 퇴소자, 도시근로자 가구당 월평균소득 50% 이하인 자, 시장이 인정하는 자, 청약저축가입자	23 ~49㎡	보증금 149~271만 원, 월임대료 5~12만 원
50년 임대	기금: 5.5~7.5천만 원/호 입주자(보증금): 20% 시보조금: 부족재원	택지개발철거 세입자, 도시계획철거 세입자, 임시이주자, 시의 승인을 받은 기타 공급대상자(저소득 국가유공자, 북한이탈주민 등), 청약저축가입자(전년도 도시근로자 가구당 월평균소득 70% 이하)	23 ~84㎡	보증금 526~1,450만 원, 월임대료 29~34만 원
국민 임대	국고보조금: 30% 기금: 40% 사업자: 10% (시 5%, 공사 5%) 입주자: 20%	무주택 세대주로서 소득 및 자산보유 기준 해당자 전년도 도시근로자 가구당 월평균소득 70%이하인 자 (49㎡이하는 월평균소득 50% 이하인 자에게 우선 공급) 동순위시 세대주나이, 부양가족 수, 거주기간, 미성년자수 등에 따른 가점제 적용	39 ~84㎡	보증금 2,737~5,807만 원, 월임대료 29~34만 원
5년, 10년 공공 임대	규모별로 기금 지원	당해 주택건설지역에 거주하는 무주택세대 구성원으로서 입주자저축(청약저축, 주택청약종합저축) 가입자 자산보유 기준 충족(부동산 21,550만 원 이하, 자동차 2,825만 원 이하)	85㎡ 이하	시중 전세 시세의 90% 수준
행복 주택	기금: 3,973만원/호 국고보조금: 6,790천 원 /3.3㎡×30%	대학생: 인근 대학교에 재학 중인 미혼 무주택자. 본인 및 부모 합계 소득 평균소득 100% 이하 사회초년생: 인근 직장에 재직 중인 취업 5년 이내 미혼 무주택자 본인 소득이 평균소득의 80% 이하이고, 세대원이 있을 경우 해당 세대의 소득이 평균소득 100% 이하 신혼부부: 인근 직장에 재직 중인 결혼 5년 이내 무주택세대구성원. 세대소득이 평균소득의 100% 이하 (맞벌이 시 120% 이하) 고령자: 해당 지역에 거주하는 65세 이상 무주택 세대 구성원 세대소득이 평균소득의 100% 이하 주거급여수급자	19 ~45㎡	보증금 3,180~6,880만 원, 월임대료 19~35만 원

출처: SH공사(2016: pp.157~162), 일부 발췌 및 수정. 5년, 10년 공공임대는 마이홈(www.myhome.go.kr) 홈페이지의 내용 활용.

이에 제안된 새로운 임대주택의 유형이 '기존주택 매입임대' 및 '전세임대'이다. 먼저 기존주택 매입임대는 LH나 지방공사가 도심 내 다가구주택 등을 매입, 이를 대상계층에게 임대하는 프로그램이다. 도심에 임대주택이 위치해있기 때문에 저소득가구의 선호에 부합하며, 또 특정 지점을 중심으로 집단 공급되지 않기 때문에 사회적 배제 현상도 드러나지 않는다. 다만 매입단가가 충분하지 않기 때문에 노후하거나 품질이 좋지 않은 주택이 매입되는 경우가 많으며, 이는 또다시 저소득가구로부터 외면 받는 결과를 야기한다. 또한 집단적으로 관리가 가능하며 주택의 사양이 동질적인 건설임대주택에 비해, 공간적으로 산재해 있으며 주택의 사양도 제각각인 매입임대주택은 사업자의 유지관리비용을 크게 늘린다. 한 지역에 집단적으로 매입이 이루어질 경우 그 시장의 주택임대료를 상승시키는 요인이 되기도 한다.

사업자가 직접 매입할 임대주택을 선정함에 따르는 '기존주택 매입임대'의 문제점은 '전세임대'에서 해결될 수 있다. 전세임대는 입주대상자로 선정된 가구가 직접 전세로 거주할 주택을 선정하면, 사업자가 주택소유자와 전세계약을 체결한 후 대상가구에게 주택을 재임대하는 방식이다. 생계급여 또는 의료급여 수급자, 주거취약계층, 긴급주거지원 대상자, 그룹홈 거주자, 대학생, 취업준비생, 신혼부부, 소년소녀가정 등 그 대상은 매우 다

그림 6-4 공공임대주택 유형별 재고 - 2016년 기준

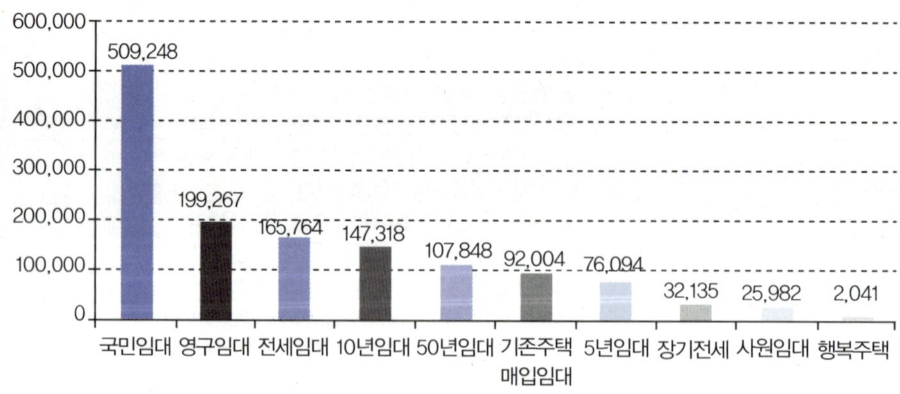

단위: 호.

자료: 국토교통부, 임대주택통계 (국가통계포털).

양하다. 2016년 기준 전국에 분포한 공공임대주택의 유형별 분포는 다음 그림과 같다.

전술한 것처럼 저소득층에게 제공될 임대주택은 반드시 공공에 의해서만 공급될 필요는 없다. 민간에 의해서도 얼마든지 건설될 수 있다. 국외에서도 정부에 의한 주택정책이 적극 마련되기 전, 종교단체나 자선단체, 그리고 협동조합 등을 중심으로 지역 중저소득층의 주거복지를 위한 노력들이 자발적으로 이루어져왔다. 국외에서 '공공주택(public housing)'보다 '사회주택(social housing)'이란 단어가 보편적으로 사용되는 까닭도 여기에 기인한다. 이처럼 민간을 통해 저소득층을 위한 임대주택을 공급하기 위해 최근 '준공공임대주택' 제도가 마련되었다. 건설 및 매입 여부와 무관하게 1호 이상의 주택을 8년 이상 임대하며, 임대료 인상의 범위를 연 5% 이내로 한정할 경우, 공공택지를 우선 공급하며, 용적률 및 건폐율을 완화하고, 주택도시기금을 융자하며 취득세, 재산세, 소득세, 법인세, 양도소득세 등에 걸쳐 다양한 세제혜택을 제공한다는 것이다. 2016년 기준 준공공임대주택의 재고는 건설형이 7,006호, 매입형이 9,859호로 약 1만 7천여 호에 이른다.

3) 주택자금의 지원

정책대상 가구에게 주택을 직접 지원하는 '현물 방식의 보조'는 '매입임대', '전세임대' 등의 대안에도 불구, '현금 방식의 보조'보다 비효율적인 방식으로 지적을 받기도 한다. 주택을 건설하는 데 투입되는 비용을 대상가구에게 직접 금전적으로 지원한다면, 건물이 지어지기를 기다릴 필요 없이 바로 민간의 주택에 입주할 임대료로 활용할 수 있기 때문이다. 여기에는 공공보다 시장이 주택의 사양이나 근린환경, 입지 등에 있어 가구가 갖고 있는 선호에 보다 민감하게 반응하므로, 시장에서 가구의 구매력을 제고하는 것이 정책에 대한 만족도를 보다 높일 것이라는 판단도 내재해있다. 미국이 정책기조를 임대주택 건설 중심에서 주택바우처(housing voucher) 프로그램 중심으로 전환한 것도 이와 같은 맥락에 기초한다.

우리나라의 대표적인 '현금 보조' 프로그램은 주거급여이다. 소득평가액과 재산의 소득환산액을 합산한 소득인정액이 중위소득의 43% 이하(2017년 현재 2인 기준 121만 원 이하)이면서 부양의무자 기준을 충족한 가구를 대상으로 하는 이 프로그램은 점유형태에 따라 지원의 내용이 다르다. 먼저 임차가구는 지역별 기준임대료를 설정, 소득인정액이 생계급여 선정기준(2017년 현재 2인 기준 84만 원 이하)보다 낮은 경우에는 기준임대료 전액을, 그

표 6-10 주거급여의 기준임대료

구분	서울	경기, 인천	광역시, 세종	그 외
1인가구	20.0	17.8	14.7	13.6
2인가구	23.1	20.0	15.8	14.7
3인가구	27.3	24.2	18.9	17.8
4인가구	31.5	28.3	22.0	20.0
5인가구	32.5	29.4	23.1	21.0
6인가구	37.8	34.7	26.2	24.2

단위: 만 원/월. 가구원수가 7인 이상인 경우, 가구원이 2인 증가할 때마다 기준임대료 10% 증가.
자료: 마이홈(www.myhome.go.kr).

리고 소득인정액이 생계급여 선정기준보다 높은 경우에는 기준임대료와 자기부담분의 차액을 지원한다. 여기서 기준임대료는 최저주거기준을 바탕으로 산정되며, 지역과 가구원수에 따라 차등화되는데 세부 내용은 〈표 6-10〉과 같다. 자기부담분은 소득인정액과 생계급여 선정기준 간 차액의 30%로 산정된다.

임대료를 내지 않는 자가가구도 소득인정액이 중위소득 43% 이하일 수 있다. 이들에 대해서는 주택의 구조안전, 설비, 마감 등 노후도를 전반적으로 평가하여 주택개량에 필요한 자금을 지원한다. 크게 경보수와 중보수, 대보수로 구분되는데 경보수는 마감재 개선을, 중보수는 기능 및 설비 개선을, 대보수는 구조 및 거주 공간 개선을 뜻한다. 각각에 대해 3년, 5년, 7년을 주기로 350만 원, 650만 원, 950만 원의 지원이 이루어진다.

그러나 국내의 주거비보조 프로그램은 주거급여와 같이 매우 소득이 낮은 집단만으로 그 대상이 한정되어 있다. 소득이 이보다 높은 집단에 대해서는 주거비를 직접 보조해주는 것이 아니라 필요한 주택자금을 대출해주는 방식이 일반적이다. 정부가 제공하는 대표적인 주택자금 대출정책은 '버팀목대출'과 '디딤돌대출'이다. 먼저 버팀목대출은 부부합산 연소득이 5천만 원 이하이면서 만 19세 이상인 무주택 세대주를 대상으로 전세자금을 대출해주는 프로그램이다. 이를 통해 대상가구는 전용면적 85㎡ 이하(비수도권 읍·면지역은 100㎡이하) 보증금 2억 원(수도권은 3억 원 이하) 주택에 대해 최고 8천만 원(수도권은 최고 1억 2천만 원)을 대출할 수 있다. 대출금리는 보증금의 규모와 부부합산 소득에 따라 다르게 적용되지만(〈표 6-11〉), 시중 대출금리보다는 크게 낮은 수준이다.

표 6-11 버팀목대출의 금리(2017년)

구분		보증금		
		5천만 원 이하	5천만 원 초과 ~ 1억 원 이하	1억 원 초과
연소득 (부부합산)	2천만 원 이하	2.3%	2.4%	2.5%
	2천만 원 초과 ~ 4천만 원 이하	2.5%	2.6%	2.7%
	4천만 원 초과 ~	2.7%	2.8%	2.9%

단위: 연 금리.
자료: 마이홈(www.myhome.go.kr).

버팀목대출이 임차가구를 위한 대출이라면, 디딤돌대출은 주택을 구입하기 위한 가구를 위해 제공하는 대출이다. 대상가구는 무주택 세대주로 대출신청인과 배우자의 합산 총소득이 연산 6천만 원 이하(생애최초주택구입자는 연간 7천만 원 이하)여야 한다. 주택의 면적기준은 버팀목대출과 동일하며, 주택가격이 5억 원 이하일 때 DTI 60% 이내 기준을 충족할 경우 LTV 70% 한도 내에서 최고 2억 원을 대출받을 수 있다. 버팀목대출의 금리는 소득과 보증금의 규모에 따라 달라지는 반면, 디딤돌대출의 금리는 소득과 상환기간에 따라 다르게 적용된다.

표 6-12 디딤돌대출의 금리(2017년)

구분		상환기간			
		10년	15년	20년	30년
연소득 (부부합산)	2천만 원 이하	2.25%	2.35%	2.45%	2.55%
	2천만 원 초과 ~ 4천만 원 이하	2.55%	2.65%	2.75%	2.85%
	4천만 원 초과 ~	2.85%	2.95%	3.05%	3.15%

단위: 연 금리(고정금리 혹은 5년 단위 변동금리).
자료: 마이홈(www.myhome.go.kr).

4) 투기수요의 억제

국내의 주택정책은 지금까지 나열한 저소득층 주거안정의 대책으로만 한정되지는 않는다. 오히려 정부의 특별대책, 종합대책을 통해 더 빈번하게 등장하는 것은 주택에 대한 투기수요를 억제하는 수단들이다. 이 정책의 기저에는 서민들의 주거불안은 주택가격의 과도한 상승 때문이며, 이 과도한 상승은 그 주택을 실제 거주하려는 사람들이 갖는 '실수요'가 아니라 그 주택의 소유에 따른 자본이득(capital gain)을 얻기 위해 주택을 구입하려 하는 '투기수요' 혹은 '가수요' 때문에 나타나므로, 투기수요를 억제해야 서민들의 주거안정을 달성할 수 있다는 논리가 깔려 있다.

투기수요를 억제하는 방식은 주로 관련 규제가 일괄 적용되는 지역(zone)을 지정하는 형태이다. 2017년 현재 정부가 활용하고 있는 지역은 '조정대상지역', '투기과열지구', '투기지역' 등 세 가지이다. 자세히 살펴보면 조정대상지역과 투기과열지구는 주택 분양시 배분 자격과 순위를 실수요자 중심으로 운용하고, 분양권 전매 프리미엄에 대한 투기수요를 억제하려는 내용이 주를 이룬다. 반면 투기지역은 주택담보대출의 조건을 강화하고, 대출규모도 축소하며, 양도세율을 강화하는 내용 등이 중심이다. 이는 조정대상지역과 투기과열지구는 「주택법」에 기초하여 국토교통부장관이 지정하는 반면, 투기지역은 「소득세법」에 기초하여 기획재정부장관이 지정한다는 근본적 차이에서 비롯된다. 2017년 현재 조정대상지역은 서울, 경기, 부산, 세종 등의 40개 지역, 투기과열지구는 서울, 경기, 세종 등의 27개 지역, 그리고 투기지역은 서울, 세종의 12개 지역에 지정되어 있다.

표 6-13 세 지역의 지정효과

	조정대상지역	투기과열지구	투기지역
주택 청약	1순위 자격요건 강화 - 청약통장 가입 후 2년경과 + 납입횟수 24회 이상 1순위 자격 제한 - 5년 내 당첨사실이 있는 자의 세대에 속한 자 - 세대주가 아닌 자 - 2주택 이상 소유 세대에 속한 자 2순위 자격요건 강화: 청약통장	1순위 자격요건 강화 - 청약통장 가입 후 2년경과 + 납입횟수 24회 이상 1순위 자격 제한 - 5년 내 당첨사실이 있는 자의 세대에 속한 자 - 세대주가 아닌 자 - 2주택 이상 소유 세대에 속한 자 가점제 적용 확대: 100%	

	필요 1순위와 2순위의 청약일정 분리 가점제 적용 확대: 75% 민영주택 재당첨 제한 재건축 조합원당 재건축 주택공급수 1주택으로 제한	민영주택 재당첨 제한 재건축 조합원당 재건축 주택 공급수 1주택으로 제한 정비사업 분양(조합원/일반) 재당첨 제한: 5년	
전매 제한	서울, 과천, 광명은 소유권 이전 등기 시까지, 성남은 1년 6개월 제한 오피스텔 전매도 소유권이전 등기 시까지 제한, 거주자 우선분양 적용(20%)	소유권 이전 등기 시까지 제한 재건축조합원 지위양도 조합설립 인가까지 금지 오피스텔 전매도 소유권이전 등기 시까지 제한, 거주자 우선 분양 적용(20%) 재개발 등 조합원 분양권 전매 소유원 이전 등기 시까지 재한 재건축 조합원 지위 양도제한 예외사유 강화	
대출	중도금대출보증 발급요건 강화 LTV, DTI 10%p 하향	LTV, DTI 40% 적용 - 주담대 1건 이상 보유세대 30% - 실수요자 50%	주담대 건수 제한 - 차주 당 1건에서 세대 당 1건 LTV, DTI 40% 적용 - 주담대 1건 이상 보유세대 30% - 실수요자 50% 주담대 만기연장 제한 기업자금대출 제한
세제	양도세 가산세율 적용: 2주택자 +10%p, 3주택자 이상 +20%p 다주택자 장기보유특별공제 적용 배제 1세대 1주택 양도세 비과세 요건 강화: 2년 이상 거주요건 추가 분양권 전매 시 양도세율 50% 일괄 적용		양도세 가산세율 적용 - 1세대가 주택과 조합원 분양권을 3개 이상 또는 비사업용 토지를 보유한 경우 양도세율 +10%p 농어촌주택취득 특례 배제 - 농어촌주택도 양도세 주택수 산정 시 포함
기타		민간택지 분양가상한제 적용 주택의 분양가 공시 거래 시 자금조달계획, 입주계획 신고 의무화 (거래가액 3억원 이상 주택)	
적용 지역	서울(전역), 경기(과천, 성남, 하남, 고양, 광명, 남양주, 동탄2), 부산(해운대, 연제, 동래, 부산진, 남, 수영, 기장군), 세종	서울(전역), 경기(과천), 세종	서울(강남, 서초, 송파, 강동, 용산, 성동, 노원, 마포, 양천, 영등포, 강서), 세종

출처: 관계부처 합동(2017a), p.30 (수정 정리).

6.3 주택정책의 과제

지금까지 국내 가구에게 있어 주택문제는 과연 무엇인지, 그리고 이를 해결하기 위해 정부가 시행하고 있는 주택정책의 주요 내용은 무엇인지 간략히 살펴보았다. 매번 새로운 정부가 들어설 때마다 혁신적, 획기적 주택정책을 마련해오고 있지만, 다음과 같은 점에서 주택정책은 여전히 근본적 변화가 필요한 상황이다.

1) 투자수요 억제 기조 탈피

종단적으로 보자면 그간의 정책기조는 '경기대응형' 주택정책으로 요약할 수 있다. 주택시장의 부침에 따라 주택정책의 내용이 규제 강화에서 규제 완화를 오가는 형태를 보였다는 것이다. 이 경기대응형 측면은 투자수요에 대한 정부의 대응에서 특히 쉽게 발견된다. 경기가 활황일 때 투자수요는 억제의 대상이 되었지만, 불황 국면 앞에서는 어떻게든 주택시장에 투자수요가 유입되도록 노력하였다. 이러한 정책기조는 국내 경제에 있어 주택산업이 적지 않은 비중을 차지하며, 따라서 경제 활성화를 목적으로 주택산업을 활용할 여지가 있다는 점에서 수긍할 부분이 분명 존재한다. 그러나 투자수요처럼 주택시장 내 동일한 행태에 대한 정부의 입장이 시장경기에 따라 달라진다는 것은, 주택시장의 참여자가 정부 정책을 수용하기보다 시장 경기에 따라 또 정책을 기다리게 만드는 결과로 이어지기 쉽다. 즉 경기에 따라 냉탕과 온탕을 반복하는 주택정책의 기조는 결국 정부 정책의 효과성을 떨어뜨리는 요인으로 작동함을 뜻한다. 경기에 따른 특별 대책, 종합 대책 등 '대책' 중심의 주택정책은 중앙정부와 지방정부가 장기와 단기의 관점에서 마련하는 '주거종합계획'이라는 주택정책 본연의 틀을 통한 체계적 주택정책으로 대체되어야 할 것이다.

특별히 투자수요에 대한 정부의 관점도 재점검할 필요가 있다. 주택정책의 혜택이 실제 주택을 거주할 목적으로 소비하려는 실수요자에게 우선적으로 제공되어야 한다는 점에는 반론의 여지가 없다. 그러나 이것이 곧 투자수요를 억제해야 하는 논리로 이어지기는 어렵다. 이를 위해서는 먼저 투자수요를 억제하면 주택가격이 하락할 것이라는 가정이 성립하여야 한다. 그러나 투자수요 때문에 가격이 더 오를 수 있다는 것은 투자수요를 억제하면 가격이 안정될 것을 뜻하지 않는다. 만약 그 지역의 주택수요가 투자수요뿐만 아니라 실수요에 기초하고 있다면, 투자수요가 억제된다 하더라도 얼마든지 가격상승세는 지속될 수밖에 없기 때문이다. 그럼에도 불구하고 투자수요 뒤에 있는 실수요의 영향을 보지 못한 채 가격상승세를 투자수요만으로 접근한다면, 계속되는 가격상승에 보다 강력한 투기억제책이 등장할 수밖에 없다. 문제는 실수요가 충족되지 않는 한 가격상승세는 지속된다는 점이다.

이처럼 불분명한 효과를 위해 투자수요를 억제하는 것보다, 가격상승에 따른 직접적인 문제를 해결하는 데 정부의 노력을 더 집중시켜야 한다. 과연 그 지역의 가격상승은 지역에 거주하고 있는 가구의 주거비부담을 가중시키는가? 만약 주거비부담이 발생된다면, 그 부담은 어떤 가구를 중심으로 얼마나 심각하게 발생하는가? 이 부분들에 대해서 분명한 답을 발견, 이를 토대로 심각한 주거비부담을 경험할 가구들을 위한 지원대책을 마련하는 것이 보다 현명한 대응책이다. 즉 투자수요를 억제하는 것보다 주택가격이 상승하더라도 지역 내 가구의 주거비부담이 가중되지 않는 시스템을 구축하는 것이 보다 중요하다는 뜻이다. 정부 재정의 한계가 있기 때문에 주거비부담을 완화시키기 위해서는 가격상승의 원인자 및 수익자에 대해 책임을 요구할 필요는 분명 존재한다. 즉 지역의 주택가격 상승을 유발하거나 그에 따른 이익을 향유한 이해관계자들을 대상으로, 임대료를 보조하는 데 필요한 비용을 부담하게 하거나 필요한 임대주택을 공급하게 하는 것이다. 이는 연계정책(linkage policy), 계층혼합형 용도지역제(inclusionary housing), 공정배분주택(fair-share housing) 등을 통해 관찰할 수 있는 국외 주택정책의 기본 구조이기도 하다. 이 점에서 단순히 경기 안정이나 개발이익 환수의 수단으로만 인식되었던 소형의무비율, 재건축초과이익환수제도 등을 재조명할 필요가 있다.

보다 근본적으로는 과연 투자수요를 억제하는 것이 적합한지에 대한 고민도 필요하다. 재정과 기금 등 정부의 예산만을 활용해 저소득층 주거안정이란 목표를 달성하는 것은 불가능하다. 준공공임대주택 관련 제도를 마련하고, 최근에는 “민간이 소유권을 가지고 있으나, 공공의 지원을 받아 초기임대료, 입주자격 등에 있어 공공성을 확보한 임대주택”이라는 개념의 공적지원주택을 제시, 5년간 20만 호를 공급하겠다는 계획을 수립한 것(관계부처 합동, 2017b)은 결국 임대주택 건설, 정비, 관리 등에 있어 민간의 활발한 참여가 동반되어야 저소득층 주거안정이 달성될 수 있음을 정부 스스로가 인정하고 있음을 보여주는 대목이다. 가격안정을 위해 무리하게 투자수요를 억제하는 것이 자칫 이와 같은 건전한 민간의 활력까지 제약한다면 주택정책이 목표하는 저소득층 주거안정에는 오히려 부정적 영향을 미칠 수 있음에 유의해야 할 것이다.

2) 임대주택정책의 재점검

투기억제 이외에도 주거복지정책에 대해 정부가 해결해야 할 과제는 아직 산적해 있다. 임대주택 공급정책이 대표적이다. 정부가 판단하기에 아직 국내의 장기임대주택 재고는 충분하지 않은데, 그 근거는 OECD의 평균보다 부족하다는 점이다. 구체적으로 전체 주택 중 장기임대주택이 차지하는 비중이 OECD 평균은 약 8%이지만, 아직 우리는 6.3%에 불과하다는 점이 지적된다(관계부처 합동, 2017b; 관계기관 합동, 2017). 그러나 우리나라의 임대주택 물량은 결코 적다고 보기 어렵다. 2013년을 기준으로 할 때 OECD 국가들 중 100만 이상의 재고를 확보하고 있는 8개국 중 하나이다(〈그림 6-5〉). 주택보급률을 통해 확인된 일반 주택재고와 마찬가지로 공공임대주택 재고 역시 절대적 물량 부족의 상황에

그림 6-5 OECD 국가들의 장기임대주택 재고 - 2013년 기준

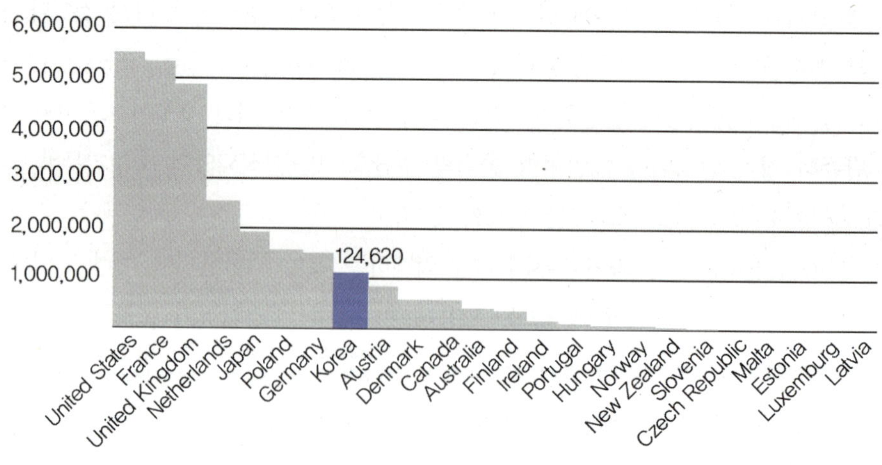

단위: 호.

자료: OECD Questionnare of Affordable and Social Housing.

서 벗어난 상태로 봐야 한다. OECD 국가들을 비교한다면 우리는 오히려 임대주택의 공급과 관리에서 새로운 기준을 만들어낼 수 있는 국제적 지위와 위상을 갖고 있다.

그럼에도 불구하고 임대주택의 물량 확대만이 주택정책의 주요 목표가 된다면, 이는 주택정책 분야에서 해묵은 문제들을 재생산할 수밖에 없다. 첫째, 저소득가구가 선호하는 도심보다는 개발비용이 적게 들어가는 교외, 비도시지역에서 임대주택단지가 건설, 공급될 가능성이 커진다. 앞서 매입임대, 전세임대의 출현 배경에서 설명한 것처럼, 도시 외곽은 교통비 부담을 늘리고 고용접근성을 줄인다는 점에서 저소득가구에게는 열악한 입지이다. 결국 이 단지는 물량목표만 달성한 채 저소득가구 등 적격가구가 아니라 외곽에서도 기꺼이 교통비를 부담하면서 고용접근성을 유지할 수 있는 차상위 일반가구에게 점유될 가능성이 커진다.

둘째, 물량확대가 주된 목표일 경우 확대된 물량에 입주한 가구에 대해서는 소극적 관리를 취할 수밖에 없다. 임대주택의 물량이 중요한 만큼, 임대주택을 누가 점유하고 있는지는 부차적인 문제가 된다. 비적격가구가 입주할 만큼 주변에 입주할 만한 적격가구가 없는지 적극적으로 탐색하지도 않으며, 시간이 지나 적격가구가 비적격가구가 된다고 하더라도 민원을 이유로 이들의 퇴거를 적극적으로 나서지도 않는다. 공공임대주택은 저소득가구의 주거안정을 위한 사회의 공공재인 만큼, 비적격가구는 적격가구로 신속히 대체되어야 함에도 이와 같은 높은 순환율을 발견하기 어렵다. 만약 그 임대주택이 적격가구가 선호하지 않는 입지에 건설되었다면, 공실로 비어 있는 것보다 비적격가구라도 입주하는 것이 유지관리의 관점에서 적합하다는 논리도 가능하다. 입주자 선정 및 관리의 시스템이 앞으로도 마찬가지로 작동한다면, 임대주택 물량이 아무리 OECD 평균에 도달하더라도 저소득층의 주거안정에 기여하는 효과는 크지 않을 것이다.

셋째, 물량확대 중심의 임대주택 정책 내에서 정책대상가구의 경제적 능력이나 필요는 적극적으로 고려되지 않는다. 현재 임대주택의 임대보증금, 임대료 책정 체계가 대표적인 예이다. 건설원가나 유지관리비용, 그리고 주변 시세 등에만 연동되어 임대보증금과 임대료가 책정됨으로써, 저소득가구를 위해 마련된 주택임에도 정작 임대료의 부담으로 인해 임대주택에 입주할 엄두를 내지 못하는 저소득가구가 충분히 발생할 수 있는 구조이다.

넷째, '저소득층 주거복지=임대주택 공급'이라는 등식이 강하게 형성되어 있어, 임대주택 공급 이외에도 존재할 수 있는 다양한 대안들을 적극적으로 탐색하지 않는다. 임대주택의 공급물량은 서민의 주거안정에 대한 정부의 노력을 보여주는 척도로 인식, 대개 과거보다 물량 목표를 높여 보다 많은 자원과 역량을 집중한다. 실제 일부 지역에서는 임대주택 건설보다 비용이 적게 들어가거나 지역 주민들의 반발이 적은 대안들이 얼마든지 존재할 수 있다. 그러나 '임기'라는 제한된 기간 내에 물량을 늘리는 것이 주택정책의 중심이 될 때 이 지역 차원의 합리적 대안들은 적극 고려되지 않는다.

임대주택의 물량 증가는 어디까지나 주택정책의 수단이지, 목표가 아니다. 이 수단은 주택정책의 최상위 목표에 기초하여 검토되고 선택되어야 한다. 그렇다면 주택정책의 최상위 목표는 무엇인가? 1절에서 언급한 헌법 혹은 주거기본법의 내용을 바탕으로 할 때, 이는 개별 가구가 그의 생활권 내에서 인간다운 생활을 영위하기 위한 기초 수준의 주거를 확보할 수 있도록 만드는 것이다. 이 주거를 확보할 능력이 부재한 가구의 규모나 특성을 기초로 주택정책 전반이 설계되어야 하며, 특히 그 중 가장 심각한 주거문제를 경험하는 가구를 우선적으로 지원할 수 있어야 한다. 이와 같은 주택정책의 최상위 목표를 달성할 수 있는 대안들을 최대한 다양하게 마련한 뒤, 이 중에서 목표를 달성할 수 있는 가장 효과적이면서도 가장 비용이 적게 드는 대안이 주택정책 목표의 실현 수단이 되어야 할 것이다. 임대주택의 공급을 늘리는 것은 주택정책의 이와 같은 가장 본질적인 목표에 대해 최적 수단을 찾는 합리적인 과정에서 선택되어야 합당하다.

여기에서 임대주택의 물량이 과연 충분한지 부족한지는 보다 과학적으로 평가되어야 한다. '과학적으로' 평가할 수 있는 방법 중 하나는 임대주택이 제공되어야 할 가구의 규모와 현재 공급된 임대주택의 물량을 서로 비교해보는 것이다. 실제 뉴욕의 장기주택계획에서 이와 같은 접근이 활용된 바 있다(〈그림 6-6〉). 전체 주택 중 공공임대주택이 차지하고 있는 비중, 혹은 그 비중의 OECD 국가 평균은 이와 같은 과학적 접근이 불가능한 매우 조악한(crude) 지표이다. 임대주택이 필요한 가구와 현재 임대주택의 물량을 비교해 추가로 공급해야 할 임대주택의 물량을 산정하면, OECD 국가 평균보다 높을 수도 있고 낮을 수도 있기 때문이다. 단지 OECD 평균보다 낮다는 이유로 임대주택 공급에 수십 조의 예산을 집중시킬 근거는 충분하지 않다.

임대주택의 물량 확대보다 시급한 과제는 공급된 임대주택이 정책대상가구의 주거문제 해결에 직접적으로 기여할 수 있는 시스템을 작동시키는 것이다. 전술한 것처럼 현재 이 시스템은 그리 탄탄하게 마련되어 있지 않다. 우선 전체 가구 중 임대주택 공급을 통해 주거문제가 해결될 필요가 있는 가구를 정확히 파악해야 한다. 대상가구의 총량적 규

그림 6-6 OECD 국가들의 장기임대주택 재고 - 2013년 기준

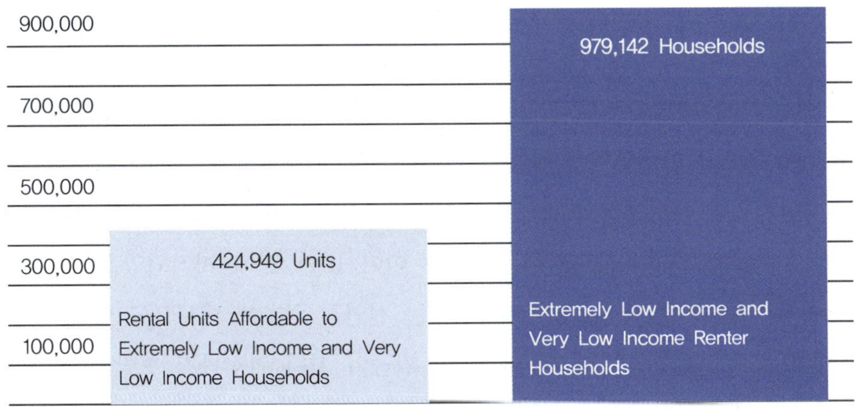

출처: NYC(2014), p.19

모뿐만 아니라, 가구규모, 가구구성, 거주지역 등의 특성도 중요하다. 주거복지의 혜택이 제공되어야 할 정책대상가구의 목록, 그리고 해당 가구의 특성을 토대로 주거지원의 시급성을 판단하기 위한 기초자료로서 '대기자명부'가 마련될 필요성도 이와 연관되어 있다. 또한 이들 가구의 경제적 능력과 선호에 맞는 임대주택을 제공하는 시스템이 마련되어야 한다. 임대료는 건설비용이나 주변 시세에 의해 결정되기보다, 이들이 부담 가능한 수준으로 책정되어야 한다. 입지는 가구의 기존 생활권을 고려, 고용기회나 사회적 관계 등을 유지할 수 있도록 하여야 한다.

임대주택 정책을 평가하는 지표 역시 새롭게 개발되어야 할 것이다. '전체 주택 중 공공임대주택이 차지하는 비중'보다 더 중요한 것은 '전체 정책대상가구 중 주택정책을 통해 주거문제를 해결한 가구의 비율'이다. 임대주택의 물량은 이 지표의 수치를 제고하기 위해 결정되어야 한다. 임대주택 자체에 대해서도 형식보다는 성과 중심의 평가지표가 개발되어야 한다. 전체 정책대상가구 중 임대주택에 입주한 가구의 비중, 주거취약가구가 임대주택 입주하기까지 필요한 대기기간, 전체 임대주택 물량 중 정책대상가구가 점유하고 있는 물량의 비중, 임대주택의 주거비용에 대한 정책대상가구의 부담 수준 등이 그 예가 될 수 있다. 임대주택 정책을 비롯, 주택정책 전반의 초점을 '주택'과 '투입(input)'에서부터

'가구'와 '산출(output)' 중심으로 전환하여야 할 것이다.

3) 지방정부가 주도하는 주택정책

무엇보다 중요한 것은 주택정책의 세부 컨텐츠와 실행전략 등은 중앙정부가 아니라 지방정부에 의해서 마련되어야 한다는 것이다. "국가 중심의 획일화된 중앙집권적 주택정책은 … 국지성과 하위시장의 특성을 반영하기 어려울 것"이며, "따라서 주택정책의 주체는 지방자치단체가 되어야 마땅한 것"으로 이미 10년 전에 지적되었음에도 불구(김정호, 2007), 아직까지 주택정책에 있어 지방자치는 선언적 구호에 머무르고 있다. 이는 중앙정부가 개별 프로그램의 설계에서부터 재정, 기금의 지원 결정까지 도맡고 있기 때문이다. 자체 예산이 넉넉하지 않은 지방정부는 복지 성격이 강해 재원 부담이 큰 주택정책에 대해 중앙정부의 프로그램을 활용하는 것 이외 특별한 대안을 마련하지 않는 경향을 보인다. 그 결과 중앙정부에서 마련한 프로그램이 지역 상황에 부합하지 않더라도 재정, 기금 지원을 받기 위해 그 프로그램을 수용한다. 지역 주민들에서 특별한 주거문제가 존재하더라도 재정부담으로 인해 별도예산을 투입해 특별한 정책을 마련하진 않는다. 결국 주택정책을 위해 총량적인 예산은 사용되고 있지만, 지역 주민의 관점에서 보면 시급한 주거문제와 직결되지 않은 프로그램들이 얼마든지 집행될 수 있다.

주택정책에 있어 지방정부가 주도권을 갖게 하기 위해 이제는 선언적 구호보다 세부 전략이 필요한 시점이다. 이에 지방정부가 주택정책의 세부 프로그램을 개발하고 이에 필요한 재원이나 기금은 중앙정부가 지원하는 구조를 명확히 확립하여야 한다. 중앙정부는 재원 혹은 기금 지원의 원칙을 마련하여야 한다. 지역에 따라, 그리고 가구원수, 가구소득 등 가구특성에 따라 재원, 기금을 얼마나 혹은 어떻게 지원할 것인지 결정하여야 한다. 그리고 지방정부에 의한 집행내역, 그리고 지원가구의 특성 및 혜택에 대한 정보를 검토, 그 적합성을 평가하여 추후 지원 결정에 반영하여야 한다.

이와 같은 제도적 기반이 마련된다면, 지방정부는 지역 특성에 맞는 주택정책의 세부 프로그램을 개발하는 데 집중하여야 할 것이다. 우선 이를 위해 지역 내에서 주거문제를 경험하고 있는 가구의 규모 및 특성 탐색, 주택정책을 통해 이들에게 제공되어야 할 혜택의 규모를 추정하여야 한다. 2017년부터 매년 실시하기로 한 주거실태조사의 실무적 용도는 여기에 있을 것이다. 그리고 과연 이들의 주거문제를 특정 시점까지 얼마나 개선할 것인지에 대한 목표를 자율적으로 설정하여야 한다. 여기에는 지자체 스스로 가용한 자원, 중앙정부로부터 조달 가능한 재원의 규모, 기초자치단체 등 하위 정부와 지역 주민들의 공감대가 바탕이 되어야 한다. 특히 기초자치단체장과 주민들의 동의는 세부 프로그램의 시행 과정에서 갈등을 완화할 수 있는 요건으로 인식하여야 한다. 설정된 목표 하에서 정책대상가구의 특성, 지역 주택시장의 상황 등에 맞게 임대주택, 주거급여 등에서 자금융자에 이르는 다양한 프로그램을 연계하거나 새로운 프로그램 개발할 수 있다. 지역 내에서 반드시 해결되어야 하지만, 지방정부의 자원만으로 한계가 있는 문제들에 대해서는 중앙정부의 재원이나 기금을 적극 활용할 수 있다. 시·도의 장기주거종합계획은 이를 실현하기 위해 지방정부가 갖고 있는 유용한 제도적 수단으로 인식하여야 할 것이다.

특히 지방정부는 주택정책의 주요 목표를 지자체의 고유권한인 도시계획과 긴밀하게 연계하여야 한다. 주택정책은 도시계획의 틀을 통해 완성된다. 신규 주택공급은 도시계획을 통해 '용도'(주거용)와 '밀도'(건폐율, 용적률)가 허용될 때 가능하다. 도시계획은 주택재고의 변화를 야기하는 강력한 수단이기도 하다. 주택정책을 통해 저소득층을 위한 임대주택을 아무리 많이 공급하더라도, 도시계획을 통해 기존의 저렴한 주거지역이 중고소득층 주거지로 재개발될 경우 저소득층의 주거불안은 더 악화될 수 있다. 따라서 주택정책은 도시계획과 일관성을 확보하여야만 그 정책목표를 실질적으로 달성할 수 있다. 그리고 이 일관성의 확보는 근본적으로 중앙정부가 할 수 없는, 지방정부 본연의 역할이자 임무이다.

도시계획과 주택정책을 통합하는 방법은 다양하다. 첫째, 수요 추정과정을 연계할 수 있다. 도시기본계획은 시가화예정용지의 규모를 산정하기 위해 장래 인구를 산정하고, 장래 택지수요를 산정한다. 주거종합계획도 향후 필요한 주택의 규모를 파악하기 위해 장래 인구를 산정하고, 장래 가구를 산정한다. 미래의 인구변화를 동일하게 관측한다는 점에서 두 작업은 긴밀히 연계되어야 한다. 특히 주거종합계획을 통해 향후 가구의 입지에 대한 선호가 분명히 관찰되어야 한다. 가구의 입지선호가 도심, 기개발지역을 중심으로 형성되어 있는지, 교외, 미개발지역을 중심으로 형성되어 있는지 여부가 주택수요를 택지수요로 전환하는 과정, 전체 개발수요를 재정비사업을 통한 물량과 신규 개발을 통한 물량으로 배분하는 과정에 반영되어야 한다.

둘째, 저소득층의 주거안정을 위한 도시계획적 수단을 확보하여야 한다. 전체 저소득층 주거소요를 세부 권역별로 배분할 수 있다면, 이는 권역별 사업의 인허가 요건으로 부가할 수 있다. 이는 앞서 연계정책에서 언급한 바 있다. 예를 들어 저소득가구가 입지하기를 희망하는 권역인 경우, 그 지역의 개발사업이나 재개발사업의 인허가 조건으로 전체 주택의 일정 비율을 저소득가구를 위한 임대주택으로 제공하거나, 그만큼의 비용을 부담금으로 부과하게끔 할 수 있다. 이 조건이 상대적으로 과중하다면 용적률 인센티브를 제공할 수 있다. 이는 최근 등장한 도시계획 사전협상의 틀을 통해서도 가능하다. 전술한 것처럼 단순히 개발이익 환수의 수단으로만 인식되어온 소형의무비율이나 재건축개발이익환수제도 등이 저소득가구를 위한 주거안정 대책으로 기능하는 데 지방정부가 핵심 역할을 담당할 수 있는 것이다.

셋째, 광역도시계획을 적극 활용하여야 한다. 교통망의 발달로 가구의 생활권은 행정구역의 경계를 충분히 넘기도 한다. 이는 한 지역의 주택문제가 다른 지역의 주택공급을 통해 해결될 수 있음을 뜻한다. 그러나 주거종합계획은 기본적으로 시 · 도 단위로 작성되며, 시 · 도의 경계를 넘나드는 주택문제는 각각의 주거종합계획에서 적극 고려되지 않는다. 예를 들어 경기도나 인천에 거주하면서 서울로 출퇴근하는 가구의 주거문제는 서울, 경기, 인천의 주거종합계획에서 구체적으로 다루어지지 않는다. 이 점에서 인접한 지자체가 공동의 도시계획 수단을 마련할 수 있는 광역도시계획은 유용한 수단이 될 수 있다. 물론 아직까지 광역도시계획은 행정구역의 경계를 넘는 교통망의 계획이나 개발제한구역 해제 등 보전지역의 관리 등에 국한되어 있다. 향후 주거문제 해결책을 광역적으로 마련해야 하는 지자체들은 광역도시계획 혹은 공동의 주거종합계획 수립을 통해 광역적 주택정책을 적극 마련하여야 할 것이다.

만약 지방정부가 주택정책의 최상위 목표를 달성하기 위해서 위와 같이 충실히 노력할 때, 중앙정부는 지방정부의 결정을 존중하고 보호하여야 한다. 이 점에서 중앙정부가 스스로 수립한 물량목표를 달성하기 위해 자체적인 도시관리계획 수립권한을 활용, 지방정부의 주거종합계획에서 고려되지 않은 개발제한구역 등의 보전용도지역에 임대주택을 공급하는 것은 반드시 재고되어야 한다. 과연 보전용도지역을 전용하면서 입주를 시키고자 하는 정책대상가구는 누구인지, 그들에게 있어 보전용도지역보다 선호하는 입지는 존재하지 않는지, 동일한 예산을 활용할 때 보전용도지역에 임대주택을 짓는 것보다 그들의 주거문제를 해결할 대안이 없는지 지방정부가 먼저 판단하도록 하여야 한다. 그리고 그 판단의 결과를 지원해주는 것으로 중앙정부의 역할이 조정되어야 할 것이다.

참고문헌

- 관계기관 합동. 2017. 가계부채 종합대책.
- 관계부처 합동. 2017a. 실수요 보호와 단기 투기수요 억제를 통한 주택시장 안정화 방안.
- 관계부처 합동. 2017b. 사회통합형 주거사다리 구축을 위한 주거복지 로드맵.
- 국토교통부. 2016a. 2016년도 주거실태조사 - 통계보고서.
- 국토교통부. 2016b. 2016년도 주거실태조사 - 연구보고서.
- 국토교통부. 2017. 2016 주택업무편람.
- 국토해양부. 2011. 3인가구 최소 주거면적 29→36㎡로 상향조정. 보도자료 (5월 26일, 주거복지기획과).
- 김경환 · 서승환. 2009. 도시경제. 제4판. 서울: 홍문사.
- 김정호. 2007. 주택정책의 민간화와 지방화를 앞당기자. 주택연구. 15(3): pp.5~18.
- 김준형 · 최막중. 2006. 소득계층을 고려한 직주균형 지표의 개발과 주택정책적 함의에 관한 연구. 국토계획. 41(4): pp.29~40.
- SH공사. 2016. 2016년 업무현황.
- 한국주택금융공사. 2017. 주택금융월보. 8월호.

- Czischke, D., 2006. Social housing in the European Union: Overview of key approaches, trends, and issues. CECODAHS, 1st Colloquium, *Current Developments in Housing Policies and Housing Markets in Europe: Implications for Social Housing Sector*, Brussels.
- NYC (City of New York), 2014. *Housing New York: A Five-Borough, Ten-Year Plan*, Department of Housing Preservation and Development.

제7장

지역교통정책

요약문

제7장에서는 우선 교통의 이동성과 접근성에 대한 개념을 살펴본다. 다음으로 교통의 발전과 도시공간구조의 변화에 대한 이론적인 측면을 바탕으로 지역 간 광역교통의 개선이 가져올 수 있는 파급효과를 검토한다. 또한, 지역 간 광역교통망과 대도시권 및 거대도시권과의 관계에 대해 살펴본다. 다음으로 수도권 지역에 대한 통근통행분석을 통해 대도시권 광역화와 통근통행과의 관계를 이론적·실증적으로 살펴본다. 마지막으로, 교통 인프라와 지역경제성장과의 관계에 대한 이론적 논의와 함께 광역교통망 개선이 지역경제성장에 미치는 영향에 대해 살펴본다.

7.1 교통의 이동성과 접근성

교통부문에서 이동성(mobility)과 접근성(accessibility)은 교통 인프라의 서비스 수준을

그림 7-1 교통, 이동성, 접근성의 개념

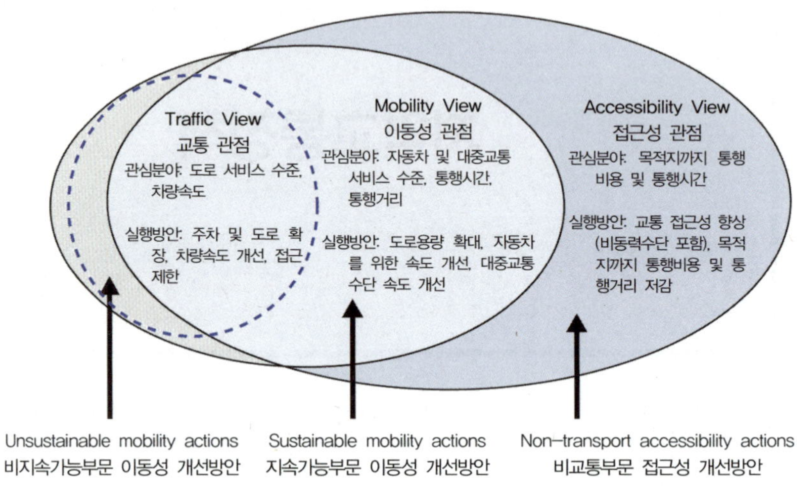

자료: Venter(2016); originally adapted from Litman(2003).

평가하는 데 가장 중요하게 사용되고 있는 개념이다. 〈그림 7-1〉과 같이 Venter(2016)는 도로교통(traffic), 이동성, 접근성 관점에서 이들 개념이 일정부분 서로 중첩되어 있는 것으로 설명하고 있으며, 동력교통수단뿐만 아니라 비동력교통수단을 포함하는 접근성을 가장 포괄적인 개념으로 정의하고 있다.

도로교통의 관점에서 주요 관심사는 자동차의 운행과 속도에 영향을 미치는 도로교통의 서비스 수준이며, 자동차 교통의 흐름을 개선하기 위한 도로용량에 있다. 반면, 교통부문에서 이동성의 관점은 사람이나 재화를 어떤 교통수단을 통해 얼마나 빨리 그리고 쉽게 이동할 수 있는지와 관련된 개념이다. 또한, 교통부문에서 이동성의 개념은 보행이나 자전거와 같은 비동력교통수단보다는 동력교통수단에 주로 적용하고 있다(Litman, 2017). 교통의 이동성을 측정하고 평가하기 위해서 통행거리, 통행시간, 통행속도, 통행량 등을 활용하고 있다. 따라서 통행의 이동성을 높이기 위해서는 교통 인프라의 용량, 속도, 서비스 수준, 다수단 교통수단(multi-modal transport)의 환승시스템 체계 등의 개선이 중요하다.

교통부문에서 접근성의 의미는 대체로 재화나 서비스 또는 어떤 활동에 접근할 수 있는 기회(opportunities)의 개념으로 정의할 수 있다(Litman, 2017). 도시 및 지역정책에서

그림 7-2 접근성 계획의 개념

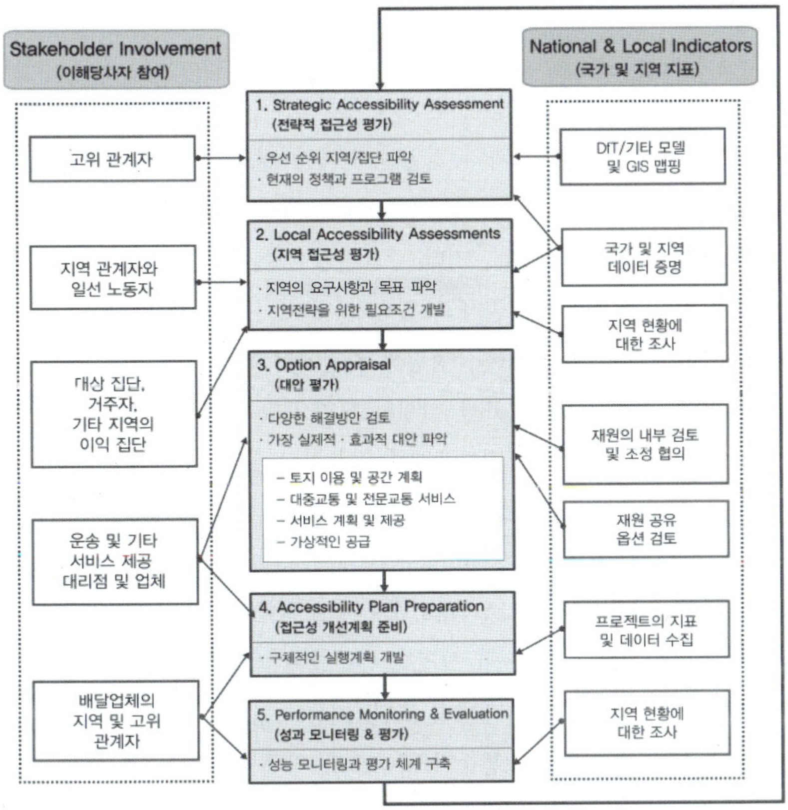

자료: Department for Transport, U.K(2014).

접근성을 개선한다는 것은 사람들의 일상생활에서 목적지가 되는 직상, 학교, 쇼핑, 공공시설 등에 대한 접근성을 높이는 것을 말한다. 따라서 접근성을 측정하고 평가하기 위해서는 출발지와 도착지, 통행시간과 통행거리 같은 통행저항(travel impedance), 통행수단과 통행유형, 통행시점, 접근성 분석을 위한 공간적 단위 등 다양한 차원에서 접근이 필요하다.

교통부문에서 접근성의 개념은 교통 측면과 이동성 측면을 대부분 포함하고 있는 가장 넓은 범위를 가지고 있다. 접근성 개선계획은 비동력교통수단을 포함한 모든 종류의 통행수단을 통해 통행목적지에 도착하기 위한 통행거리나 통행비용의 개선에 중점을 두고 있다. 따라서 높은 수준의 이동성은 대체적으로 높은 수준의 접근성을 의미한다. 그러나 높은 수준의 이동성이 항상 높은 수준의 접근성을 담보하는 것은 아니다. 통행의 이동성이 높은 지역에 살고 있다고 하더라도 특정한 서비스나 목적지에 대한 접근성이 낮을 수도 있기 때문이다.

접근성을 개선하기 위한 방안은 단순히 이동성의 개선에 치중하는 교통 인프라의 투자와 확충뿐만 아니라 토지이용과의 긴밀한 연계가 필요하다. 예를 들어 〈그림 7-2〉와 같이 영국의 교통부(Department for Transport)에서 제시하고 있는 접근성 지표는 학교, 직업교육기관, 직장, 병원, 식료품점, 기타 주요시설 등에 접근할 수 있는 통행수단과 방법 그리고 통행비용을 평가하여 제공하고 있으며, 토지이용과 공간계획의 연계를 강조하고 있다(Spiekermann et al., 2015). 또한, 형평성 차원에서 특정 지역이나 특정 계층의 접근성을 개선하기 위해 전략적으로 목표를 설정하고 있으며, 공공과 다양한 이해관계자 집단과의 협력모델을 통해 실행계획과 평가체계를 구축하고 있다. 이와 같은 맥락에서 접근성은 1990년대 이후 보편적으로 사용하고 있는 계획 개념인 스마트 성장(smart growth), 뉴어바니즘(new urbanism), 대중교통지향개발(transit-oriented development) 등에서 중요한 개념으로 자리 잡고 있다. 이러한 새로운 계획개념은 모두 고밀도 압축개발(compact development)과 토지이용혼합(land use mix) 그리고 대중교통 지향적인 개발로 통행거리와 시간을 저감하여 접근성 향상을 도모하고 있다. 또한, 자동차 중심의 접근성 개선에서 대중교통과 보행 및 자전거와 같은 비동력교통수단 중심으로 접근성 향상을 추구하고 있다.

다른 한편으로, 고속도로 인프라 투자와 고속철도의 도입은 대도시권 지역이나 지역과 지역을 연결하는 지역 간 이동성과 접근성에 큰 영향을 미치는 요소이다. 우리나라의 경우 2004년 4월부터 개통된 한국고속철도(KTX) 시스템은 지역 간 이동성과 접근성 측면에서 획기적인 개선을 가져왔다. 또한, 2017년 현재 진행되고 있는 수도권 광역급행철도(Great Train eXpress)인 GTX 사업은 수도권 외곽의 거주민들이 짧은 시간에 서울과 경기도 지역의 고용중심지와 상업중심지에 접근할 수 있도록 서비스를 제공할 것이다. KTX와 GTX 같은 광역교통 인프라의 도입은 수도권 통근통행뿐만 아니라 교통 결절점인 정차역을 중심으로 새로운 중심지의 형성과 나아가 수도권 공간구조의 변화에 큰 영향을 미치는 요인으로 작용할 것이다.

7.2 교통의 발전과 공간구조 변화

도시의 물리적인 공간구조는 시간의 흐름에 따라 다양한 형태의 토지이용이 누적된 결과로 나타난다. 도시공간구조는 토지이용의 평면적 용도와 수직적 밀도에 의해 구체화되며, 도심이나 부도심 그리고 지구중심과 같은 도시의 중심지 체계를 형성한다. 교통은 이러한 중심지 체계의 형성과 도시공간구조에 영향을 미치는 가장 중요한 요인으로 볼 수 있다.

교통수단의 발전은 도시의 공간구조를 바꾸어 왔다. 육상 교통수단은 보행과 우마차를 활용하던 시대에서 산업혁명이후 동력을 이용하는 궤도전차 시대로 발전하였고, 자동차의 개발과 대중화 그리고 고속도로의 확충으로 자동차 중심적인 시대로 발전하였다(Adams, 1970). 이와 같은 교통수단의 진화는 도시의 공간구조를 규모와 형태적인 측면에서 엄청난 영향을 미쳤다. 예를 들어 보행과 우마차 시대의 도시공간구조는 도시의 중심지를 기준으로 밀도가 높은 단핵도시 구조를 보이지만, 궤도전차가 도입되면서 도시의 형태는 궤도전차의 노선을 따라 도시의 공간이 교외지역으로 확장되었다. 나아가 자동차의 대중화와 고속도로의 건설은 주요 도로망을 따라 도시의 외연적 확산이 빠르게 이루어지면서 통근통행 네트워크가 확장되는 대도시권 지역(metropolis)으로 발전하였다.

Hanson et al.(1995)은 1920년대 이후 미국 도시가 대도시권 지역으로 발전하는 과정을 교통부문과 연계하여 설명하였다. 다음 〈그림 7-3〉과 같이 1920년대 이전의 도시는 단핵 도심을 중심으로 궤도전차 노선을 따라 별모양을 형성하고 있다. 1950년대 자동차 대중화가 시작되면서 도시의 영역은 자동차 도로망을 따라 모든 방향으로 확장되기 시작하였다. 그리고 고속도로 인프라의 구축과 자동차 대중화가 이루어지는 1980년 이후로는 도시의 공간적 범위가 도심으로부터 60~70km까지 확장되고, 대도시권 내부의 공간적인 분화가 가속화되면서 교외지역에 새로운 부도심(sub-centers)이 나타나는 대핵도시공간구조(polycentric urban spatial structure)를 가진 대도시권으로 발전하였다.

그림 7-3 1920년대 이후 미국 자동차 중심 교외지역의 공간적 성장 패턴

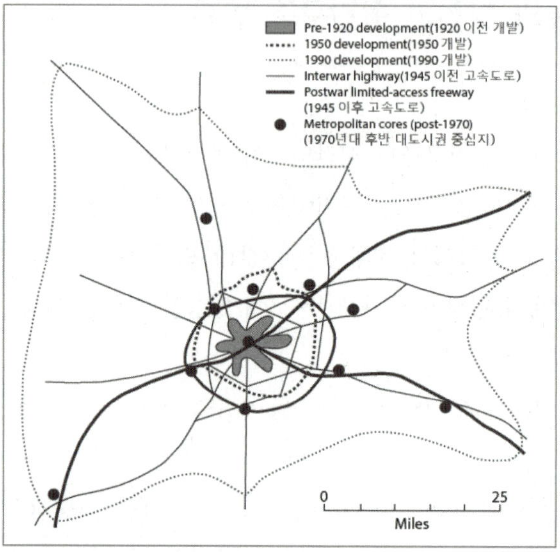

자료: Hanson et al.(1995, p.43); originally adapted from Muller(1982).

다른 한편으로, 광역급행철도와 같이 철도교통의 속도가 빨라지고 타교통수단과의 연계 및 환승이 강화되면서 철도교통을 중심으로 광역생활권이 새롭게 형성되고 있다. 특히, 수도권의 경우 광역특급철도인 GTX가 〈그림 7－4〉와 같이 서울역, 삼성역, 청량리역을 중심으로 수도권 남부와 북부 그리고 서부와 동부를 연결할 예정이다.

수도권 GTX가 개통될 경우 GTX 서비스가 제공되는 지역은 서울 도심으로의 이동성과 접근성이 비약적으로 개선될 전망이다. 표2와 같이 이미 확정된 GTX A 노선이 도입될 경우 경기 남부 동탄역에서 삼성역까지 대중교통으로 80분 거리가 19분으로 줄어들게 된다. 경기도 서북부 대화역에서 수서역까지의 거리는 기존 대중교통으로 95분 거리가 GTX를 이용할 경우 30분으로 줄어들 전망이다. 또한, 경기 남부와 북부를 이어주는 GTX C 노선이 예정대로 건설될 경우 의정부에서 삼성역까지 대중교통으로 75분 거리가 13분으로 줄어들게 된다. 이와 같이 이동성과 접근성에 큰 영향을 미치는 광역교통 인프라의 개선은 수도권 전체 공간구조에 많은 변화를 가져올 전망이다.

그림 7-4 수도권 급행철도 GTX 계획 예상 노선

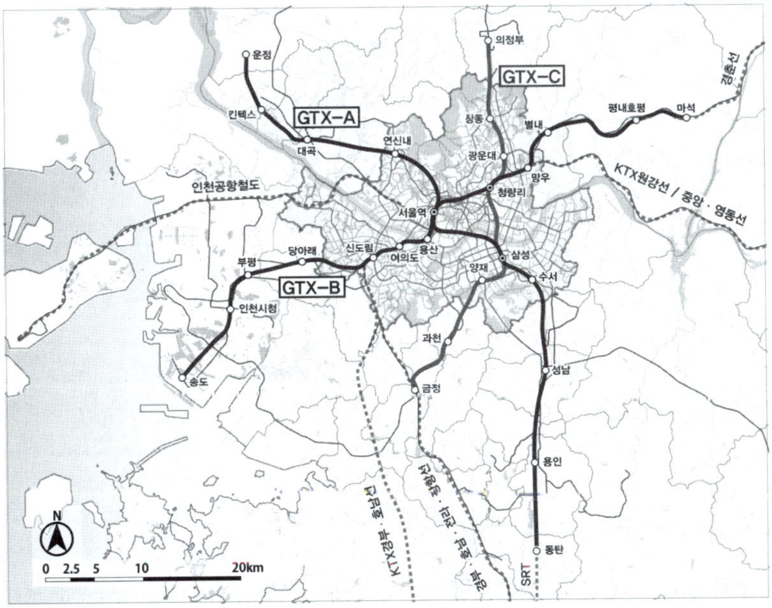

자료: Adapted from 국토교통부(2017b, p.6).

표 7-1 수도권 급행철도 GTX 도입시 통행시간 감소 효과

출발지	도착지	대중교통 이용*	첨두시 자동차 이용*	GTX 이용**
대화역	수서역	95분	65분	30분
동탄역	삼성역	80분	70분	19분
킨텍스(일산)	서울역	75분	50분	13분
킨텍스(일산)	삼성역	95분	70분	17분
송도(인천)	서울역	110분	80분	27분
의정부	삼성역	75분	45분	13분

자료: * 대중교통 및 첨두시 자동차 통행시간은 2017년 10월 기준 네이버(Naver) 포털사이트 길찾기 경로안내 정보를 기반으로 작성; ** GTX 이용시 통행시간 (국토교통부 보도자료, 2017a, 2017b).

그림 7-5 고속철도 시스템에 의한 시공간 수축 효과

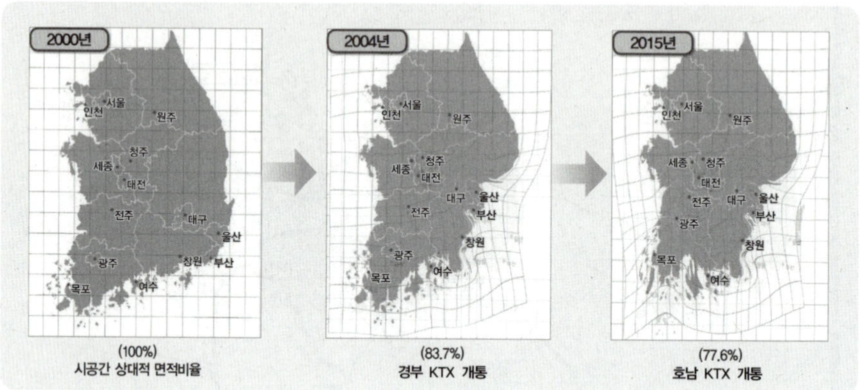

자료: 김종학(2017, p.3).

지역 간 이동수단인 고속철도의 도입은 공간적인 거리를 속도로 극복하면서 전국의 주요도시를 반나절 생활권으로 만들어가고 있다. 최근 고속철도 시스템의 속도 혁신은 물리적인 거리를 속도로 극복하면서 국토전체에 대한 시공간 수축(spatio-temporal contraction) 효과를 가져왔다. 다음 그림5와 같이 우리나라 고속철도 시스템인 KTX 경부선이 2004년 개통했을 때 시공간 수축에 의해 상대적 면적비율이 83.7%로 줄어드는 효과를 가져왔다. 그리고 2015년 호남 KTX가 개통했을 때 시공간 상대적 면적비율은 77.6%로 줄어드는 것으로 나타났다. 2018년 청량리와 강릉을 연결하는 원강선 KTX가 개통하여 서비스를 제공할 경우 현재 강릉까지 자동차로 평균 5시간 거리가 고속철도로 1시간 30분으로 단축되며 국토전체의 시공간 수축 효과는 더 증가할 것으로 판단된다(국토교통부, 2016).

고속철도와 같은 지역 간 교통수단의 발전은 대도시권과 대도시권을 연결하면서 거대도시권의 형성에 영향을 미친다. 거대도시권을 의미하는 메가로폴리스(megalopolis)는 지리학자 Jean Gottmann(1961)이 개념적 정의를 제시하였으며, 대도시가 공간적으로 확장하면서 주변에 있는 대도시와 연담화된 거대도시권 지역을 의미한다. 고트만은 미국 북동부 연안을 따라 입지하고 있는 보스턴, 뉴욕, 필라델피아, 워싱턴 DC 지역을 하나의 기능적인 권역으로서 거대도시권 지역(megaregion)으로 설명하였다. 고트만은 거대도시권 지역

그림 7-6 대도시 지역에 대한 다양한 개념

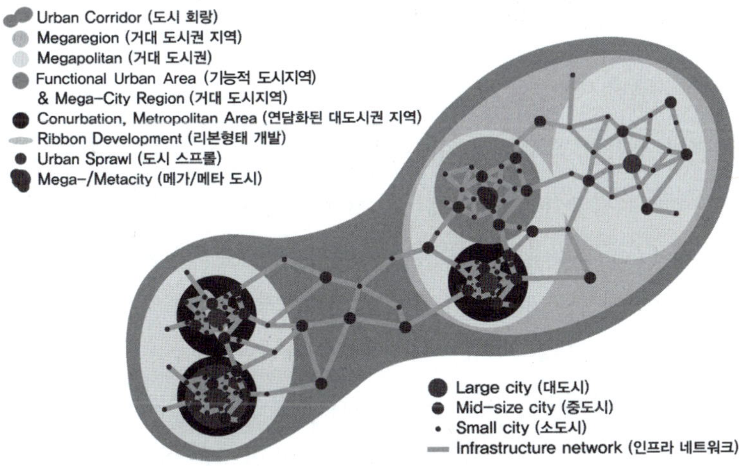

자료: Georg et al.(2016, p.372).

을 다수의 대도시권 지역이 연계된 하나의 네트워크로 보았으며, 경제, 인프라, 자원을 공유하는 지역으로 물리적인 거리는 500km 반경까지도 가능하다고 보았다.

Georg et al.(2016)는 대도시(metro city), 거대도시(mega city), 대도시권(metropolitan area), 거대도시권 지역(megaregion) 등과 같은 개념을 다이어그램으로 제공하고 있다(〈그림 7-6〉 참조). 거대도시권 지역에 해당하는 메가리전은 거대도시가 교통 인프라 네트워크에 의해 서로 연계되어 있으며, 거대도시의 하부구조는 다시 대도시 지역의 연담화로 이루어져 있다. 대도시권 지역의 공간구조에서 가장 중요한 요소가 자동차 및 철도를 포함하는 대중교통 인프라에 의한 연계로 볼 수 있는 반면, 거대도시권 지역에서는 거리를 속도로 극복할 수 있는 고속철도가 중요한 역할을 한다. 이러한 맥락에서 거대도시인 서울을 중심으로 하는 수도권 지역에 교통 인프라 네트워크의 개선과 지역 간 고속도로 및 고속철도의 공급은 수도권 지역의 공간적 팽창과 함께 세종시를 포함하는 대전 대도시권과의 연담화된 거대도시권인 메가리전을 형성할 가능성이 있다. 이러한 거대도시권의 부상은 토지이용, 교통, 주택, 환경 등 모든 부문에 다양한 영향을 미칠 것으로 판단된다.

7.3 대도시권의 광역화와 통근통행

대도시권의 공간적 확장은 주거지역과 일자리의 공간적 확산에 영향을 미친다. 대도시의 외연적 확장과 기능적 연계는 대도시권(metropolis)으로 발전하면서 주택의 공급과 교통 인프라 투자 그리고 일자리의 입지에 따라서 다양한 도시활동을 만들어 낸다. 전통적인 도시경제학 모형에서는 개인의 주거입지는 주택의 가격과 직장과의 교통비를 고려하여 효용이 최대가 되는 지점을 선택한다고 보았다(Alonso, 1964; Muth, 1969). Levinson and Kumar(1994)는 개인의 주거입지가 통행시간과 비용을 최소화하기 위해 직장주변으로 이동하는 직주근접의 경향을 가지고 있으며, 이러한 주거입지 행태를 "합리적 입지자"(Rational Locators)의 개념으로 설명하고 있다. 그들의 연구는 미국 워싱턴 DC를 대상으로 20년 기간 동안 통행행태를 분석한 결과, 일자리와 주거의 공간적 확산과 함께 통행시간과 거리가 지속적으로 증가하지 않고 어느 수준에서 일정한 패턴을 가지는 것을 실증하였다. 다른 한편으로, Giuliano and Small(1993)의 연구는 직주균형(job-housing balance)이 통근시간을 저감하는 데 큰 영향을 미치지 못함을 주장하였다. 이는 도시가 성장할수록 직장이 바뀌는 경우가 많고, 맞벌이 가구의 확산, 주택과 근린에 대한 개인이나 가구의 선호도가 다양하기 때문인 것으로 설명하였다.

OECD 자료에 의하면 우리나라 직장인들의 평균통근시간은 2010년 기준으로 OECD 국가 중에서 가장 긴 58분으로 나타났다(OECD, 2016). 평균통근시간이 가장 짧은 나라는 스웨덴으로 평균 18분으로 나타났으며, 우리나라는 OECD 국가 평균인 30분의 두 배에 이르는 것으로 보고하고 있다. OECD 국가 중에 우리나라 다음으로 평균통근시간이 긴 일본의 경우에도 평균통근시간은 40분으로 나타났다. 이러한 긴 통근시간은 직장인들의 삶의 질을 떨어뜨리는 중요한 요소로 나타나고 있다. 〈그림 7-7〉은 우리나라 통근시간대별 통근통행 인구와 평균통근시간의 변화를 나타내고 있다. 1995년부터 2015년까지 평균통근시간은 점차 증가한 것으로 알 수 있으며, 통근시간 60분 이상의 장거리 통근도 지속적으로 증가하고 있는 것을 알 수 있다.

그림 7-7 통근시간별 통근통행 인구와 평균통근시간의 변화

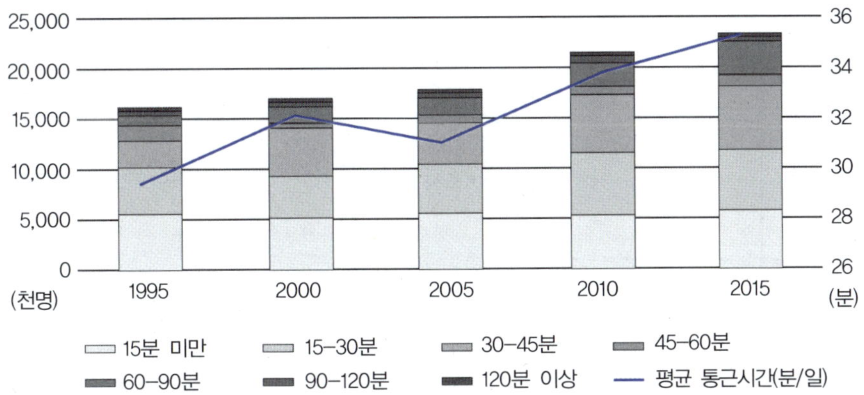

자료: 통계청(2017).

서울 대도시권 직장인들의 통근시간과 거리의 증가 원인이 직주불일치(job-housing mismatch)에 기인한다면 직주불일치의 원인은 무엇인지 살펴볼 필요가 있다. 직장과 주거의 불일치를 의미하는 직주불일치의 개념은 직장에서 멀리 떨어진 곳에 주거가 입지하면서 발생하는 비효율적인 통근통행을 설명하는 데 유용한 개념이다. 직주불일치의 원인은 매우 다양하지만 크게 다음과 같이 4가지로 정리할 수 있다. 첫째, 서울시의 고용중심지 주변의 주택가격이 여전히 서울시 외곽지역보다 상대적으로 높다. 반면, 대중교통 비용이 상대적으로 저렴하기 때문에 장거리 통근이 경제적으로 이익이기 때문이다. 실제 서울 대도시권의 경우 광역교통망이 매우 발달해있고, 대중교통 비용의 경우 해외의 비슷한 대도시권과 비교하여 상대적으로 저렴하다. 둘째, 대규모 주택공급이 서울시 외곽지역에 집중하고 있기 때문이다. 서울시의 경우 그린벨트를 제외하고 사용한 토지가 거의 없기 때문에 대규모 주택공급은 현실적으로 어렵다. 따라서 수도권의 택지개발 사업은 1기와 2기 신도시를 포함하여 기존의 고용중심지로부터 상당히 떨어진 서울시 외곽지역에 집중적으로 공급되었으며, 고용중심지와 떨어진 교외지역에 주택공급의 결과로 직장인들의 통근거리와 시간은 증가하게 되었다고 볼 수 있다. 셋째, 가구단위에서 주거입지의 결정은 주택가격이나 교통비용뿐만 아니라 가구특성에 따라 좋은 학군이나 주변지역에 가족의 입지여

그림 7-8 공간구조의 다핵화 정도와 평균통근거리 사이의 관계

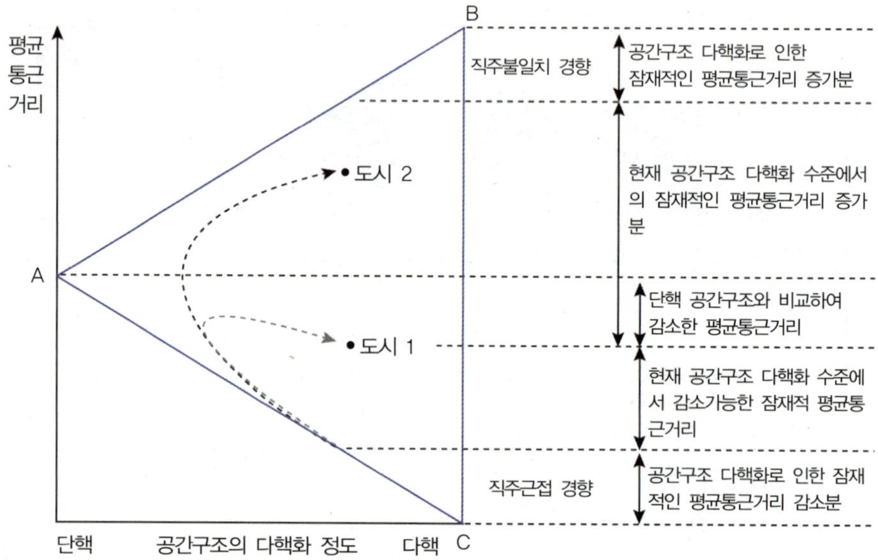

자료: Adapted from Brotchie et al.(1996), Ma & Manister(2007).

부와도 밀접한 관련을 가지고 있다. 예를 들어, 직장과 거리가 멀어져도 자녀교육이나 가족과 가까운 곳에 살기 위해 장거리 통근을 하는 경우도 존재한다. 위에서 언급한 세 가지 원인 이외에도 직주불일치에 영향을 미치는 요인은 개인과 가구특성에 따라 다양한 요인이 존재할 수 있다.

〈그림 7-8〉은 공간구조의 다핵화 정도와 도시의 평균통근거리의 관계를 나타낸 다이어그램이다. 지점 A는 도시의 공간구조가 단핵으로, 모든 직장이 도심에 위치했을 때를 나타내며, 지점 B와 C는 도시가 완전히 다핵화 되었을 때를 나타낸다. 지점 B는 도시민들이 직장과 주거지 사이의 관계를 고려하지 않고 장거리통행 및 교차통근(cross-commuting)이 광범위하게 나타나는 경우이다. 선 AB는 도시민들이 교차통근을 할 때, 도시의 다핵화 정도가 높을수록 평균통근거리가 증가함을 의미한다. 지점 C의 경우 도시민들이 직주근접하는 경우를 나타내며, 선 AC는 도시의 다핵화 정도가 높을수록 도시민들이 직주근접하는 경향이 높아지고, 결과적으로 평균통근거리가 감소하는 것을 의미한다.

표 7-2 수도권 통근통행 행태 변화(1996~2010)

주거지	직장지	구분	1996년	2002년	2006년	2010년	증가율 (1996~2010)
서울	서울	거리(km)	6.55	6.14	6.56	6.33	-3.4%
		시간(분)	36.77	35.20	36.45	35.83	-2.6%
		통행량(천명)	3109.33	3214.91	3254.85	3735.23	20.1%
서울	경기/인천	거리(km)	19.60	20.87	21.36	21.13	7.8%
		시간(분)	64.19	66.21	67.17	66.74	4.0%
		통행량(천명)	310.32	400.96	446.84	549.70	77.1%
경기/인천	서울	거리(km)	17.20	18.31	19.27	19.43	13.0%
		시간(분)	61.67	63.73	65.48	65.71	6.6%
		통행량(천명)	637.59	1009.81	1112.50	1173.14	84.0%
경기/인천	경기/인천	거리(km)	7.61	6.56	7.31	8.55	12.4%
		시간(분)	35.55	34.12	36.24	38.39	8.0%
		통행량(천명)	2068.50	3202.49	3640.72	4413.85	113.4%
전체	전체	거리(km)	8.68	8.64	9.33	9.70	11.8%
		시간(분)	40.34	40.03	41.81	42.24	4.7%
		통행량(천명)	6125.73	7828.17	8454.91	9871.91	61.2%

자료: 국가교통DB, 수도권가구통행실태조사자료(1996, 2002, 2006, 2010).

도시 1과 도시 2를 비교해보자면, 두 도시는 동일한 공간구조 다핵화 정도를 보인다. 하지만, 도시 1은 도시가 단핵구조일 때보다 평균통근거리를 절감하고 있고, 도시 2는 도시가 단핵구조일 때보다 긴 평균통근거리를 보이고 있다. 이러한 차이는 도시의 경제적, 정치적, 지리적 상황에 의한 것으로 볼 수 있다. 또한, 도시의 수단분담률과 도시의 인구 사회경제적 특성(소득, 인종, 성별, 단순선호 등)에 기인할 수 있다.

〈표 7－2〉에서 서울 대도시권을 대상으로 수도권 가구통행실태조사자료(1996~2010) 자료를 활용하여 통근시간과 통근거리를 분석하였다. 수도권 전체의 평균통근거리는 8.7km에서 9.7km로 1km가 증가하였으며, 통행시간도 40.3분에서 42.2분으로 약 2분 증가한 것을 알 수 있다. 통근의 출발지와 도착지를 기준으로 살펴보면 서울시에서 서울시 외부로 통근하는 통행과, 서울시 외부에서 서울시로 통근하는 통행에 있어 통근거리와 시

간이 매우 긴 것으로 나타났다. 이는 서울 대도시권 지역의 직주불일치로 인한 장거리 통행 문제가 있음을 의미한다. 이러한 패턴은 서울대도시권 내부에서 서울시와 서울외부지역 그리고 서울외부지역과 서울시 사이의 통근통행량이 지속적으로 증가하는 현상과 맞물려 있다.

7.4 교통과 지역경제성장

지역경제성장의 중요한 요소인 노동과 자본 그리고 기술 외에도 교통 인프라는 지역경제성장에 중요한 영향을 미칠 수 있다. 교통 인프라의 투자와 경제성장과의 관계를 다음 〈그림 7-9〉와 같이 나타낼 수 있다(Banister and Berechman, 2001). 우선 교통 인프라 투자는 네트워크의 접근성을 증가시켜 통행거리와 비용을 감소시키는 효과를 가진다. 나아가 환경, 교통네트워크 경제, 노동시장, 그리고 기업의 공간적 입지와 조직변화에 긍정적인 외부효과를 미치면서 경제성장에 기여하게 된다.

일반적으로 교통 인프라의 투자는 접근성을 향상시키고 교통네트워크 거리를 단축시켜 잠재적인 시장의 크기를 확장하여 경제활동을 증대시키는 역할을 한다. 또한, 접근성과 이동성의 증가는 통행시간과 통행비용을 감소시키고 집적경제를 강화하여 경제활동의 생산성을 향상시킨다(Venables, 2007; Graham, 2007). 교통의 접근성과 고용성장과의 관계를 연구한 Ozbay et al.(2006)의 연구는 접근성이 1% 향상되면 고용성장이 0.05% 증가하는 것으로 보고하고 있다.

또한, 고속철도시스템을 포함한 교통 인프라 투자와 경제성장과의 관계에 대하여 선행연구를 검토한 Chen & Silva(2013)는 포르투칼(Portugal)을 사례로 들면서 1990년대 고속도로 네트워크의 확장이 투자유치, 새로운 기업 발생, 고용증가 등 지역경제성장에 분명한 효과를 가지는 것으로 보고하고 있다. 그러나 이 연구는 교통 인프라의 투자와 지역경제 성장과의 관계는 지역경제가 좋아서 교통 인프라 투자로 이어질 수 있는 내생성

그림 7-9 교통 인프라 투자와 경제성장의 관계 모형

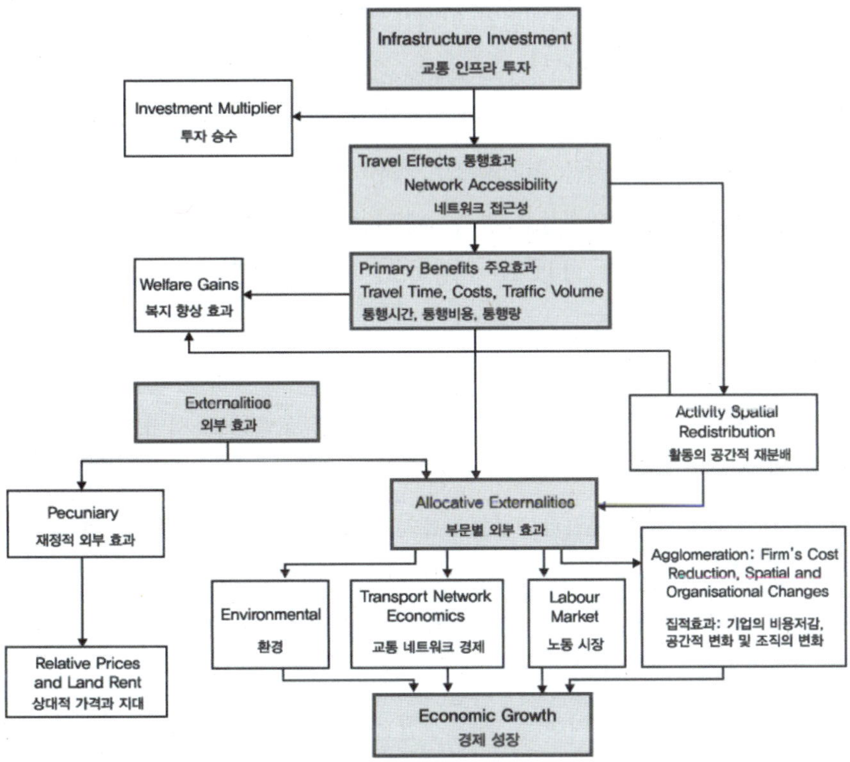

자료: Banister & Berechman(2001, p.215).

(endogeneity)이 문제가 있기 때문에 원인과 결과를 정확하게 판단하는 데 한계가 있다.

현재 지역 간 이동성을 향상하기 위한 교통 인프라는 고속도로를 넘어서 고속철도 시대로 규모와 속도에서 빠른 발전을 이루고 있다. 이러한 교통수단의 혁신은 도시의 규모를 더욱 확장하고 있으며 토지이용과 도시 공간구조에 큰 영향을 미치고 있다. Blum et al.(1997)은 고속철도의 기능으로 두 가지를 제시하였다. 첫 번째는 가장 기본적인 기능으로 지점과 지점을 이어주는 교통수단으로서의 역할이다. 이 경우 한 도시에서 다른 도시로 매우 효율적이고 빠른 시간 안에 접근할 수 있도록 교통 서비스를 제공하는 것이다. 두 번째 기능은 고속철도 역세권과 주변도시가 함께 광역경제권으로 연계되어 있는 기능적 지역(functional region)의 역할이다. 이러한 광역경제권으로 발전하기 위해서는 고속철도 역세권 개발뿐만 아니라 고속철도 시스템에 포함된 중심 도시의 활성화와 고속도로 같은 자동차 교통 시스템과의 체계적인 연계가 함께 이루어져야만 가능하다고 하였다(Blum et al., 1997). 또한, 그들의 연구는 고속철도 네트워크가 도시와 지역에 미치는 영향을 단기와 중장기로 나누어 살펴보았다. 단기적으로 고속철도 네트워크는 거점도시의 중심지를 연결하면서 지역 간 접근성을 획기적으로 개선하고, 기능적으로 지역의 노동시장을 확장하고 지역 간 쇼핑 및 여가활동을 증가시키는 효과를 가진다. 중장기적으로는 인구와 일자리가 고속철도 네트워크 회랑으로 이동하고, 고속철도 네트워크 회랑을 중심으로 새로운 형태의 회랑경제(new corridor economy)를 형성하는 효과를 가진다고 하였다.

Chen and Silva(2013)의 연구는 고속철도 시스템의 서비스 공급이 어떤 과정을 통해 지역경제에 영향을 미치는지 개념적으로 보여주었다. 고속철도 서비스의 개통은 결과적으로 지역 간 상대적 접근성을 증가시켜 삶의 질을 향상시키고 기업의 생산과 거래비용을 절감시켜 새로운 가구의 유입과 기업의 유치가 일어나게 된다. 이러한 현상은 지역에 대한 투자 증가와 지역 생산성 증가를 가져오고 결과적으로 지역경제성장으로 이어지게 된다. 또한, 도시에서 교통 인프라의 투자로 접근성이 향상된 지역은 토지이용 변화로 이어질 가능성이 매우 높고, 변화된 토지이용은 다시 교통에 영향을 미치게 된다. 특히, 도시에서 다양한 교통수단이 교차하는 교통 결절점(transportation node)은 도시의 중심지 체계에 변화를 주게 되고 궁극적으로 도시공간구조의 변화를 가져온다.

고속철도에 의한 공간구조의 변화는 고속철도 역세권이 중심적인 기능을 담당하게 된다. 나아가 고속철도 역세권을 중심으로 하는 광역경제권은 배후 도시들과의 기능적 연계가 매우 중요하다. Blum et al.(1997)은 기능적 지역(functional region)을 동일한 노동시장을 공유하며 가구와 비즈니스 서비스를 위한 동일한 시장을 공유하는 지리적 공간으로 정의하였다. 또한, 기능적 지역을 만들기 위해 주변에 있는 여러 도시를 고속철도 시스템과 단순히 개념적으로 연계한다고 해서 기능적 지역이 형성되지 않음을 지적하고 있다. 고속철도 체계와 연계된 기능적 지역인 광역경제권으로 발전하기 위해서는 활성화되어 있는 배후도시와 기존의 철도교통 및 자동차교통과의 연계체계가 중요함을 지적하고 있다. 고속철도 역세권이 잘 개발되고 고속도로 시스템과 잘 연계된 교통회랑(transportation corridor)이 형성될 때 강한 성장 축으로 발전할 수 있다고 보았다(Cheshire, 1995; Blum et al. 1997). 고속철도 역세권을 중심으로 하는 광역경제권의 형성과 지역경제 발전은 교통부

그림 7-10 고속철도를 활용한 국토공간 재편구상과 광역경제권 형성

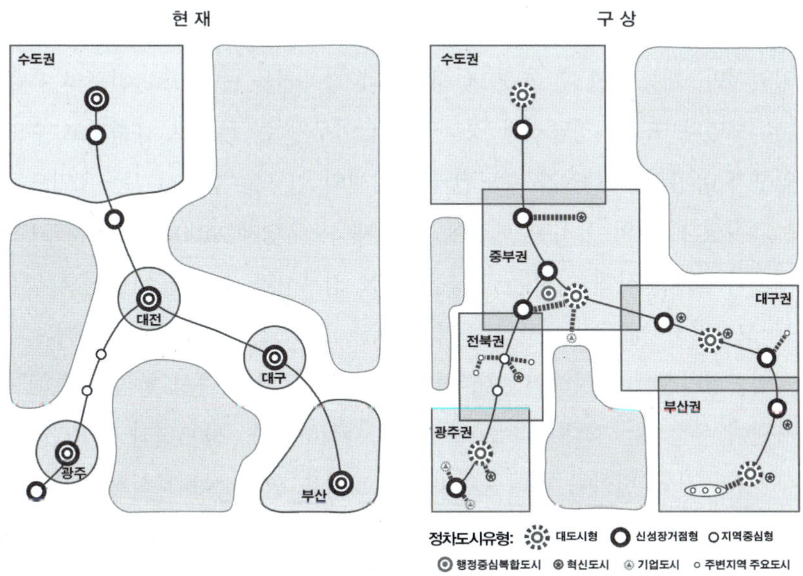

자료: 이용우 외(2006, p.176).

문의 투자로는 분명한 한계를 가진다. 고속철도 역세권을 중심으로 하는 KTX 경제권의 개념도 교통 접근성의 개선과 함께 가구와 일자리가 이동할 수 있는 주거환경과 산업, 교육과 문화, 여가환경의 개선이 함께 이루어져야 효과를 발휘할 수 있다.

이용우 외(2006)는 고속철도를 활용한 국토공간구조 재편구상으로 광역경제권을 제안하였다. 〈그림 7-10〉의 왼쪽은 기존의 고속철도 역세권 개념으로 광역경제권과 연계가 되지 않은 도시와 도시를 연결하는 교통수단으로서의 기능만 보여주고 있다. 반면, 오른쪽 그림과 같이 고속철도 광역경제권은 고속철도 역세권과 주변 배후 도시가 기능적으로 연계되어 기존 도시와 새로운 성장거점을 포함하는 것을 알 수 있다. 고속철도를 활용한 국토공간 재편구상을 통한 광역경제권의 형성은 국토공간의 경쟁력 향상과 배후지역의 공공서비스 제공에 중요하다.

정일홍·이성우(2011)는 우리나라 고속철도의 개통이 국토공간구조에 미치는 영향을

분석하였다. 지역경제학의 관점에서 고속철도가 인구이동에 미치는 영향과 파급효과 그리고 국토권역별 인구이동에 있어 고속철도 개통효과를 추정할 수 있는 모형을 구축하여 분석하였다. 분석결과, KTX 도입초기에는 국토권역 전반에 걸쳐 인구의 유입을 가져오는 효과가 있었지만, 개통 5년 후 2009년 경남권과 경북권을 중심으로 인구의 유출효과가 작용하였음을 보였다. 또한, 경남권과 경북권에서 인구가 큰 폭으로 유출되고 수도권과 충청권으로 인구가 유입되어 KTX가 수도권과 충청권의 인구를 집중시키는 요인으로 작용하고 있음을 보고하였다. 이와 유사한 맥락에서, 조재욱 · 우명제(2014)의 연구는 고속철도 개통이 지역경제와 균형발전에 미치는 영향을 KTX 경부선과 경전선을 중심으로 살펴보았다. 이 연구는 고속철도 개통이 개인의 주거와 직장, 그리고 기업의 입지선택을 지방으로 분산시켜 지역균형발전에 기여하였는지, 아니면 대도시로의 접근성 향상을 통해 중소도시의 인구와 자원이 유출되는 빨대효과를 보이는지 분석하였다. 2003년과 2010년 데이터를 사용하여 두 시점 간의 변화를 베타-컨버전스 모형을 활용하여 분석한 결과 KTX의 개통으로 인해 지역내총생산과 인구 부분에서 지역불균형을 심화시키는 것으로 나타났으며, 이른바 빨대효과로 인해 중소도시 성장이 저해되는 것으로 나타났다. 그러나 종사자수 증가 측면에서는 균형적인 지역발전이 나타났고, 이는 2003년에서 2010년도 사이 정부의 지방분산 정책이 어느 정도 효과를 보이고 있다고 짐작할 수 있다.

우리나라 제3차 국가철도망계획과 고속철도 서비스지역의 확대를 〈표 7-3〉에서 살펴보면 2026년까지 영업거리는 5,354km로 증가하고 전철화 연장은 4,421km에 이를 것으로 보고하고 있다. 예를 들어 최근 2018년 원강선의 개통으로 서울과 강릉의 경우 평균 4~5시간 이상의 통행시간이 1시간대로 줄어들면서 접근성과 이동성이 획기적으로 개선되었다. 이는 고속철도 시스템(KTX, SRT)의 도입과 확장이 전국의 주요도시를 반나절 생활권

표 7-3 철도주요지표 변화

구분	2014 (A)	2026 (B)	비고 (B/A)
영업거리 (km)	3,729	5,364	144%
복선화율 (%)	2,147(58%)	3,813(71%)	178%
전철화율 (%)	2,595(70%)	4,421(82%)	170%

자료: 국토교통부(2016), 제3차 국가철도망 구축계획(2016~2025).

그림 7-11 제3차 국가철도망 구축계획(2016~2025) 완료시 고속철도 · 고속화철도 직접 영향권

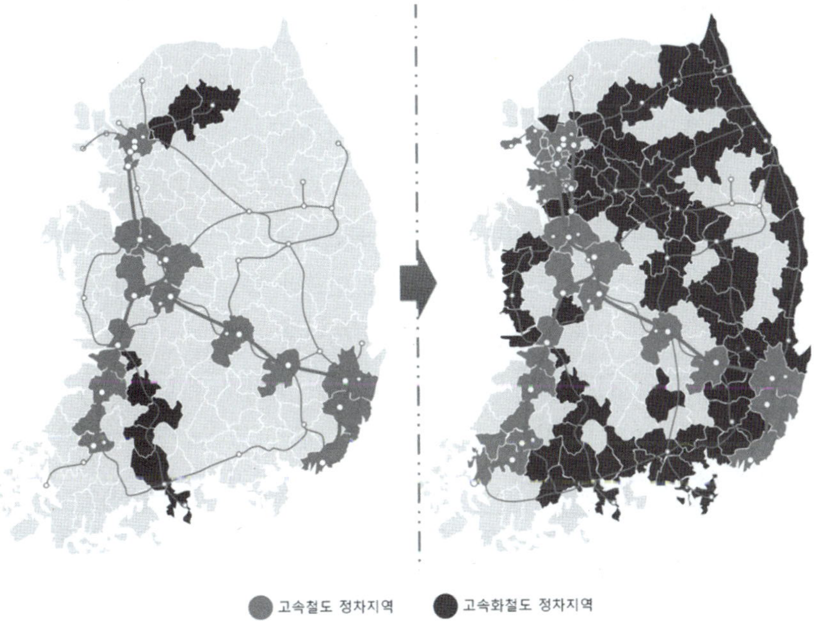

자료: 국토교통부(2016, p.70).

으로 축소할 수 있음을 의미한다. 또한, 수도권 광역급행철도(GTX) 시스템은 수도권의 주요 거점도시의 통근시간을 30분대로 단축하여 국민의 이동성과 접근성 그리고 삶의 질 개선에 기여할 것으로 보고 있다.

나아가 고속철도와 고속화철도 서비스가 전국적으로 확대되면서 〈그림 7-11〉과 같이 고속철도 서비스 인구의 비율은 정차지역을 기준으로 60%까지 증가하고, 고속화철도 서비스 인구의 비율 또한 25%까지 증가하여 고속철도와 고속화철도의 서비스 인구비율이 85%까지 증가할 것으로 예상된다.

7.5 맺음말

교통은 인간 활동의 필수 요건으로 접근성과 이동성에 가장 큰 영향을 미치며 지역·도시정책에 있어 매우 중요한 부문이다. 따라서 교통의 접근성과 이동성 개념, 교통의 발전과 공간구조의 변화, 대도시권의 광역화와 통근통행, 그리고 교통과 지역경제성장의 관계 등을 이론적·실증적으로 고찰하였다. 교통 인프라 공급은 지역과 도시를 하나의 유기적인 공간으로 연결하며 전체적인 공간구조에 영향을 미친다. 이러한 공간구조의 변화는 지역과 도시의 경제성장뿐만 아니라 직장과 주거의 입지에 영향을 미치고 궁극적으로 사람들의 삶의 질에 영향을 미친다. 수도권 지역을 대상으로 통근통행패턴을 살펴보면 서울시를 제외한 경기와 인천 지역에서 통근시간과 거리가 증가하고 있는 것으로 나타났다. 특히, 서울시에서 서울시 외부로 통행하거나 경기도와 인천에서 서울시로 통행하는 경우에 통근시간과 거리가 증가한 것을 볼 수 있다. 이러한 현상은 수도권 외곽의 택지개발로 고용중심지와의 거리가 멀어진 반면 광역교통망은 공급과 개선이 제한적이기 때문으로 판단된다. 이러한 맥락에서 GTX와 같은 광역교통망 서비스 공급이 이루어지는 지역은 고용중심지로의 접근성과 이동성이 크게 향상되어 지역경제성장에도 긍정적인 영향을 미칠 수 있다. 또한, 국토 공간 전체 수준에서 고속철도와 같은 지역 간 교통망의 공급은 지역 간 이동성과 접근성을 향상시키고, 대도시권지역을 연계하는 거대도시권의 형성에 영향을 미칠 수 있다. 이러한 거대도시권 형성은 향후 토지이용, 교통, 경제, 환경, 주택, 삶의 질 등 다양한 부문에서 영향을 미칠 것으로 판단되어 파급효과에 대한 면밀한 분석과 대비가 필요하다.

참고문헌

- 국가교통DB, 수도권가구통행실태조사자료(1996, 2002, 2006, 2010), https://www.ktdb.go.kr
- 국토교통부, 2016. 제3차 국가철도망 구축계획(2016~2025). 국토교통부.
- 국토교통부, 2017a. 보도자료 (일산-삼성 수도권 광역급행철도 민자사업 기본계획 착수). 국토교통부 민자철도팀 보도자료(2017.4.4).
- 국토교통부, 2017b. 보도자료 (경부·분당·과천·일산 급행열차 확대). 국토교통부 철도운영과·광역도시철도과·민자철도팀 보도자료(2017.7.6).
- 김종학. 2017. 플로우 빅데이터로 바라본 호남 KTX 개통 후 변화. 국토연구원, 국토정책 Brief.
- 이용우, 정진규, 윤양수, 임상연, 2006, 고속철도와 국토공간구조의 변화(II), 국토연구원 보고서 2006~19.
- 조재욱, 우명제. 2014. 고속철도 개통이 지역경제 및 균형발전에 미치는 영향: 대한민국 KTX 경부선,경전선을 중심으로. 국토계획 49(5): pp.263~248.
- 정일홍, 이성우. 2011. KTX 개통에 따른 국토권역별 인구이동의 실증분석, 2004~2009. 지역연구 27(3): pp.121~138.
- 통계청, 2017, 통근시간별 통근인구와 평균 통근시간, 인구총조사 1995~2015, http://www.index.go.kr/potal/main/EachDtlPageDetail.do?idx_cd=4082

- Adams, J. S., 1970. Residential structure of midwestern cities, *Annals of the Association of American Geographers*, 60(1): 56(pp.37~62).
- Alonso, W., 1964. *Location and land use: Toward a general theory of land rent*, Cambridge, MA: Harvard University Press.
- Banister, D. and Berechman, Y., 2001. Transport investment and the promotion of economic growth, *Journal of Transport Geography*, 9(3): pp.209~218.
- Blum, U., Haynes, K. E., and Karlsson, C., 1997. The regional and urban effects of high speed trains, *The Annals of Regional Science*, 31(1): pp.1~20.
- Brotchie, J. F., M. Anderson, P. G. Gipps, and C. McNamara. 1996. "Urban

productivity and sustainability—Impacts of technological change." In Hayashi, Y., & Roy, J. (Eds.), Transport, Land-use and the Environment, Springer Science & Business Media.

- Chen, G., and Silva, J. A., 2013. Regional impacts of high-speed rail: A review of methods and models, *Transportation Letters*, 5(3): pp.131~143.
- Chen, X., 2013. Assessing the impacts of high speed rail development in China's Yangtze river delta megaregion, *Journal of Transportation Technologies*, 3(2): pp.113~122.
- Cheshire, P., 1995. The spatial implications of motorway and train corridors in Europe, Paper presented at a workshop on regional and urban effects of high-speed trains organized by Jönköping International Business School.
- Farrington, J. H., 2007. The new narrative of accessibility: Its potential contribution to discourses in (transport) geography, *Journal of Transport Geography*, 15(5): pp.319~330.
- Georg, I., Blaschke, T., and Taubenböck, H., 2016. New spatial dimensions of global cityscapes: From reviewing existing concepts to a conceptual spatial approach, *Journal of Geographical Sciences*, 26(3): pp.355~380.
- Giuliano, G., and Small, K. A., 1993. Is the journey to work explained by urban structure? *Urban Studies*, 30(9): pp.1485~1500.
- Gottmann, J., 1961. *Megalopolis: The urbanized northeastern seaboard of the United States*. New York, NY: Twentieth Century Fund.
- Graham, D. J., 2007. Agglomeration, productivity and transport investment. *Journal of Transport Economics and Policy*, 41(3): pp.317~343.
- Hanson, S. (Ed.), 1995. The geography of urban transportation. New York, NY: Guilford Press.
- Levinson, D. M., and Kumar, A., 1994. The rational locator: Why travel times have remained stable, *Journal of the American Planning Association*, 60(3): pp.319~332.
- Litman, T., 2003. Measuring transportation: traffic, mobility and accessibility, *Institute of Transportation Engineers. ITE Journal*, 73(10): pp.28~32.
- Ma, K. R., and Banister, D. 2007. Urban spatial change and excess commuting, *Environment and Planning A*, 39(3): pp.630~646.
- Muller, P. O., 1995. *Transportation and urban form: Stages in the spatial evolution of the American metropolis*, In: Hanson, S. (Ed.), The Geography of

Urban Transportation, 2nd ed. New York, NY: Guilford Press.
- Muth, R. F., 1969. *Cities and housing: The spatial pattern of urban residential land use*, Chicago, IL: University of Chicago Press.
- OECD., 2016. The labor market position of families–Average time travelling to and from work, OECD Family Database, http://www.oecd.org.
- Ozbay, K., Ozmen, D., and Berechman, J., 2006. Modeling and analysis of the link between accessibility and employment growth, *Journal of Transportation Engineering*, 132(5): pp.385~393.
- Spiekermann, K., Wegener, M., Kveton, V., Marada, M., Schürmann, C., Biosca, O., ... and Bielanska, D., 2015. Transport accessibility at regional/local scale and patterns in Europe. TRACC executive summary and final report, Luxembourg: ESPON.
- Tumlin, J., 2011. *Sustainable transportation planning: Tools for creating vibrant, healthy, and resilient communities*, Hoboken, NJ: John Wiley & Sons.
- UK Department for Transport, 2014, Accessibility Planning Guidance: Full Guidance. http://webarchive.nationalarchives.gov.uk/20110601230216/http://www.dft.gov.uk/print/pgr/regional/ltp/accessibility/guidance/gap/accessibilityplanningguidanc3633
- Urry, J., 2007. *Mobilities*, Cambridge, United Kingdom: Polity Press.
- Venables, A. J., 2007. Evaluating urban transport improvements: Cost–benefit analysis in the presence of agglomeration and income taxation, *Journal of Transport Economics and Policy*, 41(2): pp.173~188.
- Venter, C, 2016. *Developing a common narrative on urban accessibility: A transportation perspective*, Washington DC: The Brookings Institution.
- Weiner, E., 2016. *Urban transportation planning in the United States: History, policy, and practice*, New York, NY: Springer.
- Woo, J., Ross, C. L., and Boston, T. D., 2014. Do megaregions produce greater regional convergence or divergence? Implications for spatial planning and infrastructure investment, *Journal of Urban Planning and Development*, 141(1): 04014013.

제8장

기후변화와 지속가능한 지역 환경정책

요약문

제8장에서는 온실가스로 급변하는 기후변화 현상과 이로 인한 환경 및 생태계의 변화를 살펴보고 자연과 생태계를 보호하기 위한 국제사회의 노력들을 검토해 본다. 그리고 인간과 사회에 미치는 영향을 최소화하고 지속가능한 발전을 위한 환경관리 정책의 발전과정을 살펴본다. 다음으로 지속가능한 환경을 위한 정책의 평가를 위해 비시장재화로서 자연 및 생태계의 가치를 평가할 수 있는 방법과 정책 및 계획의 경제적 영향을 판단하는 기준에 대해 살펴본다. 마지막으로, 기후변화에 따른 불확실성을 고려하여 지역의 환경변화에 적응하기 위한 환경관리 정책의 평가와 전략 수립에 관한 실증사례를 살펴보기로 한다.

8.1 환경문제와 기후변화

1) 온실가스와 기후변화

매일 변화하는 날씨와 달리 기후는 특정 지역의 일정 기간 동안 변화하는 날씨의 평균 수준을 의미한다. 지구의 기후는 오랜 기간 태양과 지구의 상호작용에 의한 '자연적 요인' 외에 인류의 활동으로부터 발생한 '인위적 요인'들의 급격한 증가로 평균적인 상태가 최근에 눈에 띄게 변화하는 상황에 이르렀다. 이와 같이, 수십 년 또는 그 이상 계속되는 기후의 변화가 평균적인 상태와 비교하여 눈에 띄게 변화하는 것을 '기후변화'라고 일컫는다(한국건설기술연구원, 2017).

UN 기후변화협약(UNFCCC)에서는 1950년대 이후 관측된 변화가 수십 년에서 수천 년 내 전례 없는 것으로 기후가 따뜻해지고 있다고 언급하였다. 이는 기후변화를 유발하는 대표적인 온실가스 이산화탄소(CO2)의 배출량이 인구증가와 산업의 발달로 최근 들어 더 빨리 증가하고 있기 때문이다. 산업혁명(1750~2010년) 후 지난 260여 년 동안 인간 활동으로 배출된 CO_2 누적 배출량의 약 절반은 지난 40년 동안 발생하였다. 인위적인 온실가스 총 배출량은 2000년부터 2010년까지 인류 역사상 가장 많았으며, 1750년 이후 인위적인 CO_2 누적 배출량은 1970년 420기가[1]CO_2환산톤(GtCO2-eq)[2]에서 2010년 1300 GtCO_2-eq으로 세 배 증가하였다. CO_2 배출량의 증가 추세가 현재와 같이 지속되고 배출량을 제약하기 위한 추가적인 노력이 없다면, CO_2 농도는 2030년까지 450ppm을 초과하고, 2100년까지 750~1,300ppm 이상의 농도수준에 도달할 것으로 예상하고 있다(IPCC, 2014).

온실가스 배출추세가 현재 상태로 유지되는 경우(RCP 8.5[3]), 21세기 후반 연평균 기

---

1 1기가(Giga) = 10^9

2 CO_2환산량(CO_2-eq: Carbon Dioxide Equivalent)은 모든 온실가스의 양을 동일한 온난화 유발능력을 갖는 이산화탄소의 양으로 환산해서 표시한 배출량

3 IPCC 5차보고서에서 인간 활동이 대기에 미치는 복사량으로 온실가스 농도를 정하였는데, 대표적인 복사 강제력에 대해 사회-경제 시나리오는 여러 가지가 될 수 있다는 의미에서 '대표'(Representative)라는 표현을 사용하고 온실가스 배출 시나리오의 시간에 따른 변화를 강조하기 위해 '경로'(Pathway)라는 의미를 포함하였음. 대표농도경로 RCP(Representative Concentraction Pathways)는 총 4종으로 구성(RCP 2.6/RCP 4.5/RCP 6.0/RCP 8.5).

그림 8-1 1970-2010년 연간 총 인위적 온실가스(GHG) 배출량

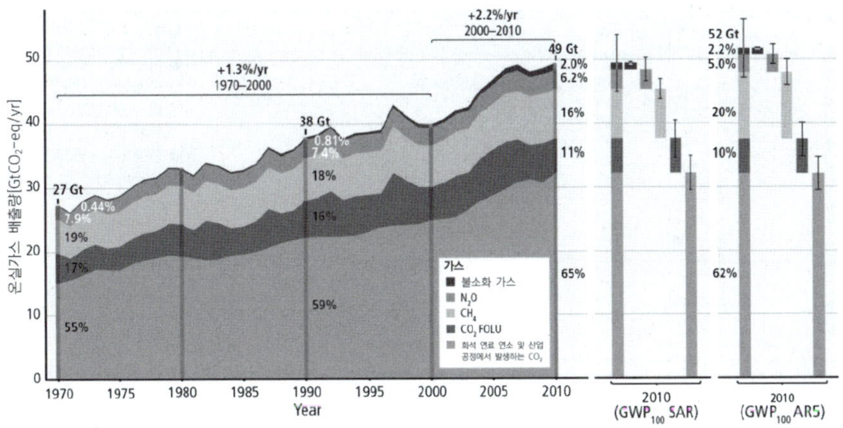

출처: IPCC(2014).

온은 현재(1981~2010)보다 5.7℃ 상승할 것으로 예측되며, 21세기 후반 평양의 기온이 현재 서귀포의 연평균 기온(16.6℃)과 유사하게 변화할 것으로 예상하고 있다. 또한, 21세기 말 남해안과 서해안 해수면은 65cm, 동해안 99cm 상승할 것으로 전망하고 있다.

2) 온난화와 생태계 변화

지구생명지수(LPI, Living Planet Index)는 다양한 척추동물들의 개체군 정보를 수집하여 시간의 추이에 따라 평균 개체군 풍부도(population abundance)의 변화를 계산하여 생물다양성의 수준을 측정하는 지표이다. 그런데 이 지표가 지구의 온난화로 1970~2012년 동안 이전보다 58% 정도 하락하였다. 현재의 추세가 계속된다면 2020년 척추동물 개체수는 1970년 대비 평균 67%까지 감소할 전망이다. 인류활동에 의한 자연자원의 부담이 과노하게 증가하여 자연자원이 훼손되고 이로 인해 인류에 대한 위험도 증가하는 악순환이 가속화되고 있는 실정이다. 인류가 1년 동안 소비하는 자연자원(식물, 동물, 공기, 물, 토양, 광물)과 그 서비스를 충족시키기 위해서 지구 1.6개가 필요한 수준에 이르렀다. UN의 발표 자료에 따르면, 향후 40년 간 필요한 식량의 총량이 지난 8,000년 동안 재배된 총량

그림 8-2 UN 인간개발지수(HID)와 생태발자국

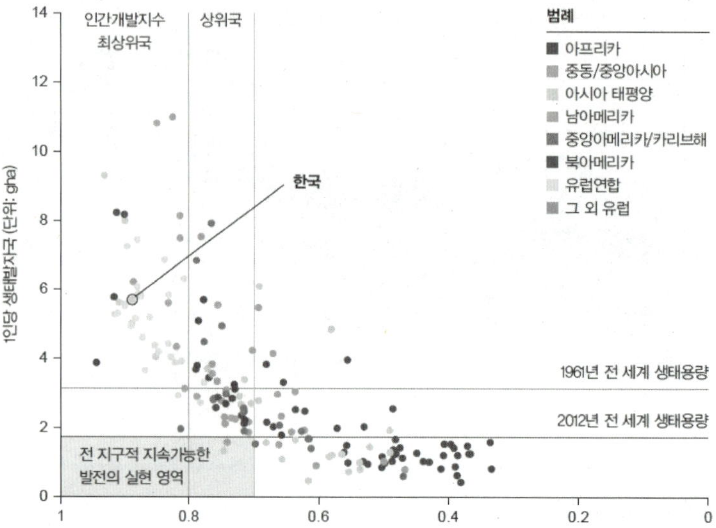

출처: WWF-Korea(2016c).

보다 많을 것으로 추정하고 있다. 즉, 자연이 가지는 여러 형태와 기능을 온전히 유지하고, 회복하기 위한 노력이 인류세(Anthropocene) 시대의 핵심과제임을 가리키고 있다(WWF-Korea, 2016a).

이를 위해 인류가 지구에 얼마나 많은 흔적을 남기는지, 자연에 얼마나 많은 영향을 미치는지 평가하기 위해 생태발자국이라는 지수를 만들어 인간활동의 본질을 다시 생각하게 하고 있다(지속가능발전포털, 2017). 여기서, 생태용량(생태 수용력)은 생태서비스 공급에 필요한, 생물학적 생산성을 가진 토지와 바다의 면적을 의미한다. 반면, 생태발자국은 인구가 소비하는 재생 가능한 자원을 생산하고 폐기물을 흡수하는 데 필요한, 생물학적 생산성을 가진 토지와 바다의 규모를 지칭하는 용어이다. 한국의 경우, 1961년부터 2012년 사이 인구규모가 세계 평균보다 낮은 속도로 증가하였지만, 1인당 생태용량은 1961년 1.3gha에서 2012년에는 0.7gha로 감소하였고 1인당 생태발자국은 1961년 0.8gha에서 2012년 5.7gha로 7배 이상 증가하였다.

생태발자국과 생태용량의 수치는 모두 글로벌 헥타르(gha)로 표시되며, 이것은 토지의 생산성이 반영되도록 물리적 헥타르(ha)를 재조정한 것을 의미한다. 해당 연도의 생물학적 생산성의 세계 평균을 구하고 이와 비교한 토지의 생산성을 감안하여 실질 면적으로 표시한 것이다. 예를 들어 농경지 1ha가 세계 평균보다 2배의 생산성을 가진다면 2gha로, 목초지가 세계 평균보다 1/2의 생산성을 가진다면 0.5gha로 표시한다. 2012년 기준으로 한국인은 1인당 평균 생태용량의 8배가 넘는 생태발자국을 각자 남기고 있다. 불과 50여 년 만에, 생태계가 재생할 수 있는 공급량과 수요의 간극이 급속도로 증가하면서 한국의 생태적자 규모는 거의 5배나 증가하였다. 인류의 총 생태용량에 대한 수요(생태발자국)는 현재 지구 공급량(생태용량)의 64%를 초과하고 있다. 아시아 태평양지역의 경우, 생태용량 수요는 현지 공급량의 150%를 초과하였다. 한국은 생태용량 수요가 국토 생태계 재생 능력의 8배를 초과하고 있다. 우리는 세계에서 14번째로 큰 생태발자국을 남기고 있는 반면, 생태용량은 세계 58위에 불과하다. 유엔인간개발지수 기준 우리나라는 최상위군의 국가에 속하나 1인당 생태발자국 기준으로는 중위권에 머물고 있다(WWF-Korea, 2016c).

한국은 생태발자국의 70%가 음식, 주거, 교통, 재화 및 서비스에 해당하며, 자본투자 및 기반시설(24%), 음식(23%), 교통(19%) 순으로 상위를 차지하고 있다. 가계소비의 최상위 세부 범주는 음식(23%)이며, 개인 교통수단(14%), 전기, 가스 및 기타연료(10%), 교통서비스(4%) 등의 순으로 가계소비 범주의 51%를 차지하고 있다(WWF-Korea, 2016c).

생태발자국을 줄이기 위한 노력의 일환으로 세계자연기금(WWF, World Wide Fund For Nature)은 국제인증제도(어업 및 자연산어류에 대한 인증,[4] 양식장 및 양식어류에 부여하는 인증,[5] 산림 및 목재와 종이제품에 부여하는 인증[6] 등)를 통해 일상에서 사용하는 제품 중 자연에 미치는 영향이 큰 주요 원자재를 위주로 생산·유통·소비하는 방식 등을 변화시키고 시장의 행동변화를 유도하고 있으며, 이를 통해 자연자원을 보전하고 지속가능한 미래에 기여할 수 있도록 노력하고 있다(WWF-Korea, 2016b). 멸종 위기종과 서식지 보전에 집중하고 인류가 자연에 가하는 영향이 돌이킬 수 없는 상황을 넘지 않도록 시장, 금융, 거버넌스 등 다양한 부분을 통해 최우선적으로 해당 이슈를 다루고 있다(WWF-Korea, 2016c).

4 세계해양책임관리회(MSC, Marine Stewardship Council)는 지속가능한 수준으로 책임있는 조업관리를 통해 미래의 어류자원 보전을 목적으로 하고 있다.

5 세계양식책임관리회(ASC, Aquaculture Stewardship Council)는 양식장이 수질과 해양생태계에 미치는 부정적 영향을 최소화하기 위해 수립하였다.

6 세계산림책임관리회(FSC, Forest Stewardship Council)는 책임 있게 관리되는 산림을 이용해 목재와 종이 생산이 이루어졌음을 증명하는 기관이다.

그림 8-3 소비범주로 나누어 본 한국의 생태발자국

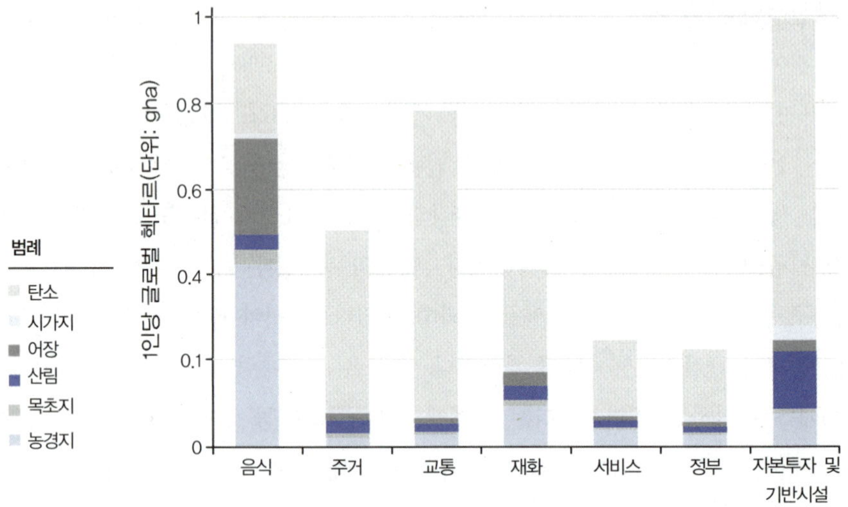

출처: WWF－Korea(2016c).

3) 생태계의 중요성과 자원화

2100년에 지구 평균 표면온도는 산업화 이전 대비 3.7~4.8℃ 증가할 것으로 예측하고 있다(IPCC, 2014). 기후변화로 인한 온도상승이 생태계에 미치는 영향은 산업화 이전 대비 1℃ 상승할 경우, 양서류 멸종, 산호 백화현상, 생물종 다양성 변화가 발생하고, 2~3℃ 상승은 생물종의 20~30%가 멸종 위기에 처하며, 3℃ 이상 상승하면 지구 생물종 대부분이 멸종 위기에 직면할 것으로 예측하고 있다(IPCC. 2007).

생물자원은 기후변화로 인류가 마주한 건강, 식량, 에너지 등과 관련한 문제들을 해결하고 국가 생존과 경쟁력 강화를 위한 중요한 자원으로 떠오르고 있다. 그동안 우리는 환경문제를 오염문제로 범위를 제한하고 환경오염의 사후처리와 사전예방 위주로만 대응하였다. 그러면서 생물자원의 보전과 이용이라는 자원관리 측면에서의 환경관리는 상대적으로 소홀하였다. 최근의 환경문제는 환경파괴를 회피하기 위한 오염억제뿐만 아니라 현

그림 8-4 생물다양성 관련 주요 국제기구 및 협약

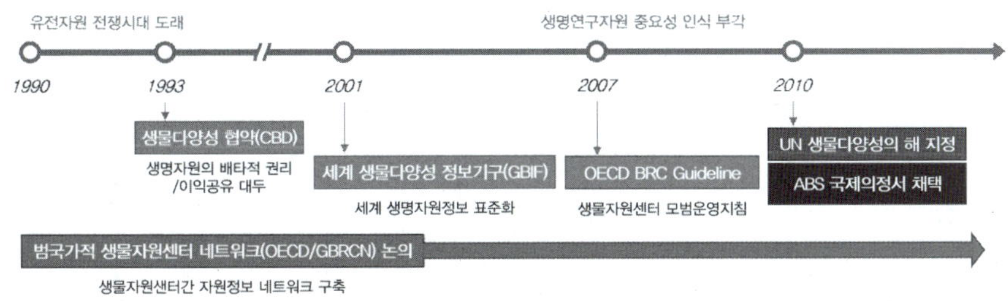

출처: 교육과학기술부 외(2011).

재 환경자원이 가지고 있는 자원으로의 역할을 보전하고 증가할 수 있도록 적극적인 자원관리 측면에서 다루어져야 한다.

무엇보다 2010년 10월 30일 나고야 제10차 생물다양성협약 당사국총회에서 '유전자원에 대한 접근과 이익 공유에 대한 의정서'(Access to genetic resources and Benefit Sharing: ABS의정서)가 체결되면서, 특정 유전자원을 활용하려면 해당 자원 보유국의 사전승인을 받아야 하며 자원이용으로 발생한 이익은 상호 합의조건에 따라 나눠야 한다. 이러하듯, 생물자원과 생물다양성의 보전은 갑작스런 환경변화로부터 충격을 완화시켜주며, 환경오염, 자원부족, 식량부족 등의 지구적 차원의 공유 문제를 해결할 수 있는 핵심자원으로 점차 부각되고 있다(문태훈, 2012).

우리나라에 가장 큰 영향을 미칠 환경 분야의 국제협약은 기후변화협약과 생물다양성협약인데 기후변화에 비교하여 생물다양성협약에 대한 관심과 대응은 저조한 상황이다. 생물다양성의 보전, 생태계 서비스의 지속가능한 이용, 인류복지의 발전을 위하여 과학자와 정책결정자간의 상호연계 필요성에 대하여 국제적 공감대가 형성되어 왔으며 이의 실현을 위하여 2012년 생물다양성과학기구(IPBES, The Intergovernmental Science-Policy Platform on Biodiversity and Ecosystem Services)가 공식 설립되었다.

IPBES는 설립목적의 달성을 위하여 과학자와 정책결정자를 연계시키는 플랫폼을 구축해 왔으며, 이를 지역과 국가의 생물다양성과 생태계서비스 평가에 개념적 분석의 틀로 활용하고 있다. 생물다양성의 보전과 생태서비스의 지속가능한 이용, 그리고 이를 통한 삶

그림 8-5 과학자-정책결정자 연계 플랫폼과 생물다양성과 생태계서비스 평가를 위한 개념적 분석틀

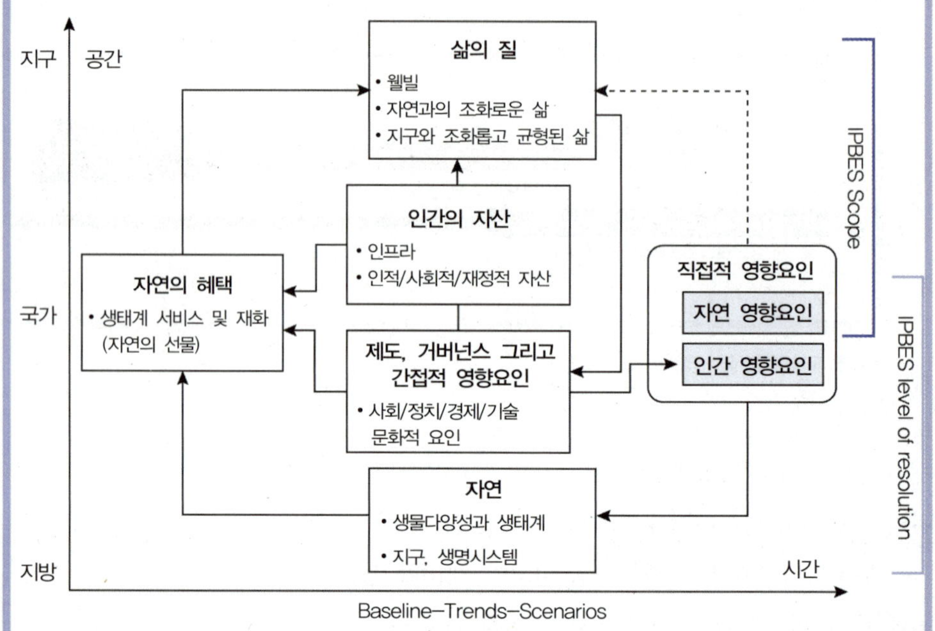

출처: IPBES(2017).

의 질 향상을 위하여 자연환경정책은 자연, 인간에 대한 자연의 혜택, 인간자산(Anthropogenic assets)[7], 제도와 거버넌스(Governance) 시스템, 직접적인 외부의 변화요인(Direct drivers), 좋은 삶의 질 등 관련 요소들과 요소들 간의 상호작용을 종합적으로 고려하여 수립, 집행하고, 이런 관점에서 개념적 분석의 틀은 생물다양성과 생태계서비스에 대한 평가를 수행하고 있다.

〈그림 8－5〉는 IPBES가 제안하고 있는 자연보전정책을 위한 분석의 개념적 틀을 나타내고 있다. 이 개념적 틀은 투명하고 광범위한 참여의 과정, 다양한 과학 분야와 이해관계자들을 망라하는 통합적 관점, 지역지식과 토착지식을 모두 포함하는 지식체계를 고려하는 특징을 가지고 있다(IPBES, 2017).

7 사회간접자본(Built－up infrastrucutre), 건강시설, 지식, 기술, 재무자산 등 인류가 만든 자산들(IPBES, 2017).

8.2 기후변화 대응 환경관리정책

일반적으로 기후변화에 대응하기 위한 조치로 크게 기후변화 완화 및 적응으로 구분할 수 있다. 최근 온실가스 배출 저감을 위한 기후변화 완화 정책에도 불구하고 향후 수십 년 이상 기후변화의 부정적 영향이 지속될 수 있다는 연구(조광우 외, 2004; 환경부, 2010; IPCC, 2014)들로 인해 기후변화 적응은 기후변화 위험 관리체계에서 장기적인 관점의 취약성에 대비하는 데 실질적으로 매우 중요한 요소로 부각되고 있다(Dipietri et al., 2013). 기후변화 적응은 기후변화 영향에 대한 피해를 최소화하기 위한 대응 능력을 높이는 것을 의미하며, UNFCCC(2011)와 IPCC(2014)를 기점으로 관련 패러다임이 급격하게 변화하고 있다(박창석 외, 2015).

IPCC(2007) 제4차 기후변화평가보고서(AR4)에서는 기후변화에 따른 물리적 영향에 대한 대응을 강조하였지만, UNFCCC(2011)가 기후변화로 인한 자연재해, 기후노출, 경제적 피해 등의 취약성을 통합적으로 판단할 수 있는 리스크의 관리와 회복, 다중 취약성에 효과적인 대응 등을 강조하였고, IPCC(2014)의 제5차 기후변화평가보고서(AR5)에서도 식량안보와 생계 및 빈곤, 인구문제, 자연자원, 경제서비스 등 기후변화 영향의 사회적 대응의 중요성을 중요하게 언급하고 있다. 즉, 기후변화 적응에 대한 세계적인 추세가 기후변화로 인한 물리적인 대응뿐만 아니라 자원관리, 인구, 경제, 사회, 문화 등 사회경제적 영향과 더불어 지역 단위의 적응을 함께 고려해야 함을 강조하고 있다(박창석 외, 2015). 기후변화에 대응하여 자연환경의 관리측면에 크게 다음과 같이 환경관리정책을 구분해 볼 수 있다.

1) 자연환경관리체계(NRM, Natural Resource Management)

자연환경관리체계(NRM)는 급격한 도시화, 산업화, 공업화로 인한 자연환경의 훼손이 생태계 파괴로 이어져 모든 생물의 생존뿐만 아니라 인간의 삶의 터전마저 크게 위협받아 제시된 관리체계를 의미한다. 공기 및 수질은 오염되고, 산림은 황폐해지며, 멸종해가는 종이 증가하면서 자연환경보존의 중요성이 주목 받기 시작하였다.

자연환경의 관리방법은 풍요롭고 조화로운 자연과 사람이 공존하고, 생태가치를 높이며, 고품질의 환경 서비스를 제공하는 데 목적을 둔다. 또한, 환경위험으로부터 자유로운 안심사회를 구현하고, 건강에 위해를 가하는 환경 요인을 획기적으로 줄이는 것과 미래 환경위험에 대한 대응 능력을 강화하는 것도 해당된다. 지역적 특성에 적합한 지속가능한 환경을 제공하여 저탄소 순환경제의 정착에 기여하며 지구환경보전에 선도하는 것이 자연환경관리의 정책적 방향이다. 이를 위해 환경권 실현을 위한 정책기반을 조성하고 환경권 보장체계를 구축하여 쌍방향 환경정보에 기반을 둔 첨단 환경 거버넌스를 구현하기 위한 모든 일련의 활동을 뜻한다.

이와 같은 목적을 달성하기 위해 상호 경쟁하고 책임강화를 통한 환경가치를 제고하기 위해 다양한 수단을 발굴한다. 자연자원에 대하여 책임을 가지고 모니터링 하는 체계, 대규모 개발 사업이나 중요한 정책 프로그램을 시행하는 과정에서 나타날 수 있는 생태계의 영향을 예측·분석(예, 환경영향평가)하여 이를 최소화하는 방안을 강구하는 것 등이 대표적인 예이다.

자연자원의 관리와 이용의 방식에는 통합형 환경관리(INRM, Integrated Natural Resource Management), 적응형 환경관리(ANRM, Adaptive Natural Resource Management), 지역공동체 참여기반 환경관리(CBNRM, Community Based Natural Resource Management)로 구분해 볼 수 있다. 이와 같은 자연자원관리방법을 대표적으로 활용하는 사례로 국제 환경 및 개발연구소(IIED, International Institute for Environment and Development), 호주의 지속가능한 농업프로그램, 미국의 USAID(United States Agency International Development) 등을 꼽을 수 있다.

IIED는 천연자원의 공평하고 지속가능한 이용을 위한 용량과 현명한 의사결정을 구축하기 위해 국제적으로 노력하고 있는 국제정책연구소이자 비정부 기구의 성격을 띠고 있는 조직이다. 호주 지속가능한 농업프로그램은 자연환경보전을 통하여 관광으로부터 이윤을 창출하는 정책으로 자연자원의 지속가능한 활용을 통하여 농업 및 광업으로부터 이익을 만들어내고 있다. 자연자원보전을 통하여 다양한 이윤을 창출하는 전략의 대표적인 사례로 들 수 있다. 미국 USAID는 지속가능발전을 위한 토대 유역 및 수생생태계 서비스 유지와 같은 물 관련 자연자원관리에 초점을 두는 대표적인 예이다.

2) 통합형 환경관리(INRM Integrated Natural Resource Management)

통합형 환경관리(INRM)는 지속가능한 토지이용, 참여 계획, 통합 유역 관리 및 적응 관리와 같은 다양한 분야에서의 융합연구를 통해 최근까지 발전되어 온 관리체계이다. 천연자원보전 및 활용에 있어 가능한 모든 이해관계자들을 통합하여 미래에 발생 가능한 갈등을 줄이고자 등장한 개념이며, 천연자원관리에서 광범위하고 효과적으로 사용되고 있다. 생산자 및 다른 직접적인 사용자의 생산 목표를 달성하고, '빈곤퇴치, 미래세대의 복지, 환경보전'과 같은 목표를 충족하도록 자연자원활용의 다양한 측면을 고려하여 천연자원을 체계적으로 관리하는 프로세스를 갖춘다. 이 과정에서 지속가능성에 초점을 두고 혁신적인 제도적 구조를 수반하는 형태이다.

3) 적응형 환경관리(ANRM, Adaptive Natural Resource Management)

적응형 천연자원관리(ANRM)는 개발로 인해 중요한 생태환경 및 천연자원을 상실하고 있는 환경위기를 극복하기 위해 만들어졌다. 생태환경을 활용하는 지속가능한 개발을 위한 환경계획의 일환으로 관리시스템이 등장하였으며, 천연자원을 포함하는 지역에 있는 다양한 의사결정자들과 참여자들 간의 공통된 목적의 달성을 추구한다. 이를 위해 정보교

그림 8-6 적응형 천연자원관리 프로세스

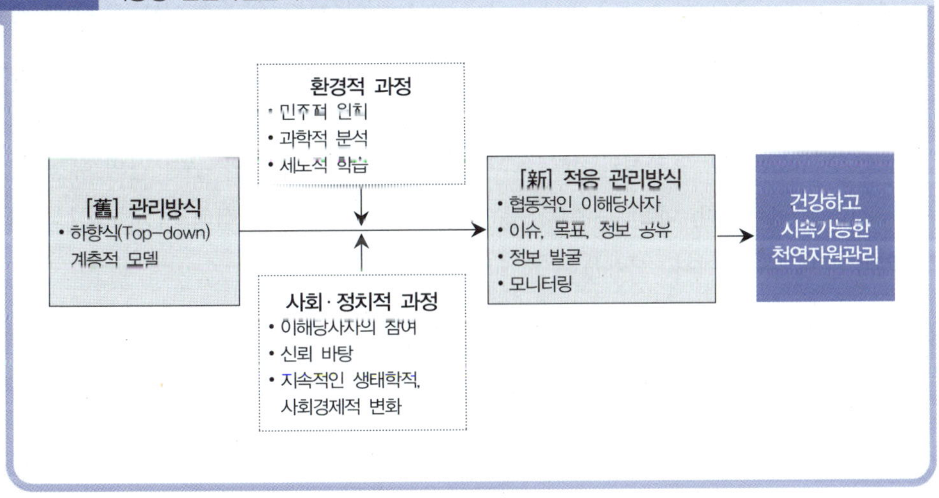

류와 협력, 지속적인 생태환경 보존을 위한 주민들의 모니터링, 인접지역 주민과의 의사소통을 통한 공감대 형성 등이 중요시된다.

4) 지역공동체 참여기반 환경관리(CBNRM, Community Based Natural Resource Management)

지역공동체 참여기반 환경관리(CBNRM)는 생태주기, 수문 순환, 기후, 동물, 식물, 지리 등의 천연자원에 대한 관리 문제를 해결하기 위해 발생하였다. 세계보전연맹(IUCN, International Union for Conservation of Nature)에서는 지역사회 요구에 보다 많은 관심을 기울일 수 있는 환경관리 시스템을 촉구하고 있다. CBNRM은 둘 또는 그 이상의 관련된 사회 이해관계자들이 관리 기능, 편익 및 특정 영역, 지역 및 자연자원에 대한 책임을 협력 · 협상 · 동의하고, 평등한 공유를 보장하고 이행하는 동반 관계를 구축하는 데 이용한다(Borrini, et al., 2004). 다양한 갈등이해, 정책결정에 영향력을 행사하려는 이해관계자들과 정책결정 과정의 내 · 외부 기관 등이 CBNRM의 주요 단위가 된다. 활성화된 주민참여와 공공의 지지가 CBNRM의 주요 요소이다.

5) 통합자원관리를 통한 물 · 에너지 · 식량 넥서스(Nexus)

환경자원관리와 관련하여 1980년대에 UN대학의 프로젝트(식품－에너지 넥서스 프로그램)에서 처음 도입된 관리 시스템이다. 물, 에너지 및 식량 안보를 위한 지속가능성을 촉진하고 녹색 경제로의 전환 노력으로 시작되었으며, 물, 에너지 및 식량 안전 넥서스에 관한 Bonn 2011 회의에서 국제 학계와 정책 분야의 주목을 받았다. 환경자원관리에 대한 자원 및 자원의 상호 연관성과 상호 의존성, 그리고 공간 규모와 구획 간의 유동 및 유동을 조사하는 개념이다. 개별 구성요소를 보는 대신 복잡한 시스템의 기능, 생산성 및 관리를 고려하고 물, 에너지, 식량을 주요 고려요소로 구성된다.

8.3 지속가능한 환경을 위한 정책의 평가

기후변화의 심각성에 대한 국제사회의 인지가 높아짐에 따라 전 세계는 기후변화 영향에 대한 대응책 및 대응전략을 마련하기 위해 노력하고 있다. 앞 절의 환경관리정책에서도 언급하였듯이 기후변화 대응정책 및 전략에 대한 노력은 초기에는 '완화'(mitigation)에 집중되어 있었으나 최근에는 '적응'(adaptation)에 대한 중용성이 강조되고 있다. 기후변화 완화 정책은 온실가스 감축 정책을 통해 기후변화의 속도를 줄이거나 방향을 바꾸기 위한 목적을 가지는 데 반해, 기후변화 적응이란 기후변화 환경 내에서 피하기 어려운 피해를 최소화하고, 맞이한 피해를 가역적으로 기회로 활용하는 것을 극대화하는 것이라고 할 수 있다. 기후변화 적응정책의 경우 그 성격상 미시적이고 상향식 접근을 이용한 연구에 대한 필요성이 높다. 기존에 기후변화 적응정책에 대한 연구는 기후변화 적응 현안 분석이나 적응 역량 평가를 위한 지표 개발에 대한 연구가 이루어졌고, 이와 같은 연구들은 하향식(Top-down) 접근을 이용한 연구들이 많았다(Frankhauser et al., 1999; Haddad, 2005; Hallegatte, 2009; Pyke et al., 2012; 박창석 외, 2015; 신임철 외, 2004; 이정호, 2010; 한화진 외, 2005).

그런데 Dupuis & Biesbroek(2013)은 이전의 기후변화 적응정책 관련 연구들을 비교하며 보다 세밀한 적응정책이 필요하다고 주장하였다. 미시적이고 상향식 접근을 이용한 연구는 기후변화에 대한 영향을 받는 지역(local)이 취할 수 있는 구체적인 적응전략을 제공하는 데 용이하다. 박창석 외(2015)는 기존의 기후변화 적응전략 관련 연구들이 채용한 하향식 접근(Top-down) 선택이 거시적인 정책 방향을 설정하는 데 있어서는 유용할 수 있으나, 지역의 구체적인 적응전략을 제시하는 데는 한계가 있을 수 있음을 지적하기도 하였다. 고재경 외(2008)에서도 기후변화 적응전략을 논할 때 지역적 특성을 고려한 지역 중심의 상향식 접근이 중요하다고 지적하였다.

기후변화에 대응하기 위한 다양한 부문에서 기후변화의 잠재적 영향을 평가하고 이에 대한 적응정책 또는 전략을 제시하는 연구가 이루어졌다. 농업부문의 경우 Ababaei et al.(2014)가 이란의 농업부문 기후변화 잠재적 영향을 평가하기 위한 계획 지원 시스템을 개발하고 적응전략의 방향을 제시하였고, 리스크 관리와 관련하여 Bhave et al.(2014)에서는 인도의 Kangsabati강 수역을 중심으로 강우 유출에 적응하기 위한 3가지 유형의 적응전략을 비교 검증하여 기후변화 적응 계획에 시사점을 제시하였다. 유가영 외(2008)는 전라도의 벼 생산과 관련하여 농업용수 수요량과 공급량을 분석하여 기후변화 적응 능력을 비교하고, 농업용수 수요량을 위한 지표를 개발하였다. 정건회 외(2011)는 한강수계의 5개 댐의 유입량에 따른 방류량과 저류량의 변화를 퍼지 추론시스템을 통해 분석하기도 하였다.

기후변화 적응정책의 효과를 평가하기 위해서는 먼저 정책의 효과에 따른 자연자원의 가치를 평가하는 방법과 정책의 비용과 편익을 판단하는 경제성 분석으로 구분해 볼 수 있다.

1) 환경자원의 가치평가방법

기후변화 적응정책의 시행에 따라 자연자원이 관리됨으로써 보존이나 개선 등의 변화가 가지는 직접적인 편익을 추정하는 과정이다. 자연자원은 비시장재화로 시장수요곡선이 아닌 가상적 수요곡선을 추정하여 편익을 측정하며, 측정 방법에 따라 간접적인 방법과 직접적인 방법으로 구분할 수 있다. 현시선호방식(Revealed Preference)은 소비자들이 재화 구매를 통해 나타나는 선호행위를 바탕으로 특정 자원의 가치를 산출하는 방법이며, 헤도닉가격기법(HPM, Hedonic Price Method), 여행비용법(TCM, Travel Cost Method) 등이 있다. 진술선호방식(Stated Preference)은 소비자들과의 직접 면담이나 설문조사 등을 통해 자원에 대한 가치를 평가하도록 하여 산출하는 방법이며, 조건부가치측정법(CVM, Contingent Valuation Method), 결합선택법(CA, Conjoint Analysis) 등이 대표적이다.

헤도닉가격기법(HPM)은 명시적 시장이 없으므로 주택이나 노동(직업)과 같은 대체시장(surrogate market)을 이용하여 간접적으로 자원에 대한 가치를 측정하는 방법이다. 자연자원의 질 변화가 지가에 반영되고 지가는 완전경쟁 하에서 시장균형가격을 형성한다는 가정에 바탕을 둔 방법이다. 여행비용법은 교통비, 숙박비, 입장료 및 여행기간동안 상실한 기회비용으로 자연자원의 가치를 평가한다. Clawson에 의해 소개된 방법으로 가계의 생산함수에 기초하여 자연 관광자원이 제공하는 편익의 크기를 추정하며, 단일 방문(single-site) 및 다중 방문(multi-site) 여행비용 모형이 있다. 어느 특정시설을 방문하기

그림 8-7 환경자원의 직접적 편익산출 방법의 구분

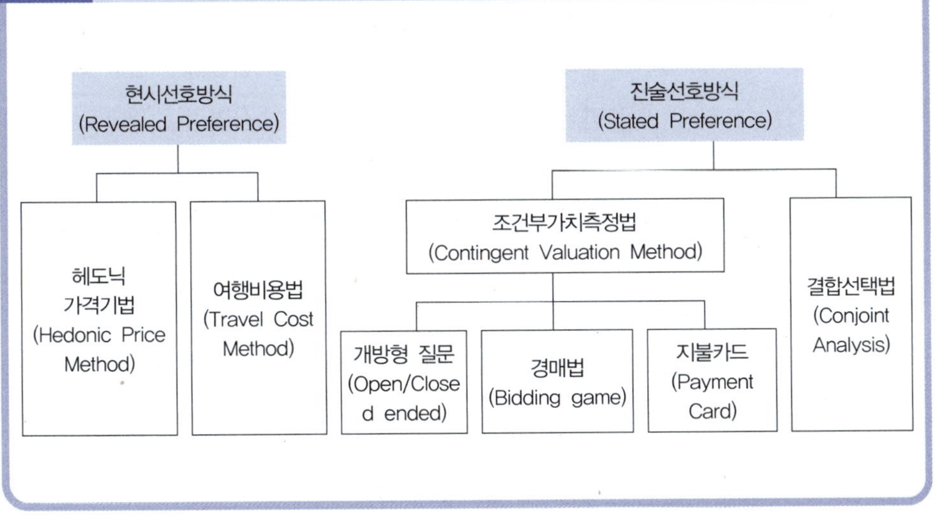

위해 사람들이 사용하는 여행경비는 시설에 대한 사람들의 평가를 반영한다는 가정을 통해 평가한다. 여행자들이 지불한 여행비용과 시간을 관찰함으로써 방문객의 목적지에서의 자연자원에 대한 수요곡선을 추정하고, 이로부터 자연자원에 대한 한계지불의사곡선을 유도하여 가치를 평가한다.

조건부가치측정법(CVM)은 시장의 행위에 반영되지 않는 자연자원의 비사용가치에 대하여 설문조사를 통하여 그 해당가치의 지불의사액(WTP, Willingness to Pay)을 측정하는 기법이다. 응답자는 해당 자연자원의 제공에 관련된 가상적 질문에 가상적 선택을 하고, 그 선택은 조건부가치측정모형에 의해 분석된다. 지불의사액은 시장데이터에 의해 직접적으로 관측되지는 않지만, 간접적으로 추정은 가능하다.

결합선택법(CA)은 다중 속성(attribute)들로 구성된 결합물(combination)들과 응답자의 지불의사액 간의 상충관계를 동시에 추정하는 방법이다. 특정 정책 또는 자연자원이 갖고 있는 여러 가지 특성을 소비자에게 제시하고, 소비자가 갖고 있는 선호도의 크기를 조사하고 소비자의 효용함수를 추정한다. 설문조사를 통해 생태가치와 같은 비시장재에 대한 평가가 가능하다. CVM과 같은 순서로 프로파일카드를 이용하여 조사하며, 소비자의 선호를 조사하는 방법에 따라 조건부선택법, 조건부 순위 결정법, 조건부 등급 결정법 등의 세 가지로 구분된다.

2) 환경정책의 경제적 영향

기후변화 적응정책의 경제적 타당성은 비용편익분석(BCA, Benefit-Cost Analysis)을 활용하여 분석할 수 있다. 비용편익분석은 정책결정을 위한 의사결정 수단으로서의 역할을 제공하며 정책의 경제성을 파악하는 과정이다. 비용은 기후변화 적응정책을 시행하는 데에 발생하는 비용을 뜻하고, 편익은 기후변화 적응정책을 시행함으로서 보존되거나 복원되는 자연자원의 가치를 뜻한다. 비용편익분석에 관련된 방법은 편익비용비율, 순현재가치, 내부수익률이 있다. 편익비용비율(B/C, Benefit Cost Ratio)은 총 편익과 총 비용의 할인된 금액의 비율, 즉 장래에 발생될 비용과 편익을 현재가치로 환산하여 편익의 현재가치를 비용의 현재가치로 나눈 것이며, 일반적으로 B/C가 1 이상이면 경제성이 있다고 판단한다.

$$B/C = \sum_{t=0}^{n} \frac{B_t}{(1+r)^t} / \sum_{t=0}^{n} \frac{C_t}{(1+r)^t}$$

여기서, B_t는 t시점의 편익, C_t는 t시점의 비용, r은 할인율, n은 정책의 내구년도(분석기간)를 의미한다.

순현재가치(NPV, Net Present Value)는 정책에 수반된 모든 비용과 편익을 기준년도의 현재가치로 할인하여 총 편익에서 총 비용을 뺀 값으로, 0 이상이면 경제성이 있다고 해석한다.

$$NPV = \sum_{t=0}^{n} \frac{B_t}{(1+r)^t} - \sum_{t=0}^{n} \frac{C_t}{(1+r)^t}$$

내부수익률(IRR, Internal Rate of Return)은 편익과 비용의 현재가치로 환산된 값이 같아지는 할인율을 구하는 방법으로 해당할인율에서는 사업의 시행으로 인한 순현재가치가 0이 되는데, 내부수익률이 사회적 할인율보다 클 경우 경제성이 있다고 판단한다.

$$IRR = \sum_{t=0}^{n} \frac{B_t}{(1+r)^t} = \sum_{t=0}^{n} \frac{C_t}{(1+r)^t}$$

8.4 불확실성을 고려한 적응전략 사례

기후변화의 불확실성을 다루기 위해서는 적응을 측정하는 전략에 있어 유연성 있는 적응전략을 마련해야 한다. 빠른 대응과 기후영향에 대한 경고 시스템은 모든 기후 동인에 있어서 사회적 이익을 주는 적응전략이 될 수 있다. 하지만, 이와 같은 유연성이 동반되는 관리체계는 비용이 수반된다. 따라서 특정한 경우에는 대응정책이 실행 불가능한 전략이 될 수도 있다. 따라서 의사결정 모형을 통하여 적응전략을 연속적으로 연결해 대응전략을 수립하는 것이 하나의 방법이 될 수 있다.

1) 의사결정 경로맵 접근방식

기후변화 적응전략을 더욱 공고히 하기 위해 영국은 의사결정 모형을 통해서 적응전략을 수립하도록 'Thames Estuary 2100 Project(TE2100)'을 수립하고 있다. TE2100은 향후 100년 동안 템즈(Thames)강이 어떻게 기후변화에 적응할 수 있을지에 대한 정책적 내용을 다루고 있다. 이 사업은 2030년을 목표로 적응전략을 수립하고 있지만 장기적으로 2100년에 이르기까지 변화할 수 있는 기후조건에 따라 시스템을 어떻게 변경해야 할지에 관한 적응전략을 연구하고 있다. 다르게 말하면, 기후변화에 대한 불확실성뿐만 아니라 개발 계획 및 정책에 대한 불확실성 또한 고려해야 할 필요가 있다.

전통적으로 계획이나 정책을 평가함에 있어 과학적인 부분(Science-first)이 먼저 고려되었으나 현재 상황 및 맥락(context-first)을 고려하는 방법이 오늘날 기대되고 불확실한 기후변화의 적응전략의 문제점을 해결하는 데 좀 더 효율적인 방법으로 사용되고 있다. 현재 상황과 맥락을 고려하기 위해서는 특정한 부분에 집중하기 보다는 광범위하고 포괄적인 정책을 필요로 한다. 이를 위해서 먼저 현재 처한 문제점을 구조화할 필요가 있다. 현재 직면한 기후변화에 대한 취약성의 이해와 미래에 발생한 민감한 문제들을 목록화하고 이들 문제가 발생할 임계치에 대한 평가가 필요하다. 또한 이들 문제에 대한 적응전략의 적용 가능성에 대한 확인하고 개별 문제들이 복합적으로 상호작용할 수 있는지에 대한

그림 8-8 수위 변화에 따른 정책 옵션

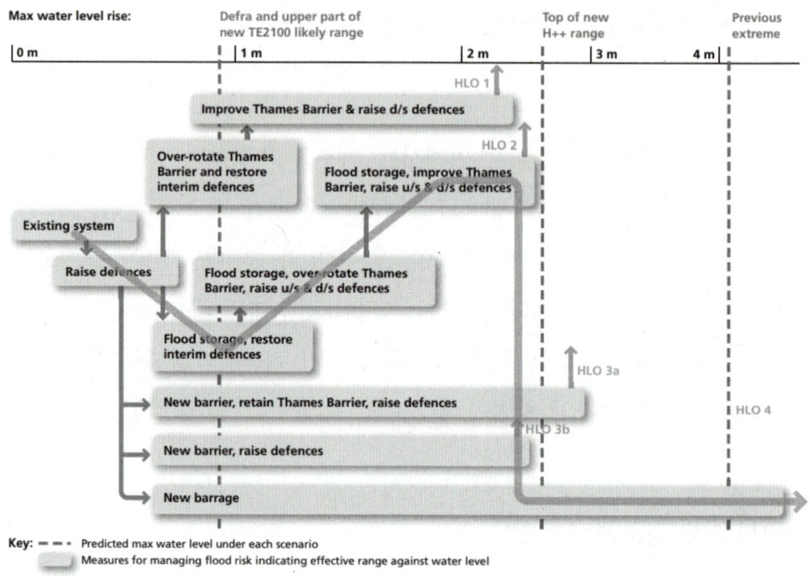

출처: Ranger et al. (2013).

검토들이 선행되어야 한다. 이와 같이 구조화된 문제와 상황들을 확률적으로 발생 가능성이 높은 변화에 대해 비용과 편익을 분석한다. 그리고 미래의 변화에 따른 발생 가능성의 변화를 계속적으로 모니터링하고 변화된 해결방안을 구조화하고 경로화하여 맵을 작성한다.

TE2100에서는 적응전략을 더욱 강하게 만들기 위해 의사결정의 경로맵(Root map)을 만들어 기후변화 적응에 활용하고 있다. 이는 의사결정자가 다양한 대안을 설정하여 상황 변화에 더욱 유동성 있는 접근을 할 수 있도록 하고 있다. 다양한 옵션에 따라 전략의 영향을 확인할 수 있도록 만들어졌다. 즉, 기후변화에 따른 템즈(Thames)강의 수심이 변했을 때를 고려할 수 있도록 디자인되었다. 적응 경로를 만드는 것은 옵션의 유동성을 줄 뿐만 아니라 다양한 옵션을 선택 가능하도록 해주며 상대적으로 빠른 의사결정을 지원해 줄 수 있다. 하지만 이와 같은 방법은 전반적으로 큰 비용을 야기할 수 있다.

그럼에도 의사결정 경로맵 방법은 시스템의 불확실성 측면에서 매우 유용한 평가 방

그림 8-9 불확실한 미래를 고려한 의사결정의 다이어그램

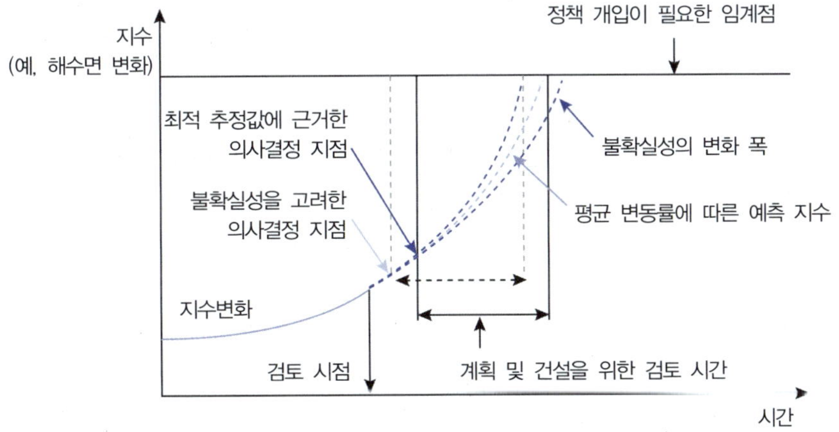

출처: Ranger et al. (2013).

법으로 인식되고 있다. 상대적으로 관련 정보가 빈약하거나 수집이 어려운 개발도상국에서 적응전략의 불확실성을 회피할 수 있는 매우 용이한 방법이다. 의사결정 경로맵 방식의 접근은 긴급계획 또는 기후변화에 대응하는 회복탄력성을 높여주는 개발과 정책에 좋은 방법이 될 수 있다.

2) 능동형 적응정책 경로분석

불확실성을 고려한 적응 계획의 방법에는 적응정책(Adaptive policy) 방법과 적응경로(Adaptation pathways) 방법으로 구분할 수 있으며, 적응정책(Adaptive policy) 방법은 가정에 기반한 계획을 토대로 미래의 명확한 개발 목표를 대상으로 분석이 이루어지며 목표에 도달하기 위한 계획과 실행을 통해 목표를 실현해 나간다. 또한, 계획대비 실행의 목표달성도를 바탕으로 추가적인 실행여부를 통해 계획을 수정해 간다. 적응경로(Adaptation pathways)는 선 계획을 통해 임계점(tipping point)을 넘어서면 다시 계획을 수정하는 형태의 전략 수립방법으로 앞서 설명한 의사결정 경로맵 방식을 일컫는다. 이 둘을 결합한 능

그림 8-10 능동형 적응정책 경로 접근법

출처: Haasnoot et al. (2013).

동형 적응정책 경로분석(dynamic adaptive policy pathway)법은 새로운 기후변화 적응전략의 해결방안이 될 수 있다. 이 방법은 불확실성을 내재하고 있는 시나리오의 불안정성을 줄이기 위해 관련 데이터와 모형을 적용하여 단점을 보완한다.

문제의 해결을 위해 먼저 현재의 상태를 파악한다. 다음은 문제를 분석하는 단계로 현재의 상황과 미래의 발생 가능한 상황을 비교하고 목표를 명확히 설정한다. 그리고 가능한 조치(action)를 파악하고 이들 조치의 조합과 각 조합들을 평가한다. 이때 취약성과 기회가 잘 파악이 되었는지 다시 검토할 필요가 있다. 이렇게 생성된 조치의 조합을 통해 경로(pathway)를 구축하게 된다. 이 단계에서 기회와 취약성에 대한 재평가가 용이해지고 문제가 발생하면 이전단계로 돌아가 추가적인 조치를 확인할 수 있다. 이 과정을 통해 기후변화에 대응 가능한 경로를 구축하고 연속적인 계획을 통해 다양한 경로를 생성하여 적응전략을 더욱 견고하게 하고 일련의 단계들을 능동형 적응정책계획으로 수립하게 된다.

네덜란드는 이 방법을 통해 라인강 삼각주(Rhine Delta) 지역의 물관리 시스템 적응정책을 수립하고 있다. 계획의 목표는 향후 100년 동안 홍수가 발생하지 않고 물 부족 현상이 현재와 비슷한 수준에서 충분한 물을 확보하는 것이다. 두 곳의 저류지(IJsselmeer,

그림 8-11 IJsselmeer 지역의 담수 공급을 위한 적응 경로지도

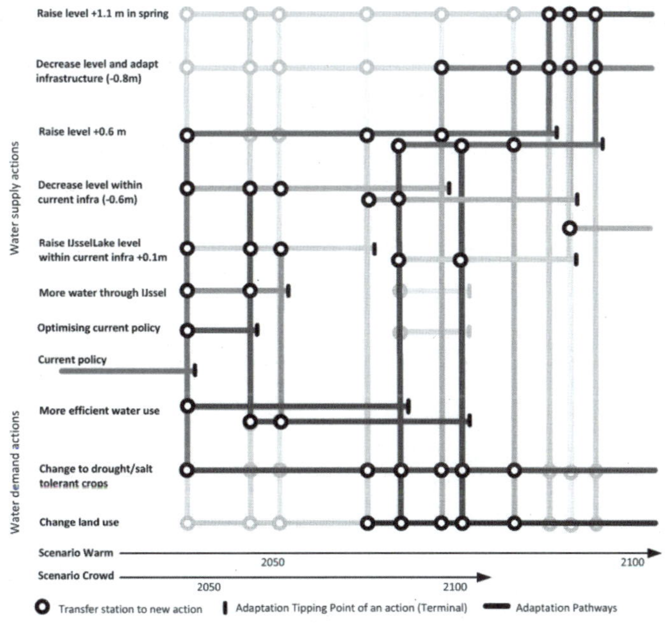

출처: Haasnoot et al. (2013).

Markermeer)는 건기에 네덜란드의 중요한 수원으로 배관과 수로가 잘 조성되어 있음에도 불구하고 물이 부족한 상황이 발생한다. 네덜란드는 목표 달성에 있어 물과 관련하여 기후변화 및 사회경제적 영향을 고려한 4개의 시나리오를 구축하고 있다. 물부족 현상을 해결하기 위해 현재 기반시설을 유지하고 효율적인 물 사용정책을 펼치는 방법과 기반시설을 바꾸는 방법 두 가지를 고려하여 볼 때, 효율성, 기회, 취약성을 평가하여 의사결정에 따른 경로를 도출한다. 각각의 경로에서는 문제해결에 대한 지속적인 조치들이 구체화되고 개별 조치에 대한 적응 계획도 구체화하여 도식화하면 다음 그림과 같이 나타낼 수 있다.

8.5 요약 및 결론

본 장에서는 기후변화와 환경영향, 그리고 적응정책에 대한 평가 방법에 대해 살펴보았다.

기후변화에 대응하기 위해 오랫동안 온실가스 배출 저감을 위한 기후변화 완화 정책에도 불구하고 배출량 증가 추세가 멈추지 않고, 향후 수십 년 이상 기후변화 영향이 지속될 수 있음을 경고하고 있다. 이제는 기후변화에 적응할 수 있는 정책으로의 전환이 강조되고 있다.

기후변화 완화 정책은 온실가스 감축 정책을 통해 기후변화의 속도를 줄이거나 방향을 바꾸기 위한 목적을 가지는 데 반해, 기후변화 적응이란 피할 수 없는 기후변화 환경에서 발생 가능한 피해를 최소화하고, 역으로 기회로 활용할 수 있는 부분을 극대화하는 것이라고 할 수 있다. 기후변화 적응정책의 경우 그 성격상 미시적이고 상향식 접근을 이용한 연구에 대한 필요성이 높다. 미시적이고 상향식 접근을 이용한 연구는 기후변화에 대한 영향을 받는 지역(local)이 취할 수 있는 구체적인 적응전략을 제공하는 데 용이하다. 하향식 접근(Top-down) 전략이 거시적인 정책 방향을 설정하는 데 있어서는 유용할 수 있으나, 지역의 구체적인 적응전략을 제시하는 데는 한계가 있을 수 있다. 기후변화 적응에 관해서는 상대적으로 지역의 역할과 상향식 접근이 강조될 필요가 있다.

기후변화의 불확실성을 다루기 위해서는 적응을 측정하는 전략에 있어 유연성 있는 적응전략을 마련해야 한다. 빠른 대응과 기후영향에 대한 경고 시스템은 모든 기후 동인에 있어서 사회적 이익을 주는 적응전략이 될 수 있다. 하지만, 이와 같은 유연성이 동반되는 관리체계는 비용이 수반된다. 따라서 특정한 경우에는 대응정책이 실행 불가능한 전략이 될 수도 있다. 본 장에서는 의사결정 모형을 통하여 적응전략을 연속적으로 연결해 대응전략을 수립하는 의사결정 경로맵의 두 가지 사례를 살펴보았다.

참고문헌

- 고재경, 최충익, 김희선. 2008. 기후변화에 대한 지방자치단체의 적응방안 연구. 경기개발연구원.
- 교육과학기술부, 농림수산식품부, 지식경제부, 보건복지부, 환경부, 국토해양부, 농촌진흥청, 산림청, 식품의약품안전청. 2011. 생명연구자원관리기본계획('11~'20).
- 문태훈. 2012. 생물자원산업 육성을 위한 정책발전 방향. 자연자원의 보전과 현명한 이용에 관한 세미나, 2012.09: pp.136~156.
- 박창석, 이정호, 강영은, 안윤정, 박지영, 손민수. 2015. 기후변화 적응을 고려한 지역자원 관리 방안(Ⅰ). 한국환경정책 · 평가연구원.
- 신임철, 권원태, 부경온, 백희정, 이은정. 2004. 기후변화 취약성 및 영향 평가와 적응체계 구축을 위한 기반분석. 기후변화협약 제3차 대한민국 국가보고서 작성을 위한 기반구축 연구 (제1차년도), 에너지경제연구원.
- 유가영, 김진택, 김정은. 2008. 농업용수의 기후변화 적응능력 지표 개발-가뭄에 대한 적응을 중심으로. 환경정책연구, 7(4): pp.35~55.
- 이정호. 2010. 지자체 기후변화 적응능력 평가를 위한 지표체계 개발 및 시범적용. 한국환경정책·평가연구원
- 정건희, 전면호, 김형수, 김태웅. 2011. 기후변화를 고려한 한강유역 저수지의 적응능력 평가. 대한토목학회논문집 B, 31(5A): pp.439~447.
- 지속가능발전포털. 2017. 생태발자국. http://ncsd.go.kr/app/sub03/36.do (2017.11.12.)
- 한국건설기술연구원. 2017. Climate Technology.
- 한희진, 안수은, 최은진, 한기주, 이정택, 김해동, 손요환, 박용하, 조광우, 윤정호, 이은애, 김승만. 2005. 기후변화 영향평가 및 적응시스템 구축Ⅰ. 한국환경·정책평가연구원.

- Ababaei, B., Sohrabi, T., & Mirzaei, F., 2014. Development and application of a planning support system to assess strategies related to land and water resources for adaptation to climate change, *Climate Risk Management*, 6:

pp.39~50.

- Bhave, A. G., Mishra, A., and Raghuwanshi, N. S., 2014. A combined bottom-up and top-down approach for assessment of climate change adaptation options, *Journal of hydrology*, 518: pp.150~161.
- Borrini, G., Kothari, A., and Oviedo, G., 2004. Indigenous and local communities and protected areas: Towards equity and enhanced conservation, *Guidance on policy and practice for co-managed protected areas and community conserved areas*, No. 11. IUCN.
- Depietri, Y., Welle, T., and Renaud, F.G., 2013. Social vulnerability assessment of the Cologne urban area(Germany) to heat waves: links to ecosystem services, *International Journal of Disaster Risk Reduction*, 6: pp.98~117.
- Dupuis, J., and Biesbroek, R., 2013. Comparing apples and oranges: The dependent variable problem in comparing and evaluating climate change adaptation policies. *Global Environment Change*, 23(6): pp.1476~1487.
- Fankhauser, S., Smith, J. B., and Tol, R. S., 1999. Weathering climate change: some simple rules to guide adaptation decisions, *Ecological economics*, 30(1): pp.67~78.
- Haasnoot, M., Kwakkel, J.H., Walker, W.E., and Maat, J., 2013. Dynamic adaptive policy pathways: A method for crafting robust decisions for a deeply uncertain world, *In Global Environmental Change*, 23(2): pp.485~498.
- Haddad, B. M., 2005. Ranking the adaptive capacity of nations to climate change when socio-political goals are explicit, *Global Environmental Change*, 15(2): pp.165~176.
- Hallegatte, S., 2009. Strategies to adapt to an uncertain climate change, *Global environmental change*, 19(2): pp.240~247.
- IPBES, 2017. *Decision IPBES-2/4: Conceptural framework for the Intergovernmental Science-Policy Platform on Biodiversity and Ecosystem Services.*
- IPCC, 2007. *Climate Change 2007: Impacts, Adaptation and Vulnerability. Contribution of Working Group II to the Fourth Assessment Report of the Intergovernmental Panel on Climate Change*, M.L. Parry, O.F. Canziani, J.P. Palutikof, P.J. van der Linden and C.E. Hanson, Eds., Cambridge University Press, Cambridge, UK.
- IPCC, 2014. *Climate Change 2014: Synthesis Report. Contribution of Working Groups I, II and III to the Fifth Assessment Report of the Intergovernmental*

Panel on Climate Change [Core Writing Team, R.K. Pachauri and L.A. Meyer (eds.)]. IPCC, Geneva, Switzerland.

- Pyke, C. R., McMahon, S., Larsen, L., Rajkovich, N. B., and Rohloff, A., 2012. Development and analysis of Climate Sensitivity and Climate Adaptation opportunities indices for buildings, *Building and Environment*, 55: pp.141~149.
- Ranger, N., Reeder, T., and Lowe, J., 2013. Addressing 'deep'uncertainty over long-term climate in major infrastructure projects: four innovations of the Thames Estuary 2100 Project. *EURO Journal on Decision Processes*, 1(3-4): pp.233~262.
- UNDP, 2004. *Reducing Disaster Risk: A Challenge for Development.*
- UNFCCC, 2009. *Climate Change Adaptation strategies for local impact.*
- UNFCCC, 2011. *Framework Convention on Climate Change*
- WWF-Korea, 2016a. 지구생명보고서 2016 요약본.
- WWF-Korea, 2016b. 지속가능한 미래를 위한 인증제도.
- WWF-Korea, 2016c. 한국생태발자국보고서 2016.

제9장

지역사회정책

요약문

제9장에서는 지역사회정책의 변화과정과 최근 논의되고 있는 사회적 경제 패러다임에서의 지역사회 및 공동체에 대한 이론과 정책을 살펴본다. 지역사회정책은 지역사회와 공동체, 지역사회복지 등을 포괄하는 광범위한 영역을 포함한다. 본 장에서는 최근 논의되는 사회적 경제와 지역사회정책에 대한 이론과 우리나라에서 정책 도입의 과정, 그리고 한 도시에서 지역사회와 공동체 중심의 지역사회정책이 나타나고 있는 일본 미타카시의 사례를 살펴본다.

9.1 지역사회정책의 개요

1) 지역사회정책의 변화

그 간의 지역사회정책은 상호부조의 기능을 중심으로 한 지역사회복지정책의 일환으로 논의되어 왔다. 지역 내 사회적·공동체적 문제를 해결하고자 하는 지역사회정책은 지역 내 사회복지시설, 지역사회복지 실천, 지역사회 개발(community development), 지역사회 운동, 지역사회 사업 등 여러 가지 개념과 실제를 포함하면서 전개되어 왔다. 한국전쟁 이후 50~60년대에는 대외원조와 보건 및 구호사업 중심의 지역사회정책이 진행되었으며, 70년대 경제성장기와 더불어서는 새마을 운동사업으로 대표되는 지역사회 개발사업이 진행되었다. 80년대에 있어 지역사회정책은 지역사회복지 중심으로 재편되었으며 시설확대를 포함한 복지 서비스의 다양한 정책수단이 도입되었다. 이러한 정책방향은 90년대까지 이어지며 지역사회 정책을 구성하게 된다. 2000년대 이후 새로운 형태의 지역사회정책이 등장한다. 제3섹터 조직인 사회적 기업과 협동조합이 일자리와 복지를 통합한 대안으로 등장하면서 정부주도로 추진되었다. 최근에는 지역의 쇠퇴와 재생, 지역 공동체 회복, 지역 내 일자리 등의 문제와 연계하면서 다양한 지역조직과 협동조합, 사회적 기업, 커뮤니티 비즈니스, 마을기업 등이 등장하고 있다.

지역사회정책의 이 같은 변화는 우리 사회가 경험한 사회·경제적 현상의 변화와 더불어 지역사회가 당면한 여건변화에 따른 것이다. 과거 절대적 빈곤의 해결과 경제성장이 요구되는 50~60년대 시기는 기본적인 지역사회의 욕구를 해결하기 위한 지역정책이 구성되었으며, 70~80년대 초반의 경제성장 시기에는 지역 내 생활환경 개선과 지역의식 개선이 포함된 지역정책이 중심이 되었다. 경제가 일정수준 성장궤도에 접어든 80년대 후반에서 90년대까지는 노인, 아동, 장애인 등을 위한 복지시설과 서비스가 확대되는 지역정책의 전환이 나타났다. 하지만 1998년 IMF 경제위기 이후 지역 내 취약계층의 일자리 문제가 대두되었으며 이를 지역의 복지 서비스만으로 해결하기 어려운 상황에 직면하였고 일자리와 복지가 통합되어 나타날 수 있는 사회적 기업이 정부주도의 지역사회정책으로 추진된다.

최근 지역사회 정책은 80년대와 90년대를 이어온 지역사회복지의 패러다임을 넘어 지역 공동체의 문제와 지역발전과의 통합을 시도하고 있다. 70년대 이후 과거 30년간 빠른 경제성장을 이루면서 지역 내 교육, 복지 등의 여건은 과거와 비교할 수 없을 정도로 개선되었으나 지역 공동체의 해체 문제가 등장하였다. 지역사회의 기반이 되었던 지역 내 사회적 자본과 유대관계가 약화되기 시작하였고, 지역문제의 해결을 둘러싼 갈등이 빈번해지기 시작하였다. 지역상권, 지역 내 일자리, 지역의 쇠퇴와 재생의 방식 등 지역문제가 다양화되었으며 정부 주도가 아닌 지역 공동체 주도의 새로운 지역사회정책의 변화가 요구되었다. 2000년대 정부주도의 일자리 정책으로 진행되던 사회적 기업 정책은 2010년 이후 다변화된 지역사회정책으로 자리매김하게 되며 다양한 지역 공동체 조직을 중심으로 한 지역사회정책의 전환이 나타나고 있다.

2) 지역사회정책의 구성과 범위

1970년대 지역사회 개발 혹은 커뮤니티 개발의 차원에서 통합적으로 논의되던 지역사회 정책은 1980년대에 지역사회복지에 초점을 맞춘 논의와 최근 논의되는 지역 공동체 중심의 접근으로 구분된다.

전자의 경우 지역사회복지에 초점을 중심을 두고 지역사회복지 실천(community welfare and practice)이라는 분야로 발전한다. 사회과학의 각 분야에 다양한 영향을 미친 사회체계이론(social system theory), 생태학적 이론, 구조기능이론, 권력의존(power-dependency)이론, 교환이론(exchange theory), 사회구성론(social constructionism), 다원주의 이론(pluralism theory) 등을 토대로 지역사회의 복지 욕구와 실천가의 역할, 대상 범위, 의사결정과정 등을 논의하는 지역사회복지의 실천모델로 발전한다(김병 외, 2016; 전선웅 외, 2016). 이같은 논의는 지역에 존재하는 욕구에 대한 파악과 평가 혹은 사정(assessment) 그리고 정책 프로그램의 개발과 평가, 실천으로 연결된다.

후자의 경우 복지국가의 확대에 따른 공동체의 역할과 책임의 문제 속에서 나타난다. 지역사회 혹은 공동체에 대한 국가의 역할 개입과 수준, 서비스 공급체계에 대한 전반적인 재검토와 제도주의적 함정에서 벗어나고자 하는 노력의 일환으로 지역 공동체를 중간자적인 집단으로 한 지역사회개발과 복지를 통합적으로 접근하는 논의이다(김영종, 2014).

전자의 접근이 지역사회정책을 복지를 중심으로 개별화된 욕구와 해결의 대상으로 여기는 개별주의적 접근이라면, 후자의 접근은 지역사회를 중심에 둔 커뮤니티 해법을 중요시한다. 이는 사회적 자본이 풍부한 지역사회는 낮은 비용으로 지역의 문제를 통합적으로 해결가능하다는 전제를 바탕으로 한다.

이러한 논의의 배경에는 최근 등장하고 있는 사회적 경제 조직과 지역의 문제를 스스로 해결하고자 하는 공동체 조직의 성장이 있다. 18세기의 결사체 사회주의, 연대주의, 기독교 연대주의 등을 전통으로 한 사회적 경제 조직은 자본주의적 생산양식을 대체할 수 있는 대안적인 경제체계로 논의되어왔으나, 최근 지역사회의 문제로 관심을 전환하면서 지역사회정책의 대안적 조직으로 등장하고 있다(임업 · 김동현, 2013). 이러한 조직에는 사회적 기업, 커뮤니티 비즈니스, 마을기업, 협동조합 등이 포함되는데 지역 내 일자리를 비롯해 복지, 환경, 커뮤니티 재생 등의 다양한 스펙트럼을 지닌다. 또한 지역공동 육아, 로컬푸드, 지역 공동체 축제 등 시설복지 중심의 기존 지역사회정책이 해결하지 못한 문제를 중심으로 지역 공동체가 등장하고 있다.

본 장에서 지역사회정책은 2000년대 이후 지역 · 도시 차원에서 접근하는 지역 공동체 중심의 정책을 중심으로 다루고자 한다. 우선 지역사회정책의 이론적 기초가 되는 지역사회와 지역 공동체에 대한 논의와 지역의 사회적 자본과 제3섹터, 사회적 경제에 대한 논의를 살펴본다. 이어서 최근 지역사회정책에 있어 사회적 경제와 지역발전을 연계한 논의를 다룬다. 다음으로는 우리나라 지역사회정책의 변화과정을 논의한다. 90년대 이전 지역 공동체와 지역사회정책의 시발점이 된 새마을 운동을 비롯해 협동조합, 사회적 기업 정책의 변화과정 등을 살펴본다. IMF 이후 지역사회정책에서는 정부주도로 등장한 사회적 기업과 이후의 전개과정에 대해 살펴본다. 마지막으로는 사회적 경제를 이용한 지역사회정책의 사례로서 일본 미타카시의 사례를 살펴본다.

9.2 지역사회정책의 이론적 기초

1) 지역사회와 지역 공동체

지역사회에서 지역 공동체의 역할은 사회·경제적 생활양식과 문화에 따라 변화해왔다. 공동체의 개념은 인간의 사회·경제적 관계 속에서 오래전부터 존재해왔다. 가장 기본적이고 전통적인 형태의 공동체는 혈연의 관계를 바탕으로 생존방식과 문화를 공유하는 사회적 결속체의 한 양식으로 논의된다(조명래, 2013). 가족의 집합체를 공동체로 논의되기도 하였으며 생물학적 인간의 사회화 과정에 있어 중요한 매개로 논의되어 왔다(강대기, 2004). 과거 가정과 지역사회를 중심으로 구성된 농촌적 생활양식에서의 자연 공동체는 산업화, 도시화, 사회의 발전과정에 따라 다분화되었으며, 현대사회의 공동체 구성단위는 가족, 직장, 지역, 국가, 민족 등 다양한 스펙트럼을 지닌다(강대기, 2004).

최근까지 공동체의 가장 전형적인 형태는 지역사회를 기반으로 한 지역 공동체로 인식되어 왔다. 일정한 공간적·지리적 경계 내에서 공통된 문화와 관계를 의미하는 지역 공동체는 거주와 생산, 규범, 문화의 경계가 일치하는 농촌과 자연부락 중심으로 형성되었고 유지되어 왔다. 이는 공통된 지리적 영역 내에서 집단적인 정체성을 지니며 구축된 사회공간적(socio-spaital) 구성체로 논의되기도 한다(조명래, 2013). 하지만 근대 산업화 과정에서 인구가 대거 도시로 이주하였으며 대도시에서의 생존경쟁과 기능적 관계에 기반한 도시적 삶의 양식은 공동체에 대한 개념을 변화시켰다. 도시에서의 삶은 특정한 이해관계를 중심으로 상호 기능적인 측면에서 관계를 이루고 있기 때문에 과거와 같이 삶 전체가 지역사회와 연계된 구조가 변화하였으며 이는 유연하고도 기능적인 관계 중심의 공동체를 새롭게 등장시켰다. 즉 공동체에 중요한 관계 요인이었던 생산, 주거, 교육, 문화, 상호부조 등이 동일한 지리적 공간의 경계와 불일치하게 된 것이다. 이는 전통적으로 논의되던 지역 공동체의 해체, 지역사회 역할의 감소 등으로 나타나게 되며 지역사회 내 사회병리적인 현상과 연계되었고 과거 전통적인 공동체에 대한 향수를 불러왔다. 이러한 공동체는 이종공생(異種共生)적인 것과 동종공속(同種共屬)적인 것으로 구분되며 전통적인 농촌사회

중심의 공동체는 이종공생의 유형에, 현대사회의 기능적 연계와 이해관계 중심의 공동체는 동종공속의 유형에 포함된다(조명래, 2013).

지역사회정책은 과거 전통적인 형태의 지역 공동체가 해결해주던 다양한 문제에 대해 제도적인 형태를 통해 해결하고자 개입해왔다. 지역 공동체 내 관계와 결속의 기반을 형성하던 일자리, 교육, 주거, 복지, 소비, 문화 등에 대해 기능적이고 보편적인 측면에서 공공 서비스라는 형태로 정부에 의해 제공되어 왔다. 이는 각 기능에 따른 유연한 공동체를 도시 내에서 만들어 내었으며 지역사회가 함께 고민해왔던 삶의 문제는 개인과 정부 간 관계에 있어 원자화된 문제로 변화하였다. 과거 지역 공동체 내에서 자율적으로 해결해오던 많은 영역이 국가가 해결해야 하는 문제가 되었으며 이는 복지국가의 등장과 더불어 다양한 제도적 장치에 의한 공공 서비스의 확대로 연결되었다(김영종, 2014).

이러한 틀 내에서 논의되는 지역사회정책은 과거 지역 공동체를 기반으로 유지되던 다양한 문제에 대해 국가와 시장의 양분법적인 구도로 접근되어져 왔다. 유럽 복지국가의 모델에서는 국가 차원에서의 제도적인 장치를 마련하고 관료제적인 형태를 통해 서비스를 제공하였으며, 자유주의의 전통이 강한 국가에서는 상당부분을 개인의 문제로 접근하여 효율성을 중심으로 한 가정과 시장을 통한 해결방식을 택하기도 하였다. 하지만 이러한 두 접근은 개별화된 욕구와 해결의 측면을 강조하고 있다는 점에서 사회적 문제에 대한 개입의 시도에 있어 개별주의라는 속성을 공유하고 있다(김영종, 2014). 이는 지역사회의 문제를 접근하는 데 있어 사회적 자본과 관계, 유대에 의한 공동체적인 문제해결 방식이 아닌 개별적인 문제로 접근한다는 동일한 패러다임에 있다는 것이며 단지 수단을 제공하는 방식과 절차의 차이가 존재할 뿐이라는 것이다.

최근의 지역사회정책은 지역사회와 지역 공동체를 기반으로 하는 공동체적인 접근을 시도한다. 일정한 공간적 · 지리적 경계를 공유하는 지역사회 혹은 근린의 개념은 다음과 같은 여섯 가지 기능을 수행한다(Warren, 1970). 첫째, 공동체적 사적 관계의 장이 된다. 둘째, 인간의 소외를 극복하는 일차적인 인간관계를 가능하게 한다. 셋째, 일상생활로서 상호부조가 일어나며, 넷째, 사회조직으로서 공동체 발전에 기여한다. 다섯째, 준거집단으로서 역할을 하며, 여섯째, 개인의 사회적 지위를 설정하는 기능을 한다(Warren, 1970).

지역사회정책에 있어 지역 공동체를 중심으로 하는 접근은 새로운 사회경제적 조직의 출현에 따른 시도이기도 하다(임업 · 김동현, 2013). 지역사회문제에 대해 시장주의적인 접근과 국가주의적인 접근이 아닌 새로운 조직에 의한 해결의 복합적인 접근의 시도가 등장하는데, 이것이 사회적 경제 조직이다. 사회적 경제 조직은 지역사회의 필요를 해결하는 데 있어 시장과 국가 간 중간영역의 조직은 지역의 사회적 자본을 기반으로 한 공동체적인 접근을 시도한다.

2) 지역의 사회적 자본과 제3섹터, 사회적 경제

사회적 자본은 행위자들 사이에 있어 존재하는 강한 관계적 구조와 제도적 규범으로서 사회적 연대와 규범(social bonds and norms)을 의미한다(Bourdieu, 1986; Coleman, 1988, 1990; Putnam, 1993, 1995). 사회적 자본은 지역사회 내 신뢰를 형성하고 내부 규범과 도덕성을 통해 각 행위자들이 상호협력할 수 있는 기반을 마련한다(Coleman, 1990). 이러한 사회적 자본의 개념은 지역사회에 있어 삶의 질(livability)에 대한 논의와도 연결된다. 지역에서 삶의 질을 높이는 것은 물리적인 개선뿐만 아니라 공동체적 삶을 영위할 수 있는 바탕이 마련된 것을 의미한다. 즉 신뢰에 기반을 둔 지역사회 내 행위자들 간 관계는 자발적인 결사체의 근원이 되기도 하며, 지역사회 내에서 발생하는 갈등과 공유재의 문제를 해결하는 원동력이 된다. 지역사회 내 사회적 자본에 의한 공동체적 관계의 형성은 신토크빌주의에서 논의하는 지역발전으로 연결될 수 있다. 즉, 사회적 연결망을 통해 강화된 신뢰관계는 거래비용을 낮추게 되어 사회적 자본을 재정적 자본으로 전환할 수 있게 하는 긍정적 외부성을 발현한다.

사회적 자본을 통해 구성되는 협력적 네트워크는 일정한 공간적 영역 내에서 작용하는 메커니즘인 연대적 자본(bonding capital)을 통해 지역사회와 지역 공동체 형성에 기여한다. 장소를 중심으로 한 지리적·공간적 기반을 지니고 있는 연대적 자본이 형성될 수 있으며(Bærenholdt and Aarsæther 2002; Rydin and Holman, 2004), 이는 지역의 문제를 해결하고 가치를 형성하고 조정될 수 있는 공론의 장으로서 작용한다(Lehtonen, 2004). 지역 내 사회적 자본은 지역 내 관계의 네트워크뿐만 아니라 영역적 기반을 넘어 형성되기도 하며 이를 가교적 자본(bridging capital)으로 논의한다. 지역의 범위와 사회적 자본에 의한 관계는 개인과 내·외부의 조직, 집단과의 관계에 따라 다섯 가지 관계로 구체화될 수 있는데, 이는 지역적 연계(local connection), 지역 간 연계(local–local connection), 지역과 외부적 연계(local–external connection), 외부와 외부 간 연계(external–external connection), 외부적 연계(external connection)이다.

이러한 사회적 자본은 다양한 경로와 주체에 의해 형성될 수 있는데, 최근 지역사회, 지역 공동체와 연계하여 논의되는 주체는 사회적 경제의 조직이다. 사회적 경제는 18세기 이데올로기적 전통을 지닌 개념이다. 결사체 사회주의(associated socialism), 연대주의(solidarism), 기독교 연대주의(christian solidarism), 자유주의(liberalism) 등의 이론적 전통과 연계된다(임업 · 김동현, 2013). 이들의 논의는 산업자본주의가 낳은 불평등, 빈곤에 대한 문제를 생산방식과 경제 체계에 대한 문제로 보았으며, 공동체의 원리에 기반한 생산방식과 중간적 조직의 역할을 중요시한다. 생산양식과 사회가 분리된 문제에서 비롯된 사회병리적 현상을 공동체적인 맥락에서 상호 통합된 협동조합과 같은 방식을 제안하게 된다. 18세기의 사회적 경제의 논의는 1980년대 경제위기라는 새로운 상황을 맞이하면서 재조명받기 시작한다. 경제위기가 야기한 실업, 사회적 배제, 취약계층 등의 문제는 일자리를 매개로 한 사회서비스 제공이라는 형태의 정책으로 나타나게 되며 그 과정에서 제3섹터라 불리는 시민사회 영역의 발전과 함께 사회적 기업이라는 새로운 조직형태가 나타나게 된다.

시민사회 영역의 발전은 자발적 시민사회 조직에 대한 관심으로 논의되는 신토크빌주의와 함께(Edward, 2005), 사회적 자본에 대한 논의가 바탕이 된다. 특히 국가와 시장이 해결할 수 없는 문제에 대해 사회적 관계와 공적 역할에 대한 매개체로서 제3섹터는 의사소통적 합리성을 바탕으로 한 네트워크와 자발성, 참여가 동반되는 새로운 영역으로 등장한다(Pestoff, 1998; Evers and Laville, 2004). 이 같은 제3섹터의 매개적 영역은 정부, 시장, 가계 등과의 네트워크와 수단을 조합하는 혼합적(hybrid) 조직체를 포함한다. Pestoff(1998)은 다원적 경제모델로 사회적 경제를 이해하고자 시도하였는데, 이는 국가－시장－사회를 기반으로 하되 시민사회와 제3섹터가 이를 매개할 수 있는 영역으로 논의하였으며 특히 각 부분을 매개하면서 가치를 기반으로 재구조화할 수 있음을 제시하였다.

Pearce(2003)는 사회적 경제와 제3섹터를 공간적 범위와 각 부분의 구성요소를 이용하여 경제적 체계의 모델로 해석하고 있다. 경제적 영역은 교역중심의 시장경제주도 영역과 비교역중심의 계획적 경제 영역으로 크게 구분될 수 있으며 이들 영역의 중간적 형태로서 제3섹터가 존재한다고 보고 있다. Pearce(2003)의 모델은 지하경제, 가정경제에 이르기까지 모든 영역을 하나의 체계적 모델 내에 포함하고 있으며, 공간적 범위를 근린, 지역, 국가, 세계 등으로 구분하여 경제적 조직체를 분류하고 있다는 데 특징이 있다. 이러한 체계 내에서 제1섹터는 이윤중심의 민간 영역, 제2섹터는 계획적 공급 중심의 공공 영

그림 9-1 Pearce의 체계적 경제 모델(Pearce, 2003)

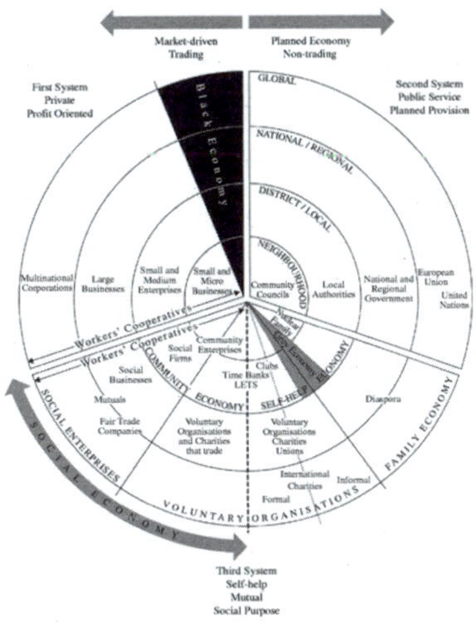

역, 제3섹터는 자조 및 상호부조 중심의 영역으로 구분된다. 특히 제3섹터는 공동체를 기반으로 한 영역과 자조적인 영역으로 구분되며 사회적 경제의 영역은 공동체를 기반으로 한 영역의 범위를 의미한다. 여기서 공동체적 경제란 근린의 범위를 포함하는 포괄적 의미에서 사회적 공동체를 의미한다. 사회적 기업은 공동체의 맥락에서 매개적 기능을 중요하게 여기며 이러한 측면에서 사회적 기업, 사회적 경제, 제3섹터의 용어를 동일한 의미로 사용하고 있다.

3) 지역발전과 사회적 경제

지역발전은 다의적인 개념으로 시대와 상황에 따라 변화한다(Geddes and Newman, 1999; Pike et al., 2006). 협의적 의미의 지역발전은 과거 지역의 경제적 성장을 중심으로 한 지역의 생산성과 부, 고용에 초점을 맞추어 왔다(Beer et al., 2003; Storper, 1997; Pike et al., 2006). 최근 지역발전의 개념은 경제적 성장뿐만 아니라 사회적, 환경적, 정치적, 그리고 문화적인 영역을 포함한다(Geddes and Newman, 1999). 확장된 형태의 지역발전의 개념에는 좋은 지역사회 혹은 공동체(good community)의 형성이라는 공통점을 내포한다(Grant,

2006). 좋은 지역사회 혹은 공동체에 대한 논의는 물리적인 공간뿐만 아니라 사회적인 측면에서의 지역 내 상호작용, 문화적 현상으로서 공동체적 연대와 네트워크를 포함한다(Hillery, 1955). 이는 지역에 존재하는 공동체적 관계를 어떻게 규정하고 지역성(locality)을 어떠한 형태로 형성할 것인가에 대한 문제가 된다.

지역발전은 지역의 경제적 · 사회적 삶의 양식(economic and social modality)을 형성하는 과정이다. 앞서 논의하였듯이 과거 농업을 기반으로 한 공동체적인 관계에서는 생산과 협업이라는 구조가 공동체 내 구성원들을 연결하게 되며 이렇게 형성된 공동체적 양식이 지역성의 기초를 형성하였다. 반면 기능적으로 다분화된 현대사회에 있어 공동체적 연결성은 사회적 관계를 바탕으로 이루어졌으며 이는 삶의 양식과 공동체라는 외연의 범위를 확장시켰다(Bhattacharyya, 2004).

경제적 성장 중심의 지역발전은 공동체적 양식과 유리된 채 양적 성장으로 연결되어 왔다. 시장중심주의와 개발주의(developmentalism)를 반영한 지역발전에 대한 패러다임으로서 경제적 효율성과 시장의 도구(market driven)를 이용하였으며 수입대체화전략(import-substitution industrialization), 공공투자, 토지개혁, 비교우위전략(comparative advantage), 수출주도전략(export-oriented industrialization) 등의 정책수단이 적용되었다. 이러한 지역발전의 정책은 경제적 결정과정이 아니라 사회정치적 결정과정에 불과하다는 비판이 제기되었다(Fasenfest et al., 1997). 지역의 일자리 창출은 지역 정부의 조세기반 마련을 위하여 기업에 대해 인센티브 제공으로 연결되는 정치적 과정이라는 것이다(Markusen, 1987; Reese, 1992). 지역의 일자리가 창출되어지기는 하지만 지역사회 구성원의 사회경제적 상태는 개선되어지지 않거나(Ladd and Yinger, 1989), 영리기업의 의사결정이 지역사회의 목적을 위해서는 불충분한 경우가 나타났다(Keat, 1993). 이는 경제적인 발전과 성장의 과정이 지역발전에 있어 사회적인 과정과 목표를 충족시키지 못하고 있음을 의미한다.

경제적인 성장 중심의 전통적 지역발전 정책의 실패는 시장중심적인 패러다임에 대한 변화를 요구하며, 이는 지역사회 중심의 패러다임으로 연결된다(Pike et al., 2006). Vázquez-Barquero(2002)는 지역발전에 대해 3부문 접근을 제안한다. 첫 번째는 인프라 및 산업공간 구축 등을 중심으로 하는 하드웨어적인 접근이고, 두 번째는 지역의 비교우위, 투자, 인적자원과 기술적 역량 중심의 소프트웨어적인 접근이다. 세 번째는 조직중심의 접근(orgware)인데 이는 시민사회의 성장과 지역사회의 지속적인 발전전략을 포함하는 조직과 기관을 포함한다. 즉 다양한 이해관계자의 참여와 조직, 기관의 제도적 역량을 통한 경제 부문 간 조정과 협력, 거버넌스를 의미한다(Newman, 2000). 조직중심적인 접근은 앞서 논의한 지역발전에 있어 지역사회, 지역 공동체 개념이 중심이 되는 지역성(locality)에 대한 논의와 연결된다. 즉 경제적 과정과 사회적 과정이 통합되고 제도적인 역량을 중심으로 지역 공동체 내 사회적 자본과 공동체적 양식을 확보할 수 있다는 것이다.

이 같은 지역발전의 개념적 변화는 지역사회정책을 발전정책과 통합하는 사회적 경제의 패러다임으로 전환을 의미한다. 사회적 경제의 패러다임은 효용이 중심이 되는 인식이 아닌 가치를 중심으로 한다. 화폐적 가치의 실현이 아니라 지역사회 내 실질적 가치에 초점을 두고 있으며, 지역사회 내 고용, 임금, 교육 등에 대한 문제를 공동체적인 문제로 전환시켜 다양한 이해관계자와 함께 방법을 모색한다. 비영리조직, 비정부조직, 시민단체 등을 포함하는 제3섹터와 사회적 기업, 마을기업, 커뮤니티 비즈니스 등의 새로운 조직이 지역사회와 공동체의 가치를 실현하고 문제를 해결할 수 있는 수단으로 논의된다(Seelos and Mair, 2005).

사회적 경제의 패러다임 내에서 지역발전은 제3섹터 중심의 지역사회 및 공동체 형성의 역할과 관련된다. 사회적 경제 패러다임 내 지역발전은 지역사회와 공동체의 지속가능성에 무게중심을 둔다(Devinne–Wright et al., 2001; Rydin and Holman, 2004; Birch and Whittam, 2008). 여기서 지속가능성의 논의는 경제적 활동의 지속가능성 뿐만 아니라 사회적 자본의 형성과 이를 통하여 나타나는 광범위한 사회경제적 결과물의 산출로서 공동체적 양식을 의미한다(Pearce, 2003; Evans and Syrett, 2007; Jones et al., 2007). 이는 제3섹터 내 조직들이 정부와 민간 영역 사이에 존재하는데 경계의 모호성이 존재하기는 하지만 (Adams et al., 2003; Harding and Cowling, 2004), 재화와 서비스를 공급하고 사회적 자본을 확충할 수 있는 공동체적 양식과 좋은 지역사회를 만드는 매개로서 역할을 한다는 것을 의미한다(Budd, 2003; Paton, 2003; Fyfe, 2005). 이러한 제3섹터의 범위에는 사회적 경제뿐만 아니라 광범위한 조직체를 포함하지만 지역발전, 지역사회와 연계해서는 견인적 수단으로서 사회적 기업[1]을 중심으로 논의된다(Birch and Whittam, 2008).

사회적 경제의 핵심적 주체인 사회적 기업은 활동의 과정에서 사회적 자본을 이용할 뿐만 아니라 타 부문과의 협력 그리고 지역 내 공동체와의 관계를 통해 사회적 자본을 창출한다(Kay, 2005). 여기서의 사회적 자본은 거래 비용적 측면에 대한 논의보다는 신뢰와

1 여기서 사회적 기업의 의미는 법적 정의가 아닌 광의적 형태로서 협동조합, 마을기업, 커뮤니티 비즈니스 등을 포함하는 개념이다.

공유된 가치, 규범 등에 기반을 둔 지역 내 관계적 자산(relational asset)의 확충을 의미한다(Evans and Syrett, 2007). 지역발전의 측면에서 이러한 관계적 자산은 지역 내 네트워크, 협력적 관계, 제도적 역량 등을 강화시키게 되고 지역 공동체의 양식을 만들며 경쟁력의 요소로 작용한다(Amin and Thrift, 1995; Cook and Morgan, 1998; Hudson, 1998).

사회적 경제가 중심이 된 패러다임에서 지역발전은 세 가지 측면에서 사회적 자본을 형성함으로서 지역 공동체의 기초를 형성한다(Birch and Whittam, 2008). 이는 조직적 사회적 자본(organizational social capital), 행동기반의 사회적 자본(activity-based social capital), 동기기반의 사회적 자본(motivation-based social capital) 등으로 구성된다. 조직적 사회적 자본은 사회적 기업의 목적 추구를 위해서 다양한 조직, 이해관계자, 자원조직 등과의 관계를 지니며 형성되는 조직적 특징을 의미한다(Jessop, 2000; Amin et al., 2002). 이는 사회적 기업의 내부적인 자원동원과정(resource mobilization)을 통해 지역의 자산으로 형성되며(Thomson et al., 2000), 특정한 지역적 범위를 중심으로 하여 상호 연대를 구성하는 결과로 나타난다(Moulaert and Ailenei, 2005). 행동기반의 사회적 자본은 사회적 기업이 유지되기 위한 경제적 활동이 발생하는 공간적 범위에서 다른 집단과 네트워크를 형성하는 것을 의미한다. 이는 다양한 기관, 행위자 등과의 비공식적 네트워크를 포함한 새로운 양식의 지역거버넌스(local governance) 구축으로 나타난다(Evans and Syrett, 2007). 동기기반의 사회적 자본은 사회적 기업가 정신의 발현과정에서 나타나는 형태로서 앞의 조직적, 행동기반의 사회적 자본을 포함한 다양한 사회적 행위자와의 연계를 뜻한다(Purdue, 2001). 특히 동기기반의 사회적 자본은 사회적 기업가가 사회적 기업을 형성하는 데 있어 지역의 특성을 파악하고 지역 내 배태된(embedded) 특성을 고려하는 데 있어 나타나는 관계이다.

지역사회와 지역 공동체가 연계된 지역발전의 개념은 지역관리기업(regis de quartier) 혹은 커뮤니티 이익회사(community interest company)의 등장을 가져왔다. 이는 대안적 지역사회운동(local social movement)으로서 사회적 경제의 패러다임을 배경으로 하고 있고, 자본주의와 시장중심주의가 가져온 위기의 대응방식으로서 제안된다. 지역개발과정에 있어 시민참여 등의 정치사회적인 측면을 강조하고 있으며, 약화된 영리성에 기반을 둔 비물질적이고 관계적 자산에 바탕을 둔 새로운 생산양식을 만들어 낸다(Evers and Laville, 2004). 또한 비영리조직 기반의 지역발전 조직인 커뮤니티 기반 기업(CBE: community based enterprise), 커뮤니티 비즈니스(community business), 커뮤니티 이익회사(CIC: community interest corporation), 지역개발회사(CDC: community development corporation) 등의 개별적인 조직이 역시 논의된다. 주로 지역의 도시재생, 고용창출, 사회정책 등과 관련하여 등장하였으며, 자원동원능력, 주민참여, 지역개발프로그램의 운영, 사회적 자본 등과 연계되어 지역 공동체, 지역사회와 연계된다(Walker, 1996). 지역의 고용문제, 주택문제, 도시재생의 문제, 지역 기반의 서비스 제공 등에 있어 지방정부와의 매개적인 역할을 수행하며 지역의 질적 변화를 목표로 한다. 영국, 미국, 일본 등에서 다양한 형태로 나타나고 있으며 초기에는 비영리조직의 형태를 지니고 있었으나 최근에는 기업가 정신이 더해진 사회적 기업으로 변화하고 있다는 특징을 보이고 있다.

9.3 우리나라 지역사회정책의 변화

1) 90년대 이전의 지역사회정책

1990년대 이전의 지역사회정책은 70년대의 대표적인 지역사회개발사업 정책인 새마을 운동과 80년대의 복지시설 중심의 지역사회정책으로 구분할 수 있다. 우리나라에 지역사회정책이 시작된 것은 1958년 지역사회개발위원회 규정이 공포되면서부터이다. 지역사회정책은 1970년대 근면·자조·협동 정신을 강조한 새마을 운동을 통해 전국적으로 시행된다(김병 외, 2016; 천정웅 외, 2016). 농촌마을 가꾸기 시범사업 형태로 시작한 새마을 운동은 도시, 직장에 이르기까지 정부주도로 확대된다. 1980년 새마을운동조직 육성법에 따라 민간주도로 전환되었으나 관료적인 성격에서 벗어나지 못하였으며 지역주민들이 자발적인 참여와 논의를 통하기보다는 소수의 관료에 의해 사업이 추진된 한계가 있다(천정웅 외, 2016). 1980년대 들어 지역사회정책은 사회복지 중심으로 전환된다. 사회복지사업법 개정에 따라 사회복지관이 제도적으로 추진되었으며, 재가복지사업도 추진되었다. 1987년 도입된 사회복지전담요원제도는 공공부조 업무 성과와 사회복지 전달체계의 변화를 가져왔다(김병 외, 2016). 1980년대부터 1990년대까지 정치·경제적 변화에 따라 다양한 민간단체들이 나타났는데, 이슈 중심적인 접근을 보였으며 지역사회 및 지역 공동체와 연계는 약하였다(천정웅 외, 2016).

2) IMF 이후 지역사회정책

1997년 IMF 외환위기로 인하여 우리나라 지역사회정책은 큰 전환기를 맞이하게 된다. IMF로 인한 대량실업과 사회적 위험에 대응하기 위해 경제구조 조정과 함께 사회보장체계의 확립, 일자리 창출 등을 위한 정책을 시행하게 된다(임혁백 외, 2009). 생산적 복지라는 슬로건 하에서 공공 근로 사업정책이 도입되었는데 이는 지역사회의 비영리단체와 시민단체들이 정부의 위탁을 받아 사회 서비스를 제공하는 것이었다. 이는 사회적 일자리 창출이라는 정책으로 전환되어 취약계층의 일자리 및 복지를 위한 지역사회의 공공 서비스 중심의 지원정책이었다. 그렇지만 이러한 정부가 직·간접적으로 제공하는 일자리와 공공 서비스는 시장 기제가 작동하지 않으며 정부의 재정적 부담이 지속적으로 증가할 수밖에 없다는 비판과 함께 제공되는 일자리의 질적인 문제, 지역사회 내에서 제한적인 역할에 대한 문제가 나타나게 되었다.

지역사회정책에 있어 복지와 일자리를 통합할 수 있는 고용·복지정책의 필요성과 민간 주도로 이를 확산할 수 있는 논의를 토대로 사회적 기업 육성법이 2007년 제정되고, 사회적 경제 패러다임을 반영한 지역사회정책이 추진된다. 이는 사회복지 중심의 지역사회 패러다임이 지역사회와 공동체 중심으로 전환되는 계기를 제공한다. 초기의 사회적 기업 정책은 취약계층의 일자리 제공과 고용을 통한 복지라는 목적으로 주로 추진되었으나, 지역 공동체의 필요에 따른 사회적 서비스 공급과 지역의 자원 활용, 공동체 회복 등의 목표로 정책 방향이 확대된다. 2007년 55개에 불과하던 사회적 기업의 수는 2017년 1,814개로 급증하였고 고용인원 역시 3만 8천명에 이르게 된다.[2] 또한 고용노동부의 고용정책 중심으로 진행되던 사회적 기업 정책은 지역형, 부처형으로 확대되었으며, SK, 현대자동차, 삼성 등과 같은 대기업이 사회적 기업의 설립과 창업을 지원하기도 하였다. 2012년 협동조합기본법의 제정과 함께 그동안 개별적으로 산재해온 협동조합 역시 지역사회와 지역 공동체에 대한 기여를 위한 사회적 협동조합이 가능하게 된다. 2015년 이후 사회적

---

2 정부에 의해 인증을 받은 사회적 기업만 해당하는 수치이며, 협동조합, 마을기업, 커뮤니티 비즈니스, 소셜 벤처 등의 수는 포함되지 않았다.

경제 조직은 인증된 사회적 기업 외 마을기업, 커뮤니티 비즈니스, 소셜 벤처 등 다양한 명칭으로 확대되기 시작하였으며, 정부뿐만 아니라 민간차원에서도 사회적 경제 조직의 창업지원, 사회적 기업가 육성, 사회적 기업의 경영·재정지원 등 다양한 정책을 시행하고 있다.

9.4 사회적 경제를 이용한 지역사회정책의 사례(일본 미타카시)

일본 동경 서쪽에 위치한 미타카시는 인구 17.3만, 면적 16.5km2의 중소도시이다. 미타카시는 전형적인 베드타운으로 지역주민 대부분은 동경 중심가로 출퇴근하고 있으며, 인근의 키치조지, 타치가와, 신주쿠의 상권을 이용한다. 지역 내에 공업·상업 지구면적 비율이 매우 낮으며, 대부분 지역이 1종 저층전용주거지역(64.4%) 또는 제1종 중고층주거전용지구(13.9%)에 해당한다.

재단법인 형태의 마츠즈쿠리 미타카를 설립하게 된 배경은 고령화와 지역의 일자리 감소, 이로 인한 지방정부의 조세 감소 등이 연쇄적으로 발생하였기 때문이다. 지역 내 고령인구 비율이 1965년 6.3%, 2005년 19.9%, 2015년 26.0%로 지속적으로 증가하고 있었으며, 공업지구의 공동화로 인하여 지방자치단체 세수가 급격하게 감소하였다. 또한 지역사회 내에서 동경의 외연화로 인한 신규가구와 기존 거주가구 사이의 사회적 갈등이 대두되었다. 1971년 초기 단계의 마을주민 단체가 형성되기 시작하였으며 1999년 TMO(Town Management Organization)의 형태로 지역자본 기반의 조직이 형성되었다.

마츠즈쿠리 미타카는 지역경제의 쇠퇴, 인구의 고령화라는 문제에 대응하기 위하여 일반적인 마을 만들기 사업과 더불어 지역경제 활성화를 위한 다양한 사업을 미타카시와 긴밀히 협동하여 수행하고 있다. 마츠즈쿠리 미타카의 사업영역과 주요 활동은 크게 네 가지로 다음과 같다.

1) 중심시가지 활성화 사업: 지역축제 주관, 주차장 등 상업 지원시설 관리

2) 소호산업 활성화 사업(SOHO City 구상): 미타카산업 플라자, SOHO 파일럿 오피스, 미타카 SOHO 센터 운영 및 SOHO 사업체 지원
3) 마을만들기 사업: 커뮤니티 센터, 마을만들기 코디네이터 운영
4) IT 솔루션 사업: 프로그래밍 언어 Ruby 개발 및 교육 지원

마츠즈쿠리 미타카의 마을만들기 사업은 지역 공동체를 이루는 지리적 범위의 경계를 구분하는 것으로부터 시작하였다. 행정구역에 기초하여 마을만들기 사업지구를 총 7개로 구분하였으며, 24개의 근린 단위의 마을로 세분화하였다. 각 24개 근린 단위의 마을별로 커뮤니티 센터를 설치하여 마을만들기 사업지원 활동을 수행하고 있으며, 커뮤니티 센터는 지역 공동체 공간으로 활용하고 있다. 각 근린 단위의 마을 내에는 보다 작은 지역을 담당하는 주민참여기구인 지구협의회를 만들었다. 이는 주민들에 의해 자체적으로 운영되는 조직이며 각종 이슈가 발생할 경우 마을만들기 센터에서 코디네이터가 지원되어 마을 문제를 해결하고, 의사를 도출하는 과정을 도우는 방식으로 운영된다.

미타카시 역시 과거 지역사회와 관련된 계획수립 기본적인 과정은 지방정부가 주된 역할을 수행하였으며, 주민의사는 설문조사 참여 수준에서 반영되었다. 하지만 최근에는 커뮤니티 센터를 중심으로 한 주민에 의해 주도적으로 계획이 수립·추진되고 있다. 이에 따라 지방정부는 지역 전반에 대한 기본계획 구상과 단순히 예산에 대한 운영만을 전담하고 있으며, 주민협의회가 대부분 사업과 관련하여 매우 구체적인 형태의 의사결정을 수행

그림 9-2 마츠즈쿠리 미타카에서의 지역주민-행정의 협동적 관계에 대한 개념도

하고 있다. 지방정부가 커뮤니티 센터에 단순히 일부 영역을 위탁·사업을 추진하는 형태가 아닌, 주민협의회가 자발적이고 주도적으로 사업을 시행하는 이러한 방식은 마을만들기 사업이 여러 지역에 보편화되어 있는 일본에서도 차별화된 형태를 보이고 있다. 이러한 과정 속에서 지역 커뮤니티 센터의 역할은 주민활동을 위한 장소를 제공하고, 마을만들기 가이드북과 소식지를 배포를 통해 주민활동을 지원하며, 코디네이터를 파견하여 사업과 관련한 전문적인 정보를 제공하고, 주민협의에 의한 의사결정 과정을 지원한다.

마츠즈쿠리 미타카가 진행한 대표적인 마을만들기 사업으로는 오사와 주민협의회에 의한 (구)키치조지 거리 교통 환경 개선사업이 있다. 지구 주택가 내 통행로가 협소한데도 불구하고 양방향 도로로 교통량이 많아 지구에 위치한 초등학교 학생 통학에 위험이 높다는 의견이 지역주민협의회에서 제시되었다. 이에 따라 지구 학부모들의 주도하에 (구)키치조지 거리를 일방통행로로 전환하자는 의견이 제시되었으나, 지구에 거주하고 있는 다른 주민들이 교통 불편을 이유로 해당 의견에 반대하였다. 주민협의를 조정하고자 마을만들기 센터에서 코디네이터를 파견, 코디네이터는 지구 주민들을 대상으로 설문조사를 시행하였다. 최초에는 반대하는 의견이 많았으나, 지속적인 주민회의와 설득 끝에 지구주민 85%가 일반통행로 개설에 찬성하는 입장으로 전환하였다. 한 달에 한 번씩 주민회의

그림 9-3 (구)키치조지 거리 일방통행로 계획

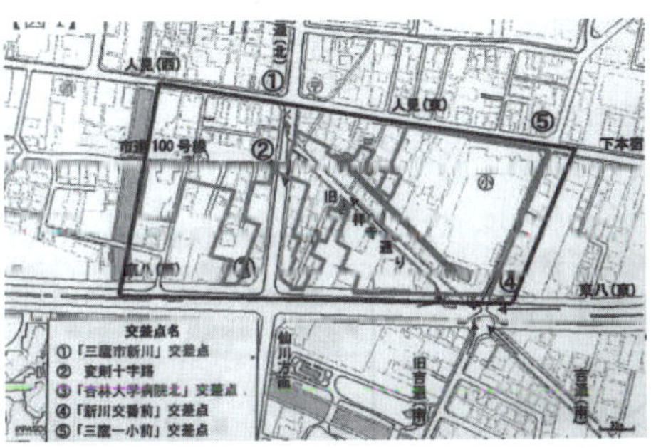

※ 청색선: 설문조사 영역
※ 적색선: 주민동의필수 영역

(a) (구)키치조지 거리 일방통행로 계획

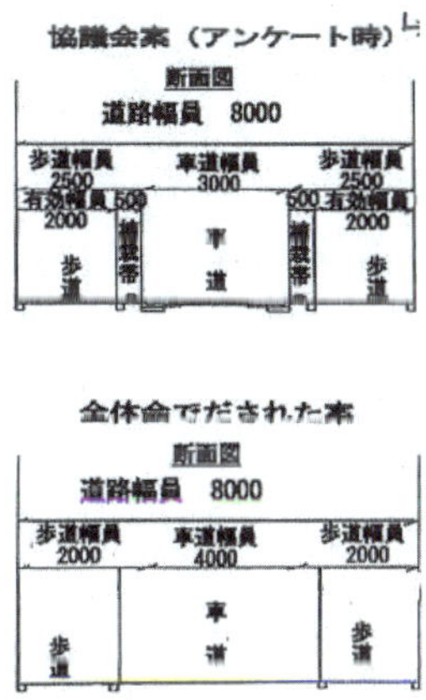

(b) 도로 계획안(자전거도로안, 보도확장안)

안건으로 지속적으로 논의되었으며, 주민들이 자체적으로 사업에 반대하는 주민들을 설득하는 과정을 거쳤다. 설문조사 결과에 기초하여 행정 담당부서에 사업계획을 제출, 일방통행로 개설과 관련한 예산을 배정받았으며, 이후 도로 실시설계에 대한 협의가 추가적으로 진행되었다. 마을 코디네이터는 전문적인 지식을 바탕으로 2개의 도로계획안을 〈그림 9-3〉과 같이 도출하였다. 도출된 실시설계에 대한 주민협의를 바탕으로 최종안을 선정하였으며, 이러한 과정에 2년 정도가 소요되었다. 완성된 도로는 지역주민들의 축제 공간, 주말 아침시장 개최공간으로 활용되고 있다.

마츠즈쿠리 미타카가 진행한 대표적인 지역발전 사업으로는 SOHO 유치사업이 있다. 미타카시의 인구 고령화, 교외 지역으로의 산업 기반 이전에 따른 세수 감소 문제에 대응하기 위한 방안으로 "만개의 일자리를 가진 기업을 유치하기는 어려우나 1인 기업 만개를 육성하는 것은 가능하다"는 캐치프레이즈를 내걸고 SOHO 육성사업을 전개하였다. 본격적인 사업 추진 이전에 300개의 SOHO 기업을 대상으로 설문 조사를 실시하였다. 조사결과 SOHO 기업이 중요하게 꼽는 입지요소로는 ① 초기 투자비용, ② 임대료, ③ 인터넷 속도로, 미타카시에 기대하는 요소로는 ① 창업지원, ② 업무 알선, ③ 재정지원으로, 어려움을 겪고 있는 부분은 ① 영업력, ② 자금조달력, ③ 개발력인 것으로 파악하였다. 이 같은 조사 결과에 기초하여 미타카시의 창업 센터는 ① 사무실 크기를 줄이고(5~10m^2), ② 초기 투자비용 절감을 위해 책상, 컴퓨터, 복사기 등의 사무기기를 제공하며, ③ 회의

표 9-1 미타카 내 운영 중인 SOHO 시설

센터명	설립연도	1실 면적(m^2)	임대료(엔)	운영주체	입주기업
SOHO 파일럿 오피스	1998.12	5.39-12.27	25,000-77,175	마을만들기 미타카	19
미타카산업플라자	2000.4	15.3-330.0	78,000-1,325,400	마을만들기 미타카	31
시립 SOHO 센터	2000.4	5.5-12.23	22,550-54,120	마을만들기 미타카	18
미나카산업플라자 아넥스	2001.4	7.1-13.4	49,700-98,500	민간기업	8
비고당 SOHO 오피스	2002.4	51.28-59.22	155,000-160,000	건물주	4
HO 미타카	2003.4	27.4	93,000-100,000	건물주	9
SOHO 플라자A	2005.4	1.68-3.24	18,900-29,000	SOHO 유지	24
SOHO 플라자B	2005.9	57.1	121,000	건물주	3

실 등을 공유해서 사용하는 방향으로 SOHO 기업의 초기 투자비용과 임대료가 최소화될 수 있도록 계획하였다. 이에 따라 1998년에는 “미타카시 SOHO 파일럿 오피스”가 설립되었으며, 이러한 노하우에 기초하여 2000년에는 미타카산업플라자가 설립, 운영 중에 있다.

미타카시가 SOHO 창업 및 운영과 관련하여 수행하고 있는 사업은 ① 저렴한 유지비로 기업이 활동할 수 있는 공간을 제공, ② 재무적·법적인 부분의 인력 채용을 지원, ③ 소프트웨어 등의 개발을 통한 사업 서비스의 지원이 있다. 현재 미타카에서 운영 중인 SOHO 시설은 아래의 〈표 9-1〉과 같다.

미타카시 SOHO의 사업창업 패턴은 크게, 퇴직 시니어들의 경험 창업, 주부들에 의한 자기실현 창업, 장년층에 의해 이루어지는 회사 경력 창업으로 나타났다. 창업한 기업은 대부분 커뮤니티 기반의 비즈니스로서 지역 공동체와 지역사회에 역할을 하는 형태이다. 예를 들어 NPO 시니어 소호 보급 살롱은 지역에 거주하는 퇴직 시니어들이 조직한 기업으로 컴퓨터 관련 업계에 종사하던 과거 경험을 바탕으로, 직업교육(PC 교실)을 주로

그림 9-4 미타카 SOHO 사업을 통한 커뮤니티 비즈니스 예시

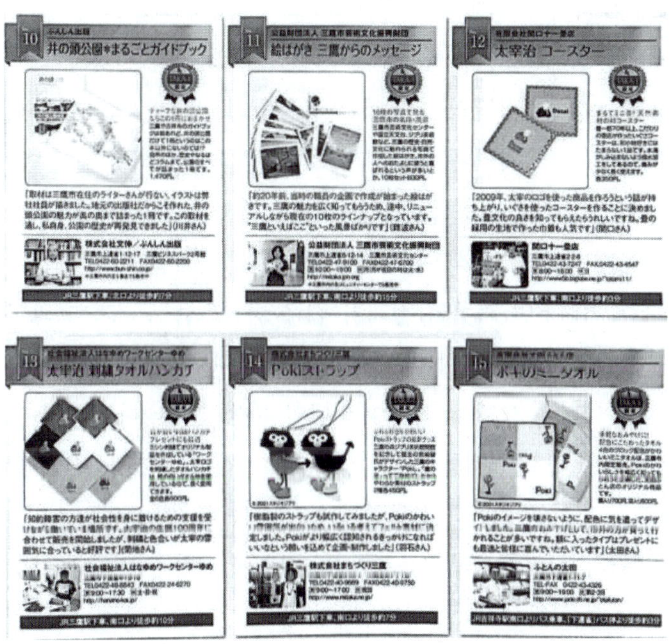

수행한다. 중·장년층이 장년층을 대상으로 교육함에 따라 상호 간 이해와 의사소통이 원활하게 이루어지는 특징이 있다. 또 다른 예로 NPO 자육(육아) 콤비는 15여명의 학부모가 조직하여 NPO를 결성, 거주 경험에 기초하여 어떤 장소에 아이와 이용하기에 편리한 시설이 구비되어 있는지 등을 지도로 제작하여 배부하며, 지역의 각종 육아와 관련한 정보지 발행 및 인터넷 사이트 운영 등의 사업을 수행하였다. 그 외에도 제과·제빵, 초콜렛, 과일 음료, 술, 피클 등의 식료품 제조업에서부터 손수건, 열쇠고리, 엽서, 컵과 같은 간단한 수공예 제조업과 관련한 커뮤니티 비즈니스가 SOHO 사업의 주를 이루고 있다.

9.5 요약 및 결론

본 장에서는 사회적 경제 패러다임 하에서 지역사회정책의 이론적 기초와 지역사회와 지역 공동체를 중심으로 한 사례를 살펴보았다. 최근의 지역사회와 지역 공동체에 대한 개념은 과거 농촌사회에서의 전통적인 공동체의 개념과 다르게 나타난다. 도시화·산업화된 현대사회에 있어 지역 공동체는 지리적·공간적 범위가 모호할 수 있으며, 공동체적 양식 역시 전통적 개념의 공동체와는 차이가 존재한다. 하지만 국가 혹은 시장 중심의 양분화된 사회문제 해결의 방식은 사회문제를 개인의 문제로 원자화 시키는 개별주의적 접근을 벗어나기 어려우며 기존의 정책적 접근 방식으로는 국가의 과도한 재정부담과 비효율성의 문제 역시 극복하기 힘들다. 이러한 배경에서 지역사회 혹은 지역 공동체 중심의 지역사회정책이 최근 사회적 경제 패러다임 하에서 나타나고 있으며, 사회적 기업, 마을기업, 커뮤니티 비즈니스, 협동조합 등 다양한 조직적 형태가 나타나고 있다. 이들은 지역사회 내 사회적 자본을 확충하고 공동체적 양식을 복원함으로써 지역사회 그 자체에 내재된 문제를 협력과 신뢰를 기반으로 풀어나간다. 이러한 지역사회정책은 지역 내 사회적 문제를 해결하는 데 있어 복지, 일자리, 육아 등의 문제를 공동체적 양식의 문제로 전환함으로써 지역발전과 통합적인 역할을 수행하게 된다. 일본 미타카시의 지역정책 사례에서는 마츠즈쿠리 미타카라는 재단법인을 통해 이루어지는 지역사회정책의 전환형태를 살펴보았다. (구)키치조지 거리의 일방통행 문제와 SOHO 사업 사례를 통해 사회적 경제 조직을 중심으로 한 지역사회정책이 어떠한 효과를 보일 수 있는지 알 수 있었다.

마지막으로 본 장에서 논의한 지역사회·지역 공동체 중심의 지역사회정책을 위해서 세 가지 측면의 정책적 고려사항을 제안하고자 한다. 첫째, 정부는 지역사회·지역 공동체를 이끌 수 있는 조직에 대한 과감한 투자와 역할의 분할이 필요하다. 지역사회·지역 공동체를 변화시키고자 하는 노력의 조직체들은 개인화된 현대사회의 구조에서 쉽게 나타나지 않는다. 누구나 문제임을 인지하고는 있지만 쉽게 나서기 어려운 사회적 상황이 있기 때문이다. 지역사회를 변화시킬 수 있는 조직체는 활동가, 계획가 등의 꾸준한 육성과 변화의 노력을 통해서만 나타날 수 있으며, 이를 위해서 정부는 지역사회에서 기회를 제공하는 투자와 일정부분 정부의 역할을 대신할 수 있도록 하는 시도가 필요하다. 둘째, 사회적 경제 조직이 지역사회에 공헌할 수 있도록 하는 구조가 필요하다. 최근 지역사회에 대한 공헌을 목적으로 하는 여러 조직이 등장하고 있지만 사회적 경제 조직은 복지를 위한 조직, 취약계층을 위한 조직이라는 선입견이 강하게 존재한다. 이러한 선입견을 극복하기 위해서는 사회적 기업가들의 동기의식과 혁신을 시도하는 관점을 형성하는 데 있어 지역사회 내 공동체 문제를 중심으로 접근할 수 있는 구조가 필요하다. 셋째, 다양한 형태의 정책 실험을 통하여 지역사회의 여건에 맞는 성공사례를 도출하는 노력이 요구된다. 정부의 정책을 중심으로 지역사회의 공공 서비스가 제공되던 경험을 오랫동안 해온 관습적 구조 하에서 새로운 형태의 지역사회정책을 구성한다는 것은 쉽지 않다. 과거 유사한 성공사례를 중심으로 지역에 이식을 시도하는 성장주도의 패러다임에서 흔히 사용되던 전략은 지역사회정책은 지역적 여건과 공동체의 문제가 다르기 때문에 사회적 경제 패러다임에서는 더 이상 성공할 수 없음을 인지해야 한다. 거대한 사업의 구상과 거시적인 접근 보다는 작은 사례라도 지역의 여건에 맞게 시도하고 시행착오를 통해 성공사례를 만들어나갈 수 있는 노력이 필요할 것이다.

참고문헌

- 강대기. 2004. 현대사회에서 공동체는 가능한가. 서울: 아카넷.
- 김병, 이인순, 이진향, 이하예진, 정명환, 조승석, 황은혜. 2016. 지역사회복지론. 서울: 창지사.
- 김영종. 2014. 복지사회의 개발 : 지역 및 공동체 접근. 서울: 학지사.
- 임업, 김동현. 2013. 사회적 기업과 지속가능한 지역발전. 서울: 집문당.
- 임혁백, 김윤태, 김철주, 박찬웅, 고형면. 2009. 사회적 경제와 사회적 기업 : 한국형 사회적 일자리와 사회 서비스 모색. 서울: 송정문화사.
- 조명래. 2013. 공간으로 사회 읽기 : 개념, 쟁점과 대안. 파주: 한울 아카데미.
- 천정웅, 박선희, 박주현. 2016. 지역사회복지론. 서울: 신정.

- Adams, J., Robinson, P., and Vigor, A., 2003. *A New Regional Policy for the UK*. London: IPPR.
- Amin, A., Cameron, A., and Hudson, R., 2002. *Placing the Social Economy*. London: Routledge.
- Amin, A. and Thrift, N., 1995. Globalization, institutional thickness and the local economy, In: P. Healey, S. Cameron, S. Davoudi, S. Graham, and A. Madani−Pour(eds.), *Managing Cities: The New Urban Context*, Chichester: Wiley.
- Bærenholdt, J. O. and Aarsæther, N., 2002, Coping strategies, social capital and space, *European Urban and Regional Studies*, 9(2): pp.151~165.
- Beer, A., Haughtom, G., and Maude, A., 2003. *Developing Locally: An International Comparison of Local and Regional Economic Development*. Bristol: Policy Press.
- Bhattacharyya, J., 2004. Theorizing community development. *Journal of Community Development Society*, 34(2): pp.5~34.
- Birch, K. and Whittam, G., 2008. *The Third Sector and the Regional Development*

of Social Capital. Liverpool: University of Liverpool.

- Bourdieu, P., 1986. The forms of capital. In: J. G. Richardson(eds.), *Handbook of Theory and Research for the Sociology of Education*, New York: Greenwood.
- Budd, L., 2003. Can social enterprise succeed in building the regional agenda? *Regions* 243: pp.7~11.
- Coleman, J. S., 1988. Social capital in the creation of human capital, *The American Journal of Sociology*, 94: pp.95~120.
- Coleman, J. S., 1990. Foundations of Social Theory. Cambridge: Harvard University Press.
- Cooke, P. and Morgan, K., 1998. *The Associational Economy: Firms*, Regions and Innovation. Oxford: Oxford University Press.
- Devine-Wright, P., Fleming, P., and Chadwick, H., 2001. Socio-psychological perspective. *Impact Assessment and Project Appraisal*, 19: pp.161~167.
- Edwards, A., 2005. *The Sustainability Revolution: Portrait of a Paradigm Shift*. Canada: New Society Publishers.
- Evans, M. and Syrett, S., 2007. Generating social capital? The social economy and local economic development, *European Urban and Regional Studies*, 14: pp.55~74.
- Evers, A., Laville, J-L., 2004. Defining the third sector in Europe. the third sector in Europe, In: J-L. Laville and A. Evers(eds.), *The Third Sector in Europe*, Cheltenham, UK, Northampton, MA: Edward Elgar.
- Fasenfest, D., Ciancanelli, P., and Reese, L. A., 1997. Value, exchange and the social economy: framework and paradigm shift in urban policy, *International Journal of Urban and Regional Research*, 21(1): pp.7~22.
- Fyfe, N., 2005. Making space for Neo-communitarianism? The third sector, state and civil society in the UK, Antipode, 37: pp.536~557.
- Geddes, M. and Neman, I., 1999. Evolution and conflict in local economic development, *Local Economy*, 13(5): pp.12~25.
- Grant, J., 2006. *Planning the Good Community*. New York: Routledge.
- Harding, R. and Cowling, M., 2004. *GEM: Social Entrepreneurship Monitor United Kingdom 2004*. London. London Business School.
- Hillery, G. A., 1955. Definitions of community: areas of agreement, *Rural Sociology*, 20: pp.111~123.
- Hudson, R., 1998. What makes economically successful regions in Europe

successful? implications for transferring success from west to east. *Sussex European Institute Working Paper No. 27*. Brighton: University of Sussex.

- Jessop, B., 2000. Globalization, entrepreneurial cities and the social economy, In: P. Hamel, M. Lustiger−Thaler, and M. Mayer(eds.), *Urban Movements in a Global Environment*. London: Routledge.
- Jones, D., Keogh, W., and O'Leary, H., 2007. *Developing the Social Economy: Critical Review of the Literature*. Edinburgh: Communities Scotland.
- Kay, A., 2005. Social capital, the social economy and community development, Community Development Journal, 41(2): pp.160~173.
- Keat, R., 1993. The moral boundaries of the market, In: C. Crouch, D. Marquand(eds.), *Ethics and Markets: Cooperation and Competition within Capitalist Economies*, Oxford: Blackwell Publishers.
- Ladd, H. F. and Yinger, J., 1989. *America's Ailing Cities Fiscal Health and the Design of Urban Policy*. Baltimore: The Johns Hopkins University Press.
- Lehtonen, M., 2004. The environmental−social interface of sustainable development: capabilities, social capital, institutions, *Ecological Economics*, 49: pp.199~214.
- Markusen, A. R., 1987. *Regions: The Economics and Politics of Territory*. New Jersey: Rowman and Littlefield.
- Moulaert, F. and Ailenei, O., 2005. Social economy, third sector and solidarity relations: a conceptual synthesis from history to present, *Urban Studies*, 42: pp.2037~2053.
- Newman, J., 2000. *Stronger Families and Communities Strategy*. Canberra: Department of Family and Community Services.
- Paton, R., 2003. *Managing and Measuring Social Enterprise*. London: Sage.
- Pearce, J., 2003. Social *Enterprise in Anytown*. London: Calouste Gulbenkian Foundation.
- Pestoff, V., 1998. *Beyond the Market and State: Social Enterprises and Civil Democracy in a Welfare Society*. Brookfield: Ashgate.
- Pike, A., Rodríguez−Pose, A., and Tomaney, J., 2006. *Local and Regional Development*. London: Routledge.
- Purdue, D., 2001. Neighbourhood governance: leadership, trust and social capital, *Urban Studies*, 36(12): pp.2211~2224.
- Putnam, R., 1993. The prosperous community: social capital and economic

growth, *American Prospect*, 13: pp.35~42.

- Putnam, R., 1995. Bowling alone: america's declining social capital, *Journal of Democracy*, 6(1): pp.65~78.
- Reese, L. A., 1992. Local economic development in Michigan: a reliance on the supply-side, *Economic Development Quarterly*, 6: pp.383~393.
- Rydin, Y. and Holman, N., 2004. Re-evaluating the contribution of social capital in achieving sustainable development, *Local Environment*, 9(2): pp.117~133.
- Seelos, C. and Mair, J., 2005. Sustainable development, sustainable profit, *European Business Forum*, 20: pp.49~53.
- Storper, M., 1997. *The regional world: territorial development in a global economy*. New York: The Guilford Press.
- Thompson, J., Alvyand, G., and Lees, A., 2000. Social entrepreneurship-a new look at the people and the potential, *Management Decision*, 38: pp.328~338.
- Vázquez-Barquero A., 2002. *Endogenous Development*, London: Routledge.
- Walker, R., 1996. California rages against the dying of the light, *New Left Review*, 209: pp.42~74.
- Warren, R., 1970. The good community-what would it be? *Journal of the Community Development Society*, 1: pp.14~23.

제10장

기후변화로 인한 폭염 전망과 적응대책

요약문

제10장에서는 기후변화 시나리오에 따른 전 지구적 기후변화 전망을 살펴보고, 주요 국가별 폭염의 정의와 함께 기후변화에 따른 우리나라의 미래 폭염 전망에 대해 알아본다. 다음으로 폭염으로 인한 우리나라의 인명피해 및 경제적 피해 현황을 살펴보고, 기후변화 취약성 개념을 적용한 우리나라 시군구별 폭염취약성 분포를 살펴본다. 마지막으로 국내외 폭염피해 저감을 위한 대책을 구조적 대책과 비구조적 대책으로 구분하여 사례를 통해 알아보고, 국내 폭염피해 저감대책의 문제점과 개선방안에 대하여 살펴보기로 한다.

10.1 기후변화 전망과 영향

1) 기후변화 전망

2013년 '기후변화에 관한 정부간협의체(IPCC, Intergovernmental Panel on Climate Change)'에서 발표한 「WGI 제5차 평가보고서」 중 「정책결정자를 위한 요약보고서」에 따르면, 지구온난화로 인해 지난 133년간(1880~2012년) 지구의 평균기온은 0.85℃(0.65℃−1.06℃) 상승한 것으로 나타났다. 특히 우리나라의 6대도시 평균기온은 지난 약 1.5℃ 상승하여 전 세계 평균기온 상승보다 높게 나타났다. 〈그림 10−1〉은 지구 평균기온의 변화 추세를 나타낸 것으로 1981년부터 2010년까지 30년의 평균기온과 매년 평균치(1900~2010년)를 비교한 그래프이다.

미래 대표농도경로(Representative Concentration Pathways, RCP) 기후변화 시나리오에 따르면 현재의 추세로 온실가스 배출량이 계속될 경우(RCP 8.5 시나리오) 21세기 후반기

그림 10-1 과거 지구 평균기온의 변화 추세

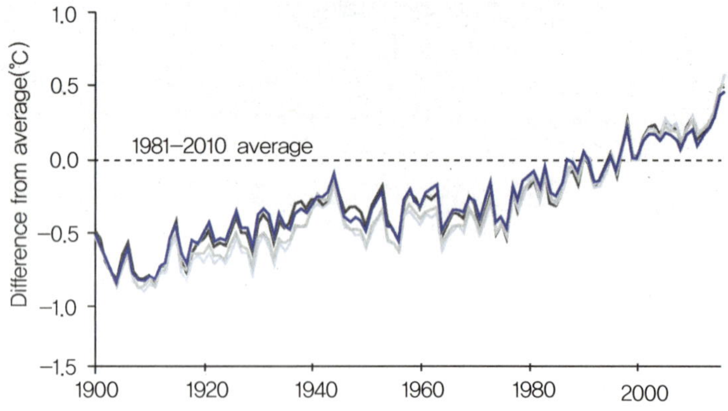

출처: 미국 해양대기국(NOAA), 중앙일보, 2017.11.06.

그림 10-2 RCP 4.5, 8.5에 따른 미래 전지구 평균기온의 변화 추세

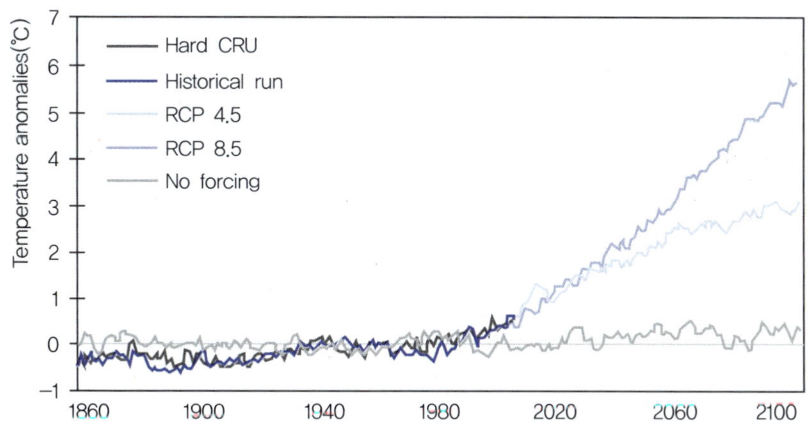

출처: 기상청, 한반도 기후변화 전망보고서, 2012.

(2081~2100년) 지구의 평균기온은 과거 20년(1986~2005년)에 비해 3.77℃ 오르고, 극지방의 빙하가 녹아 해수면은 최고 63cm 상승할 것으로 예측된다. 이에 따라 가뭄과 폭염 등 각종 기상재해의 강도가 심화될 것으로 전망하고 있다. 반면, 온실가스 저감 정책이 상당히 실현되어 배출량이 감소되는 경우(RCP 4.5 시나리오) 21세기 후반기(2081~2100년) 지구의 평균기온은 과거 20년(1986~2005년)에 비해 1.8℃, 해수면은 47cm 올라 상승폭을 완화할 수 있을 것으로 전망하고 있다(〈그림 10-2〉).

기상청에서 2012년 발간한 「한반도 기후변화 전망보고서」에 따르면 우리나라의 경우 온실가스 배출량이 현재와 같이 지속될 경우 평균기온은 21세기 중반기(2046~2065년) 현재보다 3.3℃, 21세기 후반기(2081~2100년) 5.7℃ 상승하고, 이에 따라 강원도 등 일부 산간지역을 제외한 남한 대부분의 지역이 아열대 기후로 변화할 것으로 분석하고 있다. 특히, 폭염과 열대야, 호우 등의 기후관련 극한지수는 더 극적으로 증가할 것으로 전망되는데, 남한보다는 북한의 증가폭이 더 클 것으로 분석되었다. 다만, 온실가스가 감축될 경우 이에 따른 완화효과는 강수량, 기온에 비해 폭염, 열대야의 발생(일)에서 더 두드러지게 나타날 것으로 전망되고 있다(기상청, 2012).

2) 폭염 예측과 전망

기상학적 정의에 따른 폭염은 특정 지역에서 일정 온도 이상의 기온이 수 일 동안 지속되는 현상을 의미하는 것으로 대부분 수치나 통계자료로 설명할 수 있다. 그러나 재해현상으로 설명되는 폭염은 같은 기온이라고 하더라도 해당 지역의 인구학적 특성, 지리적 특성, 사회 환경 등에 따라 피해영향이 다양하기 때문에 기상학적 정의와 같이 명확한 기준으로 제시하기 어렵다. 이러한 이유로 인해 폭염은 각 국가별, 관리기관별로 다양하게 정의되고 있다. 〈표 10-1〉에 나타난 것처럼 미국과 캐나다에서는 약 32℃ 이상의 기온이 연속 3일 이상 지속되는 현상을 폭염으로 정의하고 있으며, 우리나라에서는 일 최고기온이 30℃ 이상인 날이 계속되는 현상을 폭염으로 정의하고 있다.

기상청에서는 과거관측 및 통계자료를 기반으로 기후변화 시나리오 자료를 생산하여 장기적인 한반도의 폭염 전망을 발표하고 있다. 앞서 설명한 「한반도 기후변화 전망보고서」는 1981~2010년 대비 21세기 후반기(2071~2100년)의 한반도 기후변화 전망을 분석한 보고서로, 이 보고서에 따르면 21세기 중반기(2041~2070년) 우리나라의 평균 폭염일수는 현재(1981~2010년) 연간 7.3일 수준에서 RCP 4.5 시나리오를 적용했을 때 현재보다 약

표 10-1 국가 및 기관별 폭염의 정의

국가/기관별		폭염의 정의
세계기상기구		30년 이상 정상년 기준으로 일 최대기온이 일평균기온을 5℃ 이상일 경우
미국	기상청	기온이 90.0℉(32.3℃)를 초과하는 일이 연속하여 3일 이상 지속되는 현상
	연방 재난관리청	특정 지역의 기온이 평년 기온보다 10℉ 또는 그 이상인 상태가 몇 주 동안 지속되는 현상
캐나다		32℃ 이상 연속 3일 이상의 기간
프랑스		낮 기온이 30℃ 이상인 날이 4일 이상 계속될 것으로 예상되고, 최고기온이 36℃에 이를 것으로 예상 될 경우
영국		임계온도를 사용해 폭염에 대한 경보를 발령하고 있으며, 지역에 따라 다르지만 평균 임계온도는 낮 30℃, 밤 15℃임
일본		일 최고기온이 35℃ 이상의 날을 무더위일로 지정
국내		일 최고기온이 30℃ 이상인 날이 계속되는 현상

출처: 국립방재연구소, 2009; 보건복지부, 2013.

3.8일 증가한 11.1일, RCP 8.5 시나리오를 적용했을 때는 현재보다 약 7.9일 증가한 15.2일로 예측하고 있다. 또한, 21세기 후반기(2071~2100년)에는 RCP 4.5 시나리오를 적용했을 때 연간 13.1일, RCP 8.5 시나리오를 적용했을 때는 연간 30.2일로 폭염일수의 증가는 RCP 8.5 시나리오에서 더욱 가속화 될 것으로 나타난다. 〈표 10－2〉는 RCP 4.5, RCP 8.5 시나리오를 적용한 한반도 전반기, 중반기, 후반기의 폭염일수 변화 패턴을 나타낸 그림이다.

지역별로 살펴보았을 때 21세기 후반기(2071~2100년) 연평균 폭염일수는 RCP 4.5 시

표 10-2 국토교통부의 '미래도시비전 2020'에 제시된 도시정책

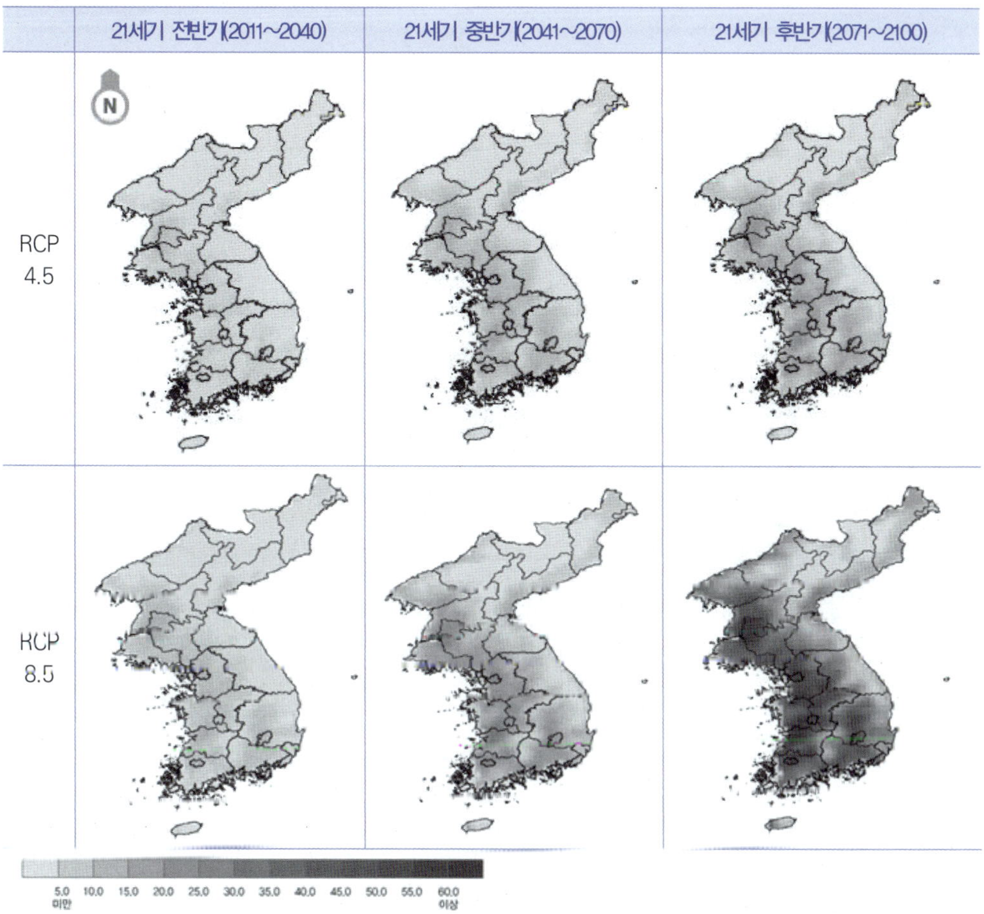

출처: 기상청, 한반도 기후변화 전망보고서, 2012.

나리오에서 대구광역시(37.2일)가 가장 높게 나타났으며, 가장 적은 지역은 강원도(10.4일)로 전망되었다. 반면, RCP 8.5 시나리오에서는 연평균 폭염일수가 가장 높은 지역으로 광주(77.3일)가 전망되어 RCP 시나리오별로 예상되는 폭염 최다발생 지역이 다른 것으로 분석되었다.

10.2 폭염취약성

1) 폭염 피해현황

폭염은 집중호우, 폭설, 태풍 등의 기상현상과는 달리 발생가능성을 예측하는 데 쉬운 반면, 폭염으로 인한 인명피해는 폭염 시작 후 48시간 내외에서 간접적으로 서서히 나타나기 때문에 피해상황 확인이 어렵다는 특징이 있다(한국산업안전공단, 2008). 기상청에 따르면 1901년부터 2008년까지(108년간) 우리나라에서 가장 많은 사망자수를 기록한 기상재해는 1994년 발생한 폭염으로 당시 사상 최악의 폭염으로 인해 직간접적 초과사망자는 3,384명에 달한 것으로 나타났다(기상청, 2012).

현재 국내 폭염으로 인한 인명피해는 보건복지부 질병관리본부에서 실시하는 폭염건강피해감시체계를 통해 집계되고 있다. 질병관리본부에서는 2010년 전국 460개 응급의료기관에 대한 폭염피해 응급진료사례 조사를 시작으로 2011년에는 이를 전산화하였으며, 2014년부터는 대상이 되는 응급의료기관을 국가지정응급의료기관(436개소)에서 응급실운영의료기관(539개소)으로 확대하여 매년 운영하고 있다. 질병관리본부에서 수집하는 온열질환은 열사병, 열실신, 열경련, 열탈진, 열부종, 기타로 구분되며 사망자는 별도로 집계하고 있다.

2011년부터 2016년까지 발생한 국내 온열질환 신고건수는 총 6,353건으로 이 중 2016년이 2,125건으로 가장 높았고, 2013년에는 1,189건, 2015년에는 1,056건, 2012년에

그림 10-3 평균 폭염일수 및 폭염으로 인한 사망자(2011~2016년)

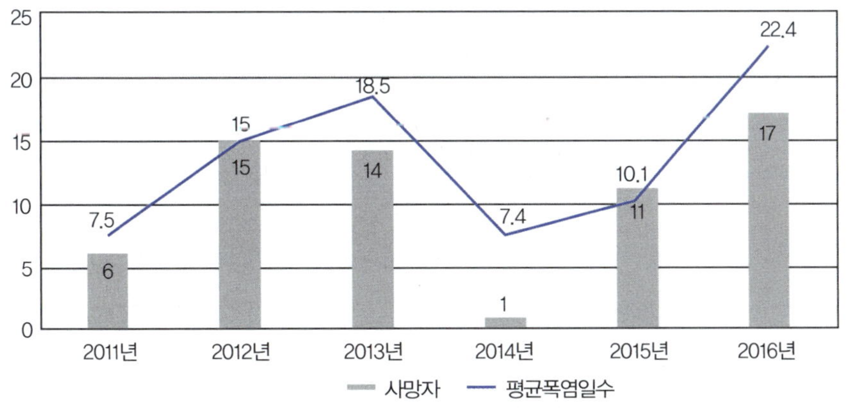

출처: 자질병관리보부, 온열질환 신고현황 연보, 2016.

는 984건 순으로 나타났다. 사망자의 경우에도 2016년이 17명으로 가장 많이 발생했으며, 2012년 15명, 2013년 14명, 2015년 11명, 2011년 6명, 2014년 1명으로 나타나 온열질환자수 및 사망자는 대체로 폭염일수와 비례하여 증감하는 것으로 나타났다(〈그림 10-3〉).

반면, 연령별 온열질환자 발생 특성의 경우 전 연령 중 50대의 온열질환 신고 비율이 16~23%로 가장 높으며, 경제활동 연령(30~50대)의 발생비율은 전체 온열질환자 수의 44~55%를 차지하는 것으로 나타났다. 이러한 결과는 근무하는 환경(건설업, 농업, 어업 등)에 따른 야외활동 비율이 높기 때문으로 유추할 수 있다. 70세 이상 고령층 환자 발생 비율의 경우 폭염이 상대적으로 적었던 2011년(16.0%)과 2014년(14.7%)에 비해 폭염이 심했던 해 2012년(25.6%), 2013년(19.9%), 2015년(20.6%), 2016년(21.2%)에 높게 나타나 다른 연령층에 비해 고온에 취약한 것으로 나타났다. 반면, 50대, 60대 등 발생비율이 높은 연령층은 연도별 발생건수가 크게 차이나는 반면, 발생비율이 낮은 연령층에서는 연도별 격차가 크게 나타나지 않았다(〈그림 10-4〉).

폭염으로 인한 피해는 인명피해뿐만 아니라 경제적 피해로도 나타난다. 경제적 피해는 주로 간접적인 피해로 분류되며, 농·어업, 축산업, 임업 등 사회전반에 파급되어 영향을 미친다. 먼저, 농업의 경우 벼 잎 도열병 및 병해충의 발생가능성이 높아지고 이로 인

그림 10-4 연령별 폭염피해 현황(2011~2016년)

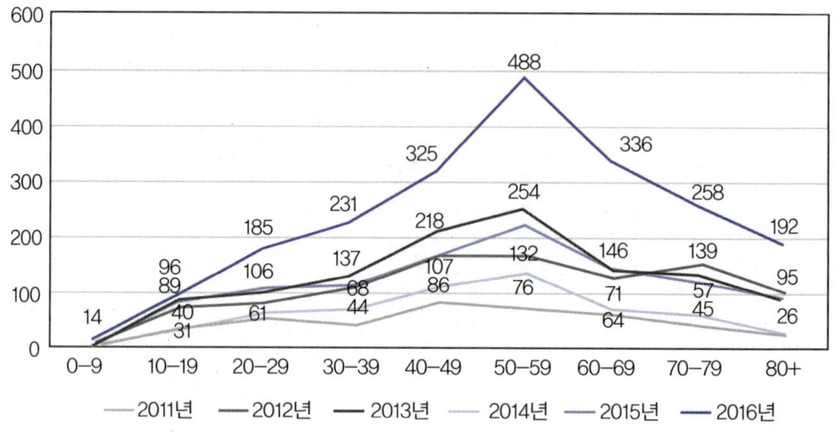

출처: 질병관리본부, 온열질환 신고현황 연보, 2016.

해 수량이 감소할 수 있다. 고온에 지속적으로 노출된 과채류의 경우 발육이 저하되고 칼슘이 결핍되어 품질 및 당도가 저하되는 결과를 나타낼 수 있다. 또한, 임업의 경우 나무와 가로수 등의 고사하여 목재 생산량이 줄어들고, 양식장에는 적조현상이 발생하여 물고기가 집단 폐사하는 일이 벌어지게 된다. 축산업의 경우 열사병, 일사병 등 가축 질병발생으로 인한 폐사율이 높아지고, 가축의 사료섭취량 및 소화율이 감소하여 발육부진으로 이어질 수 있다. 곡물생산 저하로 파급된 사료 값 폭등 및 사료부족의 영향을 받을 수 있다. 이 외에도 전력수요증가로 인한 전력부족, 식중독 및 각종 전염병 발생률 상승, 집중력 감소로 인한 생산성 감소 등 다양한 형태의 피해가 발생할 수 있다.

우리나라에서는 매년 평균 가축 2,103천 마리, 어류 6,123천 마리가 폭염으로 인해 폐사하는 피해가 발생하고 있다(국민안전처, 2017). 특히, 2016년에는 고온으로 인해 전국의 3,752ha의 과수 면적이 일소피해(햇빛데임)를 입었고, 총 4,444천 마리의 가축이 폐사하였다. 또한, 8월 중순부터 발생한 고수온 현상으로 인해 경북, 충남, 경남, 전남, 부산에 걸쳐 약 60,830천여 마리의 양식생물이 피해를 입어 총 536억 원의 피해액이 발생하였다(관계부처합동, 2017).

그림 10-5 IPCC 기후변화 취약성 개념도

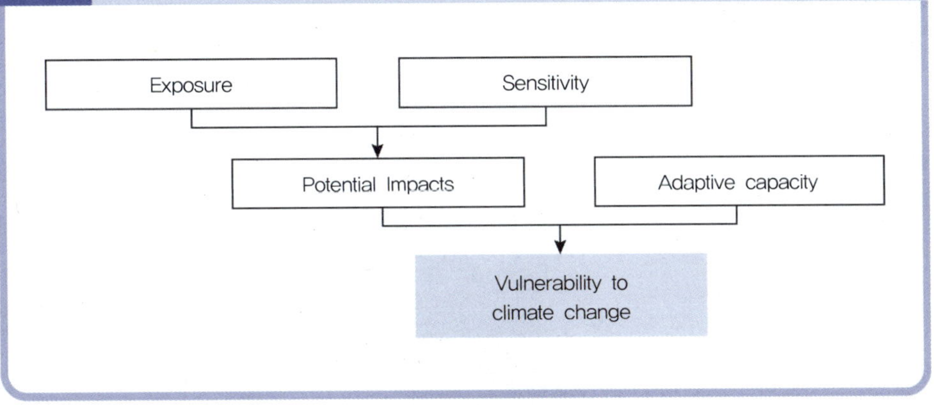

출처: IPCC, 2001.

2) 폭염취약성 분석

기후변화에 따른 취약성의 개념은 분석 목적에 따라, 기관에 따라 다양하게 정의되고 있다.

가장 일반적으로 통용되는 기후변화 취약성의 개념은 IPCC(2001)에서 제시한 것으로 여기서 취약성(vulnerability)은 기후 노출(exposure), 민감도(sensitivity), 적응능력(adaptive capacity)의 함수로 표현된다(〈그림 10-5〉). 노출(exposure)과 민감도(sensitivity)는 예상된 기후변화에 따른 잠재적인 영향(potential impacts)을 의미하는 것으로, 노출(exposure)은 기후와 관련된 자극에 노출되는 정도, 민감도(sensitivity)는 기후관련 자극에 의해 시스템이 영향을 받는 정도를 의미한다. 이와 대비되는 개념으로 적응능력(adaptive capacity)은 기후변동과 기후변화를 조절하고 잠재적인 피해를 완화하며 이에 대처할 수 있는 능력을 의미한다. IPCC(2001)의 개념에 따라 기후변화 취약계층에 대해 정의하면 첫째, 기후와 관련된 자극에 크게 노출된 지역에 거주하고, 둘째, 상대적으로 민감하게 영향을 받으며, 셋째, 스스로 피해를 완화하고 해결할 수 있는 능력이 떨어지는 계층을 의미한다는 것을 알 수 있다.

이러한 개념의 연장선에서 UNDP(2005)는 기후영향에 대한 위해요소(hazard)와 취약성(vulnerability)을 조합하여 위험(risk)으로 나타냈으며, 이때 취약성을 시스템에서의 민감도(sensitivity; 또는 영향)와 적응능력(adaptive capacity)에 관한 함수로 정의하였다. UNDP

그림 10-6 우리나라 폭염취약성

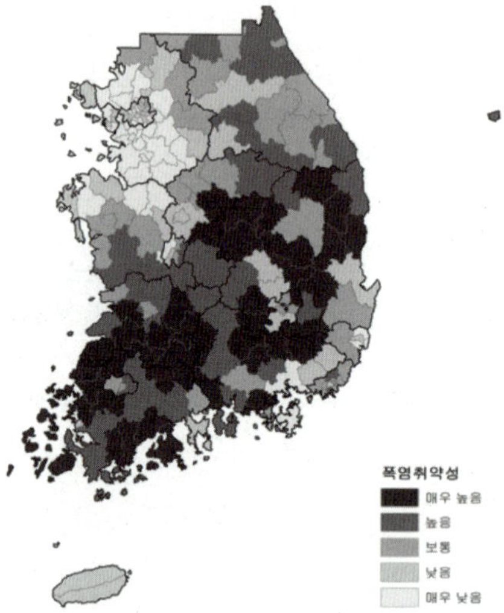

(2005)의 정의에서는 IPCC(2001)가 기후 상황을 개념에 포함한 것과는 달리 기후변화에 따른 위해요소(hazard)는 시스템 외적인 요소로 보고 취약성에 포함하지 않았다.

이 두 개념으로부터 기후변화에 따른 취약성은 기후에 의한 영향이 높을지라도 적응 능력 또한 높으면, 그 시스템은 기후변화에 따른 위험이 낮아질 수 있다는 것을 유추할 수 있다. 이는 폭염취약성에 적용했을 때 더위가 일상적인 열대지방보다는 온대지방에서 갑자기 기온이 올라갈 경우 오히려 피해가 증가하는 것으로 설명할 수 있다.

〈그림 10－6〉은 IPCC(2001)의 기후변화 취약성 개념을 적용하여 연평균 폭염일수(2001~2010), 취약계층(65세 이상 인구비율, 독거노인 비율, 기초생활수급자 비율, 2010), 1만 명당 무더위쉼터 수(2013), 재정자립도(2010)의 지표를 토대로 우리나라 폭염취약성을 분석한 결과이다. 폭염에 따른 취약성 분석은 대부분 지표를 활용한 분석이 수행되고 있다. 폭염취약성 평가를 위한 지표는 z－score를 적용하여 표준화한 후 적용하였으며, 각 지표값의 평균 랭킹(ranking)을 산출한 결과를 통해 취약성을 비교·분석하였다. 이러한 분석방법은 Germanwatch의 기후변화 위험지수(CRI: Climate Risk Index) 산출방법과 동일한 것으로 각 지표의 평균 랭킹값은 절대적 취약성을 파악하기에는 한계가 있으나, 대상 지역별

상호 비교·분석이 용이하다는 장점이 있다. 우리나라의 폭염취약성 분석 결과 대체로 폭염취약성이 높은 지역은 경상도와 전라도에 많이 분포하고 있는 것으로 나타났다. 반면 대도시는 일반 시·군에 비해 상대적으로 폭염취약성이 낮은 것으로 나타났으며, 광역시 중에서는 대구광역시가 폭염취약성이 가장 높은 것으로 분석되었다.

10.3 폭염피해 저감을 위한 대책

극한기상현상의 발생가능성이 높아지고, 폭염으로 인한 피해가 자주 발생하면서 세계 각국은 폭염피해 저감을 위한 대응정책을 추진하고 있다. 정부부처 및 지자체를 중심으로 폭염 및 열섬 저감을 위한 가이드라인을 개발하고 공공기관을 중심으로 녹화사업, 투수성 포장, 수경시설 설치, 가로수 식재 등을 시행하고 있다. 또한, 폭염발생 기간에는 지역 커뮤니티를 이용하여 노약자 및 노숙인 등 취약계층을 관리하는 방침을 제도화하고 있다. 본 글에서는 폭염피해 저감을 위한 대책을 크게 구조적 대책과 비구조적 대책으로 구분하고, 국외와 국내의 대표적 사례를 살펴보았다.

1) 국외 폭염피해 저감대책

국외에서는 도시열섬현상에 대한 건물 온도 저감대책으로 그린루프(Green roof)와 쿨루프(Cool roof)를 장려하고 있다. 이들은 폭염피해 저감을 위한 구조적 대책의 하나로 건축표면을 변화시켜 실내 및 도시온도를 낮추고자 하는 방법이다(〈표 10-3〉). 그린루프(Green roof)는 건물의 지붕이나 벽면에 식물을 심어 녹화하는 방식으로, 우수를 억제하고 도심의 공기정화 및 온도 저감 효과를 볼 수 있다. 반면, 쿨루프(Cool roof)는 건물 지붕에 밝은 색의 소재 및 특수 도장재를 사용하여 태양열의 반사율을 높이는 것으로 그린루프와 같은 우수억제, 공기저감 등의 효과는 없지만 그린루프에 비해 저렴한 비용으로 냉방 비

표 10-3 그린루프 vs 쿨루프 비교

분 류	그린루프 식물을 이용하여 건물의 지붕이나 표면을 덮는 방식	쿨루프 빛 반사율이 높은 재질이나 색을 활용하여 빛의 반사도를 높여 실내를 시원하게 하는 방식
여름철 에너지 효율성	매우 효율적. 그늘, 열용량, 증발산량, 우수저장 등으로 효율적임	표면 상태에 따라 다르지만 기존의 일반지붕보다는 효율적임
청 소	표면청소가 필요 없음	표면의 반사도는 오염물질이나 변색에 의해 영향을 받으므로 필요함
겨울철 에너지 효율성	열용량, 단열을 더하므로 효율적	빛 반사도를 높이는 방식이므로 단열에는 덜 효율적임
여름철 최고온도	쿨루프에 비해 여름철 실내 최고온도가 낮음. 지붕의 열용량으로 최고점까지 도달하는 과정을 늦춤	표면 상태에 따라 다르지만 기존의 일반지붕보다는 효율적임
지붕수명	매우 효율적. 방수막이 햇빛(열&자외선)의 직접적인 도달로부터 보호	덜 효율적. 기후나 해일 등에 견딜 수 있는 특성이나 재질에 따라 다름
열섬저감	매우 효율적. 식물의 증산효과와 그늘을 통한 냉각효과	기존의 일반지붕보다는 효율적이지만 반사한 빛이 주변의 빌딩표면에 해로울 수 있음
심미성	생활편의시설로 활용될 수 있음	눈에 띔. 낮은 고도로 비행하는 비행기의 접근에는 해로울 수 있음
물 공급의 필요	지속적인 물 공급이 필요함	건조기간을 제외하고는 필요 없음
초기비용	비교적 높은 비용	비교적 적은 비용
수명주기 비용	식물을 생장시키는 데 비용이 들지만, 장기적 관점에서 방수는 수명주기비용을 줄이는 데 도움이 됨	쿨루프는 그린루프에 비해 표면보호가 어려움

용 절감 효과를 볼 수 있다. 건물 지붕은 도시 면적의 50~65%를 차지하기 때문에 그린루프와 쿨루프는 도시 온도 저감 및 탄소배출 저감에 효과적이다.

두 번째 구조적 대책으로는 쿨링센터(Cooling Center)가 있다. 쿨링센터는 미국, 캐나다 등에서 시작된 것으로 에어컨이 설치된 도서관, 정부기관, 노인센터, 종교시설, 할인매장 등을 이용하여 노인이나 노숙자와 같은 폭염취약계층들이 머무를 수 있는 공간을 제공하는 것을 의미한다. 우리나라에서는 무더위쉼터라는 명칭으로 운영되고 있다. 쿨링센터는 폭염대책기간(Excessive Heat Warning/Advisory)에 업무시간에만 상시적으로 운영되지만, 도서관 등 경우에 따라서는 늦은 시간까지 개방하거나 24시간 개방하도록 운영하고 있다. 쉼터에는 간단한 음식과 식수, 상비약 등이 항시 구비되어 있도록 권고하고 있으며, 일부 쿨링센터는 노숙자들을 위한 숙식을 제공하는 곳도 있다. 미국, 캐나다 등 국가에서는 쿨링센터 정보사이트를 운영하여 지역의 쿨링센터의 위치, 전화번호, 운영시간 등 상세한 정보를 제공하고 있다.

쿨링센터와 비슷한 개념으로 일본에서는 쿨 쉐어(Cool share) 사업을 진행하고 있다. 쿨 쉐어란 폭염취약계층(노약자, 어린이)을 보호하고, 가정 냉방으로 인한 전력소비를 줄이기 위하여 여름철 집안의 에어컨을 끄고 시원한 곳에 모이자는 프로그램으로 냉방이 잘된 공공기관이나 금융기관, 서점, 미술관, 상점 등을 시민에게 개방한다. 쿨 쉐어 사업에는 다양한 민간시설들이 참여하여 시민들에게 폭염 시 쉴 수 있는 쉼터를 제공하고 있으며, 일부 상점에서는 참여하는 손님들에게 무료 음료와 할인 쿠폰을 제공함으로써 참여를 독려하고 있다. 또한, 지방정부는 참여한 기관들의 위치를 나타낸 지도(일명 'cool share map')를 작성하여 시민들에게 배포하거나 사이트에 공개하고 있다.

폭염에 대비하기 위한 비구조적 대책으로 미국과 캐나다, 이탈리아, 중국 상해 등에서는 '도시－고온건강경보시스템'(Heat－Health Warning System)을 도입해 운영하고 있다. 이는 1995년 미국 필라델피아 시에서 처음 개발된 것으로, 과거 폭염발생시기에 대한 기상자료와 사망자료 간의 통계적 연관성을 분석하여 구축한 예측모형으로부터 기상예보자료를 투입해 각 도시별 초과사망자수를 예측하고 3단계(감시, 주의보, 경계) 조기 경보를 내리는 시스템이다(국립기상연구소 응용기상연구과, 2010). 이는 기존의 폭염특보제가 절대적 온도 값을 통해 일정 온도 이상이면 예·경보가 발효되는 것과는 달리 도시별 초과사망자 피해특성과 취약성을 고려할 수 있어 폭염특보제의 한계를 보완할 수 있는 시스템이라고 할 수 있다.

두 번째 비구조적 대책은 버디시스템(Buddy system)이다. 이는 쌍방향 케어서비스로 미국에서는 직장동료 간, 노인 및 친척, 주변이웃 간 버디시스템을 운영하고 있다. 캘리포니아와 텍사스에서는 폭염 시 직장에서 동료들끼리 서로의 건강상태를 챙기는 '근무지 버디시스템'(Buddy system at work)과 실시간 커뮤니케이션을 가동하여 서로간의 건강상태를 관리하도록 하고 있다. 버디의 지시사항으로 폭염 시 더 많은 피드백을 권고하고 있으며, 직장 내 직원을 혼자두지 말고 정기적으로 근무자들의 소재 및 행방을 확인할 것을 지시하고 있다. 필라델피아에서는 1990년대부터 폭염기간에 노약자를 돕는 버디시스템이 권장되어 더운 여름철 대중매체를 통해 친구, 친척, 이웃, 자원봉사 지원자들이 주변에 사는 노약자 가정을 방문하도록 권고하고 있다. 필라델피아에서 버디(Buddy)란 폭염으로부터 생명을 구하는 자원봉사자들을 일컫는 말로서 폭염에 취약한 주변의 노약자들을 살피고, 그들이 스스로 시원하게 유지할 수 있도록 돕는 역할을 한다. 또한, 이들은 폭염에 취약한 노약자들이 에어컨이 있는 쇼핑몰, 도서관, 교회와 같은 장소들을 찾을 수 있도록 도와준다. 이러한 버디프로그램에 따라 65세 이상 노약자는 폭염기간에 친구나 친척들에게 하루 2번 이상 전화를 하고, 주변에 폭염취약계층이 있는 사람은 하루 2번 이상 그들의 건강상태를 확인할 것을 권고하고 있다.

세 번째 비구조적 대책으로 폭염취약계층 명단 데이터화는 폭염 시 취약계층에 대한 특별 관리를 통해 건강피해를 줄이고, 응급상황 발생 시 보다 빠르게 대응하는 데 중요한 역할을 한다. 때문에 유럽에서는 폭염취약계층의 명단을 작성하기 위한 정책을 구체적으로 시행하고 있다. 가령 이탈리아에서는 취약계층 명단을 작성하기 위해 개인들의 병원 내원정보(대사장애, 뇌혈관질환, 중추신경계 장애, 심혈관질환, 우울증 등)까지 취합하여 자료화하고 있으며, 지역의 개업주치의들은 내원하는 환자들의 정보를 등록함으로써 폭염취약계층 명단 작성에 핵심적인 역할을 수행한다. 이는 구체화된 자료수집뿐만 아니라 폭염 시에는 의사들이 직접 취약계층을 돌볼 수 있기 때문에 실질적인 예방 · 대처가 가능한 제도라고 할 수 있다. 프랑스에서는 노인 및 저소득층 등 폭염취약계층이 자발적으로 신고하도록 하는 '취약계층 신고제'를 통해 명단을 작성하고 있다. 이는 비교적 방법이 간단하고 구체화된 자료수집이 가능하지만, 사회적 취약계층들의 참여가 수반되어야 가능한 시스템이라고 할 수 있다.

마지막으로 폭염관련 지도는 취약계층들이 손쉽게 위치정보를 확인하여 도움을 받도록 하거나, 폭염취약계층의 분포를 통해 집중적인 예산 투자 및 분석적 접근이 가능하다는 장점이 있다. 이에 따라 많은 국가에서 폭염관련 지도를 구축하여 배포하고 있다. 프랑스에서는 노숙인에게 도시 음수대 위치지도를 제공함으로써 폭염 건강피해를 줄이고자 노력하고 있으며, 캐나다에서는 2011년부터 취약계층의 연령, 거주지, 거주환경, 시설물 등 다양한 취약인자를 고려하여 지도로 나타내고 있다. 캐나다의 폭염취약성 지도는 지표온도, 도시녹지대분포도, 취약계층특성, 무더위쉼터 위치 등 폭염과 관련한 다양한 정보들이 포함되어 있어 정책적 우선순위를 살피는 데 활용될 뿐만 아니라 폭염 취약계층이 쉽게 이동할 수 있는 거리를 계산하여 쿨링센터 위치를 지정하는 데 반영하고 있다.

2) 국내 폭염피해 저감대책

국내에서 운영하고 있는 구조적 대책의 대표적 사례로는 '무더위쉼터'가 있다. 무더위쉼터는 2007년부터 보건복지부 및 각 지방정부를 중심으로 운영되고 있는 폭염피해 예방대책으로 에어컨이 설치된 공공기관 및 은행, 노인시설, 마을회관, 비영리단체 시설 등을 이용하여 무더위쉼터로 지정함으로써 폭염에 취약한 사람들이 쉽게 이용할 수 있도록 하는 제도이다. 무더위쉼터는 매년 폭염대책기간(6~9월)에 운영되며, 평소 노인들이 자주 이용하고 쉽게 이동할 수 있도록 일상생활 공간 주변에 위치한 접근이 양호한 장소를 지정하도록 하고 있다. 무더위쉼터로 지정된 기관 및 시실별로는 노인시설(경로당)이 약 73%로 가장 높고, 그 다음은 마을회관(16%), 주민센터(4%)의 순으로 지정되어있다(2013년 기준). 지역별로는 경기도가 7,218개로 가장 높고, 그 다음은 경상남도(6,143개), 전라남도(5,935개) 순으로 나타났다(〈표 10-4〉).

무더위쉼터 제도는 지역적 환경과 이용도, 운영기준 등에 대한 고려가 부족하고, 기존의 냉방기기가 설치되어 있는 관련기관을 쉼터로 지정하는 것 이외에 별다른 조치가 없

표 10-4 우리나라 무더위쉼터 수(2013)

지역명	무더위쉼터 수	지역명	무더위쉼터 수
서울특별시	3,125	강원도	1,089
부산광역시	846	충청북도	2,394
대구광역시	672	충청남도	3,810
인천광역시	310	전라북도	3,454
광주광역시	614	전라남도	5,935
대전광역시	785	경상북도	5,038
울산광역시	369	경상남도	6,143
세종특별자치시	396	제주자치도	445
경기도	7,218	총합계	42,649

출처: 행정안전부 국민재난안전포털.

다는 것이 주요 문제로 제시되어 왔다. 이에 따라 지자체에서는 일부 무더위쉼터를 폭염기간 중 연장 운영하도록 지정하고 있으며, 주말, 공휴일에도 상시적으로 개방하고 있다. 또한, 무더위쉼터에 상시적으로 방문건강관리 프로그램을 운영하여 사회복지사, 사회봉사단체, 자율방재단 등이 함께 취약계층의 건강을 관리할 수 있도록 한다. 서울시에서는 쉼터관리를 위하여 어르신 일자리 사업으로 약 320명의 전담 관리요원을 채용하도록 지원하고 있다.

또 다른 구조적 대책으로 도시 수경시설은 시민들에게 청량감을 제공하고 기온상승에 따른 더위를 일시적으로 감소시켜주는 효과를 제공한다. 수경시설의 종류에는 분수, 폭포, 벽천, 물놀이장, 쿨링포그 시스템(Cooling-Fog System) 등이 있으며 지자체별로 차이는 있지만 대부분 더위가 시작하는 5월 말경부터 10월 말까지 가동한다(<그림 10-7, 그림 10-8>). 가로공간에 주로 설치되어 보행환경을 개선하는 쿨링포그 시스템(Cooling-Fog System)은 정수 처리된 미세수분 입자를 저전력 고압으로 분무시켜 증발로 인한 냉방효과를 거두는 야외냉방 시스템을 말하는 것으로, 고압펌프에서 분무된 물은 입자가 너무 작아 바닥에 닿기 전에 공기 중 더운 공기와 만나 기화하면서 청량감을 주며 대기 질 개선 효과도 기대할 수 있다. 또한, 설비비, 운전경비가 저렴하고 열 저감 효과가 뛰어나다는 장점이 있다.

그림 10-7 울산 수암시장 쿨링포그 시스템

출처: 울산 중구청.

그림 10-8 대구국채보상운동기념공원 쿨링포그시스템

출처: 대구시.

이 외에도 각 지자체에서는 도시 고온현상을 최소하고 폭염피해를 저감하기 위하여 살수시스템 설치 및 살수차 운행을 도입하고 있다. 살수시스템은 도로에 뿌려질 경우 노면 변형방지 및 교통사고 예방, 먼지제거를 위해 활용될 수 있고, 주변 가로수에 뿌려 도로 수목 고사에 따른 피해를 경감할 수 있다. 각 지자체에서는 폭염기간 급수차량과 인력을 투입하여 수목고사를 예방하고 있으며, 가뭄에 약한 수목 등은 물주머니를 설치하는 등 정책을 통해 수목 피해 예방을 위한 대책을 시행하고 있다.

폭염 예·경보 시스템인 폭염특보제는 대표적인 비구조적 폭염대책에 해당된다. 우리나라에서는 기상청에서 폭염특보 시스템을 운영하고 있으며, 폭염보건피해 예방을 위해 국내 7개 대도시(서울, 부산, 인선, 대구, 광주, 대전, 수원)를 대상으로 온도 기반 고온건강경보시스템도 운영 중이다. 우리나라 폭염특보제는 경보단계가 2단계(주의보, 경보)로 간단하며, 일 최고기온이 33℃ 이상인 상태가 2일 이상 지속될 것으로 예상될 때 폭염주의보, 일 최고기온이 35℃ 이상인 상태가 2일 이상 지속될 것으로 예상될 때 폭염경보를 발표한다. 이러한 체계는 다른 국가의 예·경보 시스템에 비해 단순하기 때문에 국민들이 폭염상황을 이해하기 쉽다는 장점이 있으나 고온에 대한 세부적인 구분이 없어 극고온 발생 시 대처가 어려울 수 있으며, 선행시간을 충분히 확보할 수 없어 미리 준비하기가 어려울 수 있다는 단점이 있다.

행정안전부 및 보건복지부에서 운영하는 비구조적 폭염대책으로 재난도우미 제도, 폭염감시원 제도, 老-老 케어가 있다. 2017년 기준 재난도우미는 135,865명으로 보건전문인력 및 노인돌보미, 사회복지사는 14.9%, 지역자율방재단 22.3%, 이장 · 통장 38.7%, 공무원 등 기타 24.1%로 이루어져 있다(국민안전처, 2017). 이들은 폭염관련 정보를 제공받을 경우 방문건강관리사업 전문인력과 동행하여 폭염 취약계층의 건강체크 또는 안부전화 등의 보호 · 건강관리를 수행하고, 무더위쉼터 위치 · 이용안내 활동 및 폭염대비 행동요령 교육 · 홍보활동을 수행한다. 폭염감시원은 농촌지역의 이장 · 통장, 지역 자율방재단 등이 구성되어 농 · 어업, 실외작업장 등 폭염 취약지역 예찰 및 피해예방을 계도하는 역할을 하고 있다. 老-老 케어는 노인일자리 사업의 일환으로 도입된 제도로써 건강한 노인이 병약한 노인을 돌보는 것을 의미한다. 이는 지역의 커뮤니티 및 네트워크를 활용함으로써 공적 인력투입의 필요성을 줄이고, 상대의 건강상태를 확인함과 동시에 소득을 창출하는 쌍방향 케어 프로그램이라고 할 수 있다.

세 번째 비구조적 폭염대책으로는 조선 · 항만, 건설현장 등 폭염으로 인한 인명피해 발생이 높은 옥외사업장의 근무자들을 위한 무더위 휴식시간제(Heat break)가 있다. 고용노동부에서는 기본적으로 여름철 폭염 취약사업장에 대하여 근로자 안전관리와 교육을 시행하고, 현장감독 시 폭염피해 예방을 위한 3대 수칙(물, 그늘, 적정 휴식시간)을 지키도록 지도를 강화하고 있다. 무더위 휴식시간제는 이러한 지시사항의 일환으로 폭염특보제에 맞춰 가장 무더운 시기인 오후 1시부터 3시 사이에 야외작업장의 휴식을 유도함으로써 폭염으로 인한 인명피해를 예방하는 제도이다. 다만, 무더위 휴식시간제의 경우 강제적으로 시행하는 것은 무리가 있어 자지단체나 사업주가 자율적으로 판단하여 운영하도록 권고하고 있다. 일부 교육청에서는 무더위 휴식시간제를 학교운영에 도입하여 폭염특보 기간에는 오후시간의 체육활동을 자제하고, 단축수업을 시행하는 등의 폭염예방 대책을 시행하고 있다.

3) 시사점

국내 · 외 구조적, 비구조적 폭염피해 저감대책은 운영방식이나 기준에 있어서는 차이가 있으나 제도의 시행목적과 형태에 있어서는 비슷하게 운영되고 있다. 구조적 대책의 경우 대부분 녹지나 그늘, 물, 바람의 4가지 요소를 적절히 활용함으로써 거주공간이나 보행로, 야외공간의 환경을 개선하고, 비구조적 대책의 경우 기술을 이용한 정보전달, 지역 커뮤니티 및 인력을 이용한 취약계층 관리를 통해 폭염으로 인한 피해를 예방하고 있다. 때문에 폭염피해 저감을 위한 제도 및 기술이 국가적, 지역적 특성에 따라 상이한 기준을 갖고 운영되고 있다고 하더라도 비슷한 유형의 제도의 경우 상호 비교를 통해 문제점을 파악하고 개선할 수 있다.

폭염피해 저감을 위한 지원은 지금과 같이 독거노인, 저소득층 등 사회적 취약계층에게 개별적으로 지원하기보다는 지역별 폭염취약성을 분석하여 커뮤니티 단위에서 지원하는 방향으로 확대하는 것이 보다 효율적이다. 이는 공용 공간 및 지역의 커뮤니티를 적극 활용하는 것으로 무더위쉼터도 이러한 지원제도에 해당된다. 다만, 앞서 언급했듯이 무더위쉼터 제도는 불명확한 지정 및 운영기준과 낮은 접근성, 열악한 시설여건 등이 문제로 제시되어 왔다. 이는 무더위쉼터를 지정하는 데 있어 지역의 사회적, 물리적 상황이나 시설이용인원 등에 대한 분석과 평가가 이루어지지 않았기 때문에 생기는 문제들로, 장기적인 제도의 정착 및 효율적 활용을 위해서는 우리나라 실정에 맞는 제도개선이 필요하다. 국내의 경우 주거지로부터의 이동거리가 비교적 가깝기 때문에 일시적으로 노약자를 대피, 보호하는 일상적인 기능이 효과적이며, 이를 위해 기존의 지정된 건물의 종류를 다양화하여 접근성을 높이고 취약계층 주거지 밀도나 분포를 파악하여 무더위쉼터 위치를 지정하는 것이 중요하다. 또한, 해외사례에서처럼 무더위쉼터 내 비상식량과 얼음물, 상비약을 항시 보관하도록 감시하고, 도시 음수대 및 무더위쉼터의 위치정보를 표시한 지도를 제작하여 폭염취약계층이 필요시 쉽게 이용할 수 있도록 하는 것이 필요하다.

동시에 정부기관 및 지자체에서 운영하는 시스템이 얼마나 폭염을 저감하는 데 효과가 있는지에 대한 평가가 지속적으로 이루어져야 한다. 가령 폭염 예·경보 시스템의 경우 우리나라는 현재 최고온도를 기준으로 하는 2단계 특보시스템을 운영하고 있다. 이는 다른 국가와 비교했을 때 비교적 간단한 체계로 특보발령 시 전달이 용이하고 이해가 쉽다는 장점이 있다. 그러나 향후 기후변화에 따른 기온 상승을 고려한다면 특보단계를 보다 세분화(극한폭염에 대한 경보 등)하는 방안을 검토하여 현행 폭염 특보시스템을 보완할 필요가 있다.

또한, 폭염에 대한 정보전달만으로는 고온으로 인한 인명피해를 실질적으로 줄일 수 있는 것은 아니므로, 폭염에 취약한 사람들이 정보를 이해하고 스스로 대처하며 나아가 서로 정보를 공유할 수 있도록 지역적인 커뮤니티 활성화를 위해 노력해야 한다. 이와 함께 통합시스템 구축을 통해 지방정부와 중앙정부가 실시간으로 정보를 공유하고 필요 기술 및 인력을 빠르게 투입할 수 있도록 해야 한다. 언론, 정부, 소방, 보건 등 관련기관들의 긴밀한 협력과 협조는 피해예방 및 대응과정의 효율성을 높이고, 실제 폭염으로 인한 피해를 줄이는 데 기여할 수 있을 것이다.

10.4 요약 및 결론

본 장에서는 RCP 기후변화 시나리오에 따른 기후변화 및 폭염의 전망에 대해서 살펴보고, 폭염 및 기후변화 취약성의 정의에 대하여 알아보았다. 또한, 폭염으로 인한 우리나라의 인명피해 및 경제적 피해 현황을 살펴보고, 국내·외에서 시행되고 있는 구조적, 비구조적 폭염대책 사례를 통해 국내 폭염피해 저감대책의 문제점과 개선방안에 대하여 살펴보았다.

폭염은 인명피해뿐만 아니라 농업, 어업, 축산업 등 산업전반에 막대한 경제적 손실을 끼치는 기상재해로 발생범위가 넓고, 피해가 직·간접적으로 서서히 나타나기 때문에 즉각적인 피해상황 확인이 어렵다. 기후변화에 따른 폭염 발생은 21세기 후반기(2071~2100년)로 갈수록 점차 증가할 것으로 전망되며, RCP 8.5 시나리오에서는 더욱 가속화될 것으로 예측된다. 이에 따라 폭염피해 저감을 위한 장기적 적응대책 마련이 필요하다. IPCC(2001)의 기후변화 취약성 정의에 따르면 기후변화로 인한 피해는 해당 시스템의 노출정도, 민감도, 적응능력에 따라 달라지기 때문에 폭염정책을 수립할 때는 지역별, 계층별 취약성을 고려하여 적용하는 것이 중요하다. 국내·외 폭염대책 사례에서 살펴보았듯이 국내뿐만 아니라 해외에서도 폭염피해를 저감하기 위한 다양한 구조적, 비구조적 대책을 시행하고 있으며, 비슷한 형태의 제도라고 하더라도 국가별, 지역별로 상이한 운영 방식 및 기준을 적용하여 효과를 높이기 위해 노력하고 있다.

참고문헌

- 국립기상연구소. 2010. 도시 폭염 피해 줄이는 '도시-고온건강경보시스템'. 하늘사랑, Vol. 349.
- 국립방재연구소. 2009. 폭염 재해 대책에 관한 연구—폭염재해의 기준과 소방방재청의 역할 정립 방안.
- 국민안전처. 2017. 폭염.. 국민과 함께 피해 최소화에 총력-2017년 범정부 폭염대책
- 관계부처합동. 2017. 2016년 이상기후보고서.
- 기상청. 2012. 한반도 기후변화 전망보고서.
- 기상청. 2012. 인명피해가 가장 많은 기상재해는 '폭염' 보도.
- 미국해양대기국(NOAA). 2017. Climate at a Glance. https://www.ncdc.noaa.gov/cag/time-series/global/0.0,0.0/land_ocean/1/10/1880-2017
- 보건복지부. 2013. 폭염대응 건강관리 사업안내.
- 질병관리본부. 2016. 온열질환 신고현황 연보.
- 한국산업안전공단. 2008. 폭염대비 근로자 건강보호대책 세부추진 계획.
- 행정안전부. 2017. 국민재난안전포털. 무더위쉼터 현황(API).

- IPCC. 2001. Climate Change 2001: Impacts, Adaptation and Vulnerability. In: McCarthy et al.(eds.), *Third Assessment Report*. Cambridge: Cambridge University Press.
- IPCC. 2013. Summary for Policymakers. In: T. F. Stocker et al.(eds.), *Climate Change 2013: The Physical Science Basis*. Cambridge: Cambridge University Press.
- UNDP. 2005. *Adaptation policy frameworks for climate change: Developing strategies, policies, and measures*. Cambridge: Cambridge University Press.

제11장

정보통신기술의 발달과 지역정책: 스마트시티에서 스마트지역으로

요약문

제11장에서는 최근 급속히 발달하고 있는 정보통신기술(ICTs)이 지역단위의 공간에 미치는 영향에 대해 살펴본다. 먼저 생활양식으로 뿌리내리고 있는 첨단 정보통신기술이 공간의 변화에 어떠한 영향을 미치는지를 알아보고, 이에 따른 도시 및 지역 단위 공간의 계획과 스마트시티 및 스마트국토 등의 공간 관련 첨단정보기술 정책을 분석한다. ICTs가 지역의 경제에 미치는 영향과 도시권 및 농어촌 지역의 정보화 관련 이슈들을 살펴봄으로써 첨단 과학시대 지역계획의 방향을 국내외 사례와 함께 고찰한다.

11.1 ICTs의 발달과 공간의 정보화

1) ICTs; 첨단기술에서 생활양식으로

당초 단순반복계산의 속도 향상을 위해 개발된 컴퓨터는 전자계산 분야에서 시작되어 회계 분야의 정보관리시스템(IMS; Information Management System)으로 발달하였지만, 인터넷의 발명과 확산을 계기로 산업과 학문 그리고 생활 전 분야로 퍼져 나갔다. 자동차(금속기계산업), 전자공학 그리고 디자인(예술)과 같이 과거 별도의 기술 및 학문 분야였던 것들이 IT기술을 매개로 융복합되어 하나의 제품을 구성하는 시대가 도래하였다.

ICTs의 발달에 따른 기술의 발전과 보급은 사람들의 생활에도 많은 영향을 미치고 있다. 통신기술의 발달과 함께 한 교통운영체계의 발달은 공간상 두 지점간의 물리적 거리를 단축시킴으로써 전통적 지리학의 이론들을 위협해 왔다. 또한 컴퓨터에 기반한 자동화는 작업시간의 단축을 통해 업무의 형태를 바꾸었을 뿐만 아니라, 사람들의 일상생활에도 밀접하게 관여함으로써 우리의 삶의 모습을 바꾸어 가고 있다. 20세기 말과 21세기 초 HPTM의 CoolTownTM 프로젝트나 MicorsoftTM의 EasyLivingTM프로젝트는 미래 ICTs에 기반하여 사람들의 일상생활이 바뀌는 모습들을 예측하기도 하였다.

초기 컴퓨터인 ENIAC 이후 Mainframe을 이용하던 시기에는 하나의 컴퓨터에 여러 대의 터미널을 연결하여 공유하는 형태였으나, IBMTM의 PC(Personal Computer) 보급으로 1인 1 컴퓨터 시대가 열렸고 지금은 한 명의 사람 주변에 여러 대의 컴퓨터가 연결되어 정보를 주고받는 상황이 되었다. 이와 같은 개념은 Mark Weiser에 의해 유비쿼터스 컴퓨팅[1]으로 명명되었으며, 그 외에도 연계공간(Linked or Wired space), 스며드는 공간(Pervasive space, IBMTM) 등의 유사한 개념들이 있으나 그 본질은 물리적 공간이 ICTs를 통해서 연계되어 있거나 공간에 ICTs가 스며들어 있다는 의미로서 우리의 생활공간 어디에나 컴퓨터 또는 컴퓨터의 입출력 기능(input－output function)들이 존재한다는 의미이다.

---

1 '유비쿼터스'(ubiquitous)라는 개념은 철학 또는 신학에서 신이 언제 어디서나 존재한다(omnipresent)는 의미로서 일상생활에서 컴퓨터가 자연스럽게 주변에 존재한다는 의미로 사용하였다. 한 때, 우리나라에서는 유비쿼터스를 시공자재(時空自在)로 번역하기도 하였다(최병남 외, 2005).

그림 11-1 Mark Weiser의 유비쿼터스 컴퓨팅 개념

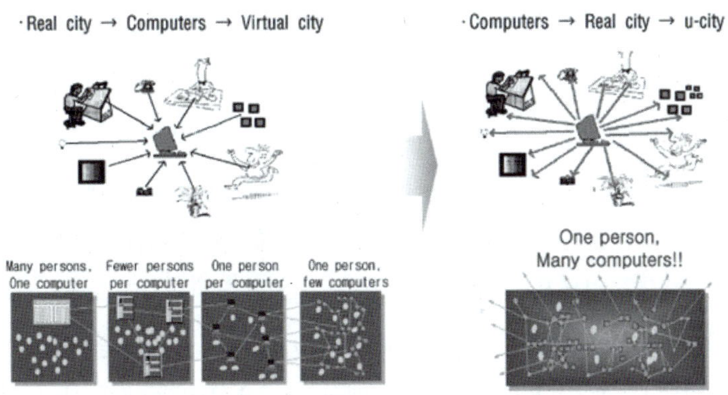

자료: Weiser(1993).

이와 같이 이미 많은 분야의 업무들뿐 아니라 일상생활이 ICTs에 기반하여 작동하고 있으며 우리 주변의 사물들이 유무선 네트워크(Wired or Wireless network)를 통하여 연결됨으로써(사물인터넷, IoT; Internet of Things) 보다 많은 정보를 공유하거나 연계할 수 있게(빅데이터, Big Data) 되었다. 사물인터넷이나 빅데이터는 그 분석 알고리즘을 통하여 사람들의 의사결정을 도와주거나 때로는 사람들의 개입 없이 주어진 과업을 처리할 수 있는 인공지능(AI; Artificial Intelligence)을 제공하기도 하고, 심지어는 현실에서 구현하지 못하는 가상의 현실을 제공하기도(증강현실, AR; Augumented Reality) 한다. ICTs의 발달은 급속한 공간환경의 변화를 초래하고 있으며 그 결과, 주택이나 업무공간 등의 작은 공간(micro space) 뿐 아니라 도시, 지역이나 국가 또는 전 세계적인 범위의 광역공간(macro space)의 변화를 유도하고 있다.

2) ICTs의 공간적 확산

Mark Weiser의 ubiquitous computing 개념이 물리적 공간으로 확대 적용되면서 공간에 컴퓨터를 비롯한 각종 ICTs 기술이 내재(embedded)되어 공간의 지능화(intelligence)를 이끌어 가고 있다. 공간에 적용되는 ICTs는 각종 센서나 CCTV와 같은 인지장치와 스

피커, 가로등과 같은 출력장치 그리고 media facade 또는 kiosk 등의 interface 장치들이 있으며, 이들은 유무선 통신망(network)을 통하여 서로 연계되어 공공 또는 민간의 관리체계(management system)에 의하여 각종 서비스를 제공하고 있다.[2]

이들은 교통, 방범, 상업, 행정, 예술 등 기존에 도시공간이 제공하던 서비스의 질을 향상시키거나 새로운 서비스를 제공함으로서 공간 내에서 활동하는 사람들의 효용을 증대시키고 있다. 첨단교통시스템(ITS; intelligent transportation system)에 의한 교통시간의 감소는 시민들에게 보다 많은 여유시간을 제공하며,[3] 주거와 인접한 스마트 워크센터는 근로자들의 통행시간 및 비용을 감소시키는 한편 온실가스 배출 감소에도 효율적이다(CISCO, 2011). ICTs를 이용한 주차공간의 공유를 통해 토지의 효율성을 높이고(한밭대학교 산학협력단 외, 2015) 방범시스템이나 재난대응시스템의 발전은 사람들에게 보다 안전한 공간을 제공하고 있다. 뿐만 아니라 media facade 등의 공간 기반 소통장치(interface device)들은 사람들 간의 의사소통을 원활하게 함으로써 도시사회의 변화를 이끌어 낼 수 있을 것으로 평가되기도 한다.

사람들의 활동이 공간에 기반하므로 향후 사람들의 행태와 관련된 공간의 정보화는 더욱 진화할 것이며, 이와 같은 공간적 확산은 생활공간으로부터 도시를 거쳐 지역과 국가 차원으로 확대되어 가는 한편 공간 자체의 ICTs화도 더욱 빨라질 것으로 판단된다.

11.2 정보화 공간; 스마트지역의 이론적 기초

1) 공간의 정보화와 이에 따른 공간의 변화

1970년대 이후 급속히 보급된 전화, 전신(텔렉스), 팩스 등 통신기술의 발달은 교통수

2 이상호(2000)는 서비스(service), 기술(technology), 인프라(infrastructure) 그리고 관리(management)를 유비쿼터스 시티의 네 가지 구성요소로 제시하였다.

3 Helsinki Kalasatama Smart City의 주 슬로건은 'Save one hour of citizen's time every day'이다.

요를 대체함으로써 교통수요를 감소시킬 수도 있으며 반대로 각종 사회활동을 활성화를 통해 대면접촉을 위한 교통수요의 증가를 유발할 수도 있을 것으로 예상되었다. 당초 통신기술의 발달과 교통 간의 대체 및 보완관계는 1980년대 이후 국내외 많은 연구에서 분석되었고(유완 · 이상호, 1992 등), 결과적으로는 통신기술의 발달과 관계 없이 교통수요는 빠르게 증가하였다.

그러나 1980년대 이후 ICTs는 교통 뿐 아니라 생산, 업무, 상업, 문화, 보건의료 등 도시의 활동과 관련된 전 분야에 영향을 미쳤고 이는 도시의 물리적 공간의 구조와 정주체계, 토지이용 등에도 변화를 초래하였다. 김현식 외(2002)는 정보화로 인한 미래 도시

표 11-1 정보화로 인한 미래 도시공간 변화 전망

구 분	기본방향	주요 내용
도시공간구조	대도시 집중과 교외화	도시의 계층적 분산화 전개와 광역도시권의 형성
	대도시의 다기능 다핵거점화	경관, 사회, 문화적 매력으로 인한 집중화
	지방 중소도시의 침체 우려	정보불균형에 따른 지역격차 심화
도시토지이용	혼합적 토지이용의 촉진	공동화 해소 및 토지효율 극대화
	상업업무지의 기능변화 및 수요감소	상업업무지의 용도전환 및 첨단화
	주거지 내 업무기능 통합 및 수요증가	신주거개념의 등장과 주택의 다양화
	의료 및 교육시설, 문화시설 등의 집중화 및 대형화	각종 시설의 전문화 및 대형화 가속, 복합적 시설로 발전
도시형태	근린도시	24시간 보행권, 지역공동체 활성화
	장소성, 도시정체성	가상공간이 제공할 수 없는 장소성과 도시정체성 강화
	이중도시	도시 내 지역간, 계층간 격차 심화로 집단간 공동생활 위축 예상
교통과 환경	상보적 균형관계, 정보통신과 교통	혼잡 감소 및 여가교통 증가, 교통효율성 증대
	지속가능한 환경	도시의 다핵구조화가 에너지효율화와 친환경적 여건 도모
디지털공간	정보인프라의 불균형과 친환경성	공공개입 없으면 정보불균형 심화, ICTs 인프라를 통한 친환경적 도시공간 정보화 구축
	접속장소의 활성화	새로운 교류기회, 전자적 정면 등 다양한 경관 창출

자료: 김현식(2002), 필자요약.

공간 변화를 공간구조, 토지이용, 도시형태, 교통과 환경 그리고 디지털공간의 5가지 부문으로 구분하여 전망하였다. 먼저 도시구조 측면에서는 다기능, 다핵거점화를 통한 대도시에로의 집중과 광역도시권 형성을 통한 교외화가 심화되는 한편 지방 중소도시의 침체를 예상하였다. ICTs의 발달이 가장 많이 영향을 미치는 분야가 도시의 토지이용인데, 무엇보다도 주거, 업무, 서비스 등 다양한 기능이 동일한 토지에서 가능하게 됨으로 인하여(혼합적 토지이용의 확대) 기존 용도지역제도(zoning system)의 실효성 문제가 많이 제기되고 있다. 교통과 통신의 상보적 균형관계를 통해 교통효율성이 향상되는 한편, 도시의 다핵구조화가 에너지 효율화를 유도할 것으로 예상하였다. 그 외에도 정보통신인프라의 불균형에 대한 우려와 전자적 장소를 통한 교류와 새로운 경관의 출현을 예상하기도 하였다. 이와 같은 예상은 15년 이상이 경과한 지금 평가할 때, 일부 다른 방향으로 전개된 것도 있으나 대부분 당시의 예측에서 크게 벗어나지 않았다. 오히려 대도시의 집중 심화와 혼합적 토지이용 등은 예상보다 빠르게 확산되고 있음에도 불구하고 사회적 대응이 따라가지 못하고 있는 실정이다.

위와 같은 상황을 고려해 볼 때, ICTs의 발달은 도시 뿐 아니라 지역계획에도 많은 영향을 미치고 있다. 무엇보다 먼저 국토 정주체계에 대한 고려이다. 박삼옥 외(2003)는 정보통신기술의 발달이 공간 구조에 미친 영향을 분석하였다. ICTs의 발달로 원거리의 물리적 공간에 대한 접근 가능성은 높아졌고 전자 경제 시대에 있어 물리적 거리는 더 이상 중요하지 않을 것이라는 주장이 있기도 하였으나 이것이 공간의 불균형을 해소하는 공간 구조로의 발전을 의미하지는 않은 것으로 보았다. 특히 사이버공간에 대한 접근성은 지역적으로 불균등하게 나타나고 있으며, ICTs의 발달에 따라 세계화된 경제 활동에 있어 지역과 국지성의 의미는 더욱 부각되고 있다는 점을 확인하였다. 또한, 정보화시대에 있어서도 경제활동공간에서 인접성은 여전히 중요하며 거리의 영향이 소멸된다거나 공간의 균형성이 획일적으로 나타나는 것은 아니라는 점도 지적하였다. 따라서 앞으로 정보화의 진전에 따라 공간적 불균형을 심화시키지 않게 하기 위해서는 주변지역의 정보통신하부구조의 개선은 물론 지식정보화시대에 적합한 인적자원의 개발, 주변지역의 지역혁신체계의 구축을 주장하였다.

Lee et. al(2008)는 ICTs의 발달에 따라 형성될 도시 공간구조의 형태를 '분산된 집중'(Decentralized Concentration)으로 표현하였다. 정보화의 영향으로 지역적 차원에서 볼 때 도시권을 중심으로 공간기능의 분화가 일어나고 도시권 내에서도 도심이나 부도심 등 중심성을 가지는 곳들이 분산되지만 미시적인 측면에서는 공간적 집중이 심화될 수 있음을 의미한다. 이는 도시를 중심으로 한 형태론적 분석으로서 정보화에 따른 도시와 농촌 간의 관계 변화, 도시를 중심으로 한 주변 지역들 간의 관계, 국가 또는 지역 차원에서 각 공간단위의 역할 등에 대한 분석이 요구된다.

2) 생활공간으로서의 스마트도시와 스마트지역

정보화의 발달과 함께 등장한 ICTs와 결합된 공간의 개념은 실제의 물리적 공간이 아닌 사이버공간이었다. 사이버공간은 실제의 생활공간이라기보다는 쇼핑, 학습, 업무 등 현실공간에서 일어나는 활동들이 컴퓨터상에서 이루어진다는 개념이었다. 이와 같은 개념은 인터넷 쇼핑, 인터넷 강의와 같이 현실공간에서의 활동을 보조하거나 대체하기도 하지만 사이버공간에서의 도시건설(simcity.com)이나 일상생활(secondlife.com)과 같이 현실공간에서 할 수 없는 일들을 대신하기도 하였다.

가상공간과는 달리 현실공간에서 ICTs는 빠른 속도로 우리의 일상생활에 접목(embeded)되었다. IT 인프라가 우수한 대학캠퍼스, IT 설비가 노동을 대체하는 공장, IT에 기반하여 관리되는 업무시설의 공간효율성이 높은 것이 입증되면서 IT 인프라의 공간단위가 개별 시설에서 보다 넓은 지역이나 도시 단위로 확산되기 시작하였다. 싱가포르의 One-North 프로젝트는 Bio 분야, ICTs 분야 및 미디어 분야의 연구개발기능을 극대화하는 도시를 만들기 위하여 IT 인프라가 갖추어진 연구개발기능 외에 주거, 업무, 교육시설 및 녹지 등을 배치하였다. 특히, 이 도시는 계획단계부터 Social Network과 Business Network을 교통 네트워크와 함께 계획함으로써 사이버공간과 현실공간을 연계시키려는 시도를 제인하였다.

ICTs 기반하여 특화된 개념의 도시공간으로는 우리나라의 유시티를 비롯하여 확산공간(pervasive space), 지능도시(intelligent city), 지식도시(knowledge city) 등이 있으며 최근에는 스마트도시로 통일화 되고 있는 추세이다. 우리나라의 경우 마크 와이저의 유비쿼터스 컴퓨팅의 개념을 도입하여 ICTs 기반의 효율적인 도시서비스를 언제, 어디서나 제공할 수 있는 유비쿼터스 도시(유시티)의 개념을 정립하였다. 유시티는 설계 단계부터 고사양의 IT 인프라를 구축하기 위하여 대규모 신규 택지개발사업에 적용되었고, 교통과 방범 등의 도시서비스가 개발, 적용되었다. 이후 도시행정이 제공하는 전 분야(행정, 의료, 방범, 재난재해,

교육, 문화, 상업, 교통 및 물류 등)의 서비스를 유시티에 적용하는 계획들이 수립되었으나 지역적 여건 및 개별 법률에 의한 규제 등으로 인하여 많은 서비스들이 적용되지 못하거나 부분적으로만 구축, 운영되었다.

스마트도시의 개념은 공간계획보다는 환경계획 측면에서 시작되었다. 1990년대부터 유럽에서는 지구온난화를 방지하기 위한 방법의 일환으로 ICTs의 사용을 제안하였고, 그 결과 교통, 산업, 가정 등 특정 공간 내에서의 에너지 절약을 통한 온실가스 배출 감소 등으로 스마트시티의 개념이 발달되었다. 2003년 발표된 EU의 IntelCity Roadmap(Curwell & Hamilton, 2003)에서는 ICTs를 공간에 접목하는 목표(이유)로서 지속가능한 사회를 제시하였고 그 단계별 목표를 나타내었다. 1단계로서 '기본적 능력이 갖춰진 지속가능 인식 사회(Basic eSkilled Sustainability-Aware Society, 2006)'를, 2단계로는 '환경적으로 책임성 있는 연계 사회(Environmentally Responsible Networked Society, 2008)'를, 3단계로서 '문화적으로 결합된 화석연료 이후의 지식사회(Culturally Cohesive Post Fossile Fuel Knowledge Society, 2013)'를 그리고 마지막으로 '지속가능한 사회로서의 스마트시티-eAgora, 2030)'를 제시하였다. 이 계획이 의미있는 점은 ICTs에 기반한 공간의 마지막 형태로 스마트도시를 제시하면서 그 사회적 책임성과 함께 eAgora라고 하는 민주주의적 소통형태를 명시한 점이다.

일본의 경우에는 공간의 정보화와 스마트시티에 있어 또 다른 접근과정을 보이고 있다. 일본은 발달한 ITCs를 기반으로 정보화의 발전에 따른 국가전략으로서의 e-Japan 정책 등을 제시한 이후 각 분야별 서비스로서의 유비쿼터스 정책을 추진하였고, 이를 지구온난화 등에 대응하는 환경적 측면으로 발전시키기도 하였다(椎野孝雄, 2009).

2010년 이후 일본은 국가전략으로서 정보통신과 기존 도시서비스의 융복합을 추구하는 xICT 정책을 추진하였다. xICT는 ICT를 곱한다는 뜻으로써 산업, 지역, 의료, 교육 등 사회 전 분야에 ICT를 적용하여 그 효율을 향상시키려는 전략이다. xICT 전략의 주요 목표는 1) 2015년까지 브로드밴드 100% 보급을 통한 지역 정보격차 해소, 2) xICT를 통한 3% 성장과 고용창출 그리고 3) ICT 그린프로젝트를 추진, 2020년까지 탄소배출량 10% 감소 달성 등이다(오윤수, 이용훈, 2010). 일본은 xICT 전략뿐 아니라 카시와노하 스마트시티 전략 등에서 새로운 성장동력으로서의 ICTs라는 관점에서 스마트시티를 바라보고 있다. 최근에는 후지사와 SST의 사례에서 보는 바와 같이 새로운 생활양식으로서의 스마트시티를 제안하고 있으며 그럼에도 불구하고 일본의 스마트시티는 에너지문제에 대응하는 한 축을 유지하고 있는 실정이다.

그림 11-2 일본의 ICT 전략 추이

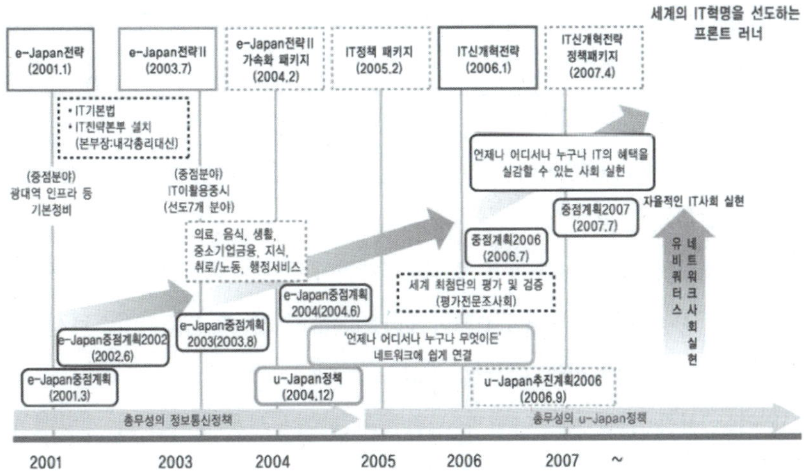

자료: 오윤수, 이용훈(2010).

ICTs의 발달은 IT 인프라와 함께 ICTs에 익숙한 사람들이 많이 모여 사는 도시지역을 중심으로 확산되었다.[4] 그러나 최근에는 도시의 정보화가 주변 지역으로 확산되는 현상과 이를 기반으로 한 지역발전전략에 대한 논의가 활발히 진행되고 있다. 김한준(2016)은 정보화사회와는 구분되는 스마트시대에 있어서 지역 사이의 새로운 상호균형의 관점에서 스마트시티 개념은 스마트지역으로 이동한다고 주장하였다.

도시의 일부 지역 또는 지역발전(개발)의 기제로 ICTs를 적용하고자 하는 노력은 20세기 후반부터 시작되었다. 말레이시아에서는 1996년부터 Penang에서 Johor Barhu까지의 말레이반도의 남북축과 Port Klang에서 Kuala Lumpur까지의 동서축을 잇는 Multimedia Super Corridor(MSC) 계획을 수립하고 집행하였다. 두 축의 중심에는 Cyberjaya라는 신도시를 건설하여 인접한 신행정수도 Putra Jaya와 연계한 중심기능을 부여함으로써 행정기능의 효율화와 ICTs에 기반한 경제발전을 연계시키려 하였다. 반면, 유럽에서는 대도시권 또는 특정 지역의 경제 또는 사회 발전전략으로써 ICTs를 적용하려고

4 정부에서는 매년 정보격차에 대한 조사결과를 발표하고 있는데, 주요 대상이 노령자, 저소득층, 장애인 그리고 농어촌 거주자이다(한국정보화진흥원, 2014).

시도하였다. 과거 클러스터에 기반한 지역발전모델에서 이제는 단일 클러스터에 의존하기보다 효과적이고 효율적인 플랫폼 기술이 더욱 현실적임을 인식하고 지역 내, 지역 간 연계수단으로서 IT 인프라를 구축하고 이에 기반한 광역 서비스를 제공하기 시작하였다. 유럽 지역위원회(EU CoR; EU Committee of the Region)는 연구지식과 실생활의 차이를 해소하기 위하여 다음과 같은 지침을 제시하였다(Markkula, 2013).

1. 유럽은 EU 2020을 실행하고 원하는 미래를 발명하기 위한 선구자로서의 개척적인 지역을 필요로 한다.
2. 생애주기학습과 완전한 ICT 활용이 기업가정신과 혁신을 위한 초석이다.
3. 우리는 공공 민간 제3부문이 함께하는 근대화된 트리플힐릭스로서의 지역혁신생태계에 대한 역동적인 이해를 필요로 한다.
4. 우리는 공공 민간 파트너쉽과 사람들의 참여－사용자 주도의 개방형 혁신과 리빙랩을 촉진할 방법들을 필요로 한다.
5. 우리는 그 변화를 스케일러블하게 실행하여 가속화하는 것을 필요로 한다.

(자료: CoR Opinions 2011~2012)

표 11-2 유럽 스마트지역 개념의 비교

지 역	특 징	주요내용	비 고
smart CATalonia	스마트도시 확장	스마트국토 농촌 프로그램 관광여행과 상업 활성화 전략	
Milan-Turin Smart Region	2개 지역 연합 엑스포 계기 지역발전 기대	대학의 혁신실험장화 대학기능의 도시적 확산 도시디지털노드(UDN)를 통한 영역별 구성과 RDN 확장	ICT의 공간적 효과
Helsinki Smart Region	스마트 전문화 대표사례 6개 도시 연합-개방체계	쇼케이스 에스포지역 알토대학 확장 캠퍼스 생활형태 작업방식 도구 및 기술기반 CitySDK	복지기술, 사회기술 Social Silicon Valley
Seattle	City-Regionalism 신광역주의	로컬차원, 광역차원(워싱턴주) 도시지역차원(PSRC-협의기구) City-Region 교통계획 2040 형평성 측면의 계획요소	경전철, Transit Corridor 주변 Transit Community

자료: 김한준(2016).

즉, 도시와 주변의 교외지역 및 농촌지역을 포괄하는 범위가 지역(Region)이고 지역이 중심도시 및 그 주변지역들로 이루어져 있다고 할 때, 도시의 정보화가 지역적 범위로 확산되는 현상은 불가피한 것으로 판단되며, 도시화 및 정보화의 진전에 따라 그동안의 지역계획이 가지고 있던 문제들을 해결하는 방안의 하나로서 스마트지역에 대한 비전과 구체적 실행계획들이 제시되고 있는 것으로 판단된다.

3) ICTs의 발달과 지역경제 파급효과

ICTs의 발달은 지역경제와 밀접한 관계를 가진다. 따라서 그동안 ICTs 발달의 경제적 효과를 분석하고자 하는 노력들이 두 가지 측면으로 진행되어 왔다. 그 중 하나는 ICTs 관련 산업의 자체의 시장규모(market size) 또는 시장점유율(market share)을 예측하는 것이며 다른 하나는 ICTs 관련 산업이 타 산업에의 영향을 얼마나 미치는가의 문제이다. ICTs 관련 산업의 규모나 경제적 효과는 연구자에 따라 매우 편차가 크다. ICTs 관련 산업의 범위를 어떻게 정의하느냐에 따라 그 규모나 지역경제에서 차지하는 비중이 매우 달라지기 때문이다.

우리나라 정부에서는 제1차 유비쿼터스도시 종합계획 수립시 유시티의 세계시장 규모를 2008년 1,921억 달러, 2013년 2,160억 달러 그리고 2018년에는 2,408억 달러로 산정한 바 있다(국토해양부, 2009). 그러나 해외 시장조사기관들은 스마트시티 관련 산업의 시장규모를 이보다 훨씬 크게 산정하고 있다. Frost & Sullivan은 2020년 스마트시티 관련 산업의 시장규모를 약 1.5조 달러로 예상하였고, McKinsey는 2025년의 이 분야 시장규모를 9,700억 달러에서 1.7조 달러로 예상하였다. Gran View의 경우에는 2013년 5,680억

표 11-3 스마트시장 관련 산업의 시장규모 전망

발표기관	Frost&Sullivan	McKinsey	Gran View
예측연도	2020년	2025년	2013~2020년
시장규모	1.5조 달러	9,300 ~ 1.7조 달러	5,680 → 1.4조 달러

자료: 황종성(2016).

그림 11-3 스마트시티 시장규모와 부문별 점유율 예측

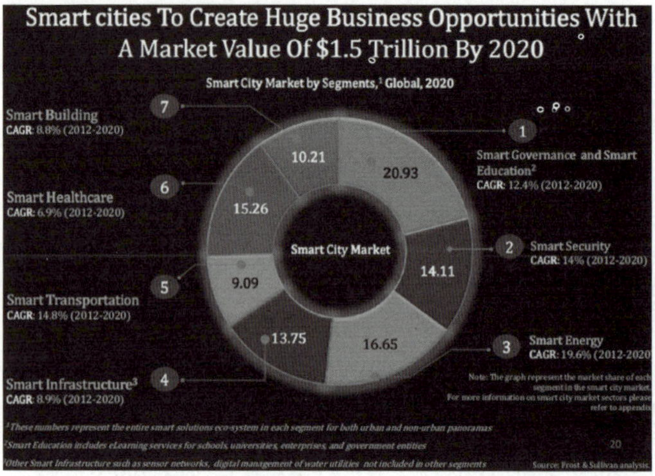

자료: Frost & Sullivan(2014).

달러에서 2020년에는 1.4조 달러로 확대될 것으로 예상하였다(황종성, 2016).

Frost & Sullivan(2014)은 2020년 스마트시티 관련 시장규모를 약 1.5조 달러(한화 약 1600조 원)로 예측하였는데, 발표 당시 시장점유율은 거버넌스와 교육 부문이 20.93%, 보안 부문이 14.11%, 에너지 부문이 16.65%, 인프라 부문이 13.75%, 교통 부문이 9.09%, 헬스케어 부문이 15.26% 그리고 빌딩 부문이 10.21% 였다. 그러나 중요한 것은 연평균 성장률로서 거버넌스와 교육 부문은 12.4%, 보안 부문이 14%, 에너지 부문이 19.6%, 인프라 부문이 8.9%, 교통 부문이 14.8%, 헬스케어 부문이 6.9% 그리고 빌딩 부문이 8.8%로써 에너지와 교통, 보안 부문의 성장률이 높을 것으로 예측하였다. 따라서 향후 에너지 부문을 비롯하여 보안, 거버넌스와 교육 부문 등에서 ICTs와 결합 또는 연계된 산업이 활성화될 것으로 예측하였다.

컴퓨터의 개발 이후 정보시스템 및 인터넷의 발전을 경험하였지만 최근에는 4차 산업혁명으로 불리우는 동시다발적 변화를 겪고 있다. 기존의 제조업은 빅데이터, 사물인터넷(IoT; Internet of Things), 인공지능(AI; Artificial Intelligence) 등 디지털기술 및 플랫폼 비즈니스와 같은 새로운 패러다임과 결합되며 맞춤형 소량생산, 스마트공장 등 제조공정 측

면의 혁신과 소비자 접점이 제품에서 IoT 제품 기반의 서비스로 변화하는 등의 혁신적인 패러다임 변화를 경험하고 있다(이은민, 2016). 이와 같은 산업들 간의 융복합은 기존 산업 분야마다 ICTs가 결합되기 때문에 국가 또는 지역경제에 기여하는 효과를 측정하기가 어렵다. Lee et. al.(2016), Choi et. al.(2017)는 투입산출분석(I–O Analysis)과 구조경로분석

표 11-4 1990~2014년 ICTs 관련 산업의 구조경로분석 결과

산업(from)	산업(to)	사라진 경로	생성된 경로
AM	Other Industry	0(0)	14(9)
Other Industry	AM	1(0)	20(9)
AM Total		1(0)	34(18)
ITM	Other Industry	2(1)	18(11)
Other Industry	ITM	0(0)	23(14)
ITM Total		2(1)	41(25)
NITM	Other Industry	0(0)	17(10)
Other Industry	NITM	2(1)	36(28)
NITM Total		2(1)	53(38)
C	Other Industry	0(0)	20(13)
Other Industry	C	0(0)	16(10)
C Total		0(0)	36(23)
ITS	Other Industry	1(0)	38(27)
Other Industry	ITS	0(0)	13(9)
ITS Total		1(0)	51(36)
KS	Other Industry	0(0)	19(12)
Other Industry	KS	0(0)	22(16)
KS Total		0(0)	41(28)
ES	Other Industry	0(0)	19(15)
Other Industry	ES	0(0)	15(11)
ES Total		0(0)	34(26)
ITM+ITS+KS Total		3(1)	133(89)
AM+NITM+C+ES Total		3(1)	157(105)
All Industry Total		6(2)	290(194)

주1: AM – 농림광업, ITM – IT제조업, NITM – 비IT제조업, C – 건설업, ITS – IT 서비스, KS – 지식서비스, ES – 기타서비스업

주2: ( )는 지식과 IT에 간접적으로 연관되어 새롭게 생산된 생산경로의 수. (KS), IT(ITM, ITS)가 간접적인 연관관계에 의해 생성된 경로 유형은 AM – KS – NITM, NITM – ITS – ITM – ES, C – ITS – ES 임.

자료: 최민주, 이상호(2017)

을 통해서 ICTs 관련 산업들이 타 산업분야에 어떻게 영향을 미치고 있는지를 분석하였다. 1990년과 2014년 우리나라 산업연관표를 농림 · 광업, IT 제조업, 비 IT 제조업, 건설업, IT 서비스업, 지식서비스업 그리고 기타서비스업으로 구분하여 분석한 결과, 이들 각 분야 가운데에서 IT 서비스업이 가장 높은 생산성장률을 나타내었다. 이 기간 동안 생산유발계수 변화를 살펴보면 1990년에는 비 IT 제조업의 생산유발계수가 가장 컸으나 2014년에는 IT 제조업의 계수가 가장 큰 것으로 나타났다. 증가율에 있어서도 IT 서비스업의 생산유발계수 증가율이 가장 높은 것으로 나타나 ITCs 관련 산업들이 타 산업부문의 생산에 기여하는 정도가 커지고 있음을 알 수 있다.

산업들 간의 투입-산출 과정은 구조경로분석을 통해 알 수 있다. Lee et. al.(2016)의 연구에서는 같은 분석기간 동안 우리나라 산업의 생산경로가 총 290개가 새로이 형성되고 6개가 사라진 가운데 ICTs와 관련된 직접경로는 133개, 간접경로는 105개가 새로 생성된 것으로 나타났다. 이와 같은 결과는 ICTs의 발달이 국가 및 지역의 관련 산업들에 직 · 간접적으로 미치는 영향이 매우 크며, 특히 산업의 융복합화가 빠르게 진행되고 있는 향후 시점에서는 더욱 큰 영향이 발생할 것으로 예상된다.

4) 지역계획에 있어서 ICTs의 역할

컴퓨터는 공간계획에 1950년대 및 1960년대부터 사용된 것으로 알려져 있다. 컴퓨터의 사용 이후 공간계획의 철학은 '공동체를 위한(for) 계획'에서 '공동체와 함께하는(with) 계획'으로 바뀌었다(Pettit et. al., 2008). 이후 공간계획 지원시스템으로써의 컴퓨터의 역할은 기존의 하향식 대규모 도시모델링에서 참여형 공간계획 수단을 제공하는 것으로 진화하였다. ICTs가 지역의 발달에 미치는 영향도 크지만, 다른 한편으로는 지역계획에서 ICTs의 역할이 확대되고 있다는 점이다.

그동안 도시계획에서 사용되던 의사결정시스템(PSS)들은 지역계획 차원으로 확대되어 가고 있다. 이들 시스템은 공간데이터(spatial data)를 기반으로 지리정보시스템(GIS; geo-graphic information system)과 의사결정지원시스템(PSS; planning support system)을 통하여 지역의 현황분석, 경제, 거버넌스 등의 정책수립 및 집행 그리고 모니터링과 함께 미래에 대한 예측까지 수행하고 있다.

그림 11-4 What if?TM 계획지원시스템의 프레임워크

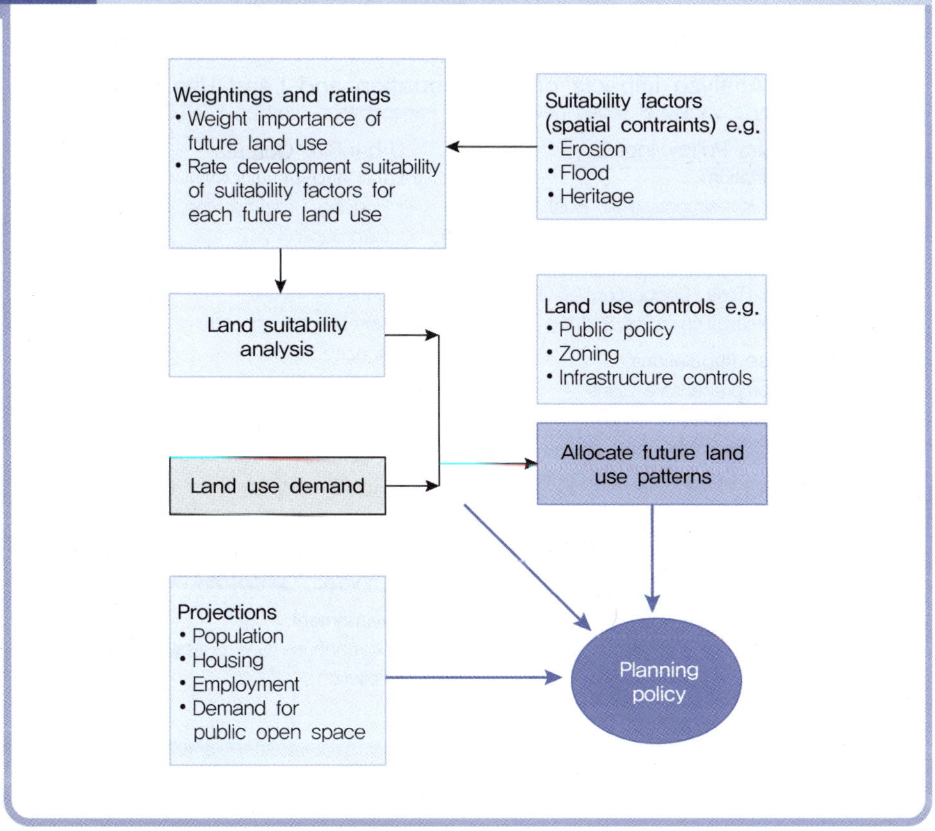

우리나라의 경우에도 국가 1990년대 초반부터 국가GIS기본계획에 따라 공간정보 DB를 구축하기 시작한 이래 중앙정부와 많은 지자체들이 공간정보와 IT 시스템을 활용하여 지역계획을 수립하는 데 도움을 받아 왔다. 행정공간 단위별로 교통, 행정, 상하수도, 방범 등 분야별 계획시스템이 개발되는 한편, 지역별 종합계획(comprehensive planning) 수립을 위한 의사결정지원시스템이 개발되기도 하였다. 국토교통부에서는 2006년부터 2012년까지 첨단정보기술과 GIS기반의 각종 공간분석기법을 활용하여 공간계획 및 정책시행을 지원하는 의사결정지원시스템인 국토공간계획지원체계(KOPSS; KOrean Planning Support System)를 개발하였다.

KOPPS는 통합DB, 데이터마트 생성관리 등을 관리하는 공간자료관리시스템, 분석모형을 구현하는 분석모형관리시스템, 법·규제·전문가가 보유하고 있는 기술, 경험 등의

그림 11-5 UrbanSimTM을 이용한 교통과 토지이용 정책효과 분석

Analyze Impacts of Transportation and Land Use Policies

Study a variety of urban development, transportation, and environmental outcomes.

UrbanSim Policy Inputs

Transportation
- Transit Investments (Rail, Bus)
- Roadway Improvements (GP, HOV, HOT, Bike, Pedestrian)
- Pricing (Tolls, Congestion)
- TDM/Smart Trips/Bike Sharing

Land Use Regulations
- City comprehensive plans
- Zoning & Building Codes
- Parking availability and pricing
- Transit Oriented Development, Urban Villages & Centers
- Subsidies, Impact Fees, Financing
- Urban Growth Boundaries
- Protection of Environmentally Sensitive Areas

UrbanSim Outputs

Land and Development
- Housing Units by type, density, price (affordability)
- Non-residential buildings by type, density, price
- Acreage in agricultural land, forest, open space

Demographics
- Households by income, size, life cycle

Economics
- Employment by sector and building type

Transportation
- Accessibility, Mode Shares, Vehicle Miles Traveled, Congestion Delay

Environment
- Greenhouse Gas Emissions
- Pollution

자료: urbansim.com(2017).

지식을 관리하는 지식관리시스템 그리고 사용자 중심의 대화형 인터페이스로 구성되어 있다. 이 의사결정지원시스템은 지역계획지원모형, 토지이용계획지원모형, 도시재정비계획지원모형, 도시기반시설계획지원모형, 경관계획지원모형 등 5가지의 모형으로 이루어져 있으며, 이 중 지역계획지원모형은 국토현황 다차원 분석모형과 지역개발사업 관리지원모형으로 구성되어 있다.

KOPSS와 같이 지역계획 의사결정 지원을 위해 개발된 소프트웨어 외에도 보다 범용으로 제작되어 판매되는 도구들도 많이 있다. UrbanSim의 경우에는 데이터의 관리, 시뮬레이션과 시각화를 통해서 과거를 분석하고, 현재 상황을 알 수 있게 해 주며, 미래의 모습들을 예측하게 하는 것을 지원하고 있다(urbansim.com). 〈그림 11-5〉는 UrbanSim을 이용하여 교통과 토지이용 정책효과를 분석하는 데 있어서 필요한 자료들과 산출되는 내용들을 나타낸 것이다.

지역계획에 ICTs를 활용하는 것이 가장 큰 힘을 발휘하는 부문은 주민참여이다. 컴퓨터의 발달과 함께 전통적 공간계획 수단으로 활용되던 GIS기술에 인터넷 기술이 결합되면서 주민참여 GIS(PPGIS; public participation GIS)가 발달하였고, 이는 공간계획의 패러다임을 바꾸어 가고 있다. 최근에는 온라인 플랫폼을 이용한 개인들의 능동적 참여와 함께 공공부문에서도 클라우드 소싱(cloud sourcing)[5]을 통해 시민의 정책참여를 유도하는 등 ICTs 환경의 변화에 따라 계획과정도 점차 변화해 가고 있다. 다만, 이와 같은 방향이 올바로 자리잡기 위해서는 공공－민간 플랫폼의 전략적 연계와 같이 중앙정부 또는 지방정부의 보다 적극적인 거버넌스 체계 구축 노력이 뒤따라야 한다(정장훈·신은정, 2014).

11.3 우리나라의 스마트지역 관련 정책

1) 국가정보화와 지역정보화 정책

우리나라의 정보화는 1960년대부터 민간부문을 중심으로 시작되었지만 국가가 주도하는 정보화정책은 1970년대 후반부터 본격화 되었다. 1978년의 '제1차 행정전산화기본계획'을 시작으로 1987년과 1992년의 '제1차 및 제2차 국가기간전산망 기본계획'과 1995년의 '초고속 정보통신기반 구축 종합계획'을 통하여 정보화 인프라 구축이 본격적으로 시작되었다. 1999년에 수립된 'Cyber Korea 21'은 정보화의 기반 구축, 새로운 비즈니스의 발굴 그리고 신규 일자리 창출을 목표로 하고 있다. 이후 정보인프라 구축계획으로써 2001년의 '초고속 정보통신망 고도화 기본계획', 2004년의 '광대역 통합망(BcN) 구축 기본계획' 및 'u－센서 네트워크(USN) 구축 기본계획'을 수립하는 한편, 정보통신산업 관련 전략으로서 2002년의 'e－Korea VISION 2006', 2004년의 'IT839 전략' 그리고 2006년의 u－Korea 기본계획 등을 수립하여 시행하였다(정충식, 2017).

5 클라우드 소싱이란 문제해결과정에 특정 커뮤니티 또는 다수의 대중을 참여시켜 의사결정과정의 효율성을 높이는 것이다(정장훈·신은정, 2014).

정보화의 특성상 초기 인프라를 구축할 때에는 특정 지역만을 대상으로 정보화정책을 수립하여 시행하는 것이 어렵기 때문에 지역정보화정책이 국가정보화정책과 별도로 수립되지는 못하였다. 지역정보화의 개념은 초기에는 지역의 정보통신망 구축, 뉴미디어 보급 등 지역에서의 정보통신 시스템 구축을 의미하였으나, 현재에는 하드웨어 기반의 정비 측면뿐만 아니라 지역의 행정, 산업, 생활 분야의 총체적인 정보화 활동으로 확대된 의미로 사용되고 있다. 우리나라 지역정보화는 국가경쟁력을 높이기 위한 전략으로서 '국가기간전산망구축'(1987~1996년)을 거쳐 정보의 지역 확산 기반을 마련하였고, '정보화촉진기본계획'(1996년)을 추진하면서 '지역균형발전을 위한 지역정보화사업'을 본격적으로 추진하였다(정보화추진위원회, 2008). 이러한 정보화 정책영역에서 지역정보화 정책의 수립 및 추진 권한은 대부분 중앙정부에 집중되어 있었다. 특히 지방정부와 관련이 있는 지역정보화 정책의 경우에는 지방정부의 예산, 인력, 역량 등을 고려할 때 더욱 그러한 경향을 보인다. 이러한 점으로 인해 지방자치단체 고유의 특성과 환경을 반영하지 못한 공급자 중심의 정책 기획 및 추진이라는 비판도 제기되고 있다(박근영 · 문정욱, 2012).[6]

2) 스마트시티의 구축 및 공간적 확산정책

정보화의 진전 및 관련 정책의 실시에 따라 물리적, 비물리적 정보인프라가 구축되고, ICTs는 대부분의 산업분야로 확산되었다. 특히, 공간분야에서는 사이버공간(cyber space) 외에도 주택이나 사무실 등의 생활공간, 단지 또는 도시공간, 지역 및 국가 등 광역공간의 실제 공간의 기능을 효율화함으로써 비용을 절감하거나 효용을 향상시키기 위한 ICTs의 접목이 진행되었다. 송복섭(2010)은 유시티 계획 수립을 위한 공간단위를 건물, 가로, 시설, 지구, 도시 및 광역으로 구분하여 설계적 관점 및 정책적 관점에 따라 공간 구성요소를 구분하였다. 이 연구에서는 ICTs의 적용을 위한 도시의 구성요소를 지구와 시설 그리고 통합관리센터 등의 정보인프라로 구분한 반면, 광역 공간단위는 도시 간, 도농 간 그리고 국제 간으로 계획 범위를 확장하였다.

그동안 대부분의 스마트시티는 소규모 단지나 지역 단위에서 구축되어 왔으나 최근에는 도시 전체를 대상으로 계획/조성하는 추세이다. 주택 내에서의 조명등 자동점멸이나 월패널(wall panel)을 통한 홈 오토메이션, 주거단지의 주차장 자동차단기 또는 원격검침,

6 이 부분은 박근영 · 문정욱(2012)의 일부를 인용하였음.

도시의 CCTV 통합관리나 첨단교통시스템(ITS) 등이 초창기 ICTs가 공간에 적용된 내용들이었다. 그러나 지금은 개개의 소규모 공간들에 내재된 정보시스템이 서로 연계될 뿐 아니라 사람 및 차량 등 이동체와도 접속되면서 단위 공간의 정보를 종합적으로 처리하여 서비스를 제공하는 도시 관리운영 플랫폼 단계에 이르렀다. 특히, 2016년 Rio de Janeiro에서 개최된 올림픽에 대비하여 브라질 정부가 IBM과 협약하여 종합적인 도시시스템으로서의 SmarterCityTM을 구축하였다.

스마트시티에 대해서는 여러 가지 정의가 있으나 'ICTs 기술을 활용하여 도시 거주자의 삶의 질과 도시경쟁력이 향상되는 보다 친환경적이고 지속가능한 도시(IDC, 2013)'가 일반적으로 사용된다. 당초 digital city, intelligent city, information city, hybrid city 등과 함께 U-City와 유사한 개념으로 사용되었으나 이제는 'ICTs를 활용하되 환경적 측면을 강조한 개념'으로 진화하고 있다. Nam and Pardo(2011)는 스마트시티가 인프라, 기술, 네트워크 등의 기술적 요인 외에도 거버넌스 및 정책, 규제 등의 제도적 요인과 인적자원

그림 11-6 스마트시티의 구성요소

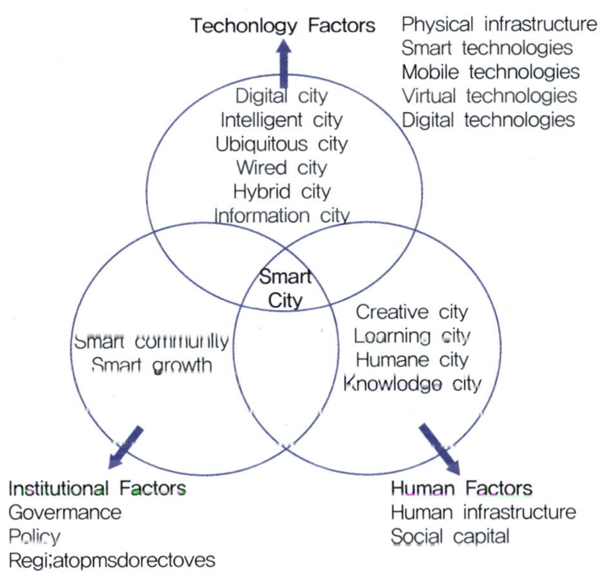

자료: Nam and Pardo(2011).

이나 사회자본 등의 인간적 요인으로 구성되는 종합체이기 때문에 도시, 지구 등 해당 공간이 목표로 하고 있는 방향이나 보유하고 있는 직·간접적 사회자본 그리고 그 공간에서 살아가고 있는 구성원들의 의지 등을 포함해야 한다.

지구 및 도시 단위의 스마트시티 공간계획이나 설계, 인프라 및 서비스 계획 등은 이미 많은 이론과 사례가 제시되어 있기 때문에 본 고에서는 스마트시티 개념의 광역적 확산에 대해 논하고자 한다. ICTs가 도시공간에 결합된 결과가 스마트시티라면, 공간적으로 확장된 개념으로써 지역(region과 local)과 어떻게 연계시킬 것인지에 대한 질문이 대두되었다. 특히, 교통 및 통신이 발달에 따라 물리적 공간의 범역이 확장되어가는 상황에서 스마트시티 개념의 형성 초기부터 제기된 지속가능성(sustainability)과 거버넌스(governance) 체계를 확장된 공간에 어떻게 적용할 수 있는지를 고민하기 시작하였다.

농촌지역은 도시로부터의 강력한 영향에 점차로 종속되는 반면, 최근 지속되어 온 거대도시화는 지역적 도시화(regional urbanism)로 변화되는 과정에 있다(Edward Soja). 이 과정에서 도시-지역(City-Region)으로서의 기능적 결합, 통합적 지역경제화를 위한 다핵 연계모델(Poly-centric Networking Model)의 설득력이 높아지고 있다. 그동안 지역경제발전모델의 기반이 되었던 클러스터 모형보다는 단일 지역이나 산업에 국한되지 않는 플랫폼 기반 경제발전모델이 더욱 현실적이라는 의견(Phillip Cooke)과 내부역량만으로 개발을 이끌어 가는 폐쇄형 혁신에서 외부에서 지식과 자원을 조달하는 개방형 혁신으로의 전환이 요구되는 시점에 오픈 데이터, 리빙랩,[7] 클라우드 소싱 등의 사회적, 기술적 변화가 뒷받침되면서 ICTs 기반의 혁신생태계가 지역계획 방법론으로 제시되고 있다(김한준, 2016).

한밭대학교 외(2014)는 정보화 추세와 지역계획의 연계를 위하여 우리나라 유시티의 공간계획을 도시-광역단위로 확대해야 한다는 의견을 제시하였다. 김한준(2016)은 기존의 지역계획을 스마트지역(Smart Region) 계획으로 변화시키면서 스마트 혁신경제(개방형 혁신체제, 혁신생태계 등), 스마트 거버넌스(오픈 거번번트, 스마트 시티즌 등) 그리고 스마트 지속가능성(어반 메타볼리즘, 스마트그리드 등)을 추구할 것을 제시하였다.

스마트지역의 계획 사례는 앞에서 서술한 말레이시아의 Multimedia Super Corridor (MSC) 외에도 이탈리아의 튜린-밀라노 스마트지역을 들 수 있다. 2015년 Millan EXPO를 계기로 방문객의 주변 관광 및 지역방문을 지원하는 QR코드와 위치기반서비스를 핵심

7 리빙랩(Living Lab)은 MIT의 Mitchell 교수에 의해 '사용자들의 기술 활용을 실시간으로 관찰하여 연구에 활용하는 장소' 개념으로 제시되었으나 사용자 주도형의 혁신, 실험적인 도시 개념으로 변화하고 있다(남광우·임두현, 2016 외).

도시중심이 아닌 도시 사이에서 시작한 것이 계기가 되었다. 유럽 횡단(리스본-키에프)과 종단(제노아-로테르담) 철도의 교차지점인 밀라노와 토리노 두 메트로폴리탄 사이의 자연 지역에 물리적으로는 떨어져 있으니 가상공간에서는 통합된 도시디지털네트워크(UDN)을 구성함으로써 사용자와 서비스, 물리적인 것과 비물질적인 것 사이의 인터페이스로서의 스마트폰(사람)의 역할을 부여한 것이다. 도시(지역)계획과 공간재현이라는 다른 분야와 맵핑과 인터페이스라는 다른 개념이 실제 공간과 가상공간에서 통합되는 과정을 보여주고 있다.

핀란드는 'EU 2020 계획'을 달성하기 위한 지역계획 중 하나인 Helsinki-Uusimaa 지역계획 수립 시 스마트지역 개념을 포함하였다. 이 지역은 헬싱키를 중심으로 한 26개 도시를 포함하고 있으며 면적은 전국의 3%, 인구는 28% 그리고 GDP는 핀란드 전국의 38%를 차지하고 있는 지역이다. 이 지역계획의 목표는 성장기회(growth opportunities), 실용적 일상생활(practical everyday life) 그리고 지속가능한 생태(sustainable ecology)이며, 이

그림 11-7 Helsinki-Uusimaa 지역계획의 프로그램 및 전략적 선택

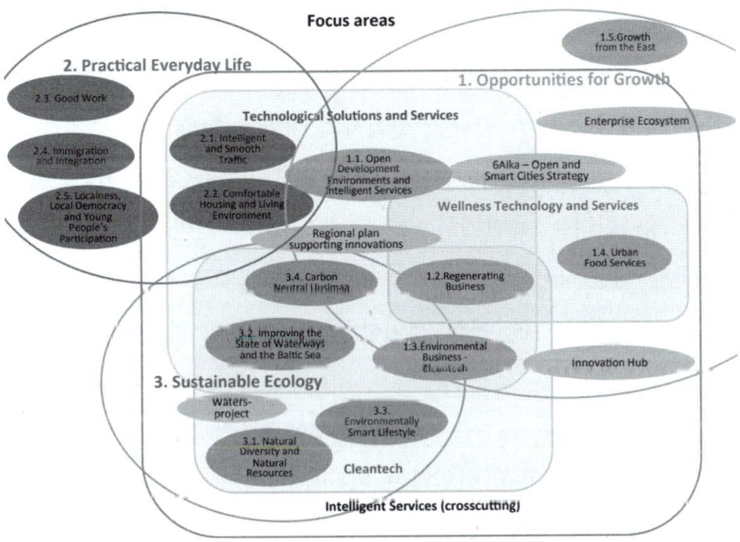

자료: EKA B project(2014).

를 실행하기 위한 핵심 수단으로써 기술적 해결책과 서비스(technological solutions and services), 복지기술 및 서비스(wellness technology and services), 청정기술(clean tech) 그리고 지식서비스(intelligent services)로 구성된 스마트 특화(smart specialization)를 제시하고 있다. 〈그림 11-7〉은 Helsinki-Uusimaa 지역계획의 프로그램과 전략적 선택을 나타내고 있다(EKA B project, 2014).

스마트시티의 개념이 지역으로 확장되면서 지역계획과 연계되는 것은 자연스러우면서 필요한 과정으로 판단된다. 그러나 스마트지역의 계획 목표가 과거 지역계획과 같이 지역개발이나 지역경제발전에 집중되는 것인지, ICTs와의 결합을 통해서 중심도시로의 집중 및 과소지역 문제 등 오늘날의 지역계획이 가지고 있는 문제들을 얼마나 해결할 수 있는지 등에 대한 진지한 고민이 필요한 시점이다.

3) 스마트국토 정책

우리나라의 스마트국토 정책은 국토정보화의 일환으로써 IT 인프라를 구축하면서 시작되었으나 물리적 공간의 정보화, 지능화를 목표로 스마트국토 정책을 시행한 것은 2000년대 초반 유시티의 구축과 함께 시작되었다고 보는 것이 일반적이다. 2006년 u-Korea 전략의 수립, 시행과 2008년 「유비쿼터스도시의 건설 등에 관한 법률(이하 '유시티법')」의 제정으로 본격화 되었지만 유시티의 개념이 정립되기 이전에 이미 화성동탄, 인천송도 등의 유시티가 개발되었고 일부 민간 건설회사의 아파트 브랜드로 사용되기도 하였다.

유시티는 ICTs 기반의 도시공간을 구축하고 시민들을 위한 서비스를 제공하는 한편, 새로운 산업을 창출한다는 측면에서 국가정책으로서의 의미가 있었지만 몇 가지 한계도 드러내었다. 먼저 인구 50만 명 이상의 신도시 개발사업을 대상으로 함으로써 기존 도시 및 소규모 신도시를 법적 대상에서 제외하였고 고비용에 따른 체감서비스의 미흡, 각종 정보시스템 간 연계가 미흡하였으며(이재용, 2016) 통신망, 지능화된 기반시설, 도시통합운영센터 등 기반시설의 구축 위주로 사업을 진행함으로써 유시티가 제공하는 서비스나 유시티의 관리운영 측면을 소홀히 하였다는 비판을 받기도 하였다. 그럼에도 불구하고 유시티는 연구개발과정을 통해 비전과 철학을 도입하였고, ICTs를 공간에 접목한 본격적 사례로서 세계 여러 나라의 학자나 실무자들의 벤치마킹 대상이 되었다(Mullins and Shwayri, 2016; Yigitcanlar, 2015 등).

그림 11-8 우리나라의 유시티 사업 추진현황

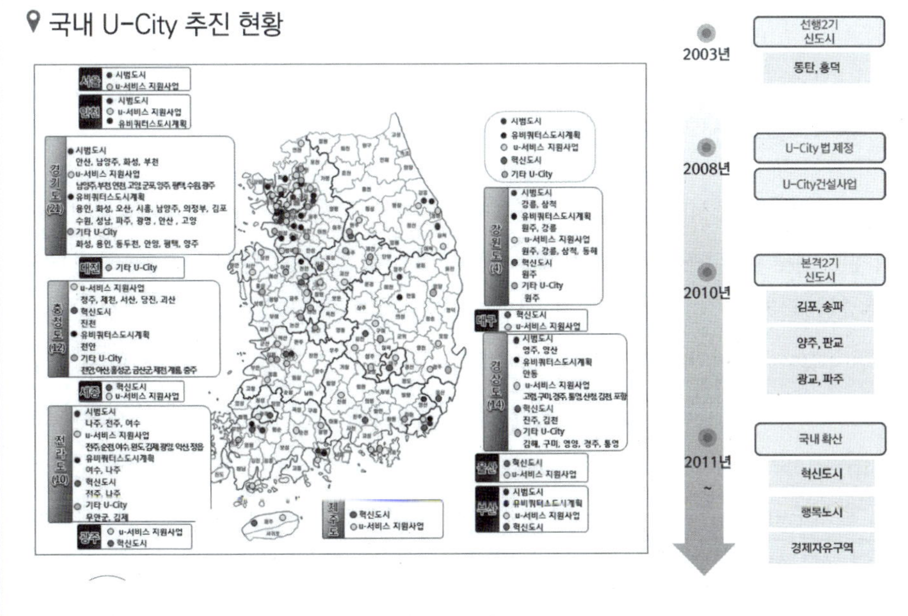

자료: 이재용(2016).

'제4차 국토종합계획'에서는 국토정보인프라와 이를 이용한 과학적 계획 수립지원, 지능형 국토정보를 구축하는 갖추는 한편 이를 이용하여 국토정보 신산업을 창출하고 글로벌 시장에 진출하고자 하고 있다(대한민국정부, 2011). 이를 위하여 정부 각 관련부처들은 ICTs 인프라 및 핵심 요소기술의 개발(미래창조과학부), 스마트그리드 및 자율주행자동차와 같은 관련 산업분야에의 적용(산업통상자원부), 한국형 스마트시티 시범사업 및 구축 등 정보화 공간 모델 개발(국토교통부) 등의 사업을 추진하고 있다.

2017년 「유시티법」을 「스마트도시 조성 및 산업진흥 등에 관한 법률(이하 '스마트도시법')」으로 개정하면서 그동안 인프라와 신도시 위주로 진행된 유시티 구축전략을 ICTs 기반의 효율적이고 도시문제를 해결하는 스마트시티로 패러다임을 전환하였다. 이와 같은 정책의 변화를 통해 인프라의 기능적 연계, 민간의 참여 유도와 시민 체감도의 향상, 그리고 종합 컨트롤타워를 중심으로 한 거버넌스체계 구축 등 스마트시티 고도화전략을 제안하고 있다(이재용, 2016). 그러나 아직도 지방(local)과 대도시권(metropolitan) 등 지역특성에 적합한 국토정보화 정책, 계획권역 내에서의 연계 및 특화전략, 지역경제발전 또는 삶의 질 향상과 같이 서로 다른 목표를 달성하기 위한 계획 등 ICTs를 활용하여 지역정책을 이끌어 나가고자 하는 노력은 더욱 필요한 실정이다.

4) 스마트도시의 수출정책

우리나라의 유시티가 신도시 개발사업에 처음 적용되고 유럽의 스마트시티는 지구온난화에의 대응과 같은 환경적 문제를 중요시할 때, 일본은 유시티 또는 스마트시티의 가장 중요한 목적 중 하나로 새로운 산업의 창출을 통한 차세대 산업의 육성을 제시하였다. 지바현(千葉縣) 카시와노하(柏の葉) 스마트시티의 경우 초기의 목적이 '새로운 산업을 창조하여 일본에서 세계로 발신'하는 것이었을 만큼 스마트시티는 차세대 먹거리 발굴에 초점을 맞추고 있다(http://www.kashiwanoha-smartcity.com). 우리나라의 경우에도 유시티 정책 추진 당시부터 지금까지 스마트시티의 해외수출이 중요한 정책목표 중 하나였으며, 특히 기존의 건설산업과 연계한 수출전략 마련을 위해 노력 중이다.

UN에서는 2050년까지 30억 명 이상의 인구가 도시로 유입될 것으로 전망하고 있으며 특히 아시아와 아프리카 지역에서 도시화가 급속도로 진행될 것으로 예상되고 있다. 이에 따라, 향후 20년간 매년 30만 명 규모의 신도시 250개 정도의 건설 수요가 발생할 것으로 보인다(국토교통부, 2016). 현재 인도, 중국과 같이 신흥국들의 도시들이 도시민의 삶의 질 향상과 도시경쟁력 확보를 위해 스마트시티 적용을 추진함에 따라 부분적 참여, Master Plan의 수립과 같은 다각적 방법을 모색할 수 있다.

국토교통부를 비롯한 정부에서는 우리의 강점과 노하우를 살린 도시개발 체계, ICT 등 경쟁력 있는 기술, 관련 제도나 문화까지 패키지화하여 "한국형 스마트시티 모델"을 구축하고, 대상 국가의 지역적 특성, 경제발전 단계, 도시개발 유형에 따라 차별화된 진출 방식과 특화된 요소기술을 조합하여 다양한 모델을 구성, 맞춤형으로 진출하려는 전략을 가지고 있다(국토교통부, 2016).

그동안 우리나라의 스마트시티 수출정책은 상대 국가와 도시에 대한 경제사회적, 문화적 이해가 부족한 상태에서 우리나라의 건설기술 수출을 추진한 전철을 밟아 왔다. 최근에는 신도시의 계획과 구축시 스마트시티의 ICTs 인프라를 병행하는 방안, ICTs 인프라를 구축하는 동시에 도시문제 해결을 위한 솔루션들을 병행하는 방안 등이 다각적으로 추

표 11-5 우리나라의 스마트시티 수출전략

통합 도시개발		경쟁력 있는 요소기술		법 제도 · 문화
• 기획-설계-조성-운영 · 관리 등 전 과정 참여 • 한국형 도시수출 선단 구성(정부-공공기관-민간기업-금융) • 지역 맞춤형 도시 인프라 건설	+	(에너지) 스마트그리드, 제로에너지빌딩, ESS(에너지저장장치) (교 통) BIS(버스정보시스템), 교통카드 (물산업) 해수담수화, 스마트 물관리, 물 재이용(LID 등) (ICT) 통합관제, 스마트 가로등	+	• 택지개발 및 주택공급 제도 • LH 등 도시개발 전문공기업 모델 • 새마을운동 등 사회 개발운동 • K-Culture, K-Style 등

자료: 국토교통부(2016).

진되고 있는 실정이다(이재용, 2016).

스마트시티 수출정책이 지역에 기여하는 바에 대해서는 몇 가지 고려할 내용들이 있다. 먼저 수출대상지역과 수출지역의 경제발전효과를 측정하기에는 어려움이 있다는 점이다. 또한, 스마트시티는 단순한 상품이 아니라 수출대상지역의 지역계획의 비전 및 목표 등 사회와 문화를 이해하는 데 오랜 기간이 소요되므로 전략적, 정책적 수단이 필요하다. 우리나라의 모델을 이식시키는 방식의 수출방식으로는 첨단 지식기반 ICTs 산업의 수출이 아니라 과거 중동지역에서 행해진 단순노동력 위주의 건설산업 수출과 다름없는 결과가 나타날 수도 있다.

11.4 최근 이슈 및 국내외 사례

1) ICTs의 확산과 정보격차

ICTs의 확산에 대해서 문제점으로 제기되는 대표적인 이슈는 정보격차(digital divide),

표 11-6 2016년 정보취약계층별 디지털 정보격차 지수

구 분	종 합	접 근	역 량	활 용
장 애 인	65.4	88.1	49.8	64.6
장 노 년	54.0	82.5	34.9	52.2
저 소 득	77.3	89.2	69.1	76.9
농 어 민	61.1	84.8	46.2	59.0
북한이탈주민	72.1	89.9	64.6	70.6
결혼이민자	77.7	96.9	67.3	78.4

자료: 미래창조과학부 · 한국정보화진흥원(2016).

프라이버시 및 정보보안, 그리고 최근 제4차 산업혁명 관련 논의와 함께 제기된 일자리 감소 등이 있다 이와 같은 문제들은 ICTs 확산과 대부분 관련되지만 특히 공간과 연계되어 있다는 점에서 도시계획 및 지역계획에 ICTs를 접목시키는 경우 더욱 예민해진다.

우리나라의 정보격차는 장애인, 장노년, 저소득층, 농어민, 북한이탈주민 그리고 결혼이민자 등 6개 정보취약계층에 대한 정보화지수를 발표하고 있다. 최근에는 취약계층의 정보격차지수가 과거에 비해 완화되고 있기는 하지만 다른 양상을 보이고 있다. ICTs의 스마트화가 진행되면서 단순한 접근성보다는 역량 및 활용 등 질적 성과에 있어서 격차의 심화, 집단 간 격차보다는 집단 내에서의 격차 심화, PC 기반에서 모바일 또는 다중접속 등 접속경로의 격차가 심화되면서 과거의 기술접근성에서 보편적 시민권으로서의 정보접근권에 대한 요구가 더 많아지고 있다(미래창조과학부 · 한국정보화진흥원, 2016).

국가에서 지역별 정보격차 조사결과를 발표하지는 않고 있지만 지역계획의 관점에서 볼 때 정보취약계층의 공간적 입지와 지역 거주자의 삶의 질 문제를 고려한다면 정보화시대 정보격차는 지역계획 차원에서 해결해야 할 문제로 보아야 할 것이다.

2) 정보보안과 프라이버시

정보화의 또 다른 이슈 중 하나가 정보보안과 프라이버시이다. 최근 급증하고 있는 CCTV의 분포에 대해서는 공공부문의 경우 법령에 의해 집계가 되고 있지만(통계청, e-나

라지표 등), 민간부문의 CCTV나 개별 차량에 설치되어 있는 블랙박스[8]의 설치현황은 파악조차 못하고 있다.[9] 정보의 취득 및 연계, 공유는 스마트시티 또는 스마트지역을 가능하게 하는 필수 요건이며 그 성능을 좌우하는 중요한 요소이다. 그러나 방범·재난안전 등 사회안전망 확대를 위해 설치한 CCTV로 인해 불특정 다수의 초상권, 정보자기결정권, 사생활의 비밀과 자유 등이 침해될 수 있다는 인권문제와 기술발전에 따라 GIS(지리정보시스템)와 결합되거나 얼굴인식 기능이 있는 CCTV 활용에 있어서 개인의 위치정보와 사회 관계정보 등이 노출될 수 있다는 전자감시에 대한 문제점을 낳고 있으며 네트워크 CCTV의 등장 및 CCTV 통합관제센터의 증가는 해킹, 웜·바이러스에 의한 개인영상정보 유출 방지에 대한 CCTV 관리적·기술적 보호조치에 대한 필요성이 지속 제기되고 있다(차건상 · 신용태, 2009).

최근 스마트시티의 발전 동향을 보면 CCTV뿐 아니라 공간에 내재된(embedded) 여러 가지 센서로부터 개인의 위치, 활동 등에 대한 각종 정보를 수집하여 공간계획을 위한 기초자료로 활용하거나 개인, 기업, 정부가 필요로 하는 서비스를 제공하고 있다. 따라서 어느 정도까지의 개인정보를 획득, 가공하여 어느 정도까지의 정보를 수요자에게 제공할 지를 결정하는 것은 공간의 ICTs화에 있어 매우 중요한 결정사항이다. 정보화로 인한 공간의 효율화나 비용절감과 같은 1차적 효용이 개인의 프라이버시나 정보결정권과 같은 보다 높은 수준의 사회적 목표를 침해할 경우 우리 사회와 지역의 발전에 저해가 될 수 있기 때문이다.

3) 정보화, 자동화 그리고 일자리의 감소

본격적인 ICTs의 발달 이전에도 공장자동화 등으로 인한 일자리의 감소는 많이 예견되었고 현실화되었다. 기업은 노동의 자본대체를 통한 한계비용의 절감을 추구하고 이 과정에서 제조업 생산라인의 자동화는 일자리의 감소를 초래하였다. 이와 같은 현상은 최근 ICTs를 기반으로 산업 내, 산업 간 분야들 간의 융복합이 가속화됨에 따라 더욱 큰 우려를 야기하고 있다.

8 우리가 흔히 '블랙박스'라고 부르는 장치는 영어권에서는 차내 카메라(dashboard camera)로 부르며, 공식적으로는 2007년 지식경제부 기술표준원에 의해 '자동차용 사고기록장치'(KSR5076)로 국가표준규격이 제정되었다.

9 2015년 국정감사에서는 당시 민간 CCTV가 약 450만 대, 차량용 블랙박스가 약 700만 대로 추산된다고 보고되었다(www.securityworldmag.co.kr).

그러나 일각에서는 기술진보는 일차적으로 현존하는 직업들의 '직무'에 현저한 변화를 초래함으로써 일부 일자리를 대체하고 창출하겠지만 직무의 대체/보완성에 따른 직업 내 직업 간 기회와 보상 격차를 확대하는 영향이 지배적일 것으로 예상하고 있다. 이러한 과정에서 고용/근로형태에 변화가 초래되고 새로운 노동규범 설정 필요성을 제기하는 한편 소득분배, 교육 등이 변화할 수는 있지만, 전체적으로 일자리 수가 감소하기보다는 다양한 계층 간 소득의 균형을 바꿔놓음으로써 불안정성을 확대하는 것이 예상된다. 기술혁신의 저조로 인해 경기가 침체되는 것이 아니라 사회 제도와 기업조직과 인간의 기량이 기술의 발전 속도를 따라가지 못해 중간계층의 소득과 일자리가 정체되고 소득과 일자리가 양극화할 수 있다는 것이다(허재준, 2017).

결국, ICTs의 발전은 지역 내, 지역 간 산업구조를 변화시킬 수 있고 그 결과로 소득과 일자리 분포의 변화를 초래할 것이 예상될 때 지역의 경제, 사회 및 공간계획이 어떻게 변화할 것인지에 대한 검토가 필요한 시점이다.

11.5 지역의 미래를 위한 토론

본 장에서는 ICTs의 발달에 따른 지역정책과 관련하여 몇 가지의 토론주제를 제안한다.

첫째, ICTs가 공간에 접목되면서 스마트시티 및 스마트지역의 개념이 도출되었는 바, 이는 지역에 어떤 변화를 초래할 것인가? 제조업, 서비스업 등 기존의 주력(전략)산업이 서로 다른 지역의 경제적, 사회문화적 발전에는 차이가 있을 것인가에 대한 분석이 필요하다. 또한, 대학이나 연구소와 같은 혁신동력으로서의 지식산업이 집적된 지역과 그렇지 않은 지역의 향후 발전에 차이가 있을 것인가에 대해서도 함께 분석되어야 한다.

둘째, 지역의 스마트화 또는 4차 산업혁명으로 인하여 일자리와 소득의 계층분포는 어떤 형태로 변화할 것인가? 그동안 자동화는 노동을 자본이 대체하는 것으로 인식되어 왔다. 그러나 향후 전통적인 제조업과 ICTs 관련 산업이 융복합되고, 서비스업에서도 ICTs로 인한 노동수요가 감소할 때 지역 내 소득의 불평등은 심화될 것인지 분석이 필요하다.

셋째, 중국의 500개 스마트시티(智慧城市) 구축계획이나 인도의 '100 Smart Cities 전략'과 같이 신흥국의 공간정보화가 빠르게 진행될 때 우리의 역할은 무엇인가? 일본과 같이 우리나라도 스마트시티 수출을 미래의 중요한 먹거리로 생각하고 해외에 수출하고자 하는 전략을 지역계획적 관점에서 어떻게 바라보는가는 중요한 문제이다. 그동안 유시티 수출전략이 가지고 있던 문제점을 극복하고 어떻게 킬러서비스를 개발하고 국가 브랜드화 할 것인지에 대한 장기적 전략을 제시하여야 한다(이상호 · 임윤택, 2014).

마지막으로 급속한 정보화와 스마트화를 경험하고 있는 지금, 지역계획의 목표는 무엇이 되어야 할 것인가? 그동안 지역계획은 경제발전, 지역균형, 지속가능성 등 다양한 가치들이 단독적으로 또는 결합된 목표들을 추구하였다. 농경사회에서 산업혁명을 거쳐 자본주의가 형성될 때와 같이 정보화에 기반한 융복합을 통하여 4차 산업혁명을 논하는 현 시대에 미래를 위한 지역계획의 목표 또한 계획가들이 제시하여야 할 것이다.

11.6 요약 및 결론

최근 미래 변화에 대한 국토분야의 영향과 이슈를 진단하고 전망한 연구(차미숙, 2015)에서는 우리 사회의 인구, 경제, 기후, 기술, 사회 · 가치, 정치여건 등의 변화를 반영하여 미래 국토발전 비전으로서 '글로벌 경제와 함께하는 사람 중심의 스마트 국토공간 창출'을 제시하였다. 이 비전 및 전략에서도 볼 수 있지만 국토 및 지역계획에서 정보화와 스마트공간은 이미 우리가 받아들이고 극복해야 할 현실이 되었다. 본 고에서는 ICTs의 발달과 공간의 정보화에 대해 알아보고, 도시 단위의 스마트시티 개념을 지역 차원으로 확장시키는 사례로서 스마트지역에 대해 살펴보았다. 이와 함께 국토 및 지역정보화를 위

그림 11-9 미래 국토발전 비전과 추진전략

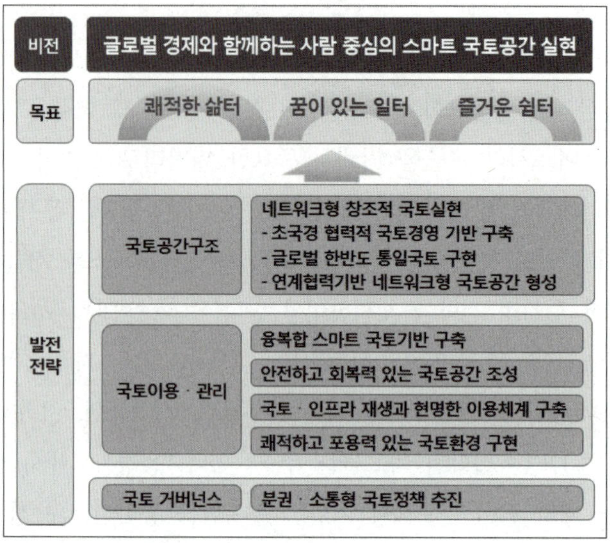

자료: 차미숙(2015).

한 정책과 스마트시티 수출정책에 대해 살펴봄으로써 공간기반 ICTs의 전략산업화 가능성 또한 검토하였다. 더불어 이와 같은 사회경제적 상황의 변화와 공간에의 적응이 가질 수 있는 다양한 문제와 함께 향후 지역계획 차원에서 고려해야 할 토론 주제도 제시하였다.

정보화를 고려한 지역계획을 통해 공간이 가지고 있는 문제들이 완화되고 공간의 효율성과 소통가능성이 향상되어 그 곳에서 거주하는 사람들의 삶의 질을 향상시킬 수 있는 방향을 함께 찾아가야 할 때이다.

참고문헌

- 국토해양부. 2009. 제1차 유비쿼터스 도시 종합계획('09~'13)
- 국토교통부. 2016. K－Smart City 민관 협업 엔진 달고 해외로 진출. 보도참고자료. 2016. 7. 5
- 권용우, 박양호, 유근배 외. 2014. 우리 국토 좋은 국토; 국토관리의 패러다임. 서울: 사회평론
- 김한준. 2016. Smart Region, Smart Growth－스마트 시대의 지속가능 지역개발. 한국지역학회 2016년 추계학술대회 발표자료.
- 김현식 외. 2002. 정보화시대 도시정책 방향과 과제에 관한 연구; 미래 도시공간의 변화 전망을 중심으로. 경기: 국토연구원
- 남광우, 임두현. 2016. 스마트시티, 시민과 함께 하는 리빙랩(Living Lab). 도시정보. 412: pp.17~18. 대한국토 · 도시계획학회
- 대한민국정부. 2011. 제4차 국토종합계획 2011~2020.
- 미래창조과학부, 한국정보화진흥원. 2017. 2016 디지털정보격차 실태조사.
- 박근영, 문정욱. 2012. 일본의 지역정보화 동향과 시사점. 방송통신정책. 24~19: pp.1~28.
- 박삼옥, 최지선. 2003. 정보화와 정보기술이 공간구조에 미친 영향. 한국경제지리학회지. 6: pp.119~144.
- 송복섭. 2010. U－City 로드맵 작성을 위한 공간단위 설정 연구. 국토계획. 45: pp.211~221.
- 오윤수, 이용훈. 2010. 일본의 미래 IT성장 전략과 인프라 정책 방향. Digieco Reports. KT경제경영연구소
- 유완, 이상호. 1992. 교통과 통신의 대체효과와 상승효과 분석. 국토계획. 27: pp.5~11.
- 윤성도, 김미영, 이성우. 2008. 정보화와 대도시권 공간구조 변화 분석. 지역연구. 24: pp.197~226.
- 이상호, 임윤택. 2014. 유시티와 스마트시티 비교를 통한 유시티 해외진출 전략. 국토계획. 49: pp.243~252.

- 이상호, 임윤택, 안세윤. 2017. 스마트시티. 서울: 커뮤니케이션북스.
- 이재용. 2014. 2013 스마트 시대의 신(新) 정보격차 현황 분석 및 제언－2013 정보격차 지수 및 실태조사 요약보고서. 서울: 한국정보화진흥원.
- 이재용. 2016. 스마트시티정책의 방향과 전략. 국토연구원 개원38주년 기념 세미나 발표자료. 2016. 10. 26. 안양: 국토연구원.
- 정장훈, 신은정. 2014. ICT 기반 참여적 의사결정의 제고방안: 크라우드소싱을 위한 플랫폼 구축. STEPI Insight. 151: pp.6~24., 서울: 과학기술정책연구원.
- 정충식. 2017. 대한민국정보화 개관(미출간). http://prof.ks.ac.kr/cschung/IP－History.pdf
- 조성수. 2014. STIM 모형을 이용한 유시티 진화 특성 분석. 석사학위청구논문. 한밭대학교 대학원
- 차건상, 신용태. 2009. CCTV 설치 증가에 따른 개인영상정보보호 주요이슈. 정보과학회지 27: pp.25~33.
- 차미숙. 2015. 미래 국토발전 전략과 정책과제. 국토정책Brief. 525: pp.1~8. 안양: 국토연구원.
- 최병남, 김영표, 김동한, 임은선, 한선희. 2005. 시공자재의 세상을 향한 사이버국토 창조방안(Ⅱ): 시공자재도시 구현방안. 안양: 국토연구원
- 허재준. 2017. 4차 산업혁명이 일자리에 미치는 변화와 대응. 월간 노동리뷰. 2017년 3월호: pp.62~71
- 한밭대학교 산학협력단, LH, 국토교통과학기술평가원. 2014. 유시티 고도화 R&D 1년차 연구보고서.
- 한밭대학교 산학협력단, LH, 국토교통과학기술평가원. 2015, 유시티 고도화 R&D 2년차 연구보고서.
- 황종성. 2016. 스마트시티 발전전망과 한국의 경쟁력. IT & Future Strategy. 6: pp.1~41. 서울: 한국정보화진흥원

- Batty, M., 2013. *The New Science of Cities*, Cambridge: The MIT Press.
- Rodriguez, J. R., Batlle, J., and Esteban, D., 2007. *E－Government City Models: Cases from European Cities*. EUROCITIES － Ajuntament de Barcelona.
- CISCO. 2011. Cisco Smart Work Centers: Foster Urban Regeneration, Social Inclusion, and Reduced Carbon Footprint, Solution Overview
- Choi, M. J., Byun, T. G., Lee, S. H. and Ahn, S. Y., 2017. Korea Being on the 4th Industrial Revolution?, *Proceedings of 7th Asian Seminar in Regional Science*, Sep. 8－10th 2017. Taipei, Taiwan
- Curwell, S., and Hamilton, A., 2003. IntelCity Roadmap ver. 4. IST－2001－7373.

EU

- Dameri, R. P., and Rosenthal－Sabroux, C.(eds.), 2014. *Smart City: How to Create Public and Economic Value with High Technology in Urban Space*, Switzerland: Springer.
- Deakin, M.(ed.), 2014. *Smart Cities: Governing, Modelling and Analysing the Transition*, London: Routledge.
- Geetman, S., Ferreira, J., Jr., Goodspeed, R., and J. Stillwell(eds.), 2015. *Planning Support Systems and Smart Cities*, Switzerland: Springer.
- Graham, S. and Marvin, S., 2001. *Splintering Urbanism; Networked Infrastructures, Technological Mobilities and the Urban Condition*, London: Routledge.
- Hajer, M., and Dassen, T., 2015. *Smart About Cities: Visualising the Challenge for 21st Century Urbanism*, Rotterdam, Netherlands: Nai010 Publishers and PBL Publishers
- Lee, S. H.(ed.), 2009. *Ubiquitous City: Future of City, City of Future*, Daejeon: Hanbat National University Press.
- Lee, S. H., Han, H., Leem, Y. T., and Yigitcanlar, T., 2008. Towards ubiquitous city: concept, planning, and experiences in the Republic of Korea, In: Yigitcanlar, T, Velibeyoglu, K., and Baum, S.(eds.), *Knowledge－Based Urban Development: Planning and Applications in the Information Era*, Hershey, PA: IGI Global, Information Science Reference, pp.148~169.
- Lee, S. H., Moon, T. H., Leem, Y. T., and Nam, K. W., 2016. An Empirical Investigation on the Dynamics of Knowledge and IT Industries in Korea. *International Journal of Structural and Construction Engineering*, 10: pp.2456~2460.
- EKA B project, 2014. *Helsinki Smart Region: Pioneering for Europe 2020.*
- Markkula, M., 2013. Towards Smart Region and Cities, *Proceedings of the Pioneering EU Smart Regions*, Dipoli Espoo, 26 Apr. 2013.
- Marr, B., 2015. Big *Data: Using Smart Big Data, Analytics and Metrics to Make Better Decisions and Improve Performance*, Chichester: John Wiley & Sons.
- Mullins, P. D., and Shwayri, S. T., 2016. Green Cities and "IT839": New Paradigm for Economic Growth in South Korea, *Jouranl of Urban Technology*, 23: pp.47~64.
- Nam, T., and Pardo, T. A., 2011. Conceptualizing Smart City with Dimensions of Technology, People, and Institutions, *The Proceedings of the 12th Annual*

International Conference on Digital Government Research, ACM, New York, NY, pp.282~291.

- Pettit, C., J. Keysers, Bishop, I., and Klosterman, R., 2008. Applying the What if? Planning Support System for Better Planning at the Urban Fringe, In: C. Pettit, W. Cartwright, I. Bishop, K. Lowell, D. Pullar, and D. Duncan(eds.), *Landscape Analysis and Visualisation: Spatial Models for Natural Resource Management and Planning*, Berlin: Springer, pp.435~454.
- Shepard, M.(ed.), 2011. *Sentinent City: Ubiquitous Computing, Architecture, and the Future of Urban Space*, NY: The Architectural League of New York and Cambridge: The MIT Press.
- Townsend, A. M., 2013. *Smart Cities*, NY: Norton.
- Weiser, M., 1993, Some Computer Science Problems in Ubiquitous Computing, *Communications of the ACM*, July, 1993 (Reprinted as "Ubiquitous Computing," Nikkei Electronics; Dec. 6. 1993: pp.137~143).
- Yigitcanlar T, 2015. Smart cities: an effective urban development and management model?, *Australian Planner*, 52: pp.27~34.
- Zook, M., Dodge, M., Aoyama, Y., and Townsent, A., 2004. New Digital Geographies: Information, Communication, and Place, In: S. D. Brunn, S. L. Cutter, and J. W. Harrington(eds.), *Geography and Technology*, the Netherlands: Kluwer Academic Publishers, pp.155~176.

- https://fiksukalasatama.fi/en/smart-city (accessed on 12th Oct. 2017)
- http://www.index.go.kr/potal/main/EachDtlPageDetail.do?idx_cd=2855 (통계청, e-나라지표, 공공기관 CCTV 설치 및 운영현황)

03

제3부

지역 · 도시정책의 과거와 미래

제12장

역대 정부별 지역 · 도시정책 변화

요약문

제12장에서는 역대 정부가 추진한 지역·도시정책의 변화를 살펴보기로 한다. 이를 위한 시대 구분은 2000년대 초반에 집권한 참여정부를 기점으로 그 전과 그 이후로 나눈다. 이는 2000년이라는 상징적 의미 외에 참여정부가 추진한 지역 및 도시정책이 그 전과는 제도나 정책수단 측면에서 크게 차별화되기 때문이다. 따라서 참여정부 출범 전인 2002년 이전까지의 지역·도시정책을 먼저 살펴본 다음 이어서 참여정부, 이명박 정부, 박근혜 정부에서 추진한 주요 지역·도시정책을 정책의 추진 배경과 현황, 평가로 구분하여 살펴본다. 마지막으로는 문재인 정부가 추진하는 지역·도시정책의 배경 및 특징과 추진방향을 살펴본다.

12.1 2000년대 이전의 지역 · 도시정책

1) 지역 · 도시정책의 개관

① 국토개발과 지역 · 도시발전전략

지역 · 도시발전전략은 보다 상위의 국가계획이나 정책과 연동되어 진행되므로 개별 지역 · 도시정책을 살펴보려면 국토계획과 같은 상위계획에 대한 검토가 필요하다. 특히 1960년대를 전후한 초창기의 지역 · 도시정책은 단독으로 추진되기 보다는 국토개발 전략의 일환으로 시행되었기 때문에 더욱 그렇다. 우리나라에서 현대적인 국토개발은 1950년대에 한국전쟁의 폐허를 복구하는 것으로 시작되어 1960년대 초반부터 경제개발계획의 일환으로 추진한 사회간접자본 및 공업단지 건설로 본격화되었다. 1972년 제1차 국토종합개발계획이 공식 수립되기 전에도 국토개발을 위한 여러 시도가 있었다. 1960~1962년을 계획기간으로 수립된 경제개발 3개년계획, 1960년과 1961년에 시행된 국토건설사업, 1963년의 국토건설종합계획법 제정과 국토건설종합계획대강 작성, 1967년에 수립된 10년 계획인 대국토 건설계획과 국토종합개발계획, 1968년에 수립된 20년 장기계획인 국토계획 기본구상이 대표적이다.

이 중 대국토 건설계획은 주택 100만호 건설, 4대강 종합개발, 10대 항만 개발, 서울과 인천, 강릉, 부산, 목포를 연결하는 간선고속도로 건설 등 의욕적인 목표를 제시하였으나 재원 문제로 실천으로 연결되지 못하였다. 국토계획 기본구상은 장기적인 국토개발의 기본방향과 지침 역할을 하도록 수립되어 이후 수립된 국토종합계획과 유사한 성격과 역할을 부여받았다. 국토계획 기본구상의 내용은 국토공간질서 확립, 국토이용 및 관리의 효율화, 자원의 합리적 개발과 보전, 산업입지의 적정 배치, 도시개발, 수송 및 통신의 현대화, 생활환경의 개선, 국토 미래상으로 구성되었다. 국토계획 기본구상은 제1차 국토종합개발계획 수립의 선행작업 역할을 하였고, 여기에 담긴 핵심 정신과 방향은 제1차 국토계획에 승계되었다(김의원, 1982). 예를 들어 제1차 국토종합계획에서 설정한 개발권역인 4대권, 8중권, 17소권은 국토계획 기본구상의 권역구분을 그대로 적용한 것이다.

제1차 국토종합계획이 수립되기 전 1960년대에 시행된 지역 · 도시발전전략은 국가의 경제성장과 국토의 균형발전을 촉진하기 위한 성장거점의 개발과 수도권의 과밀에 대응하는 집중억제 시책, 도시의 계획적 개발을 위한 도시개발 전략으로 구분할 수 있다. 먼저 성장거점 개발전략은 특정지역과 산업단지 개발이 대표적이다. 특정지역은 전국적인 개발계획 수립과 실천에 필요한 자본과 인력, 자본 등 역량 부족에 대응하여 개발의 효과가 큰 지역을 선정하여 개발을 추진한 것이다. 특정지역은 서울 · 인천 특정지역을 시작으로 울산, 제주, 태백산, 영산강, 아산 · 서산을 선정하여 지역별로 차별화된 개발을 추진하였다. 공업단지를 기반으로 하는 성장거점은 울산 외에 포항, 여천, 구미에서도 대규모 개발을 추진하였다.

수도권 집중억제를 위한 정책적 노력은 경제개발의 초기인 1960년대 초반부터 있었다. 1964년 발표된 대도시 인구집중방지책을 시작으로 현재까지도 수많은 시도가 이루어지고 있다. 수도권 정책은 크게 두 가지 축으로 추진되었는데, 첫째는 수도권에 집중된 인구와 산업의 지방분산을 촉진하고, 둘째는 수도권 내부의 성장관리를 위해 공간구조를 정비하는 것이었다. 전자의 대표적인 시책으로는 신행정수도 및 행정중심복합도시 건설을 통한 중앙 정부기관의 지방이전과 혁신도시 건설을 통한 공공기관의 지방이전을 들 수 있다. 후자의 대표적인 시책으로는 수도권의 권역구분을 통한 성장관리 규제의 권역별 차등화를 들 수 있다. 수도권의 과밀억제와 성장관리를 위한 제도적 기반으로는 1982년 제정된 수도권정비계획법과 이를 근거로 수립하는 수도권정비계획이 가장 중요한 역할을 한다.

도시의 계획적 개발 전략은 토지구획정리사업을 통한 신시가지 조성사업, 재개발에 의한 도시정비사업, 공영개발을 통한 공업단지 배후도시 및 신도시개발이 대표적이다. 대규모 신시가지 개발사업은 서울의 여의도, 영동, 잠실이 대표적이고, 재개발에 의한 도시정비사업은 서울의 소공, 남대문 등 도심지구 재개발이 대표적이다. 공업단지 배후도시는 반월(안산), 창원이 대표적이고, 신도시 개발은 수도권의 과천과 1기 신도시인 분당, 일산, 평촌, 중동, 산본이 대표적이다. 한편, 도시의 팽창과 난개발을 억제하고 자연환경을 보전하기 위해 개발제한구역을 1971년 도입하여 1977년까지 수도권을 비롯한 전국의 14개 도시권에 지정하였다. 개발제한구역은 2000년대 초반에 대폭 조정되었는데, 지방의 7개 중소도시권에서는 전체를 해제하고 수도권 등 7개 대도시권에서는 광역도시계획을 수립하여 부분적인 해제가 이루어졌다.

1970년대 이전 국토의 균형있는 개발을 목표로 추진된 지방의 성장거점과 특정지역 개발, 수도권 인구분산 시책은 대규모 산업단지 개발과 공업시설의 교외 이전 등 나름의 성과를 거두었으나 급속한 경제개발과 도시화에 따른 국토의 불균형을 막기에는 역부족이었다. 이에 따라 보다 종합적이고 체계적인 공간전략인 국토종합계획을 통해 국토의 균형있는 발전을 실효성 있게 추진할 필요성이 부각되었다.

② 국토종합계획의 지역 · 도시발전전략

1970년대 초반 이후부터 수립된 국토종합개발계획에서 지역 및 도시 발전전략은 장기적인 국토 공간구상 및 정주체계를 구축하는 핵심 부문으로서 중요한 역할을 담당하였다. 제1, 2, 3차 국토종합계획에서 제시한 공간구상 및 지역·도시발전전략을 간략히 살펴보면 다음과 같다.

먼저 제1차 국토계획(1972~1981)의 공간구상은 3계층의 개발권역을 설정하였다. 국토자원 측면에서 주요 하천유역을 중심으로 한 4대권, 도 단위 행정구역을 중심으로 한 8중권, 경제권 형성을 위해 8~10개의 군 단위를 묶은 17소권으로 구분하였다. 이 중 8개 중권에 대해서는 권역별 개발계획을 제시하여 하위계획인 도 및 군 종합개발계획에서 구체화하도록 하였다. 지역발전전략은 부문별 계획에서 별도로 제시하지 않고 있으며, 산업기반 구축 전략에서 대규모 공업단지 건설 및 임해공업 개발계획을 제시하였다. 대규모 공업단지 건설은 포항, 울산, 마산, 삼천포, 여수 등 동남해안에 위치한 도시를 연결한 동남해안 중화학공업벨트를 조성하여 제철, 정유, 석유화학, 비료 및 기계 등 기간산업을 입지하도록 하였다. 임해공업은 인천에서 목포에 이르는 서해안의 주요 도시별로 특색있는 공업을 육성하도록 하였다. 이에 추가하여 대도시의 공업 분산과 지방 공업 개발, 도시형 공업 및 내륙 공업 개발, 지방자원형 공업 개발을 통해 전국의 주요 도시들이 산업화에 동참하도록 하였다. 한편, 도시개발 전략은 도시체계의 합리적 조정과 개발에 초점을 두었다. 이를 위해 도시개발의 기본방향으로 권역별 도시의 체계적 배치, 도시규모의 계층화와 도시기능 특화, 대도시의 인구 및 공업 분산과 개발제한구역 지정, 대도시의 도심부 재개발, 권역별 중심도시 및 지방 중소도시 육성, 도시 규모별 공공시설 기준 설정 등을 제시하였다.

제2차 국토계획(1982~1991)의 지역·도시발전전략은 국토 균형개발의 기조를 더욱 강화한 것이 특징이다. 이 같은 기조는 계획의 4대 목표와 4대 개발 전략에 반영되어 있는 데, 계획의 첫째 목표는 인구의 지방정착 유도, 두 번째 목표는 개발가능성의 전국적 확대이다. 또한 계획의 개발 전략은 첫째 전략이 국토의 다핵구조 형성과 지역생활권 조성이며, 두 번째 전략은 서울·부산 양대 도시의 성장억제 및 관리, 네 번째 전략은 후진지역의 개발 촉진이다. 국토의 불균형 발전을 시정하고 인구의 지방정착을 유도하는 공간 개념으로 지역생활권 전략을 제시하였다. 지역생활권은 개발권역인 동시에 주민 편익시설의 공동 이용권역으로 전국을 28개의 지역생활권으로 구분하고, 생활권의 성격과 규모에 따라 5개 대도시생활권, 17개 지방도시생활권, 6개 농촌도시생활권의 3개 유형으로 구분하였다. 이들 생활권 유형별로 경제기반 및 기능 강화, 기반시설 확충 등이 포함된 발전방향을 제시하였다. 한편, 전국의 도시지역을 대상으로 하는 도시발전전략은 과밀화된 수도권 및 부산권의 공간구조 정비와 성장관리, 15개의 지방 성장거점도시 육성, 서울·부산의 주변도시와 성장거점도시로 선정되지 않은 지방 중소도시 육성으로 구분하여 제시하였다.

제3차 국토계획(1992~2001)의 지역발전전략은 계획의 첫 번째 목표인 지방분산형 국토골격의 형성에 반영되어 있나. 이 목표는 국토공간의 균형성을 추구하는 것으로 지방도시와 농어촌을 특성에 맞게 육성하고 낙후지역을 집중개발하며, 수도권 집중 억제시책과 인구 및 산업의 지방분산을 유도하고자 하였다. 특히 산업화가 뒤진 국토의 중부와 서남부 지역에 새로운 산업지대를 조성하고, 동남부 지역은 기존 산업을 고도화하며, 동북부 지역과 제주도는 국민여가지대로 개발하여 국민소득 향상에 따른 관광수요 증대에 대비하고자 하였다. 도시발전전략도 지방분산형 국토골격 형성을 뒷받침하는 내용으로 구성되었다. 먼저 수도권의 비대화를 견제할 수 있도록 지방대도시에 특화된 중추기능을 육성하는 동시에 대도시와 주변영향권을 대도시권으로 광역적으로 관리하도록 하였다. 중소도시는 주력산업과 관련 인력양성 등 도시 기능의 전문화를 통해 성장을 촉진하도록 하였다. 아울러 신도시의 계획적 개발은 신산업지대 및 국민여가지대 조성, 간선교통망 및 주택 건설, 환경보전 등에 따른 도시개발 수요를 반영하여 추진하도록 하였다. 도시 내부에서는 도시계층별 서비스 시설의 확충과 이용체계의 확립, 재개발과 역세권 개발 등을 통한 시가지 토지이용도 제고, 주거환경 정비와 녹지 확대 등 도시환경 개선에 초점을 두었다.

③ 주요 지역 · 도시발전전략 및 계획

1960년대 초반부터 본격 추진된 국토개발은 다양한 형태의 지역 및 도시개발 사업을 통해 이루어졌다. 또한 개별적, 산발적으로 추진된 개발사업을 보다 체계화하여 국토개발을 보다 효율적으로 추진할 수 있도록 핵심 사업에 대해서는 계획을 수립하였다. 이하에서는 2000년대 이전까지 시행된 주요 지역 및 도시발전 사업과 계획을 소개한다.

우리나라에서 가장 먼저 추진된 본격적인 지역발전전략은 특정지역개발계획이다. 특정지역개발계획은 1963년 제정된 국토건설종합계획법에 따라 수립되었는데, 이 법에서 규정한 국토건설종합계획이 여러 이유로 제때 수립되지 못함에 따라 국토계획을 대신하는 역할을 하였다. 특정지역 제도는 1963년 초반부터 2000년대 이후까지 장기간 시행되면서 폐지와 부활을 겪는 등 제도의 목적과 성격이 변화되어 왔다. 특정지역의 근거법은 국토건설종합계획법(1963), 특정지역 종합개발 촉진에 관한 특별조치법(1980), 지역균형개발 및 지방중소기업 육성에 관한 법률(1994 폐지 및 2002 부활), 지역개발지원법(2015, 거점지역형 지역개발사업으로 전환)으로 변화되어 왔다. 초기의 특정지역은 성장잠재력과 개발효과가 큰 지역을 집중적으로 개발하여 국가의 경제성장을 선도하는 거점개발 전략이었다. 서울 · 인천과 울산 특정지역은 공업단지를 개발하여 파급효과를 주변지역으로 확산시키기 위해, 태백산, 영산강, 아산 · 서산 특정지역은 에너지 등 기초자원을 확보하기 위해 개발하였다. 1970년 이후 특정지역은 주로 낙후된 지역의 관광개발 중심으로 방향을 전환하였고, 2000년대 이후에는 문화권 개발에 중점을 두고 있다. 특정지역은 2017년 현재까지 모두 20개가 지정되었는데 이 중 13개는 개발이 완료되고 7개가 진행 중이다.

성장거점은 국토개발의 초기부터 최근에 이르기까지 우리나라의 국토 및 지역발전전략을 일관하는 공간개념이다. 제1차 국토계획에서는 '국토종합개발계획의 목표를 효과적으로 달성하기 위하여 거점개발 방식을 그 주된 수단으로 한다'라고 명시하였고, 이에 따라 '경제성이 높은 대규모 사업을 우선하여 실시함으로써 그 사업의 효과가 전 국토에 상호 연쇄적으로 파급하도록 한다'라고 규정하였다. 제1차 국토종합계획에서 동남해안 지역에 대규모 공업단지 건설을 계획한 것은 대표적인 거점개발 전략이다. 2차 국토종합계획에서는 성장거점을 산업단지와 같은 특정 기능의 거점이 아닌 도시 전체를 대상으로 지정하였다. 지방의 15개 주요 도시를 성장거점도시로 지정하고 이 중 대전, 광주, 대구는 1차 성장거점도시, 12개 중소도시를 제2차 성장거점도시로 지정하였다. 3차 국토종합계획에서는 산업, 관광, 국제교류, 교통 등 기능별 거점개발 전략이 폭넓게 활용되었다.

잠재력이 높은 특정 지역의 대규모 개발을 특징으로 하는 성장거점 전략은 1990년대 이후에는 중심도시와 주변지역을 연계하는 광역적 지역발전전략(권역개발, 광역개발, 광역권개발)으로 전환되었다. 앞서 살펴본 특정지역 개발도 광역적 지역발전전략의 요소를 담고 있지만 보다 엄밀한 의미의 광역발전전략과는 거리가 있다. 1980년대 이후에 추진된 전주권 및 광주권 개발계획과 지역경제권 개발계획도 광역적 지역발전전략이나 후자의 경우는 계획에만 그치고 실천으로 연결되지 못하였다. 본격적인 광역발전전략은 1990년대에 도입된 광역권 개발전략으로 수도권을 제외한 전국에 10개의 광역개발권을 지정하고, 종합적인 개발을 추진하여 수도권에 대응하는 지방의 경제권을 육성하고자 하였다. 2000년대 이후 광역적 지역발전전략은 이명박 정부 시기 동안 지역경쟁력 강화를 위한 핵심 전략으로서 광역경제권과 초광역개발권이라는 명칭으로 추진되었다.

한편, 발전수준이 낮은 낙후지역의 활성화를 위한 지원사업도 다양하게 추진되었다. 대표적인 낙후지역으로 개발촉진지구, 도서, 오지, 접경지역이 있다. 개발촉진지구는 지역발전 지표를 이용하여 발전수준이 가장 낮은 지역을 선정하였는데, 1996년부터 강원도 등 7개 도에서 53개 지구를 지정하였다. 도서, 오지, 접경지역은 지역 특성상 구조적으로 낙후된 지역으로 지리적 위치와 행정구역을 기반으로 선정하였다. 낙후지역에 대해서는 대규모 개발사업보다는 주민의 생활 환경개선에 초점을 두었다.

도시발전전략은 도시계획 제도의 정비를 통한 도시의 체계적인 관리와 도시개발 사업을 통한 주택공급 및 경제기반 확충으로 구분할 수 있다. 먼저 도시계획 제도의 정비는 급속한 도시화로 발생하는 과밀과 비효율을 해결하는 동시에 미래의 도시성장에 대비하는 기반을 마련하기 위해 추진되었다. 1962년 도시계획법이 건축법과 함께 제정되었고, 1966년에는 토지구획정리사업법을 도시계획법에서 분리해서 제정하였다. 1971년에는 급속한 도시화에 따라 도시계획법을 전면 개정하여 개발제한구역, 재개발사업, 지방도시계획위원회 등을 도입하였다. 1976년에는 도시재개발법을 새롭게 제정하여 급증하는 노후 불량건축물의 재개발 수요에 대응하고자 하였다. 1980년에는 공원법을 분리하여 도시공원법과 자연공원법을 제정하여 도시환경의 중요성을 반영하였고, 택지개발촉진법을 제정하여 주택난 해결을 위한 택지를 대규모로 공급할 수 있게 하였다. 도시계획법은 1981년 다시 전면 개정되어 도시기본계획 수립, 도시계획 주민참여 및 사전공람, 시가화조정구역 등을 도입하였다.

대표적인 도시개발사업으로는 토지구획정리, 도심재개발, 신도시개발을 들 수 있다. 토지구획정리는 일제 강점기에 조선시가지계획령을 통해 도입되어 해방 전까지 천만 평에 달하는 도시개발사업에 적용되었다. 토지구획정리 사업은 해방 이후에도 활발하게 진행되어 토지구획정리 사업에 의한 토지면적이 1993년 현재 전국 대지면적의 21%, 서울 시가지의 절반을 차지하는 것으로 나타났다. 도심재개발사업은 도시성장에 필요한 새로운 기능의 수용과 도시 인프라 및 환경 개선을 위해 추진한 것으로 서울과 대구에서 주로 시행되었다. 서울에서는 1973년 소공구역을 시작으로 수십 개에 달하는 사업이 시행되어 도심의 면모를 일신하였다.

신도시개발은 1960년대와 1970년대에 울산, 창원 등 공업단지 배후도시 개발의 형태로 시작되어 대도시의 인구 및 기능 분산을 위한 반월, 과천, 임시행정수도 등으로 확대되었다. 1980년대 이후에는 수도권의 주택문제 해결과 광역화에 대응하기 위해 신도시를 개발하였고, 2000년대 이후에는 국가균형발전전략에 따라 수도권에 소재하는 정부 및 공공기관의 지방이전을 위해 지역별로 신도시를 조성하였다. 신도시 개발은 1970년대 말에 추진된 임시행정수도를 제외하면 모두 계획대로 실현되어 우리나라의 도시를 한 단계 업그레이드시키는 역할을 하였다. 신도시 개발과 병행하여 기존 도시 내에서도 영동, 여의도, 잠실, 목동, 상계동, 수서, 가양 등에서 대규모 개발가능지를 활용하여 신시가지 조성사업을 추진하였다.

2) 지역 · 도시정책의 성과와 한계

2000년대 이전에 추진된 지역 · 도시발전전략은 큰 성과를 거두었지만 한계도 분명한 것이 사실이다. 무엇보다 한국전쟁으로 폐허가 된 국토를 새롭게 창조하여 경제발전의 공간적 기반을 조성하는 역할을 한 것이 지역 · 도시 발전정책의 가장 큰 성과이다. 경제개발 초기에는 지역 · 도시발전전략의 수립과 시행에 필요한 인적, 물적 자원이 양적, 질적으로 충분하지 못하였으나 전략적이고 효율적인 투자를 통해 계획한 성과를 창출하였다. 초기의 지역 · 도시 개발사업은 국토종합계획과 같은 상위계획 없이 개별적으로 추진되어 전체적인 완결성이 낮을 수밖에 없었다. 1962년 제1차 경제개발계획이 착수되고 국토건설종합계획법이 1963년에 제정되었으나 제1차 국토종합계획은 10여년이 지난 1972년에야 착수되었다. 그럼에도 불구하고 이 기간 동안 특정지역 개발과 대규모 공업단지 등 성장거점 개발이 경제개발계획의 일환으로 효과적으로 수행되어 세계적으로 유례없는 빠른 속도로 공업화의 추진 기반을 구축하였다.

상장거점 개발 방식의 지역발전전략이 초래한 가장 큰 문제는 성장기회의 공간적 편중으로 국토발전의 지역 간 불균형 문제가 대두된 것이다. 수도권과 동남해안지역에 주요

개발 사업이 집중됨에 따라 이들 지역의 도시는 급성장하였으나 호남과 충청의 서해안 지역은 1990년대에 신산업지대 조성을 통해 산업화가 본격 추진되기 전까지는 대규모 인구 유출과 경제기반 약화를 겪었다. 수도권과 지방, 동남해안과 서남해안, 도시와 농촌, 대도시와 중소도시 등 인구와 산업의 지역 간 불균형은 경제적 격차를 넘어 사회적 갈등과 정치적 대립으로까지 확대되었다. 2000년대 들어와 지방의 지역 간 격차는 상당부분 완화되었으나 수도권과 지방의 격차는 지속되고 있다. 수도권의 집중 해소를 위한 정책적 노력은 1960년대 초반부터 시행되어 경제개발의 역사만큼이나 오래되었으나 그 성과는 정부 및 공공기관 입지나 산업생산시설 이전 등 극히 일부를 제외하면 가시화되지 않았다.

도시발전 분야는 토지구획정리, 도심재개발, 신도시개발 등을 통해 급속한 도시화에 따른 주택건설 수요에 대응하였다. 그러나 대부분의 시간과 재원을 주택과 상하수도, 도로 등 도시 기반시설의 공급부족을 해소하는 데 투입하여 도시를 쾌적하고 살기좋은 미래공간으로 만드는 노력과 투자에는 상대적으로 소홀하였다. 이 결과 도시의 삶의 질이나 환경의 쾌적성 등 사람 중심의 도시 매력은 국제수준에 뒤지는 결과를 초래했다. 또한 도시의 광역화에 따른 개발압력의 확산에 대응하여 개발제한구역이 도입되어 나름의 역할을 하였으나 1990년대 말 지방 중소도시의 전면 해제와 대도시지역의 부분 해제 등 큰 제도 변화가 있었다. 또한 수도권을 중심으로 신도시가 개발되어 주택난 해소에 기여하였으나 계획적 도시개발이 이루어지지 않은 지역에서는 도로나 학교 등 주요 기반시설이 제때 공급되지 못하는 등 난개발 문제가 지속되었다.

12.2 참여정부의 지역 · 도시정책(2003~2007)

1) 지역 · 도시정책의 배경과 목표

우리나라 지역 · 도시정책의 역사는 참여정부 이전과 이후로 구분할 수 있을 정도로 참여정부는 중요한 역할을 하였다. 수도 이전을 대선공약으로 제시하여 집권한 참여정부의 지역·도시정책은 국가균형발전이란 정책 틀 안에서 추진되었다. 국가균형발전 정책은 과거의 국토 및 지역개발 정책과 같이 일부 부처가 주도하는 정책으로 추진된 것이 아니라 참여정부의 임기 전 기간에 걸쳐 핵심 국정과제로서 정부 전체의 역량을 집중한 것이 특징이다.

참여정부는 다양한 지역·도시정책 중에서도 특히 수도 기능의 지방 이전을 통한 수도권과 비수도권의 균형발전, 지역혁신체계 구축을 통한 자립적 지역발전을 핵심 정책으로 정했다. 참여정부는 과거 정부가 지난 반세기 동안 집권－집중형 발전모델을 통해 불균형 발전전략을 추진한 결과 압축적 산업화에는 성공하였으나 지역불균형, 지방자치역량, 국민통합, 국가경쟁력 측면에서는 문제가 많았다고 평가하였다. 아울러 우리나라가 10여 년간 국민소득 1만 불 시대의 정체에서 벗어나지 못하는 상황을 타개하는 방안으로 성장과 균형이 병행하는 분권－분산－분업 정책에 기반한 국가균형발전의 필요성을 강조하였다(국가균형발전위원회, 2004).

참여정부가 추구한 국가균형발전의 의미는 2004년 제정된 국가균형발전특별법에 압축되어 있다. 이 법의 제2조(정의)에서 '국가균형발전이라 함은 지역 간 발전의 기회균등을 촉진하고 지역의 발전역량을 증진함으로써 삶의 질을 향상하고 지속가능한 개발을 도모하여 국가경쟁력을 강화하는 것을 말한다'라고 정의하고 있다. 이를 정책 틀로서 구체화하고 이론화 한 대표적인 문건이 국가균형발전위원회에서 2004년 발간한 「국가균형발전의 비전과 전략」이다. 여기에서는 국가균형발전 정책의 비전을 '전국이 개성있게 골고루 잘사는 사회 건설'로 제시하였고, 정책목표를 '혁신주도형 지역발전으로 자립형 지방화를 달성'하는 것으로 설정하였다. 이를 위한 추진과제로는 신활력지역 개발 촉진, 지역 혁신역량 강화, 지역전략산업 육성, 혁신도시 건설, 신수도권 발전전략을 채택하였다. 정부 초기에 제시한 정책비전과 목표, 추진과제는 후반기에 개편하였다. 2007년 국가균형발전위원회에서 발간한 「국가균형발전정책의 이론과 실천」에서는 정책의 비전을 '다핵형·창신형 균형발전사회', 정책목표는 지역별 특성화 발전과 지역 간 연계발전, 5대 정책으로 혁신정책, 균형정책, 산업정책, 공간정책, 질적발전정책으로 제시하였다. 한편, 국가균형발전 정책의 추진의 근거가 되는 제도적 기반의 핵심은 2004년 제정된 국가균형발전특별법이다. 국가균형발전특별법과 함께 지역발전 3대 특별법이라 지칭된 지방분권특별법과 신행정수도건설특별법도 동시에 제정되었다. 이 중에서도 국가균형발전특별법이 지역·도시정책과 직접적인 관계가 있고 가장 중요한 법률이다. 이 법에 따라 국가균형발전 5개년계획과 국가균형발전특별회계를 새로운 정책수단으로 도입하였고 대통령 직속의 국가균형발전위원회를 중심으로 국가균형발전 정책의 추진체계를 구축하였다.

2) 지역 · 도시정책의 추진 현황

이하에서는 참여정부가 추진한 지역·도시정책을 국가균형발전전략의 5대 추진과제를 중심으로 하면서 이에 추가하여 신행정수도 건설과 도시정책을 함께 살펴보기로 한다. 지역·도시정책을 지역정책과 도시정책으로 구분할 경우 국가균형발전전략은 대부분 지역정책의 범주에 해당된다. 행정중심복합도시 및 혁신도시, 기업도시 건설은 넓게는 도시정책으로 볼 수 있으나 실제로는 핵심 지역정책이다. 협의의 도시정책에 해당되는 정책은 수도권정책이나 살기좋은 도시만들기 등 소수에 그쳐 참여정부 공간정책의 특징을 보여주고 있다.

참여정부가 가장 중요하게 추진한 지역정책은 수도권 기능의 지방분산을 위한 행정중심복합도시, 혁신도시, 기업도시 건설이다. 이들 세 가지 신도시 건설은 대형 국토개조사업으로 지방에 새로운 발전거점을 조성함으로써 수도권 집중을 해소하기 위해 추진하였다. 먼저 행정중심복합도시 건설은 대통령 공약인 신행정수도 건설에서 출발하였으나 정치적 논란 끝에 행정중심복합도시 건설이라는 변형된 형태로 추진되었다. 신행정수도 건설을 위해 2003년 제정된 「신행정수도 건설을 위한 특별법」은 2004년 헌법재판소에서 위헌 판결을 받음에 따라 계획을 변경하였다. 2005년 「신행정수도 후속대책을 위한 연기·공주지역 행정중심복합도시 건설을 위한 특별법」을 제정하고 충남 연기군, 공주시 일원에 예정지역을 지정하였으며, 2006년 행정중심복합도시건설청을 설립한 다음 2007년 건설사업에 착수하였다.

혁신도시 건설은 수도권에 소재하는 공공기관의 지방이전과 이전하는 공공기관을 중심으로 지역산업과 연계된 지역의 혁신지구이자 성장거점 역할을 수행하도록 계획하였다. 2005년 175개[1] 이전 대상 공공기관을 확정하고 수도권과 대전을 제외한 시·도에 10개의 혁신도시 입지를 선정하였다. 2006년에는 지역별 혁신도시 기본구상을 수립하고 2007년 건설사업을 착공하였다. 혁신도시 건설과 공공기관 지방이전 추진을 위해 2007년 「공공기

1 이전대상 기관은 추가와 제외 과정을 거쳐 2014년 154개로 최종 확정됨.

관 지방이전에 따른 혁신도시 건설 및 지원에 관한 특별법」을 제정하였다. 한편, 기업도시 건설은 2003년 전경련의 제안으로 출발한 사업으로 낙후지역 및 지역경제 발전효과가 큰 지역을 대상으로 민간주도 도시개발 방식으로 추진하였다. 2004년 「기업도시개발특별법」을 제정하고 6개 지역을 선정하여 개발계획을 수립한 다음 2007년 태안에서 가장 먼저 기공식을 개최하였다. 기업도시 개발은 산업교역, 지식기반, 관광레저 유형으로 개발되었는데, 이후 도시개발 과정에서 무안과 무주는 수요 부족으로 계획이 폐지되고, 영암 · 해남은 2013년에서야 개발에 착수하는 등 행정중심복합도시와 혁신도시에 비해 진척이 느렸다.

지역혁신체계 구축은 지역의 혁신역량 강화를 위해 추진된 정책으로 혁신도시와 같은 물적 개발이 목적이 아니라 지역혁신이라는 소프트한 목표를 추구하는 전략이다. 지역혁신은 이념적 측면에서 참여정부 국가균형발전 정책의 근간이 되는 개념이다. 지역혁신체계는 지자체, 기업, 대학, 연구소, NGO 등의 수평적 협력관계를 기반으로 지역발전을 위한 지식과 정보를 창출하는 활동으로 개념화되었다. 지역혁신체계 구축을 위해 광역(14개) 및 기초 지자체(132개)에 지역혁신협의회를 구성하였다. 아울러 지역혁신사업의 일환으로 지역 R&D 확대, 지방대학 혁신역량 강화, 지역혁신포럼, 산학협력 프로그램 등의 사업이 진행되었다(국가균형발전위원회, 2007).

지역전략산업 육성은 지역발전을 견인하는 새로운 성장동력을 확보하기 위한 정책이다. 수도권을 포함하는 전체 광역지자체를 대상으로 지역별로 4개의 전략산업을 선정하여 첨단제조업과 지식서비스 산업 육성을 지원하였다. 지역전략산업 육성을 위한 공간전략으로 산업 클러스터 개념을 적용하여 산업정책과 지역정책의 결합을 도모하였다. 이를 위해 대덕연구단지와 전국의 주요 산업단지를 대상으로 혁신클러스터 정책을 추진하여 생산과 연구개발 기능을 접목하고자 하였다.

신활력지역 개발은 낙후지역 활성화를 위해 추진된 균형정책이다. 신활력지역 사업을 위해 전체 기초지자체를 대상으로 지역발전 수준을 평가하여 하위 30%에 해당하는 70개 시 · 군을 선정하였다. 신활력사업은 낙후지역의 혁신역량 강화, 비교우위가 있는 특화사업 추진, 농특산물을 중심으로 하는 6차 산업 육성에 초점을 두었다. 신활력지역 사업은 종래의 중앙정부 주도의 낙후지역 지원사업을 지역이 주체가 되어 사업 테마를 선정하여 집행하고 지역의 부족한 역량을 보완할 수 있도록 중앙정부는 재정지원과 컨설팅을 제공하는 방식으로 전환시켜 지역개발사업에 새로운 접근방식을 도입하였다.

신수도권 발전전략은 수도권의 발전 양상이 과거와 구분되는 새로운 접근을 해야 한다는 인식에 기반을 두었다. 이를 위해 새로운 수도권 정책의 방향을 세 가지로 설정하였다. 첫째, 수도권 발전을 양적 팽창에서 질적 발전으로 전환시킨다. 둘째, 국토공간상에서 수도권의 일극 중심을 심화시키지 않고 지방과 상생발전을 추구하도록 한다. 셋째, 수도권 규제는 기존의 체제를 유지하되 국가경쟁력 차원에서 필요한 사안은 선별적으로 개선한다.

도시정책은 살기 좋은 지역만들기 정책을 통해 추진되었다. 살기 좋은 지역만들기는 공간의 질과 삶의 질이 높은 지역을 만들기 위해 쾌적하고 아름답고 특색있는 지역공동체 형성을 목표로 설정하였다. 공간의 질을 제고하기 위한 중점 분야로는 녹색도시 만들기, 도시경관 및 미관 가꾸기, 건축문화 확산, 녹색교통도시 만들기를 제시하였다. 삶의 질 제고를 위한 중점 분야는 수준 높은 교육, 의료, 복지 등 생활서비스 제공과 문화여건 만들기를 제시하였다. 이 밖에도 도농상생형 복합생활공간 조성, 지역공동체 복원 및 형성, 지역별 특화브랜드 창출도 살기 좋은 지역만들기의 주요 과제로 추진하였다. 한편, 노후불량주택 밀집지역, 역세권지역 등 낙후된 구시가지의 주거환경 개선과 기반시설 확충, 도시기능 회복을 위해 기존의 민간주도로 주택재개발사업 등 소규모로 추진하던 도시정비 사업을 광역적, 계획적으로 추진할 수 있도록 2005년 「도시재정비 촉진을 위한 특별법」을 제정하고 재정비촉진지구, 소위 뉴타운을 지정하는 등 도시재정비 사업을 시행하였다.

제도적 측면에서 참여정부가 추진한 가장 중요한 성과는 2004년 제정한 국가균형발전특별법이다. 국가균형발전특별법은 국가균형발전 5개년계획 수립, 국가균형발전 주요 시책, 국가균형발전 추진체계, 국가균형발전 특별회계 등으로 구성되었다. 이 중에서 국가균형발전 추진체계는 중앙 단위에서는 대통령 소속의 국가균형발전위원회와 이를 지원하는 국가균형발전기획단과 국가균형발전지원단, 지역 단위에서는 광역 및 기초 지자체에 지역혁신협의회를 설치하였다. 국가균형발전 특별회계는 국가균형발전 정책의 안정적 추진을 위해 2004년 5조 원 규모로 출발하여 2008년에는 7조 원으로 증가하였다. 국가균형발전 특별회계는 지원하는 사업의 성격에 따라 지역혁신계정과 지역개발계정으로 구분하여 운영하였으며, 2007년부터는 특별자치도인 제주계정을 별도로 운영하였다.

3) 지역 · 도시정책의 평가

2000년대 초반에 집권한 참여정부는 지역 · 도시정책의 역사에서 큰 획을 그은 것으로 평가된다. 수도 기능의 지방분산을 통한 국가균형발전을 기치로 집권한 참여정부는 초기부터 임기가 끝날 때까지 가장 중요한 국정과제로 강력한 지원을 통해 일관되게 정책을 개발하고 집행하였다. 수도권 기능의 지방분산을 통한 국토의 균형발전을 이루고자 하는 시도는 1960년대 이후 수십 년에 걸쳐 추진되어 왔으나 가시적인 성과는 산업입지 등 극히 일부에 그쳤다. 참여정부는 국가균형발전을 기치로 과거 어느 정부도 시도하지 못한 과감한 분산정책을 국가균형발전특별법을 비롯한 제도적 기반 위에서 시행하였다. 수도권에 집중된 국가 공공기능의 지방분산을 위해 행정중심복합도시와 혁신도시를 건설하였고, 민간기업을 활용한 낙후지역 투자를 위해 기업도시를 건설하였다. 그러나 이 같은 수도권 기능의 지방분산 정책이 모두 순탄하게 진행된 것은 아니어서 신행정수도 건설은 논란 끝에 헌법재판을 통해 행정중심복합도시로 방향을 수정하였고, 기업도시 건설은 기업투자에 불리한 입지 선정으로 일부 지역은 폐지하거나 개발이 더디게 진행되었다. 혁신도시도 입지선정 과정에서 지역 내 균형성이 지나치게 강조되어 농어촌이나 중소도시 인근에 입지하는 혁신도시에서는 이후 공공기관의 이전과 정착, 혁신클러스터 조성이 어렵게 되는 요인이 되었다.

신활력사업으로 대표되는 낙후지역 지원정책은 대체로 긍정적인 평가를 받고 있다. 지역의 창의와 자율성, 중앙정부의 재정지원, 민간전문가의 컨설팅 등을 결합한 새로운 시도는 낙후지역의 특화발전을 위한 모델사업으로서 실질적인 성과 창출과 함께 낙후지역 차등지원이라는 제도발전 측면에서도 기여를 하였다. 지역산업육성과 지역혁신체계 구축은 긍정적 평가와 비판을 함께 받았다. 지역의 새로운 성장동력으로 첨단제조업과 지식서비스업을 육성하는 전략은 바람직한 시도였으나 전략산업을 시 · 도별로 4개씩 일률적으로 선정함에 따라 지역별로 중복과 경쟁에 따른 비효율 문제가 있었다. 지역혁신체계는 미국의 실리콘밸리나 프랑스의 소피앙티폴리스 등 당시에 세계적으로 붐을 이루던 혁신클러스터를 국내에서도 구현하기 위해 산업 집적지역을 중심으로 혁신지원 조직을 설립하고 산학연 협력을 지원하였다. 그러나 지역혁신체계 구축에서 중심적 역할을 하도록 광역 및 기초 지자체에 설치된 지역혁신협의회는 단순한 지역협의체로서 지역혁신을 창출하는 데 실질적인 기여나 역할은 하지 못하였다.

도시정책은 지역정책에 비해 정책의 추진의지나 시행된 사업의 범위나 사업비 규모가 상대적으로 취약하였고 가시적인 성과도 미흡하였다. 도시정책은 초기 국가균형발전의 5대 추진과제에 신수도권 발전정책이 포함되었고, 후기의 5대 정책에 질적발전정책의 형태로 포함되었으나 다른 정책에 비하면 비중이나 우선순위가 낮았다. 신수도권 발전정책은 수도기능의 지방이전과 연동하여 추진하도록 하였으나 핵심과제인 수도권에 대한 선별적 규제완화나 계획적 관리는 참여정부가 끝날 때까지 실현되지 못하였다. 참여정부 후반기에 도시 공간의 질과 삶의 질 향상을 위해 추진한 살기 좋은 지역만들기 정책은 도시와 농촌, 섬 등을 대상으로 여러 부처에서 시범 공모사업 방식으로 시행하였으나 대상지역의 숫자나 사업비 규모가 작고 사업이 지속되지 못해 전체적으로는 별다른 성과를 거두지 못했다.

국가균형발전을 위한 참여정부의 마지막 노력은 2007년 발표된 2단계 국가균형발전 구상이다. 2단계 균형발전정책은 기업의 지방투자를 촉진하여 인구를 유치하는 것이 핵심 내용으로 지역발전 수준에 따라 전국을 4등급으로 구분하여 기업투자에 대해 법인세 감면 등 지원을 차등화하고 지방에 살기 좋은 생활여건을 조성하고자 하였다. 이를 위해 국가균형발전특별법 개정을 추진하였으나 국회 심의과정에서 수도권과 일부 지방의 반대 등으로 실패하였다.

표 12-1 참여정부와 이명박 정부의 지역정책 비교

구 분	참여정부	이명박 정부
비 전	전국이 개성있게 골고루 잘사는 사회 건설	일자리와 삶의 질이 보장되는 경쟁력있는 지역창조
목표/ 기본방향	혁신주도형 지역발전으로 자립형 지방화 달성	• 세계화에 대응하는 광역경제권 구축 • 지역개성을 살린 특성화된 지역발전 • 지방분권 · 자율을 통한 지역주도 발전 • 지역 간 협력 · 상생을 통한 동반발전
추진전략/과제	• 신활력지역 개발촉진 • 지역혁신역량 강화 • 지역전략산업 육성 • 혁신도시 건설 • 신수도권 발전정책	• 전국토의 성장잠재력 극대화 • 신성장동력발굴 및 지역특화발전 • 행 · 재정적 권한 지방이양 등 분권강화 • 수도권 · 지방 상생발전 • 기존 시책 발전 · 보완
추진체계	• 국가균형발전위원회(중앙) • 지역혁신협의회(광역 · 기초지자체)	• 지역발전위원회(중앙) • 광역발전위원회(광역경제권)
특별회계	• 국가균형발전특별회계 - 지역개발/지역혁신/제주계정	• 광역 · 지역발전특별회계 - 지역개발/광역발전/제주계정

12.3 이명박 정부의 지역 · 도시정책(2008~2012)

1) 지역 · 도시정책의 배경과 목표

이명박 정부의 지역·도시정책은 참여정부가 추진한 국가균형발전 정책의 비판과 반성으로부터 출발하였다. 특히 참여정부 국가균형발전 정책의 가장 큰 특징인 수도권과 비수도권의 2분법적 구도에 따른 지역 간 대립문제와 행정구역 단위의 자원배분에 따른 중복과 비효율 문제를 극복하고자 하였다. 정책 이념 측면에서는 균형보다는 경쟁력을, 국가균형발전보다는 지역발전을 선호하였고, 정책집행의 기본단위인 공간구분은 행정구역보다는 광역권을 중시하였다. 정책의 추진체계에서는 지역 간 배분이 중심이 될 수밖에 없는 중앙집권형 균형발전 시스템보다는 지방분권과 지역의 자율성을 보다 강조하였다. 이에 따라 국가균형발전위원회를 지역발전위원회로, 국가균형발전특별회계를 광역·지역발전특별회계로, 국가균형발전 5개년계획을 지역발전 5개년계획으로 명칭을 변경하였다. 국가균형발전특별법도 지역발전특별법으로 변경하고자 하였으나 정치권의 반대로 성사되지 못했다.

지역·도시 발전을 위한 공간전략과 관련하여 당시의 세계적인 지역·도시정책의 패러다임은 대도시권을 중심으로 하는 광역발전이 주류였다. 소수의 글로벌 도시권을 중심으로 하는 거대경제권에 세계의 부와 자본이 집중되고 이들이 세계 경제성장을 주도하고 있어 국내에서도 개별 행정구역보다는 광역화된 경제권을 육성하는 것이 중요하다고 판단하였다. 따라서 이명박 정부의 공간정책은 권역개념이 중추를 이루게 되었다. 구체적으로는 기초생활권, 광역경제권, 초광역개발권이라는 3가지 권역개념을 도입하였고, 이를 바탕으로 이명박 정부의 지역발전전략을 3차원 지역발전전략으로 지칭하였다. 3차원 전략 중에서 가장 중점을 둔 것은 광역경제권으로 전국의 16개 광역시·도를 7개의 권역으로 설정하였다. 기초생활권은 기초지자체 단위로 주민의 생활기반을 조성하는 것에 역점을 두었고, 초광역개발권은 광역경제권을 넘는 초광역 차원의 개발을 추진하고자 하였다.

이명박 정부는 지역정책의 비전으로 '일자리와 삶의 질이 보장되는 경쟁력있는 지역

창조'로 설정하고, 지역정책의 기본방향으로는 광역화, 특성화, 분권화, 상생발전으로 제시하였다. 지역정책의 추진전략으로는 전국토의 성장잠재력 극대화, 신성장동력 발굴 및 지역특화발전, 행·재정 권한의 지방이양 등 분권 강화, 기존 지역발전시책의 발전·보완으로 설정하였다. 따라서 전체적인 정책기조는 균형보다는 성장이 강조되고 지역의 자율성 강화를 위한 분권화가 새롭게 조명을 받았다. 국가 주도의 균형발전 대신 지역주도의 지역경쟁력 강화를 강조한 것이다. 또한 지역 간 상생발전도 중요한 정책의제로 설정하였다. 국가균형발전 정책을 통해 수도권과 비수도권의 갈등이 심화되었고 지자체 상호 간에도 지역전략산업 육성 등과 관련하여 경쟁과 갈등이 빈발했기 때문이다. 무엇보다 행정구역을 뛰어넘는 광역적 지역발전을 위해서는 지자체 간의 연계협력이 필수적으로 요구되었다.

전략 중에서 특징적인 것은 기존 지역발전시책의 발전·보완이다. 여러 측면에서 참여정부와 대비되는 정책방향을 제시한 이명박 정부가 전 정부가 추진한 행정중심복합도시, 혁신도시, 기업도시 개발을 지속·보완하겠다고 한 것이다. 이는 이미 착수된 도시개발 사업 계획을 변경하거나 되돌리기가 사실상 불가능하였기 때문이었다. 이미 제정된 법률의 폐지는 물론이고 도시의 입지가 결정되고 토지확보가 완료되는 등 투입된 비용을 회수할 방법이 없고 도시를 유치한 지역의 이해를 극복할 수 없었기 때문이다. 참여정부가 곳곳에 심어 놓은 소위 '대못'이 제 효력을 발휘한 것이다.

2) 지역 · 도시정책의 추진 현황

앞에서 설명한대로 이명박 정부의 지역·도시 발전정책은 기초-광역-초광역으로 이어지는 3차원 지역발전을 구상하였으나 핵심은 광역경제권 정책이다. 기초생활권, 광역경제권, 초광역개발권의 명칭으로 추진된 입체적인 지역발전전략은 국토 전체 지역의 성장잠재력을 극대화하기 위해 도입하였다. 각 권역은 추구하는 목적이 달랐고 이에 따라 공간구조나 권역설정, 계획체계 등이 각기 다르게 설정되었다.

먼저 기초생활권은 기초지자체 단위에서 국민의 기본수요를 충족시키는 것을 주된 목적으로 대도시를 제외한 전국의 163개 시·군을 대상으로 추진되었다. 전국 어느 지역에 살든지 주민의 기본적인 삶의 질이 보장되도록 지역의 생활기반을 확충하고, 특성화·차별화된 개발을 추진하며, 삶의 질과 소득을 제고하고, 시·군 간 연계협력을 활성화하는

표 12-2 이명박 정부의 3차원 지역발전전략

차원	공간구조	주요목적	공간단위	계획체계
초광역개발권	선(線)	국가경쟁력 강화	4+3 벨트	초광역개발권 기본구상
광역경제권	면(面)	지역경쟁력 강화	5+2 광역경제권	광역경제권 발전계획
기초생활권	점(点)	국민의 기본수요 충족	163 시 · 군	기초생활권 계획

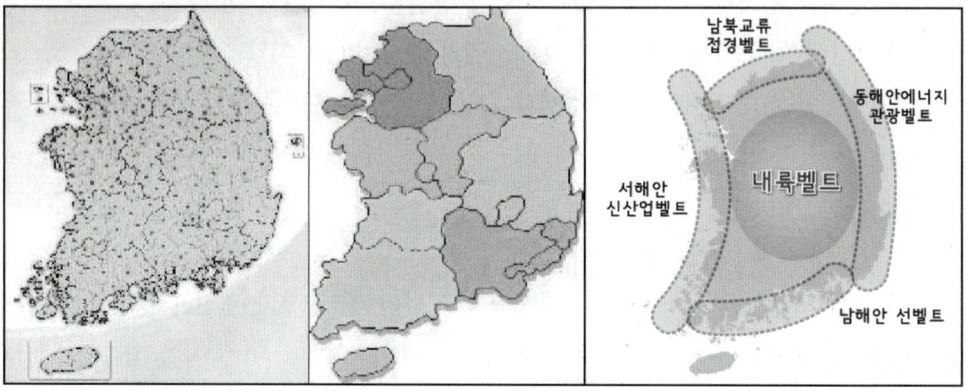

163 기초생활권(1차원) 5+2광역경제권(2차원) 4+3 초광역개발권(3차원)

자료: 지역발전위원회(2013, p.9).

것을 추진전략으로 설정하였다. 이를 위한 제도적 기반으로 지자체의 사업선택권 등 재정 운영의 자율성을 높일 수 있도록 광역 · 지역발전특별회계에 포괄보조금을 도입하였고 기초지자체 간 연계협력 사업을 시행하였다.

광역경제권은 지역의 경쟁력을 강화하는 것이 핵심 목표로 전국의 광역지자체를 7개(5+2)의 광역경제권으로 구분하였다. 권역설정은 역사 · 문화적 동질성과 인구규모가 주된 고려 요소로서 인구 500만 내외의 5대 광역경제권으로 수도권, 충청권, 호남권, 대경권, 동남권, 2개의 특별광역경제권으로 강원권과 제주권으로 설정하였다. 광역경제권 정책은 3개의 전략을 통해 추진되었다. 첫째 전략은 광역경제권 선도 프로젝트 추진으로서 권역별로 2개의 선도사업을 지정하여 육성하고, 이와 관련된 지역인력 양성과 인프라 구축을 함께 추진하였다. 두 번째 전략은 광역경제권 정책관련 기반을 구축하는 것으로 산업단지 등 지역개발 용지 공급을 확대하고, 지역별로 맞춤형 규제를 개선하였다. 세 번째 전략은 광역경제권 정책의 추진체계를 확립하는 것으로 권역별로 광역권발전위원회를 설치하고 광역권 발전계획을 수립하였다.

초광역개발권은 대외개방형 지역발전을 선도하고 광역경제권과 연계 및 보완 역할을 하도록 동서남해안과 접경지역의 4대 벨트를 중심으로 3개의 내륙벨트를 설정하였다. 4대 벨트의 명칭은 남해안 선벨트, 서해안 신산업벨트, 동해안 에너지 · 관광벨트, 남북교류 · 접경벨트이다. 내륙벨트는 백두대간, 내륙첨단산업지대, 대구-광주 연계지역을 대상으로 하였다. 초광역개발을 위한 추진전략으로는 동북아 초국경적 경제협력 강화, 초국경 및 초광역 인프라 구축, 국가 신성장동력 육성 및 거점 연계 강화, 초광역 공유자원을 활용한 지역 공동발전, 한반도 통일시대에 대비한 국토기반 조성으로 설정하였다. 초광역 개발을 위해 2007년 「동서남해안권 발전 특별법」을 제정하였고 이후 내륙권을 포함하도록 2010년 「동서남해안 및 내륙권 발전 특별법」으로 변경하였다.

지역 · 도시정책의 핵심 재원인 국가균형발전특별회계는 광역 · 지역발전특별회계로 개편되어 재원의 규모가 2008년 7.8조 원에서 2012년 9.4조 원으로 증가하였고, 계정 중에서 지역혁신계정은 광역발전계정으로 명칭을 변경하였다. 특기할만한 것은 2010년부터 포괄보조금을 도입한 것인데, 포괄보조금은 종래 200여 개로 세분되어 지원되던 지역개발사업을 20여 개의 시 · 도 및 시 · 군 · 구 자율편성사업으로 포괄화함으로써 사업선택과 예산편성에서 지역의 자율성을 제고하였다. 한편, 지방분권 정책의 일환으로 2009년 지방소비세와 지방소득세를 도입하여 2010년부터 시행함으로써 지역의 자주재원 확충과 재정자립도 향상이 이루어졌다.

수도권 지역에 대해서는 일련의 제도개편을 통해 규제완화가 이루어졌다. 특히 수도권의 공장개발에 관한 규제가 대폭 완화되었는데, 주요 내용은 첨단산업의 공장증설 및 산업단지 공장입지 규제 완화와 자연보전권역의 규제방식 개선이었다. 이 같은 수도권 규제완화에 상응하여 수도권 지자체는 지방소비세를 재원으로 연간 3천억 원 규모의 지역상생발전기금을 조성하여 2010년부터 10년 동안 비수도권 지자체에 지원하도록 하였다.

낙후지역 개발을 위한 지원제도에서도 대폭적인 개편이 이루어졌다. 종래 5개 부처에서 추진하던 15개 낙후지역 지원사업을 성장촉진지역, 특수상황지역, 도시활력증진지역, 일반농산어촌의 4개 지역으로 개편하고 지역별로 포괄보조 사업 방식을 도입하였다. 이명박 정부는 지역 간 연계협력을 통한 상생발전을 지역발전의 기본방향의 하나로 설정할 정도로 중요하게 간주하였다. 지역 간 중복투자와 경쟁을 예방하고 비교우위를 활용한 연계협력을 촉진하기 위해 기초, 광역, 초광역 수준의 연계협력사업을 지역발전위원회 주도의 공모사업 방식으로 추진하였다.

도시정책에서도 새로운 시도와 변화가 이루어졌다. 먼저 광역경제권 정책을 보완하는 개념으로 도시권 정책을 도입하고자 하였다. 2011년부터 2012년에 걸쳐 지역발전위원회 중심으로 지방대도시권 육성 전략에 관해 활발한 논의를 하였으나 공감대가 이루어지지 못해 실제 정책으로 시행되지 못하였다. 도시권이 아닌 개별 도시 단위의 정책은 기초생활권 정책을 통해 추진되었다. 기초생활권의 유형 중 대도시 지역은 대부분 도시활력증진지역에, 중소도시는 일반농산어촌에 포함된다. 도시활력증진지역은 대도시와 인구 50만 이상의 시 지역이 대상이고, 일반농산어촌은 군 지역 외에 인구 50만 이하의 시 지역도 포함된다. 일부 도시지역은 성장촉진지역과 특수상황지역에 포함된다. 따라서 기초생활권 정책에서는 도시지역만을 대상으로 하는 정책이 추진되지 못했으나 실제 추진된 사업은 주로 생활환경 개선사업으로 기초생활권의 4개 유형별로 큰 차이가 없었다. 도시활력증진지역에서 가장 특징적인 사업은 도시재생사업으로 주거지 재생과 중심시가지 재생으로 구분해서 2010년부터 2012년까지 매년 100여 개 사업을 시행하였다. 독자적인 법적 토대 위에서 도시재생사업을 본격 시행하게 된 것은 박근혜 정부 들어와서이지만 이명박 정부 말기에 4개의 도시재생 관련 법률이 의원 입법으로 발의되는 등 특별법 제정 논의가 활발하였다.

3) 지역 · 도시정책의 평가

참여정부의 국가균형발전 정책의 비판으로 출발한 이명박 정부는 정책의 명칭도 국가균형발전 정책 대신 지역발전 정책 또는 지역정책을 사용하였다. 참여정부를 상징하는 다른 용어인 혁신, 로드맵은 사실상 금기어가 되었다. 지역정책의 최상위 개념으로 균형보다는 경쟁력을 중시하였고 수도권과 비수도권으로 양분되는 공간구도는 광역경제권 개념으로 대체하여 전체 지역의 경쟁력을 통해 지역이 자체의 역량으로 성장할 수 있는 기반을 구축하고자 하였다. 균형이 먼저냐 성장이 먼저냐는 닭과 계란의 관계와 크게 다를 바가 없어서 어느 것이 더 중요하고 우선해야 하느냐는 옳고 그름의 문제라기보다는 이념의 차이가 더 중요하게 작용한다. 이명박 정부는 경쟁력과 성장을 중시한 반면 참여정부는 균형과 혁신이 핵심이라고 보았다.

지역 · 도시발전 정책의 역사적 관점에서 보면 이명박 정부도 참여정부 못지않게 중요한 기여를 하였다. 정치적으로 대립각을 이룬 두 정부는 지역 · 도시발전 정책에서는 수도권 정책을 제외하면 정책기조에서 별다른 차이점을 찾기 어렵다. 참여정부가 만들어 놓은 지역 · 도시발전 정책의 기반 위에서 이명박 정부를 이를 더욱 발전시켰기 때문이다. 국가균형발전특별법을 중심으로 하는 지역 · 도시정책의 큰 틀과 집행수단, 추진체계는 관련 조직, 계획, 회계 등의 명칭 변경을 제외하면 큰 변화 없이 유지되었고, 내용적으로는 3차원 지역발전 개념과 국가균형발전특별회계에 포괄보조금을 도입하고 지역 간 연계협력을 강조하는 등 보완되고 진전되었다.

이명박 정부가 추진한 지역 · 도시발전 정책 중에서 3차원 지역발전전략과 수도권 정책이 논란의 중심에 있다. 국토를 3차원으로 발전시키려는 전략은 이론적으로는 완벽하였으나 중앙정부 및 지역에서 활용할 수 있는 자원과 거버넌스의 제약으로 실천이 따르지 못했다. 집중적인 관심과 투자가 이루어진 광역경제권 정책에도 문제가 없는 것은 아니어서 지역산업 육성 위주의 전략으로 도시권과 같은 공간전략과 연계되지 못했고 권역별로 설치된 광역발전위원회의 기능과 역할이 부족하다는 지적도 지속적으로 제기되었다. 광역경제권에 비해 기초생활권과 초광역개발권은 별다른 주목을 받지 못한 채 구색 맞추기에 불과하였다는 비판을 받았다. 권역별 계획은 수립되었으나 이를 실천할 수 있는 장치가 수반되지 못했다. 다행히 기초생활권은 박근혜 정부에서 지역생활권으로 계승되었고 초광역개발권은 별도로 제정된 법률 덕분으로 보다 장기적 관점에서 추진할 수 있는 법적 근거를 확보한 것에 의미를 부여할 수 있다. 한편, 수도권에 대한 규제완화 정책은 국가경쟁력 강화를 명분으로 추진되었지만 지방의 반대 위에서 이루어졌다. 이를 다른 측면에서 보면 참여정부에서 국가공공기관의 지방이전의 반대급부로 선별적인 규제완화와 지자체의 계획적 관리를 약속한 바 있으나 실현되지 못하였는데, 이에 대해 다음정부가 약속을 지키는 후속조치로서의 의미도 있다. 이명박 정부가 시행한 대폭적인 수도권 규제완화 이후에는 수도권 정책을 둘러싸고 정부와 지방 사이에 별다른 갈등이나 대립이 발생하지 않았다.

12.4 박근혜 정부의 지역 · 도시정책(2013~2016)

1) 지역 · 도시정책의 배경과 목표

박근혜 정부가 출범한 2013년은 우리나라가 반세기에 걸쳐 이룩한 산업화와 민주화의 성과가 국내적으로는 사회의 각 분야로, 대외적으로는 한류라는 이름으로 개발도상국은 물론 선진국으로까지 확산되면서 국가적 위상이 과거에 비해 획기적으로 높아진 시기이다. 그러나 그 이면에는 양극화로 통칭되는 경제적, 사회적 격차 문제가 심화되고 있었고 경제성장의 둔화에 따른 일자리 부족문제가 현안문제로 부상하고 있었다. 지역 · 도시정책분야에서는 오랜 기간에 걸쳐 누적된 수도권과 비수도권 등 지역 간 격차문제와 새롭게 등장한 저출산 고령화 현상에 따른 인구성장의 정체와 도시 및 농촌의 활력 저하 문제가 핵심 과제로 등장하였다. 이 같은 문제는 우리나라가 개발도상국에서 선진국으로 진입하면서 파생되는 것들로 과거에 겪지 못한 새로운 현상들에 대한 새로운 대응책을 마련하여 시행할 필요가 있었다.

지역 · 도시발전정책의 대상에서는 전통적인 공간개발이나 경제 및 산업 육성에 추가하여 국민의 체감도가 높은 주거, 교육, 문화, 보건, 의료 등 기본적인 삶의 질 분야에서 격차를 해소하는 것이 새로운 과제로 대두되었다. 지역 · 도시정책의 추진방식에 있어서는 지방자치제도를 통해 축적된 지역의 역량과 지역주민의 참여의식을 활용하는 분권화된 정책의 추진과 함께, 교통 · 통신기술의 발달에 따른 생활권 및 경제권의 광역화에 대응하는 행정서비스의 공급방식 개선과 지자체간 연계협력의 중요성이 강조되었다. 이에 따라 지역 · 도시정책의 공간전략은 이명박 정부에서 추진한 경제 · 산업 중심의 광역경제권을 대신하여 주민의 일상생활권 및 도시권 개념에 가까운 지역행복생활권을 지자체간 협력과 지역의 자율을 근간으로 하는 지역 · 도시발전의 새로운 공간 단위로 채택하였다.

박근혜 정부의 지역 · 도시발전정책의 기조를 가늠하는 두 개의 키워드는 희망과 행복이다 박근혜 정부는 국정비전으로 '희망의 새시대: 국민행복과 국가발전이 선순환하는 새로운 패러다임의 시대'를 제시하고 경제부흥, 국민행복, 문화융성, 평화통일 기반 구축을 국정기조로 선정하였다. 지역 · 도시발전정책이 최상위 국정방향에 포함되어 있지는 않지만, 140개에 달하는 국정과제 중에는 국민대통합을 위한 지역균형발전, 지방대학 지원 확대, 지방재정 확충 및 건전성 강화, 지방분권 강화 및 시민사회 · 지역공동체 활성화, 지역경제와 산업의 활력 제고 등 지역 및 도시발전과 관련한 주요 과제들이 포함되었다.

박근혜 정부가 추진한 지역 · 도시 발전정책의 방향은 2013년 제1차 지역발전위원회에서 발표한 새 정부 지역발전 정책의 비전과 전략에 요약되어 있다. 이 회의에서는 지역발전 정책의 비전을 '국민에게 행복을, 지역에 희망을'로 설정하고, 지역정책을 통해 주민이 실생활에서 행복과 희망을 체감하고(Happiness), 행복한 삶의 기회를 고르게 보장하며(Opportunity), 자율적 참여와 협업의 동반자 관계를 통해(Partnership), 전국 어디에서나 정책의 사각지대가 없도록(Everywhere) 하겠다고 하여 지역정책을 'HOPE 프로젝트'로 지칭하였다. 지역정책의 비전을 달성하기 위한 추진전략으로 지역행복생활권 구현, 맞춤형 · 패키지 지원, 지역주도 및 협력 강화를 설정하였다. 정책의 중점 분야로는 지역행복생활권 기반 확충, 일자리 창출을 통한 지역경제 활력 회복, 교육여건 개선 및 창의적 인재 양성, 지역문화 융성 및 생태 복원, 사각 없는 지역 복지 · 의료, 지역균형발전 시책 지속 추진을 제시하였다.

한편, 2015년에는 제2단계 지역희망 프로젝트(HOPE+)를 발표하였다. 이는 지역주도의 상향식 지역발전 방식이나 정부의 맞춤형 패키지 지원이 제대로 작동되지 않는다는 지적과 지역행복생활권을 통한 지자체 간 상생협력이 당초의 기대에 미치지 못한다는 문제를 개선하는 방안으로 제시된 것이다. 이에 따라 국민의 행복 체감 시대를 실현하는 지역행복생활권 정책의 고도화, 지역경제의 새로운 도약을 위한 창조경제 확산 및 지역경쟁력 제고, 선진 한국의 기반 확립을 위한 국민통합과 공동체의식 회복을 새로운 지역정책의 목표로 설정하였다.

2) 지역 · 도시 정책의 추신 현황

박근혜 정부가 새롭게 추진한 대표적인 지역 · 도시발전정책으로 지역행복생활권, 새뜰마을, 창조경제, 규제프리존, 도시재생을 들 수 있다. 지역행복생활권 정책은 국민행복과 지역희망을 목표로 하는 박근혜 정부의 지역 · 도시발전전략의 대표 브랜드이다. 지역행복생활권은 지역 주민의 삶의 질 향상에 필요한 일자리 및 교육 · 문화 · 복지 · 주거 · 안전 · 환경 등의 생활기반을 지자체 공동으로 확충하기 위해 시 · 군 · 구가 상호 협의하여 자발적으로 설정한 권역을 의미한다. 지역행복생활권은 전국에 63개가 설정되었는데, 유형별로는 대도시 중심의 중추도시생활권 20개, 중소도시 중심의 도농연계생활권 14개, 농촌지역 중심의 농어촌생활권 21개가 설정되었고, 수도권에 대해서는 시범생활권 형태로 8개가 설정되었다.

지역행복생활권 정책에서 중점을 둔 것은 지역행복생활권 연계협력사업으로 이는 이명박정부에서 도입된 지방자치단체 간 연계협력사업을 확대 · 개편한 것이다. 지역행복생활권 연계협력사업은 주민생활에 필요한 기초 인프라와 생활서비스를 행정구역을 넘어 제공하기 위해 개별 시 · 군에서 충족하지 못하는 산업 · 복지 · 교통 · 관광 등의 서비스를 생활권 지자체들이 공동으로 공급할 수 있도록 지원하는 사업이다. 기초 인프라 등 생활권에 필요한 주민체감형 사업이면서 생활권 협력으로 주민불편 해소 및 시너지 효과를 거둘 수 있는 사업을 우선 지원하였다.

새뜰마을사업은 취약지역 생활여건 개조사업으로 출발하였다가 이름을 바꾼 것으로 경제성장에서 소외되고 기본적 서비스를 누리지 못하는 도시 및 농촌의 취약지역 생활환경 개선을 지원하는 사업이다. 이 사업은 주민의 기본적인 생활수준(national minimum) 보장을 위해 안전 · 위생 등 필수 생활인프라 확충 및 주거환경 개선, 주민역량 강화를 지원하는 사업으로 생활여건 개선 효과가 큰 지역을 중심으로 추진하였다. 사업의 내용은 주민건강에 나쁜 영향을 미치는 슬레이트 지붕 주택개량, 집수리, 재래식 화장실 정비, 담장정비, 마을안길정비, 마을주변 위험경사지 보강, 상하수도 정비 등 실생활과 밀접한 기초생활인프라를 개선하는 것이다.

창조경제는 박근혜 정부의 지역 산업정책을 상징하는 개념이다. 창조경제는 개념의 모호성으로 지속적인 비판을 받았는데, 기본적인 목적은 지역산업 육성을 통해 지역의 새로운 일자리와 부가가치를 창출하는 것이다. 창조경제 육성을 위해 지역특화발전 프로젝트를 중심으로 시 · 도별 대표산업을 선정하는 등 지역산업을 지원하였다. 또한 지역 중소 · 중견기업의 애로를 해소하고, 청년창업 활성화, 아이디어 사업화 등을 지원하기 위해 전국의 17개 시 · 도에 창조경제혁신센터를 설립하여 지역의 대학, 연구소 등의 혁신 자원과 역량을 결집시키고자 하였다. 창조경제의 공간적 기반으로는 수도권의 판교테크노밸리를 확대한 판교 창조경제밸리를 모델로 설정하고 지역별 도시첨단산업단지를 중심으로 첨단산업 분야의 기업투자 촉진과 일자리 창출을 전국적으로 확산시키고자 하였다.

규제프리존은 수도권을 제외한 시 · 도별로 선정한 지역전략산업 분야의 핵심 규제를 완화하여 자유로운 기업 활동을 보장하고 혁신 생태계를 구축하기 위해 도입한 제도이다. 전국적으로 완화하기 어려운 민감한 규제를 지역전략산업 육성을 위해 필요한 경우 해당 시 · 도의 규제프리존에 한정하여 규제특례를 부여하는 방식이다. 규제프리존은 지역이 지역성장을 견인할 대표산업을 선정하고, 중앙정부는 규제특례를 부여하여 투자를 유발하는 새로운 지역경제 발전모델로 기대가 높았다. 규제프리존 도입을 위한 법적 근거로서 「지역전략산업 육성을 위한 규제프리존의 지정과 운영에 관한 특별법」 제정을 추진하였으나 국회에서 법안이 통과되지 못한 채 탄핵으로 정부가 교체되면서 폐기되었다.

도시재생은 그동안 추진된 도시개발 사업이 주로 외곽지역에서 이루어지면서 원도심 지역은 인구유출과 상권침체, 건축물 및 인프라의 노후화 등 쇠퇴가 진행되는 문제에 대응하기 위해 추진되었다. 도시재생 정책을 제도적 기반 위에서 체계적으로 추진하기 위해 2013년 「도시재생 활성화 및 지원에 관한 특별법」을 제정하였다. 도시재생 특별법은 지자체, 주민 중심의 계획수립체계, 조직, 국가의 지원, 선도지역 지정과 지원 등의 내용을 포함하고 있다. 도시재생 계획수립체계는 국가가 향후 10년 간 도시재생 정책방향과 선도지역 지정기준 등을 담은 「국가도시재생 기본방침」을 수립하고, 지자체는 주민 참여를 기반으로 「도시재생 전략계획」과 「도시재생 활성화계획」을 수립하는 구조이다. 도시재생 전략계획은 지자체의 도시재생 정책방향을 결정하고, 자원과 역량을 집중하여 재생사업을 추진하는 도시재생 활성화지역을 지정하는 계획이다. 도시재생 활성화계획은 도시재생 전략계획에서 지정된 활성화지역에 대해 세부 실행계획을 수립하는 것이다. 도시재생 정책 및 사업추진을 뒷받침하기 위한 조직으로 총리를 위원장으로 하는 도시재생특별위원회 등을 설치하였다.

도시재생사업의 유형은 도시경제기반형과 근린재생형으로 구분된다. 도시경제기반형은 노후산업단지, 항만, 역세권 등의 정비 및 개발과 주변지역을 연계하고, 이전적지 등을 복합개발하여 도시의 고용기반을 창출하기 위한 것으로 상대적으로 대규모 사업을 포함한다. 근린재생형은 생활권 단위에서 주민이 중심이 되어 생활환경을 개선하고, 생활인프라를 확충하며 공동체를 활성화하는 소규모 재생사업 위주로 구성된다.

박근혜 정부는 도시 내부의 쇠퇴지역을 경제적 · 사회적 · 물리적 · 환경적으로 활성화시키기 위해 다양한 유형의 도시재생사업을 주민 주도로 발굴하고, 개별 부처에서 시행중인 사업 중 도시재생에 기여할 수 있는 예산을 쇠퇴도시에 칸막이 없이 지원하여 사업효과를 극대화하고자 하였다. 도시재생 예산이 집중 투입된 지역은 도시재생선도지역이다. 선도지역은 도시재생이 시급하거나 파급효과가 큰 지역을 지정하여 국가와 지자체의 시책을 중점 시행함으로써 도시재생 활성화를 도모하는 지역으로 2014년 공모를 통해 13개소를 선정하고 2015년 선도지역에 대한 활성화계획 수립을 완료하였다.

박근혜 정부는 도시재생사업을 기존의 도시활력증진지역 개발사업과 통합하여 추진함으로써 도시정책의 효과를 높이려 하였다. 도시활력증진지역 개발사업의 세부내역은 다음과 같다. 먼저 경제기반형 도시재생사업은 공공의 선투자를 통해 민간투자를 유발하여 민관 합동으로 경제거점을 형성하고, 주변 노후 도시지역 등과 상생을 도모하기 위한 사업이다. 중심시가지 근린재생형 도시재생사업은 원도심 등 중심시가지의 행정 · 업무, 상업, 역사 · 문화 · 관광, 공공복지, 도심주거 등의 기능 증진과 회복하기 위한 사업이다. 일반근린형 도시재생사업은 낙후된 주민생활환경 개선 및 상권 활성화를 통한 지역 주민의 삶의 질 향상과 지역 공동체 회복을 위한 사업이다. 도시생활환경 개선사업은 소규모 마을단위의 생활기반시설 확충, 거주환경개선, 골목상권 개선 등과 함께 공동체 활성화를 위한 사업이다. 마지막으로 지역역량 강화사업은 지속가능한 지역공동체 형성과 거버넌스 구축을 위한 지역주민 등의 역량강화 프로그램을 개발, 운영하는 소프트웨어 사업이다.

한편, 지역 · 도시발전정책의 재원이 되는 특별회계에서도 부분적인 개편이 이루어졌다. 특별회계의 명칭을 광역 · 지역발전특별회계에서 지역발전특별회계로 변경하였고, 계정은 지역발전계정을 생활기반계정으로, 광역발전계정을 경제발전계정으로 변경하였고, 특히 지역주민의 체감도가 높은 사업을 추진하기 위해 생활기반계정과 포괄보조금 규모를 확대하였다. 아울러 세종 계정을 별도로 설치하여 특별자치 지역의 발전사업에 대한 재정지원이 안정적으로 이루어지도록 하였다.

3) 지역 · 도시정책의 평가

박근혜 정부는 이명박 정부와 같은 보수정부로서 참여정부에서 이명박 정부로의 교체 때와 같이 지역 · 도시정책의 목표나 전략에 관한 이념적 논쟁 없이 출범하였다. 그렇지만 지역 · 도시정책을 바라보는 시각에서는 상당한 인식의 변화가 있었다. 이전 정부가 지역 · 도시정책을 통해 추구한 국가균형발전이나 지역경쟁력 강화 대신 국민행복이나 지역희망이 강조된 것은 지역 · 도시정책의 역할에 대한 근본적인 재검토와 함께 정책방향의 일대 전환을 시도한 것을 의미한다. 지역 · 도시정책의 무대가 전통적인 공간이라는 장소 중심에서 지역 주민이라는 사람 중심으로 바뀌는 계기가 되었다. 이는 1960년대 이후 반 세기 이상에 걸쳐 추진한 전통적인 지역 · 도시정책의 문제인식이나 접근방식과 큰 차이를 보이는 것으로서 정책의 성패를 떠나 질적인 발전 측면에서 의미를 부여할 수 있다.

정책패러다임의 큰 변화에도 불구하고 실제 추진된 정책의 세부 사업 메뉴는 기존의 관행과 별다른 차이가 없었다. 정부 내에서 지역 · 도시정책의 중요성에 대한 인식이나 새로운 정책의 필요성에 대한 공감대가 낮았고, 무엇보다 과거 정부에 비해 박근혜 정부가 지역 · 도시정책에 투입한 자원의 양적, 질적 수준이 부족했기 때문이다. 이전 정부에서 지역 · 도시정책의 대표 브랜드가 빠르게 뿌리내릴 수 있도록 수천억 원의 신규 재원을 조성하여 집권 초기부터 강한 드라이브를 건 것과 달리 박근혜 정부는 브랜드 사업인 지역생활권을 위한 별도의 신규 재원을 조성하지 않았고 권역설정이나 계획수립을 전적으로 지자체 자율에 위임하는 등 조정력이나 리더십을 발휘하지도 않았다. 지역 · 도시정책의 컨트롤타워인 지역발전위원회의 역할과 위상은 저하되어 정부부처의 정책수립과 집행을 통솔할 수 있는 조정력과 새로운 정책발굴을 위한 기획력도 약화되었다.

박근혜 정부가 추진한 대표적인 지역 · 도시 발전정책인 지역행복생활권, 새뜰마을, 창조경제, 규제프리존, 도시재생 정책은 시대적인 요구에는 적절하게 대응한 것으로 평가된다. 지역행복생활권은 고질적인 행정구역 중심의 정책집행에 따른 중복과 비효율 문제를 극복하여 공공서비스 공급의 효율화와 지역 간 상생발전의 두 가지 정책목표를 달성할 수 있는 잠재력을 지닌 정책이었다. 새뜰마을 사업은 과거의 새마을사업과 유사한 측면이 있지만 생활환경이 극히 불량한 도시 및 농촌지역에 최저한의 정주여건을 보장하는 제도로서 의미가 있다. 창조경제와 규제프리존은 제대로 추진되지도 못한 채 끝이 나는 운명을 맞이한 불운한 정책이다. 도시재생정책은 대규모로 사업이 추진되지는 않았지만 장기적으로 정책이 지속될 수 있도록 법적, 제도적 기반을 구축한 것에 의미를 둘 수 있다. 실제 문재인 정부에서 도시재생정책은 대표적인 국정과제로 추진되고 있다. 박근혜 정부의 임기 말에 밀어닥친 탄핵정국은 그나마 빈약했던 박근혜 정부의 지역 · 도시 발전정책의 시효를 앞당겨 만료시킴으로써 박근혜 정부의 지역 · 도시정책에 대한 평가는 2000년대 이후의 정부 중에서 가장 낮은 점수를 받을 수밖에 없다. 제대로 꽃을 피우지 못한 채 생을 마감한 창조경제나 규제프리존 정책의 기본개념은 성장동력이 약화되고 관료주의가 강한 우리나라의 특징상 언제든지 새롭게 조명을 받을 수 있을 것이다.

12.5 문재인 정부의 지역 · 도시정책(2017~)

1) 지역 · 도시정책의 배경과 특징

박근혜 정부가 대통령의 탄핵으로 예정보다 일찍 막을 내림에 따라 출범한 문재인 정부는 대통령직 인수위원회 대신 국정기획자문위원회를 설치하여 국정계획을 수립하였다. 정부 출범과 함께 활동에 착수한 국정기획자문위원회는 대통령 정책공약을 중심으로 임기 동안의 정책운영계획을 담은 '국정운영 5개년계획'을 발표하였다. 이 계획에는 문재인 정부의 국가비전과 5대 국정목표를 중심으로 20대 국정전략과 100대 국정과제가 담겨 있다. 5대 국정목표에서 네 번째 목표는 '고르게 발전하는 지역'으로 설정하고 있어 균형발전에 대한 의지가 역대 어느 정부 못지않게 높은 것으로 평가된다. 균형발전 목표를 뒷받침하는 전략으로는 자치분권, 균형발전, 농산어촌 3개를 제시하고 있으며, 100대 국정과제 중에서 모두 11개 과제가 해당된다. 따라서 전체 국가정책 운영에서 지역 · 도시정책의 비중이 높게 설정되어 있다.

문재인 정부의 지역 · 도시정책의 뿌리는 대통령 정책공약과 국정운영 5개년계획이다. 대통령 공약에서 제시된 대표적인 지역 · 도시정책에는 도시재생뉴딜, 국가균형발전, 4차 산업혁명 및 스마트 코리아, 살기 좋은 농산어촌 등이 있다. 국정운영 5개년계획에서 지역 · 도시정책과 관련한 국정과제는 국가균형발전과 도시재생뉴딜이 핵심이다. 국가균형발전 과제의 내용은 추진체계, 세종시 육성, 혁신도시 중심 클러스터 육성, 산업단지 혁신으로 구성되어 있다. 도시재생뉴딜 과제의 내용은 도시재생뉴딜사업 발굴 · 지원, 지역역량 강화, 도시재생 연계 공공임대주택 공급, 주거취약계층 녹색건축물 우선 적용으로 구성되어 있다.

문재인 정부의 지역 · 도시발전 정책은 이념적 측면에서 참여정부의 적자임을 표방하면서 참여정부에서 추진한 국가균형발전 정책을 계승 발전시키고자 한다. 내용적 측면에서는 기존 정부와의 차별성과 연속성을 동시에 지니고 있다. 정책의 차별성은 우리나라의 도시 및 지역이 당면하고 있는 현안인 4차 산업혁명이나 지역쇠퇴 문제에 대응하는 정책에 초점을 두며, 정책의 연속성은 참여정부에서 시작한 혁신도시와 세종시 등의 균형정책의 성과 창출이나 혁신주도형 지역발전을 강조한다.

다른 한편으로는 지역 · 도시발전에서 지방분권의 중요성이 커지고 있다. 균형발전과 지방분권 모두 헌법 개정을 위한 논의 과정에서 핵심 가치로 제시되고 있다. 이를 반영하여 국가균형발전과 자치분권은 지역이 주도하는 지역 · 도시발전이라는 정책목표를 달성하는 양대 축으로서의 역할을 부여받고 있다. 따라서 지역이 주도하는 지역 · 도시발전은 국가균형발전 정책뿐만 아니라 지방분권에서도 중요한 목표로서 다양한 정책수단을 통해 추진될 것으로 예상된다.

2) 지역 · 도시정책의 추진방향

2018년 2월 1일 지역발전위원회[2]는 문재인 정부의 국가균형발전 비전과 전략을 발표하였다. 문재인 정부 국가균형발전 정책의 3대 가치는 분권, 포용, 혁신이다. 분권을 통한 지역주도의 자립역량 축적과 지역맞춤형 문제해결, 포용을 통한 국민생활, 국민경제, 지역의 균형 발전이라는 헌법적 가치 실현, 혁신을 통한 지역의 혁신역량 제고와 혁신성장을 추구한다. 문재인 정부의 국가균형발전 비전과 전략의 내용은 다음과 같다. 비전은 '지역이 강한 나라, 균형잡힌 대한민국'으로, 목표는 '지역주도 자립적 성장기반 마련'으로 설정하였다.

비전과 목표 달성을 위해 3대 전략과 9대 핵심과제를 제시하였다. 3대 전략은 사람, 공간, 산업 전략으로 구성되고 각 전략별로 3개의 핵심과제를 설정하였다. 먼저 사람에 관한 전략은 안정되고 품격있는 삶을 보장할 수 있도록 지역인재와 일자리의 선순환 교육체계, 지역자산을 활용한 특색있는 문화 · 관광, 기본적 삶의 질 보장을 위한 보건 · 복지체계 구축이라는 과제를 제시하였다. 다음으로 공간전략은 방방곡곡 생기도는 공간을 창출할 수 있도록 매력있게 되살아나는 농산어촌, 도시재생 뉴딜 및 중도소시 재도약, 인구감소지역의 거주강소지역 전환이라는 과제를 설정하였다. 마지막 산업전략은 일자리가 생겨나는 지역혁신을 위해 혁신도시 시즌2, 지역산업 3대 혁신, 지역 유휴자산의 경제적 자산화라는 과제를 설정하였다.

이 같은 비전과 전략의 실행력 제고를 위한 제도적 장치로서 헌법을 비롯하여 국가

2 2018년 3월 20일 국가균형발전특별법 개정에 따라 국가균형발전위원회로 명칭이 바뀜.

균형발전특별법과 혁신도시특별법을 개정하고, 균형발전 정책의 실행조직으로서 균형발전 상생회의 신설과 지역혁신체계 구축을 제시하였다. 아울러 재정적 뒷받침을 위해 지역발전특별회계 개편과 계획계약제도 본격 추진, 균형발전 총괄지표 개발 및 지역차등지원을 제시하였다.

문재인 정부의 국가균형발전 비전과 전략의 실천을 실천하는 가장 중요한 법적 근거는 국가균형발전특별법이다. 대통령 공약과 국정운영 5개년계획을 반영하여 마련된 국가균형발전특별법 개정안은 2018년 2월 28일 국회에서 통과되고 3월 20일 공표되었다. 개정 법률에 담긴 주요 정책과제는 국가혁신융복합단지(클러스터) 육성, 국가균형발전정책 추진체계 개편, 지역발전투자협약제도 개편, 국가균형발전특별회계 개편 등이 있다.

먼저 국가혁신융복합단지(클러스터) 육성은 혁신도시, 산업단지, 경제자유구역, 연구개발특구 등 지역별 혁신거점을 연결하는 혁신생태계를 조성하여 국가 및 지역 산업의 혁신과 경제성장을 견인하도록 한다. 국가균형발전정책 추진체계 개편은 균형발전에 대한 국가의 책무를 강조하기 위해 지역발전위원회, 지역발전특별회계, 지역발전계획의 명칭을 각각 국가균형발전위원회, 국가균형발전특별회계, 국가균형발전계획 등 참여정부 시기의 명칭으로 환원하였다. 특히 국가균형발전위원회는 균형발전 정책의 컨트롤타워로서 부처간 정책 조정 기능과 예산편성 요구 등 역할이 강화되었다. 아울러 균형발전 정책에 대한 지역의 역할을 강화하는 장치로 국가균형발전위원회 당연직 위원에 지자체 대표를 포함하고, 지역별로 지역혁신협의회와 지역혁신지원단을 설치하도록 하였다.

지역발전투자협약제도 개편은 중앙정부와 지자체가 대등한 관계에서 지역발전을 위한 전략적 사업계획에 대해 상호 실천을 확약하는 제도로서 새롭게 주목을 받고 있다. 투자협약제도는 참여정부 이후 제도는 있었지만 활용은 되지 않았는데, 지방분권 시대를 맞이하여 지역발전 정책의 안정적 시행을 보장하는 동시에 지역의 자율성과 책임성을 제고하는 역할을 부여받았다. 국가균형발전특별회계 개편은 회계의 명칭을 지역발전특별회계에서 국가균형발전특별회계로 변경하였고, 특별회계의 계정도 변화된 정책방향과 예산편성 및 집행의 주체를 반영하여 생활기반계정은 지역자율계정, 경제발전계정은 지역지원계정으로 명칭을 변경하였다.

12.6 소결

이 장에서는 역대 정부가 추진한 지역·도시정책의 변화를 시대 순으로 간략히 살펴보았다. 우리나라의 지역·도시정책은 반세기 넘게 추진되어 왔으나 크게는 참여정부 이전과 이후로 대별할 수 있다. 이는 참여정부가 그 이전의 정부에서 오랜 기간 동안 추진하고자 하였으나 실천에 이르지 못한 다수의 정책을 단기간에 법적 기반을 갖추고 강력하게 추진하였기 때문이다. 이후 집권한 이명박 정부와 박근혜 정부, 문재인 정부가 추진한 지역·도시정책도 참여정부가 구축한 제도적 기반에 힘입은 바 크다. 각종 제도와 정책의 명칭은 정부교체에 따라 바뀌었으나 지역의 경쟁력 강화와 지역 간 균형발전, 국민의 삶의 질 향상이라는 지역·도시정책의 기본적인 목표는 일관되게 유지되고 있다.

2000년대 이전에 추진된 지역·도시발전전략은 큰 성과를 거둔 동시에 한계와 문제도 유발하였다. 전쟁으로 폐허가 된 국토를 새롭게 창조하여 경제발전과 국민의 생활을 위한 공간적 기반을 조성하였다. 인적, 물적 자원이 부족한 한계를 전략적이고 효율적인 투자를 통해 극복하였다. 그러나 상장거점 개발 방식의 지역발전전략은 국토발전의 지역 간 불균형이라는 해묵은 숙제를 남겼다. 이 결과 수도권과 지방, 도시와 농촌, 대도시와 중소도시 등 지역 간 격차문제는 반세기 이상에 걸친 지속적인 정책적 노력에도 불구하고 여전히 진행되고 있다. 도시정책 분야에서는 급속한 도시화에 따른 주택건설 수요에 대응하는 토지구획정리, 도심재개발, 신도시개발 등이 핵심사업이 되었다. 도시의 장기적인 성장관리를 위한 개발제한구역 설치 등 도시계획제도의 정비가 이루어졌으나 도시의 외연적 확산에 따른 난개발 문제에 대응하기에는 충분치 못했다. 특히 도시를 쾌적하고 살기좋은 미래공간으로 만드는 노력과 투자는 많은 시간이 지난 이후에야 이루어졌다.

참여정부의 지역·도시정책에 대해서는 긍정적, 부정적 평가가 공존하지만 정책의 역사적 발전 측면에서는 긍정적 요소가 크다. 무엇보다 중요한 성과는 국가균형발전특별법을 중심으로 국가균형발전 정책 추진에 필요한 제도적 틀을 완비하였다는 점이다. 국가균형발전법이 참여정부 임기인 불과 5년 만에 과거 수십 년 동안 지역·도시정책을 주도해 온 국토기본법체계를 보완·대체하게 된 것이다. 이 결과 지역·도시정책에서 일부 중복과

표 12-3 시기별 지역정책의 추진 경과

시기	배경 · 목표	주요 정책
1960~1970년대	• 빈곤의 악순환 탈피 • 자립경제기반 구축 • 공업화 기반 조성	• 제1차 경제개발 5개년계획 • 제1차 국토종합개발계획(1972~1981) • 지방공업개발법 제정(1970) • 공업단지 및 수출산업단지 조성
1980년대	• 성장과 복지의 조화 • 수도권 집중억제와 지역 균형발전	• 경제사회발전 5개년계획 • 제2차 국토종합개발계획(1982~1991) • 수도권정비계획법 제정 • 제1차 수도권정비계획(1984~1996) • 서해안종합개발사업계획 수립
1990년대	• 지방분산형 국토골격 형성 • 생산적 · 자원절약형 국토형성 • 국토환경의 보전 • 통일 대비 국토기반 조성	• 제3차 국토종합개발계획(1992~2001) • 제2차 수도권정비계획(1997~2011) • 지역균형개발 및 지방중소기업 육성법(1994) • 8개청 3개 기관을 대전청사로 이전
참여정부 (2003~2008)	• 지역균형발전으로 국민통합 • 혁신주도형 발전 • 다극분산형 발전 • 관련 제도 확충	• 국가균형발전특별법 제정 • 국가균형발전 5개년계획(2004~2008) 수립 • 국가균형발전특별회계 운영 • 국가균형발전위원회, 시 · 도지역혁신협의회 운영 • 제4차 국토종합계획(2000~2020) 및 수정계획 (2006~2020) • 행정중심복합도시, 혁신도시, 기업도시
이명박 정부 (2008~2013)	• 지역경쟁력 강화와 삶의 질 향상 • 광역화와 연계협력 활성화 • 특화발전과 지방분권 촉진	• 국가균형발전특별법 개정 • 지역발전 5개년계획 수립(2009~2013) • 광역 · 지역발전특별회계 운영 • 지역발전위원회, 광역경제권발전위원회 구성 • 제4차 국토종합계획 수정계획(2011~2020) • 광역경제권, 기초생활권, 초광역개발권 전략
박근혜 정부 (2013~2017)	• 지역주민 정책 체감도 제고 • 행복한 삶의 균등한 기회 보장 • 자율적 참여와 협업 촉진	• 국가균형발전특별법 개정(2014) • 지역발전 5개년계획(2014~2018) 수립 • 지역발전특별회계 운영 • 지역발전위원회, 시도발전협의회 운영 • 지역(행복)생활권 및 경제협력권 도입 • 포괄보조금 확대 등 지역자율성 제고

자료: 지역발전위원회, 2017, p13.

혼선이 발생하기도 하였으나 지역 · 도시정책의 실천력 측면에서는 국가균형발전법과 이 법을 통해 설치된 국가균형발전특별회계의 성과는 높이 평가할 수 있다. 그렇지만 대통령

선거라는 정치적 산물로 탄생한 국가균형발전정책이 정책 자체로서보다는 정치적 요인의 영향을 많이 받아 참여정부 임기 내내 끊임없는 정쟁의 대상이 된 것은 아쉬운 점이다.

이명박 정부는 참여정부의 핵심 이념을 부정하면서 집권하였기 때문에 지역 · 도시정책에 대한 철학이나 접근방식에서도 차별성을 강조하였다. 균형보다는 경쟁력을 중시하고 수도권과 비수도권의 2원화된 공간인식 대신 전체 지역을 대등한 관계로 인식하였다. 예를 들어 광역경제권 정책에서 수도권을 지방의 다른 광역경제권과 다르게 보지 않고 동일하게 취급했다. 그렇지만 기본적으로는 참여정부가 만들어 놓은 국가균형발전특별법의 테두리를 크게 벗어나지 않으면서 부분적인 수정 · 보완을 통해 지역 · 도시정책을 추진하였다. 대표적인 사례가 행정중심복합도시, 혁신도시, 기업도시 건설을 폐기하지 않고 지속한 것이다. 이명박 정부의 지역 · 도시정책에서 가장 큰 성과는 국토공간 발전을 3차원 전략으로 체계화한 것이다. 전국을 기초, 광역, 초광역의 3계층 공간으로 중첩시키는 전략은 자원과 시간의 부족으로 제대로 성과를 내지는 못했으나 개념 자체는 완결성이 높았다.

박근혜 정부의 가장 큰 특징은 이전까지의 지역 · 도시정책이 취해왔던 공간 중심의 접근방식에서 탈피하고자 한 점이다. 박근혜 정부가 지역 · 도시정책에서 강조한 국민행복이나 지역희망은 지역 · 도시정책의 최종 수요자인 국민을 염두에 둔 것으로 이전까지의 지역 · 도시정책과는 크게 차별화된다. 예를 들어 지역행복생활권은 그 명칭에서 알 수 있듯이 지역 · 도시정책을 통해 주민의 행복을 증진시키는 것이 가장 중요한 목적이었다. 그렇지만 지역행복생활권 정책을 통해 실제 추진된 사업들은 대부분 기존에 추진해 오던 주민의 생활환경 개선이나 공공서비스 공급과 관련된 것들로 정책의 취지와는 거리가 있었다. 박근혜 정부의 지역 · 도시정책에서 중시한 또 하나의 개념은 지자체의 자율성과 연계협력으로 지자체는 자체의 판단으로 지역행복생활권을 구성하였고 권역에 참여하는 지자체들은 연계협력 사업을 중심으로 하나의 생활권을 형성하고자 하였다. 그러나 박근혜 정부에서는 과거에 비해 지역 · 도시정책의 중요성에 대한 인식이 낮았고 그나마 탄핵으로 정부교체가 예정보다 빨리 진행되어 지역 · 도시정책은 제대로 된 성과를 창출하지 못했다.

문재인 정부는 지역 · 도시정책의 이념이나 접근방식에서 같은 진보정부인 참여정부를 계승한다는 점을 공인하고 있다. 보수정부가 사용한 개념인 '지역발전'이나 '경쟁력' 보다는 '국가균형발전'이나 '혁신'을 중시하고 있다. 참여정부, 이명박 정부, 박근혜 정부가 추진한 지역 · 도시정책의 스펙트럼이 매우 넓고 다양하기 때문에 문재인 정부가 과거와 전적으로 차별화된 정책을 추진하는 것은 현실적으로 어렵고 그럴 필요도 없다. 따라서 일부는 과거부터 추진했으나 제대로 성과를 거두지 못한, 그렇지만 여전히 중요한 현안문제를 해결해야 할 것이고, 일부는 그동안에 변화된 정책환경에 대응하는 새로운 정책 메뉴를 추가해야 할 것이다. 전자에 해당되는 것으로는 혁신도시 및 세종시의 완성이 있고, 후자에 해당되는 것에는 도시재생뉴딜이나 4차 산업혁명 대응이 있다. 촛불혁명으로 집권한 문재인 정부는 국민을 나라의 주인으로 중시하는 정책을 추진할 것으로 예상된다. 지역 · 도시정책에서도 주민의 요구를 더 충실하게 반영하고 주민의 참여가 더욱 확대될 것이다. 아울러 개헌을 계기로 지방자치와 분권이 대폭 강화되어 지역 · 도시정책에서 지방정부와 지역사회의 역할이나 역량이 증대됨으로써 과거보다는 한층 분권화된 지역 · 도시정책이 추진될 것으로 예상된다.

참고문헌

- 국가균형발전위원회, 2004, 국가균형발전의 비전과 전략, 서울: 동도원.
- 국가균형발전위원회, 2007, 국가균형발전정책의 이론과 실천, 서울: 국가균형발전위원회.
- 국민경제자문회의, 2007, 참여정부 경제정책의 평가 및 향후과제, 서울: 국민경제자문회의.
- 국정기획자문위원회. 2017. 문재인정부 국정운영 5개년 계획.
- 국토개발연구원, 1996, 국토50년 20세기를 향한 회고와 전망, 서울: 도서출판 서울프레스.
- 국토연구원, 2008, 상전벽해 국토60년(정책편), 안양: 국토연구원.
- 국토연구원, 2008, 상전벽해 국토60년(사업편), 안양: 국토연구원.
- 김의원,1982, 한국국토개발사연구, 서울: 대학도서.
- 대한건설협회 · 한국건설산업연구원, 2017, 한국건설통사(Ⅳ권, 현대Ⅰ), 서울: 대한건설협회
- 대한민국정부, 1972, 제1차 국토종합개발계획(1972~1981)
- 대한민국정부, 1982, 제2차 국토종합개발계획(1982~1991)
- 대한민국정부, 1992, 제3차 국토종합개발계획(1992~2001)
- 대한민국정부, 2000, 제4차 국토종합계획(2000~2020)
- 대한민국정부, 2006, 제4차 국토종합계획 수정계획(2006~2020)
- 대한민국정부, 2011, 제4차 국토종합계획 수정계획(2011~2020)
- 대한국토 · 도시계획학회, 2009, 대한국토도시계획학회 50년사, 서울: 대한국토도시계획학회.
- 대한국토 · 도시계획학회, 2009, 이야기로 듣는 국토 · 도시계획 반백년, 서울: 도서출판 보성각.
- 산업통상자원중소벤처기업위원회. 2017. 국가균형발전특별법 일부 개정법률안 검토보고서.
- 이원종 외(공저), 2015, 지역발전 정책론: 이론과 실제, 서울: 율곡출판사.
- 전경구 외(공저), 2013, 지역정책론, 서울: 도서출판 보성각.

- 지역발전위원회, 2009, 지역발전과 광역경제권 전략, 서울: 지역발전위원회.
- 지역발전위원회, 2013, 지역발전정책의 성과와 과제, 서울: 지역발전위원회.
- 지역발전위원회, 2017, 지역발전정책 백서, 서울: 지역발전위원회.
- 지역발전위원회, 2018, 문재인정부 국가균형발전 비전과 전략.

제13장

지역도시정책 전망

요약문

제13장에서는 지역도시의 미래상에 영향을 줄 지역도시의 뉴 노멀을 전망한다. 인구문화, 기술사회, 경제산업, 지구환경, 정치행정 등의 관점에서 지역도시에 미칠 영향을 살펴본다. 다음으로 미래에 나타날 것으로 예견되는 지역도시 유형별 이론과 국내외 각국의 사례를 제시한다. 미래의 지역도시 유형은 축소지역도시, 포용지역도시, 스마트시티와 스마트리전, 글로컬오픈이노베이션, 레질리언스지역도시, 분권형자치지역도시 등이다. 마지막으로, 미래의 지역도시의 정책과 이슈를 살펴본다.

13.1 지역도시의 뉴 노멀(New Normal)

1) 저출생 · 고령화와 인구의 이동[인구문화 전망]

통계청은 향후 50년 동안 인구감소의 시대를 예고하였다. 50년 후인 2065년에 우리나라의 인구가 4,302만 명으로, 2015년 5,101만 명에서 2031년 5,296만 명으로 정점에 이른 후 1990년대의 수준으로 감소한다는 예측이다. 인구증가율은 2032년부터 마이너스로 전환되며, 2029년부터 사망자가 출생아보다 많아지고, 출생아는 2015년 43만 명에서 2065년 26만 명으로 감소하며, 고령인구의 비중은 2026년 20%, 2037년 30%, 2058년 40%를 초과할 전망이다.

인구구조상 15~64세 생산가능인구 비중은 73.4%에서 47.9%로 감소하고, 65세 이상 고령인구 비중은 12.8%에서 42.5%로 증가할 전망이다. 생산가능인구는 2016년 3,763만 명으로 정점을 찍은 후 감소하여, 2020년대부터 연평균 30만 명 이상씩 감소할 전망이다. 따라서 생산가능인구 1백 명당 부양할 인구는 2015년 36.2명(노인 17.5명)에서 2065년 108.7명(노인 88.6명)까지 증가할 전망이다(통계청, 2016).

그림 13-1 인구성장 예측(통계청, 2016)

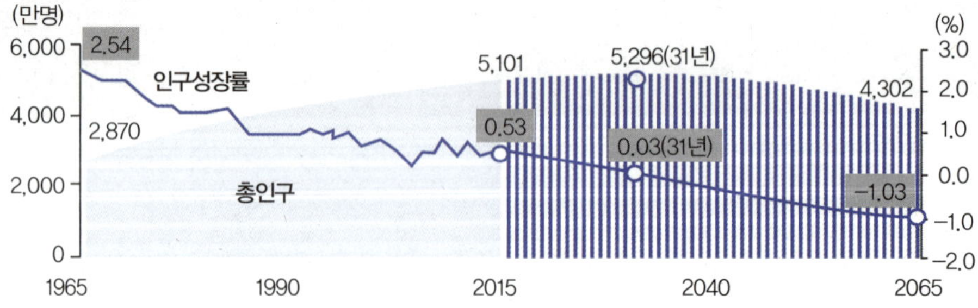

2016년 순인구이동을 보면 세종, 제주, 경기, 인천, 충남의 순인구이동율이 플러스(+)를 보였고, 나머지 시도는 마이너스(−)를 나타냈다. 2032~2065년까지 감소하는 인구(−1,038만명) 중 자연감소(출생−사망)는 −1,152만 명(111%), 국제순유입에 의한 사회적 증가는 114만 명(−11%)에 이를 것으로 전망된다. 유엔 경제사회국은 세계의 인구의 증가와 도시로의 인구이동을 전망했다(이상호, 임윤택, 안세윤, 2018). 향후 인구는 절대감소, 저출생, 고령화, 생산가능인구의 감소와 부양인구의 증가, 지역적 세계적 인구이동이 지역에 영향을 줄 것으로 예측된다.

2) 신기술과 초연결 스마트사회[기술사회 전망]

세계의 학자들은 정보통신기술(ICTs, Information Communication Technologies)의 발달은 정치, 경제, 사회, 문화의 모습을 변혁시키고 있으며, 혁명적인 변화가 있을 것으로 전망한다. 엘빈토플러(Alvin Toffler)의 제3의 물결(The Third Wave), 윌리엄 J. 미첼(William J. Mitchell)의 비트의 도시(City of Bits), 프랜시스 케언크로스(Frances Cairncross)의 거리의 소멸(The Death of Distance), 마크와이저의 유비쿼터스컴퓨팅, 이상호 등(Lee, S. H., Leem, Y. T., & Han, J. H., 2014)의 유비쿼터스도시 패턴 등의 저술에서 사회 전반적인 변혁을 전망한다.

기술과 사회지역을 둘러싼 이들의 전망은 몇 가지로 압축된다. 첫째는 미래에는 부를 창출하는 핵심이 정보와 지식이 될 것이라는 전망이다. 농업의 생산함수 Q=f(노동, 토지)에서, 산업도시의 생산함수 Q=f(노동, 토지, 자본)로 변화되고, 미래에는 정보도시의 생산함수 Q=f(노동, 토지, 자본, 지식정보)로 변화된다는 전망이다(이상호, 2018). 둘째는 거리의 소멸로 거리의 영향력이 줄어들어 공간적으로는 도보권이 기초한 생활권이 형성될 것이며, 빠르고 질적인 정보접근성이 중요해질 것이라는 전망이다. 셋째는 인터넷의 혁명으로 컴퓨터가 초소형화됨과 동시에, 1인 1컴퓨터의 시대에서 1인 다수의 컴퓨터 이용의 시대로 전환되며, 사물에 컴퓨터가 이식되어 사물지능화가 이루어지고, 빅데이터에 기반한 스마트시티(Smart City)가 출현할 것이라는 전망이다. 여기에 사람과 사물 그리고 지역과 세계가 인터넷에 24시간 연결되는 초연결 사회가 도래할 것으로 예측하고 있다. 이미 초연결사회가 왔다는 주장도 힘을 얻고 있다. 가트너(Gartner)는 2020년까지 260억 개의 디바이스가 인터넷에 연결되며, 시스코는 2014년에서 2020년까지 약 3.5배 증가할 것이라고 예측했다(이상호, 임윤택, 안세윤, 2017). 2016년 세계경제 포럼에서 2025년에는 1조 개의 센서가 인터넷에 연결되고 인체 삽입형 휴대폰이 등장하는 등 사회에 일대 변혁을 수반할 것으로 예측하고 있다. 정보통신 기술의 발달과 거리의 소멸을 촉진하는 스마트시티가 도래하고 있다.

3) 저성장 · 고실업과 4차 산업혁명[경제산업 전망]

2016년도 OECD 보고서(2016)에 의하면, 우리나라는 2001~11년 동안 연평균 성장률이 4¼%이었으며, 2011년 이후 2¾%로 하락하였다. IMF는 우리나라의 미래 성장률을 중기적으로 3%로 예측하고 있으며, 2060년대에는 OECD 수준인 1~1.5% 정도의 저성장으로 예측하기도 한다. 통계청은 2016년 연간 고용동향에서 경제활동 참가율(평균 62.8%, 남자 73.9%, 여자 52.1%)과 고용률(60.4%)은 소폭 증가한 반면, 실업률은 3.7%로 전년 대비 증가하였다. 전문직 사무자와 서비스 종사자는 증가하였으나, 농림어업 및 제조업 종사자 그리고 관리자는 감소하였다(통계청, 2016b). 학자 간 예측기관 간의 차이는 있지만, 향후 우리나라의 성장률은 하락할 것이며, 현재보다는 낮은 성장률을 보일 것이라는 데에는 이견이 없어 보이며, 저성장, 노동의 종말, 직업의 종말 등 우울한 전망이 회자되고 있다.

경제산업에 관한 낙관적인 전망도 있다. 클라우드 슈바(Schwab, K)의 4차 산업혁명, 제레미 리프킨(Rifkin, J)의 3차 산업혁명, 케네스 포메란츠(Pomeranz, K)의 대분기 등에서 새로운 경제 패러다임이 제시되고 있다. 이들의 특징은 첫째, 가상공간과 현실공간이 만드는 혁신적인 경제 시스템(CPS, Cyber Physical System)을 예견하고 있다. 단기적으로 초지능 초연결을 기반으로 하는 공정혁신과 생산성 향상에 기반한 혁신경제를 예측한다. 둘째, 첨단기술과 자동화 그리고 노동력의 세계화를 근간으로, 인터넷으로 수요가 주문되면 3D 프린터가 만들어지는 세계적인 Maker Space를 예고하고 있다. 셋째, 세계는 새로운 경제의 탄생과 함께 역사적인 대분기를 맞이하고 있으며, 새로운 산업과 직업, 1인기업의 출현을 전망하고 있다.

4) 기후환경변화와 에너지 위기[지구환경전망]

홍수와 허리케인 등 자연재해, 남극과 히말리아 빙하의 감소, 이상기온과 폭염 폭설,

자외선의 과다 노출, 생태계의 이상 등 세계적인 기후변화가 일어나고 있다. IPCC 5차 보고서에 따르면, 대기와 해양은 따뜻해지고, 눈과 빙하의 양은 줄어들고 해수면은 상승하였으며 온실가스의 농도는 증가하였다. 온난화는 명백하며, 화석 연료 사용과 같은 인간의 활동이 주된 원인이라고 밝혔다. 21세기 말의 전지구 지표온도 변화는 1850~1900년 이전과 비교하여 1.5C를 초과할 가능성을 제기하였다(박일수 외, 2014). 기온이 1C 올라가면, 1,800~6,000만 명의 기아 위험과 3~16억 명의 물 안보 위기가 발생한다. 전 세계적 기후변화는 인류에 재앙으로 나타나고 있다.

유엔 경제사회국은 세계의 인구가 도시에 집중하여 주택 공급의 한계, 교통 혼잡의 가중, 에너지 자원의 고갈과 인프라 공급의 위기, 토지의 공급 부족 등 도시민의 삶의 질 향상과 일자리를 공급하기 어려운 상황에 직면할 것으로 예상하고 있다(이상호, 임윤택, 안세윤, 2018). 특히 화석연료의 사용은 기후변화를 촉발하는 동시에 인구증가에 따른 에너지

그림 13-2 Observed globally averaged combined land and ocean surface temperature anomaly 1850~2121

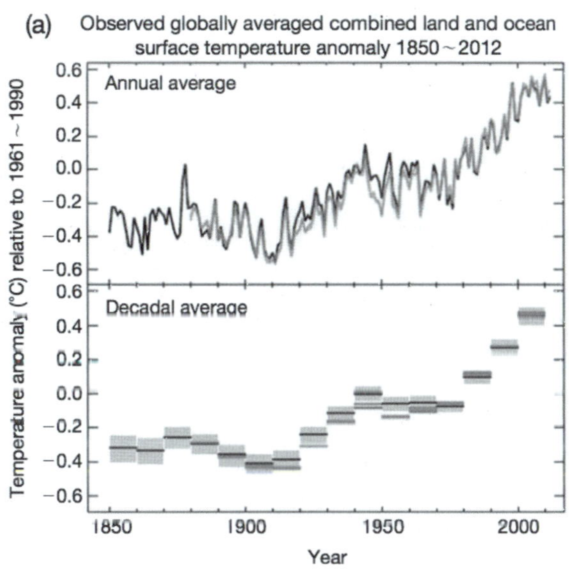

박일수 외, 2014.

의 위기는 심각하다. 석탄과 석유 등 화석 에너지의 고갈, 태양에너지, 지열에너지, 풍력에너지 등의 신재생에너지 부상, 수소에너지의 개발과 원자력에너지의 위험 등 에너지를 둘러싼 논쟁이 다양하다. 값싼 에너지의 공급과 청정한 에너지의 공급과 합리적인 소비패턴은 경제의 발전과 삶의 질 향상에 중요하며, 지구적 환경 위기를 전망하고 있다.

5) 권력의 이동과 새로운 거버넌스[정치행정 전망]

오래전 그리스의 권력은 로마로 이어졌고, 오랫동안 유지되었던 세계의 권력은 유럽에서 미국으로 이동하였다. 권력의 주체도 왕에서 시민으로 그리고 세계화 시대에서는 국가에서 기업으로 권력이 이동하고 있으며, 지역적으로 대서양에서 태평양으로 권력이 이동하고 있다. 미국 주도의 집중 경제는 911 사태를 통하여 분산의 필요성이 제기되고, 세계적으로 2003년 프랑스의 개헌에서 나타난 자치입법권이나, 스페인이나 이탈리아에서 추진하는 지역국가 모델도 나타나고 있다. 국가의 안전을 위하여 시민 행정을 관장하는 부처나 산업기술을 관장하는 부처와의 동시적이고 통합적인 거버넌스가 요청되고 있다. 인터넷으로 세계는 연결되었고 상호 의존적인 상태에서 다자간 협력과 협정을 통하여 권력이 유지되고 있다. 따라서 거버넌스도 행정적인 거버넌스－기술적인 거버넌스－국제적 거버넌스 등이 동시에 고려되는 새로운 거버넌스의 출현이 전망되고 있다.

우리나라에서도 문재인 정부가 들어서면서 분권형 자치를 위한 개헌을 서두르고 있다. 현재, 우리나라의 지방자치단체 사무의 70%는 중앙정부 등의 위임사무이다. 지방자치단체가 조직하고 시행하는 고유사무와 자치 조직이 미흡한 상황이다. 초보적인 위임형 지방분권의 단계에 있다고 할 수 있다. 헌법 개정의 논점은 현재의 위임형에서 지방권력의 폭을 어느 정도 이양 또는 분산시킬 것이냐에 따라 자치형 또는 연방형분권이 제기되고 있다. 분권형 자치는 헌법 개정을 통한 지방자치제도의 내실화 조치, 입법 및 사무권한의 지방이양, 재정의 지방분배 그리고 중앙의 지방 감시 완화와 지방의 책임 강화를 통하여 실현될 전망이다. 더불어 주민의 직접 참여에서 주도로의 전환이 전망된다. 계획과정에서 주민이 주도하는 스마트리빙랩, 주민투표제, 주민의 조례제정권에의 참여, 주민감사청구제, 주민소송제 등의 제도적 변혁이 예측된다.

13.2 미래의 지역도시 유형들: 이론(모델)과 사례

1) 인구감소시대의 지역도시: 축소지역도시

축소도시 국제연구네트워크(SCIRN, Shrinking Cities International Research Network)는 2년 이상 인구가 감소하고, 산업구조의 변혁이 일어나는 인구 10,000명 이상의 밀집지역을 축소도시로 지정하고 있다(Wiechman, 2007). 물리적 스톡(Srock)의 공급 과잉 현상을 나타내는 축소도시의 문제는 최근의 일은 아니다. 냉전시대의 붕괴 후 드레스덴을 비롯한 동독의 많은 도시와 미국의 러스트벨트(Rust Belt)라 불리는 버팔로, 클리브렌드, 디트로이트, 피츠버그 등에서 축소도시의 현상이 나타났다. 저출생 고령화 사회에 진입한 일본도 축소도시의 현상이 심각한 것으로 나타났다.

축소도시의 일반적인 현상은 기본적으로 인구가 감소하고, 주민 간 사회적 교류가 줄어들면서 지역 공동체가 붕괴된다. 인구구조상으로는 저출생이 일반화되며 고령화가 심화되고, 생산가능인구가 줄어들고 실업률이 증가하는 등 지역의 경제 활력도 현저하게 저하된다. 정부 입장에서는 세수 기반이 붕괴됨에 따라 기존의 인프라의 유지 관리가 어려울 뿐만 아니라, 공공 서비스의 폐지 또는 축소가 이어지고, 새로운 공공 인프라와 생활 서비스의 공급이 중단되어 지역의 쇠퇴가 가속화 된다. 축소도시는 지역도시의 기능 축소와 투자의 축소를 거치면서, 소멸도시의 길을 걷는 지역도시도 출현한다.

축소도시의 유형과 원인은 다양하다. 첫째, 산업구조의 재편으로 인한 탄광지역의 축소 유형이다. 우리나라의 태백, 유럽의 세필드, 빌바오, 브레멘 등의 탄광, 철강 조선 산업의 쇠퇴 등 경제산업구조변화 때문에 발생한다. 둘째, 저출생과 인구이동으로 인한 사회인구학적 원인에 기반한 축소도시 유형이다. 일본과 우리나라의 경우와 같이 가임 인구의 축소로 인한 인구의 감소나 생산가능인구의 감소로 인한 경제 쇠퇴가 발생하는 경우이다. 중소도시나 농촌의 인구감소에 기반한 인프라의 과잉과 저공급 등 악순환이 발생한다.

셋째, 신도시의 확장으로 인한 기존 도시의 쇠퇴와 인구의 대도시 이동으로 인한 중소도시 및 농촌의 축소이다. 미국의 교외화와 스프롤에 기반한 도시의 축소 현상이다. 일본과 우리나라도 신도시 정책으로 인하여 원도심의 쇠퇴가 발생하였다. 도심 쇠퇴와 축소도시는 인구의 사회적 이동을 가속화 시키는 성장 주도의 외곽도시의 개발에 기인한다. 넷째, 기후환경 변화와 환경재난으로 인한 축소도시 유형이다. 소련의 체르노빌원전 폭발, 인도네시아 수마트라섬의 대지진, 일본의 동일본 대지진과 쓰나미 그리고 후쿠시마 원전 붕괴 등 기후변화로 인한 자연재난과 환경재해로 인하여 발행하는 도시의 쇠퇴이다. 다섯째, 사회주의 체제의 붕괴로 인한 축소도시이다. 구동독이나 동유럽 등 사회주의 체제의 붕괴로 인하여 발생되는 축소도시의 유형이다. 동독의 드레스덴 등 다양하다.

최근에는 우리나라의 축소도시의 실태는 심각한 것으로 나타났다. 구형수 등(2016)은 42개 지방중소도시 중에서 20개 이상이 축소도시 현상을 보이는 것으로 진단하였다. 이 연구에서 축소도시는 1995~2005년과 2005~2015년 두 기간 연속으로 인구가 감소했거나, 두 기간 중 한 기간만 인구가 줄었으면서 최근 40년간 인구가 가장 많았던 '정점인구'에서 25% 이상 인구가 줄어든 도시이다. 이들 지역은 인구감소는 물론이고 인구의 고령화가 심각하였고, 공가율이 전국 평균을 훌쩍 넘었고, 재정자립도도 낮으며 매년 감소하고 있었다. 인구감소는 지방에서 시작하여 수도권까지 확산되고 있으며, 단독주택보다는 공동주택의 빈집이 증가하는 추세이다.

2) 초연결사회의 지역도시: 스마트시티와 스마트리전

스마트시티는 미래형 첨단 도시 모델로서, ICTs가 융합된, 정보의 수 · 발신이 자유로운 지능화된 공간으로 정의되고 있다(이상호, 임윤택, 안세윤, 2016). 언제 어디서든 어떤 디바이스와 인프라를 이용하여 누구나 원하는 서비스를 얻을 수 있는 도시로서, 에코인텔리전스도시(Eco Intelligence City), 빅데이터의 도시(Big Data City), 시민 센서드 도시(Citizen Sensored City), IoT의 도시(IoT City)를 꿈꾸고 있다. 스마트시티는 삶의 질 향상과 일자리 창출을 목적으로 하는 저비용 · 고효율 도시를 지향하며, 시민 한 사람당 보유하는 컴퓨터 디바이스가 많아지는 도시다.

스마트시티의 시장 규모는 2015년 약 3120억 달러로, 연평균 19.4% 성장해 2020년에는 7577억 달러에 이를 전망이다(Marketsandmarkets, 2016). 아시아, 북아메리카, 유럽에서 진행 중인 스마트시티 프로젝트가 전체의 약 86%를 차지하며, 아시아 33%(중국 15%, 일본 6%, 기타 12%), 북아메리카 32%(미국 27%, 기타 5%), 유럽 21%이다. 세계가 추진하는

표 13-1 스마트시티 서비스 트렌드(단위: %)

서비스 도시	교통	문화& 여행& 여가	교육	에너지 & 환경	주택& 개발	인구 통계	건강& 사회 서비스	도시정 부	상업& 경제& 고 용	공공 안전	기타
암스테르담	30	23	4	16	2	-	7	4	2	-	12
바르셀로나	28	40	5	-	1	1	14	3	2	-	6
부산	12	26	9	-	-	-	9	14	12	6	12
헬싱키	33	23	4	3	1	-	3	9	1	-	23
런던	21	4	4	9	7	7	20	12	-	7	9
뉴욕	17	2	5	16	7	9	19	3	3	3	16
파리	54	30	2	7	-	-	-	-	2	5	-
샌프란시스코	29	13	-	10	6	-	10	13	-	19	-
서울	28	-	6	4	20	1	20	17	2	1	1
싱가폴	31	4	9	21	4	3	13	6	7	2	-
평균	28.00	17.89	4.33	7.22	4.89	2.00	11.33	8.33	2.67	4.56	8.78

스마트시티의 서비스는 1순위 교통서비스, 2순위 문화여가서비스, 3순위 건강사회서비스, 4순위 에너지 환경서비스, 5순위 도시정부서비스를 제공하고 있다. IBM 등 글로벌 기업은 '스마터시티스 챌린지'(Smarter Cities Challenge) 프로그램을 통하여, 해외 스마트시티 프로젝트의 60% 이상에 직·간접적으로 참여하고 있다.

최근에는 스마트시티가 연결된(Networked Smart Cities) 스마트리전(Smart Region)을 구상하고 있다. 스마트리전은 대도시의 고차서비스를 중소도시와 연계하여 동일 서비스를 제공하는 네트워크화된 스마트시티(Networked Smart Cities)로서 스마트리전을 구축하는 전략이다. 수도권과 비수도권, 대도시와 중소도시, 도시와 농촌 어느 곳에서든 공공서비스를 제공받을 수 있는 공간 정의를 실현할 수단으로 스마트리전이 제안되었다. 산업사회에서는 도로, 항만, 공항, 철도 등 산업 인프라의 공급을 통하여 지역 간 균형발전을 시도하였으나, 스마트시대에는 지역 간 공공 생활 서비스 네트워크를 구축하여 공간정의를 실현하고 지역균형발전을 구축하는 모델이다. 기존 도시의 중심지 이론에 기반한 계층적 서비스 공급 체계가 수평적 서비스 체계로 전환되어, 교육, 의료 복지 등 고차서비스의 공유를 통한 지역격차를 해소할 수 있다.

궁극적으로 스마트리전은 광역도시와 같이 도시 간 스마트 인프라를 공동으로 활용하는 광역서비스 네트워크가 구축된 지역이다. 이탈리아의 밀라노와 토리노 사이의 메트로폴리탄 지역과 스페인의 카탈루니아 지역은 SmartCAT-alonia 프로젝트를 통하여 스마트리전이 구축되고 있다(Morandi, C., Rolando, A., &Di Vita, S., 2016). 우리나라에서도 서울과 경기도가 수도권 교통 협의회를 통하여 교통 정보를 공유하고, 수도권 시민에게 서울과 경기도의 교통서비스를 제공하고 있다.

3) 4차 산업혁명에 대응한 지역도시: 글로컬오픈 이노베이션과 창조지역도시

4차 산업혁명의 도시(4th Industrial Revolution City)는 CPS 생산 시스템(Cyber Physical System)이 갖추어진 도시이다. Cyber는 소비자가 원하는 상품과 수준에 따라 즉시 디지털 디자인되고, 3D 프린터 공용센터에서 시제품을 만들어 소비자에게 확인하는 온디맨드 생산 플랫폼(On Demand Production Platform)이 있는 공장을 의미한다. Physical은 공장 설비 고장 예측 관리 시스템이 장착되어 고장 전에 유지관리가 이루어지며, 공장 사고 예방 관리 시스템과 불량품 제로 관리 시스템이 가동되어 공정효율이 높아지는 공장을 의미한다. 생산된 제품은 직거래 유통시스템을 통하여 자동 주문되고, 무인물류시스템을 통하여 자동 집배송된다.

4차 산업혁명의 도시에서는 정보가 Cyber를 통하여 취합되고, 공장이 인공지능 등과 융합하여 지능화된다. 따라서 4차 산업혁명의 도시에서는 기존도시와 달리 생산 유통 판매가 이루어진다. 노동과 생산체계가 세계화되어 원하는 노동력을 값싸게 구매하고, 전문가뿐만 아니라 소비자로부터 빅데이터를 취득하고, 인공지능을 통하여 아이디어 협업, 디자인 협업, 기술 및 원료 구매, 주문생산, 온라인마케팅 등에 관한 전문지식을 개방형으로 취득하는 이른바 글로컬 오픈이노베이션(Glocal Open Innovation) 체계가 구축될 것이다.

4차 산업혁명의 도시에서는 가상현실(Simulation)을 통해 제품 개발과 설계가 이루어지며, 증강현실과 원격조종으로 제조가 이루어진다. 3D 프린터로 제조가 이루어지고, 인공지능으로 로봇이 안전하게 제조한다. 고성능센서로 무결점 제품을 안전하게 제조하며, 무인물류시스템으로 비용이 절감된다. 디지털 유통 플랫폼으로 유통구조가 축소되며, 플랫폼으로 생산자와 소비자가 직거래한다. 세계 각국은 4차 산업혁명의 도시를 통하여 개방형 혁신을 이루고, 궁극적으로는 인터넷으로 연결된 4차 산업혁명의 세계지역이 4차 산업혁명의 플랫폼이 된다.

구글의 안드로이드는 오픈이노베이션의 성공적 사례이다. 구글은 안드로이드 운영체계를 공개하여 애플의 iOS와 경쟁할 수 있었고, 점유율을 80% 가까이 올릴 수 있었다. 테슬라도 전기차의 핵심 특허를 전세계에 공개하여 테슬라의 기술이 세계 표준으로 자리 잡을 수 있도록 글로컬 오픈이노베이션을 지행하고 있다. 독일은 스마트공장을 설립하고, 일본은 로봇을 개발하며, 미국은 클라우드·빅데이터 플랫폼을 구축하고, 영국은 핀테크에 집중하고 있다. 자신이 잘하는 것에 4차 산업혁명의 방점을 찍고 있다. 기업도 4차 산업혁명의 사례를 만들고 있다. 폭스콘은 생산 공정의 로봇 자동화에, 닛산은 무인자동차 개발에, 아마존닷컴은 아마존고의 신개념 쇼핑 체계 구축, 제너럴일렉트릭(GE)은 '디지털 트윈'을 활용, 고객이 요청하기 전 불만을 미리 해결해주는 일명 '비포서비스'(Before Service)의 구현에 집중하고 있다(최재홍, 2017).

2016년 다보스포럼에서 4차 산업혁명 도시는 2020년까지 710만 개의 일자리가 사라지는 대신, 새로운 일자리 200만 개가 발생해 결국은 510만 개의 일자리가 감소한다는 것이다. 이런 추세라면 2017년 기준으로 7세 어린이들 중 68%는 기술 혁신으로 인해 완전히 새로운 직업을 가지게 될 것이다(미래창조과학부, 2017. 김남규, 2017). 또한 4차 산업혁명의 도시에서 유망한 산업은 인공지능(Artificial Intelligence), 3D 원격 아바타(3D Telepresence Avatars), 로봇 서비스(Robotic Services), 순간 해체(Instant Disassembling of Matter), 시간 조절(Controlling Time) 등 이전에 생각할 수 없었던 산업들로 구상되고 있다.

이런 면에서 창조지역도시(Creative Region and City)가 조명 받고 있다. 경제 성장은 더 이상 투입(Input)의 증가에 의존하지 않고, 창조성과 혁신에 의하여 총요소생산성이 증가하게 된다는 혁신경제와 맥을 같이한다. 사람의 창조성에 기반하며, 창조계층에 관대한 사회적 포용성을 확내고, 기존의 낡은 법과 제도의 규제 시스템을 일신하는 플랫폼으로서의 창조지역도시이다. 바꾸는 혁신경제(Innovation Economy), 나누는 공유경제(Sharing Economy), 함께하는 시민경제(Citizen's Economy), 새로운 미래경제(Frontier Economy)를 모토로 한다(이상호, 2014).

4) 기후환경변화에 대응한 지역도시: 레질리언스 포용지역도시

불확실성, 위험사회의 대응, 레질리언스 포용지역도시(Resilience, Inclusive Region and

표 13-2 레질리언스 포용도시 프레임워크(Resilience Inclusive City Framework)

Concepts	Components	Key questions (measurements)
Concepts 1: Urban vulnera bility matrix analysis	C1: Uncertainties	C1. What are the hazard and environmental uncertainties?
	C2: Informality	C2. What is the scope, geography, socio-economic, demographic, and physical characters of existing informal settlements in or closed to the city?
	C3: Demography	C3. What is the nature of vulnerable demography in the city by age, gender, health, and other social group?
	C4: Spatiality	C4. What is the spatial distribution of environmental hazards and risks?
Concep 2: Uncertainty oriented planning	C1: Adaptation	C1: What adaptation measures are taken to reduce risks and cope with future uncertainties?
	C2: Planning	C2: How do planning methods cope with uncertainties?
	C3: Sustainable form	C3: What are characteristics of the existing and planned urban form typologies?
Concep 3: Urban governance	C1: Epuity	C1: Who participates in decision-making and planning regarding environmental and uncertainty issues?
	C2: Integrative	C2: Is the urban governance approach integrating institutional, legal, social, economic, and environmental aspects?
	C3: Eco-economics	C3: what is the nature of the existing and planned ecological economy?
Concep 4: Prevention	C1: Mitigation	C1: What mitigation measures are taken to reduce risks and to prepare the city for future environmental hazards?
	C2: Restructuring	C2: What are the proposed or planned spatial, physical, and economic restructuring policies that aim to face the environmental hazards and uncertainties?
	C3: Altemative energy	C3: How does the city address the energy sector and whether it proposes stategies to reduce energy consumption and to use new alternative and cleaner energy sources?

자료: Jabareen, 2013.

City)가 부각되고 있다. 레질리언스는 사전적으로 회복탄력성을 의미한다. Holling(1973)이 처음으로 생태적인 관점에서 레질리언스를 정의하였고, Davic and Welsh(2004)가 외부적인 스트레스나 혼란으로부터 회복하는 능력으로 지역도시의 측면에서 정의하였다. 레질리언스는 정치, 경제, 사회, 문화, 환경, 기반시설, 인구 등 복잡한 관계를 포함한다. 포용지역도시는 다양한 정의에도 불구하고, 외부의 충격과 이로 인한 내부의 혼란이 있었고, 있으며, 앞으로 있을 경우, 어떻게 대처하고 치유하며 예방하는 시스템을 갖출 것인가? 에 초점을 둔다.

Jabareen(2013)은 도시의 취약성(Urban Vulnerability), 불확실성(Urban Uncertainty), 거버넌스(Governance), 예방(Prevention) 측면에서 레질리언스 지역도시계획의 틀(Frame)을 제시하였다. Keck and Sakdapolrak(2013), Béné et al.(2012), Lorenz(2013)는 레질리언스를 사후대처 역량(coping capacity), 사전대비 적응 역량(adaptive capacity), 변환·참여 역량(transformative · participative capacity) 등으로 구체화하였다.

뉴욕은 포용도시계획을 수립하였다. 2015 '하나의 뉴욕계획'에서 성장, 지속가능성, 회복력 등의 기존의 목표에 불평등 해소를 위한 형평성을 주요 원칙으로 추가하였다. 2012년 허리케인 샌디의 상륙, 911테러 등의 외부 충격에 대응하기 위하여, 지역 비상대피소 증가, 홍수보험 가구 건물의 증가, 인프라 서비스 운영 중단 최소화, 해안방어 등의 레질리언스 도시 계획의 영역과 목표를 수립하였다(변미리, 2017). 보스톤 시에서도 포용도시를 구축하기 위하여, 지역공동체의 삶의 질 제고, 포용적 경제성장 유도, 건강한 환경과 기후변화 대응, 인프라 오픈스페이스 문화 투자 등의 목표와 실행방안을 수립하였다.

이집트 카이로도 포용지역계획을 수립하였다. 카이로는 인구의 절반이 도시서비스가 제공되지 않는 빈민촌에 살고 있으며, 실업 등 열악한 삶의 문제를 해결할 필요가 있었다. 이집트 카이로는 시민 등 지역 이해관계자의 참여를 통한 계획과 실행 그리고 모니터링을 통하여 생활과 삶의 질의 향상을 이루었고, 성공적인 사회적 포용도시로 발전하였다. 독일에서는 사회적 포용을 위한 다양한 정부-기업-시민의 참여와 협업, 지역기반 발전전략과 지역주민 기반의 관리, 네이버후드(Neighborhood) 예산과 같은 참여와 재정권한 부여를 통하여 포용지역도시를 추진하였다. 긴테이니이론에 입각한 물리적 개발에서 맥락이론에 기반한 사회 구성원의 참여와 중재를 통한 포용도시를 구축하였다.

5) 권력의 이동과 새로운 거버넌스: 분권형 자치도시와 통합 거버넌스

우리나라는 역사적으로 정치 경제 사회 문화 전반에 중앙집권적인 정책을 견지해왔다. 국토정책에서도 성장거점, 불균형 성장전략, 낙수효과(trickledowneffect)의 중앙집권적 전략의 한계를 경험했다. 저출생 저성장, 고령화 고실업의 뉴 노멀 상황에서 중앙집권적 지역발전 정책에서 새로운 대안의 제시가 논의되고 있다.

일본의 경우 마스다 히로야(增田 寬也)의 인구감소=지방소멸론(지방은 소멸된다)는 비관론과 조넨 츠카사(上念 司)의 인구감소=지역창생(그래도 지역은 죽지 않는다)는 비관론이 동시에 제기되고 있다. 일본은 인구감소에 대응한 중앙집권형 지방창생 정책을 분권형 지방창생 정책으로 전환할 것을 제시한다. 우리나라에서도 중앙정부 주도의 분산형 균형발전 정책 패러다임에서 벗어나, 지방이 보유한 다양성과 자율성을 발휘하는 분권형 지역발전정책 패러다임으로 전환할 것을 주장한다(차미숙, 2017).

"지역의 발전에 대한 책임과 권한은 지역 주민에서 나온다"는 지역주권 철학에서 시작되며, 분권형 자치는 지방재정 자립을 통한 강력한 재정분권으로 완성된다. 분권형 자치에 기반한 지역도시정책은 스마트 · 포용적 · 분권적 지역도시발전을 기본방향으로, 스마트 혁신 창출을 위한 유연적 공간 조성, 혁신도시 · 중소도시의 신균형거점화, 지역 간 연계 ·

그림 13-3 분권형 자치의 개념(차미숙, 2017)

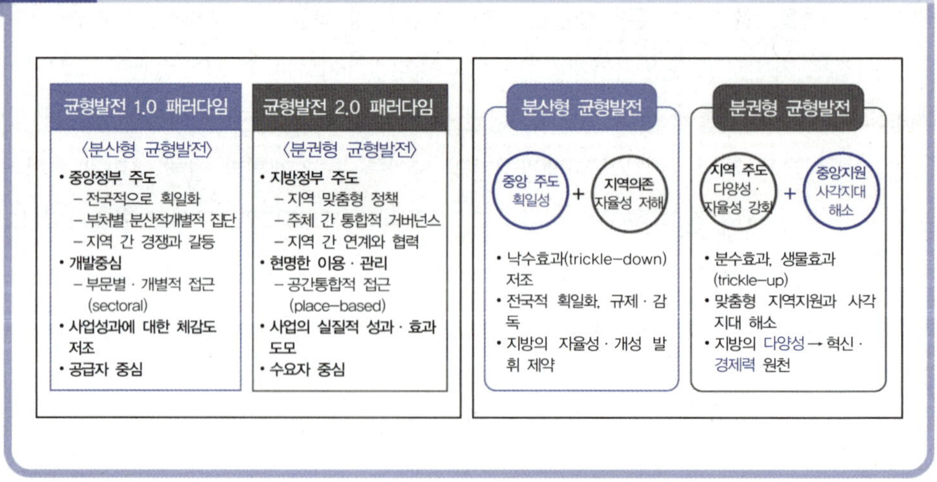

협력형 일자리 창출 기반 조성, 스마트 축소와 후지역의 신활력지대화 정책을 제안하고 있다. 제안된 정책은 중앙정부와 지방정부의 협력적 협상에 기반한 분권형 자치 거버넌스로 실행된다(차미숙, 2017).

분권형 자치 거버넌스는 영국의 분권협상(devolution deal)제도와 유사하다. 중앙정부는 분권협상을 통해 교통, 주택 및 토지, 교육 및 훈련, 고용지원, 기업지원, 보건 및 사회보장, 자금 등 다양한 공공서비스 및 지역개발 기능의 집행권한을 맞춤형 방식으로 지역에 이양한다. 중앙정부는 분권협상의 집행을 위해 지역에 정책자율권, 포괄보조금을 포함한 재정재원, 조세지원 등을 제공하고, 지역은 책임성 확보 및 성과관리를 위한 확약서를 정부에 제출하여 승인 받는다(이원섭, 2017).

분권형 자치는 '지역의 발전에 대한 책임과 권한은 지역 주민에서 나온다'는 지역주권 철학에서 시작되며, 지방재정 자립을 통한 강력한 재정분권으로 완성된다. 우리나라는 아직도 중앙정부나 지방정부 등 모든 공공부문에서 중앙집권적 문화가 있고, 재벌이나 중소기업에서도 분권형 자치의 문화는 없다. 안보와 효율이 중시되는 상황에서 지역주도의 분권형 자치가 가능한가하는 질문이 여전히 남는다.

13.3 미래의 지역도시정책과 방향

1) 지역도시 경쟁력의 새로운 조건

떠오르는 미래의 지역도시들. 어떤 지역이 경쟁력 있는가? 새롭게 부상될 미래의 경쟁력 요소는 무엇인가? 역사적으로 동서양 국가의 흥망과 성쇠를 가늠하는 요소로서, 제도(개인 소유권 제도)의 우수성, 문화(기업가적 수완성과 창의성)적 진취성, 경제(기술 진보와 혁신의 수익성)적 혁신성, 결핍으로부터 나온 생존 욕망 등이 거론된다(Kenneth Pomeranz, 2016). 역사적 관점에서 본 경쟁력의 요소이다.

일반적으로 지역도시의 경쟁력은 인구와 자본을 유치하기 위한 비교우위와 유인력으로 정의된다(이상호, 2005). 세계적으로 경쟁력을 갖추었다고 평가되는 도시는 파리(Paris), 런던(London), 뉴욕(New York), 시카고(Chicago), 시드니(Sydney), 꾸리찌바(Curitiba) 등이다. 이 지역도시들의 특징은 양질의 인적자원과 노동력, 순이익을 많이 내는 성장기업과 지원, 삶의 질이 높은 생활환경과 잘 갖춰진 유무형의 비즈니스 환경을 가지고 있다. 여전히 유효한 전통적인 지역도시의 경쟁력 요소이다.

세계화가 진행되면서 표준화와 새로운 인프라가 새로운 경쟁력의 핵심으로 부상하고 있다. 전통적으로는 생산요소(노동, 자본, 토지, 인프라, 자원 등) 정도, 수요조건, 국가의 지원 경쟁력, 기업전략과 구조 등 국가의 경쟁적 우위(The Competitive Advantage of Nation)가 경쟁력의 핵심이었다(Porter, M. E. , 2008). 그러나 전 세계에서 유수한 인재를 초빙할 수 있고, 표준 공정을 가지고 전 세계의 분공장에서 동질의 제품을 생산하며, 전기자동차가 내연기관 자동차를 대체하는 상황에서 전통적인 국가의 경쟁적 우위가 유효할까?

새롭게 부상하고 있는 전기자동차의 경우를 고려해 보면, 기업의 측면에서는 배터리의 표준과 충전 장치의 표준 등이 중요하며, 국가의 충전 인프라 지원 등이 전기차의 성장과 경쟁력의 관건이 되고 있다. 전 세계에 분공장 등을 두고 생산 활동을 하는 다국적 기업의 경우도, 공장의 표준화 제품의 표준화가 비용 절감과 유지관리의 경쟁력의 원천으로 부각되고 있다. 무한경쟁의 세계화시대에는 변화할 수 있는 능력, 혁신할 수 있는 능력이 경쟁력이다. 국가의 지원을 받으며 표준을 선도한 지역도시가 잘 살게 될 것이다.

불확실성의 시대에 창조성은 미래 지역도시의 경쟁력을 좌우할 것이다. 정보통신친화형(창의도시 서울, 스페인 바르셀로나), 공유친화형(프랑스 파리), 역사예술문화친화형(일본의 가나자와, 이탈리아 볼로냐 피렌체 밀라노, 스페인 빌바오), 생태환경친화형(오스트리아 빈, 아랍에미레이트 마스다르) 등 창조지역도시에 관한 논의가 활발하다. 이들 창조지역도시들은 자원기반, 혁신기반, 지식기반, 정보통신기반, 융복합화를 지향하며(이상호, 2014), 창조적 업적을 가능케 하는 개방성, 다양성, 포용성(Tolerance)의 사회, 창조계층의 재능(Talent)과 기술(Technology), 조직의 유연성과 시스템의 중요성을 제시하고 있다(Laundry, 2012; Jacobs, 2016; Florida, 2002; 이상호, 2014). 사람이 경쟁력임을 강조하고 있다.

OECD(2016)는 삶의 질이란 관점에서 도시의 경쟁력의 조건을 새롭게 제시하고 있다. '보다 낳은 삶'의 지표(Better Life Index)로 소득, 일자리와 보수, 주택, 일과 생활의 균형, 건강상태, 교육과 기술, 사회적 연대, 시민참여와 거버넌스, 환경의 질, 개인보안, 주관적 웰빙 등이 제시되었다. 우리나라는 11개의 삶의 질 지표 중에서 교육과 기술, 시민참여와 거버넌스, 개인보안 등 3개 지표만이 OECD 평균을 상회하였다. 특히 사회적 연대는 0에 가까운 최악의 모습을 보였고, 소득도 10점 만점에 2점을 약간 웃돌고 있어 심각한 삶의 질 지표를 보였다. OECD는 객관적인 지표와 함께 개인의 주관적 감성과 사회적 연대 등을 경쟁력의 요인으로 보고 있다.

OECD의 '보다 낳은 삶의 질' 지표는 지역도시 경쟁력의 결과물이 궁극적으로는 사람에게 이로워야 한다는 전제를 상기시키는 제안이다. 지역도시가 경쟁력 있고 부자일지라도, 그 안에 사는 사람이 삶의 여유가 없고 집값에 쪼들리며, 불행한 감정이 든다면, 그곳을 경쟁력 있는 지역도시라고 말할 수 있는가? 라는 질문이다. 일자리가 많고, 물가가 싸서 경제적으로 풍요로운; 분리와 배제가 없고 불안과 격차가 적은 사회적으로 안정된; 사상과 학문의 자유가 있으며 문화적 다양성이 포용되는; 국제적인 언어 소통이 가능하며, 서로 담소할 여유가 있는 지역도시. 그곳을 경쟁력 있는 도시로 꼽는다. 지역도시의 경쟁력은 사람의 행복이다.

그림 13-4 OECD 보다 나은 삶의 지표(Better Life Index; OECD, 2016)

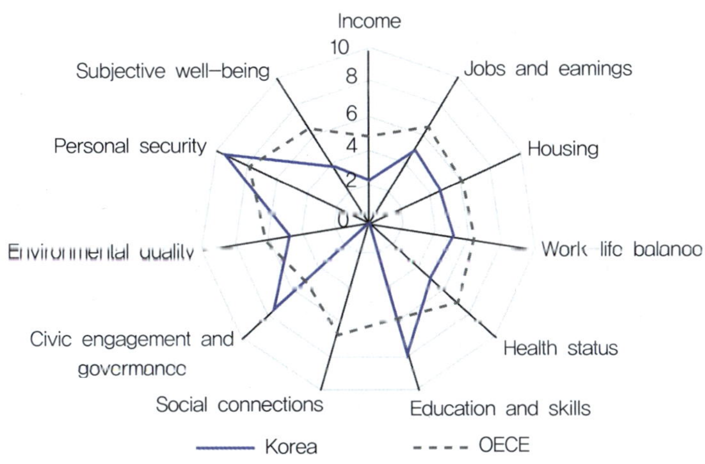

2) 미래의 지역도시정책과 기법

현재의 문제를 해결하고 다가올 미래에 대응하기 위하여, 세계 각국의 지역도시들은 어떤 정책과 기법들을 구상하고 실천하고 있을까? 축소도시정책은 재생정책, 이주정책, 공유정책, 근린정책(Neighborhood Plan)을 기반으로 하고 있다. 신도시 건설 및 확장 등 도시규모 확대정책의 제한(우리나라를 비롯한 전 세계 도시들의 재생사업), 건조환경(Built Environment)을 줄이는 도시다이어트 추진(독일의 동서독 도시재건사업), 기성시가지 및 생활거점으로 주민의 이주를 유도하는 규모 적정화 기법(일본의 도야마시와 구마모토시), 지방자치단체 간 공공서비스의 공동 이용을 유도하는 서비스 효율화, 유휴 부동산 등을 활용한 일자리 공급 등 근린 안정화 정책(미국이 영스타운과 디트로이트시) 등을 모색하고 있다. 저비용 · 고효율에 초점을 둔 정책이다.

스마트시티와 스마트리전 정책은 서비스정책, 인프라시설구축, 기술개발, 관리운영정책을 근간으로 수립되었다. 서비스개발, 통신망과 지능형 인프라의 구축, 정보통신기술과 분야별 융합기술 개발, 플랫폼의 개발 등 운영체계의 정비를 촉진하는 기법이 사용되고 있다. 사이버코리아21(Cyber KOREA 21), e코리아(e－KOREA), 유코리아(U－KOREA), 빅데이터와 정부3.0추진 계획 등이 대표적인 스마트시티 전략이다(이상호, 임윤택, 안세윤, 2016). 스마트도시 조성 및 산업진흥에 관한 법률(스마트시티법) 제정, 시범사업과 R&D사업 지원, 빅데이터의 축적과 거대 컴퓨팅 파워 구축, 인공지능 기술 고도화에 다른 사회경제적 영향 평가와 최소화, 생명과학과 인공지능 개발과 관련한 윤리 마련, 보안, 개인정보보호, 생명윤리 등의 법 제도 마련, 시민과 함께하는 스마트리빙랩 등을 중심으로 스마트시티와 스마트리전이 구축되고 있다. 스마트시티와 스마트리전은 4차 산업혁명의 플랫폼으로서 인프라의 구축 등 하드웨어와 서비스의 소프트웨어의 구축 그리고 양자의 관리유지를 위한 융합 플랫폼으로 나타나고 있다.

4차 산업혁명에 대응한 지역도시정책은 불확실성과 대규모 투자로 인하여 국가주도－민간협력의 틀로 추진되고 있다. 독일의 스마트팩토리를 중심으로 하는 인더스트리 4.0, 미국의 민 · 관 · 학 파트너십 AMP(Advanced Manufacturing Partnership)을 통한 빅데이터와 인공지능등 첨단산업 주도권 확보 정책, 일본의 4차 산업선도전략으로 로봇혁명 이니셔티브 협의회를 통한 로봇산업 부흥 전략, 중국의 R&D 지원을 통한 중국제조 2025 정책 등 자국의 강점에 기반을 정책을 구사하고 있다. 공통적으로 디지털화 통합화지능화(Intelligent

Digital Transformation), ICT와 기존산업의 융합을 통한 경쟁(롤스로이스의 엔진에 센서부착으로 고장 예측서비스), 디지털 기반의 신산업 창출과 산업구도 변화(테슬러 등장), 플랫폼 비지니스를 통한 디지털 생태계 구축(GE의 산업용 인터넷 운영 플랫, 우버, 에어비엔비), 초지능 초연결 초실감 기술을 통한 자동화 시너지화 시공통합화의 정책을 추진하고 있다. 또한 국가 R&D지원과 시범사업, 제조업 서비스화와 혁신생태계의 조성, 혁신 인프라와 거점의 구축, 규제의 재설계 등 규제완화 또는 규제 샌드박스 시범사업 등 규제프리, 4차 산업혁명을 주도할 창의적 인재 육성, 4차 산업혁명을 선도할 핵심 원천 기술 확보 등을 위한 정책기법 등이 추진되고 있다.

창조도시정책은 산업화 이후의 사회를 모색하는 데 정책의 초점이 있으며, '창의적인 사람들을 어떻게 유치할 것인가?'에 정책적 논의가 모아진다. 뉴욕이나 런던과 같이 우월한 자본을 기반으로 예술 문화 체육 등을 창조산업을 육성하는 정책을 추진하였다. 뉴욕은 911테러 이후 "텍사스에 기름이 있다면, 뉴욕에는 예술가가 있다"는 구호를 내세우고, '예술지원을 자처하는 도시'(a Legacy of Supporting the Arts) 정책을 추진하였다. 예술가 유입정책이다. 반면에 창조자원을 개발하는 정책도 있다. 이탈리아 볼로냐나 피렌체, 밀라노 등의 공방네트워크, 핀란드의 디자인 지구, 일본 가나자와 등은 전통산업을 기반으로 창조도시로 발전시키고 있다. 또한 스페인의 빌바오는 구게하임 미술관을 중심으로 도시를 재생하여 창조도시로 거듭났다.

창조역량을 육성하는 정책도 있다. 유형의 자원 개발과 달리 문화예술체육프로그램이나 시민 주도의 교육가 학습을 통하여 창조역량을 육성하는 것이다. 영국 게이츠헤드의 볼틱미술관의 프로그램이나 가나자와의 시민예술촌과 시민감독제 등이 이러한 휴먼웨어 육성 정책에 해당한다. 또한 국제적 창조도시 네트워크화 정책이다. 낭트메트로폴 ECCE 프로젝트'와 '플랑드르 창조성 지구' 등 유럽의 문화수도 프로그램, 유네스코의 창조도시 네트워크가 여기에 해당한다. 우리나라에서는 창의도시 서울정책과 전문가와 시민이 함께하는 주 폴리 등이 창조도시 정책의 일환으로 볼 수 있다.

포용지역도시(Inclusive Region and City)는 기후변화와 재앙, 사회적 불평등과 불균형, 테러와 갈등에 대응하고 예방하며 회복하는 시스템으로서의 지역도시이다. 포용지역도시 정책의 핵심은 사회적 배제, 불평등과 불균형, 사회갈등과 통합 등이다. 포용지역도시는 1999년 UN HABITAT에서 기본주제로 제시된 후, 2006년 이후 UN HABITAT, OECD, World Bank 등 주요 국제기구들의 정책 어젠다로 명시적으로 등장하였다(변미리, 2017).

2015년 UN HABITAT III의 이슈보고서에서 '사회통합과 형평성–살만한 도시'의 첫 번째 주제로 채택되었다. 자원 및 기회에 대한 접근성, 거버넌스에 대한 접근성, 경제적 권리에 대한 접근성, 사회적 안전, 보안, 복리에 관한 접근성, 양질의 도시환경 도시에 관한 접근성 등을 포용지역도시로 목표로 수립되었다. UN HABITAT는 지역도시에서 누구나 누려야하는 시민의 권리로서 포용지역도시를 강조하였다.

OECD의 포용적 성장은 고실업과 부의 불평등에 대응하기 위한 경제적 포용도시를 기반으로 하고 있다. 포용적 교육시스템, 포용적 노동시장, 포용적 주거와 도시환경, 포용적 기반시설과 공공서비스의 제공이 포함된다. World Bank의 포용도시는 동등한 기회 보장의 사회적 포용, 일자리와 이득분배 등 경제적 포용, 생활인프라 및 공공서비스의 공간적 포용을 지향하였다. 2030 하나의 뉴욕계획에서는 성장, 번성하는 도시(Our Growing, Thriving City), 공정하고 공평한 도시(Our Just and Equitable City), 지속가능한 도시(Our Sustainable City), 회복력 있는 도시(Our Resilient City)를 기반으로 포용도시 전략을 구축하였다.

이렇듯 포용도시정책은 사회적 경제적 공간적 정치적 포용을 기반으로 하고 있다. 기초서비스 및 기반시설 접근권 확대, 사회시스템과 구성원으로 편입, 지역공동체의 회복과 역량, 시민의 주도의 의사결정과 모니터링, 이해당사자 간의 협력적 거버넌스, 계획허가제(Community Right to Build Order), 주민예산 배분제, 주택의 사회적 혼합(Social Mix), 사회적 인종적 다양성 존중, 격차해소와 공간적 평등, 사회안전망구축 등의 정책 기법이 전개되고 있다.

3) 지속가능한 발전을 위한 미래의 지역도시정책 방향

지역도시의 뉴 노멀(New Normal)이 전개되고 있고, 이에 대응하는 정책들을 검토해 보면, 이전의 정책과는 다르지만 일관적인 정책적 공통점이 있다. 스마트한 축소지역도시, 새문명의 혁신지역도시, 사람을 위한 포용지역도시를 지향하고 있으며, 그 속에는 지속가능한 지역도시의 발전에 정책의 초점이 있다. 환경적으로 건전하고 지속가능한 발전(ESSD, Environmentally Sound and Sustainable Development), Peter Calthorpe, Andres Duany, Elizabeth Plater 등을 중심으로 한 신 도시주의(New Urbanism), 그리고 성자의 속도와 질적 관리에 기반을 둔 스마트한 성장(Smart Growth) 등을 계승하고 있다.

그럼에도 불구하고 지역도시정책의 뉴 노멀은 이전 지역도시의 정책과는 다른 새로운 차별성과 강조점을 두고 있다. 첫째, 시민기반 정책이다. 모든 정책에서 시민을 위한 시민의 시민에 의한 정책을 추진하고 있다. 미래의 지역도시를 계획하고 구축하는 과정에서 시민이 참여하고 예산을 기획하며, 도시를 구축하고, 관리운영을 모니터링 한다. 스마트시티를 위한 스마트리빙랩이 그렇고, 포용지역도시를 위한 네이버후드 예산을 시민이 만든다. 시민이 안전지도를 만들고 위험한 예방한다. 집단지성에 기반한 사회의 의사결정 시스템과 관리운영시스템에 시민이 있다. 시민기반은 공공정책뿐만 아니라 Apple사의 앱 개발자를 연계하는 애플경제와 FaceBook과 같은 SNS기업으로 성장하는 새로운 경제에도 시민이 있다. 민관협력(Public Private Partnership)에서 민관민협력(Public Private People Partnership)으로 바뀌고 있다.

둘째는 네트워크화 정책이다. 도시빈민연대, 창조도시연대, 슬로우시티(Slow City)네트워크, 유럽도시지식네트워크, 블랑드르 창조성지구 글로벌네트워크 등이 대표적인 사례이다. 국제적으로 또는 국가적으로 공통의 정책 목표를 제기하고 강조하며, 정책 계획과 실행 과정에서 국제적인 경험을 나누고, 우수 사례 등을 통하여 정책의 지향성을 세계가 함께 제시한다. 기술적으로 국제적인 표준을 통하여 호환성을 높이고, 소통을 강화하는 물리적 기반도 네트워크로 만들고 있다. 스마트시티의 플랫폼, 4차 산업혁명에 대응한 스마트 팩토리 등이 여기에 해당한다. 스마트시티 네트워크인 스마트리전(Smart Region)에서도 물리적인 센서 네트워크(Sensor Network)가 구축되고 있다.

셋째는 공유기반 정책이다. 도시의 인구성장과 자원경제의 고갈 때문에 발현되었으며, 협동, 공유, 관대함, 개인적 선택과 융통성이라는 오래된 인간의 가치를 기반으로, 기반시설이나 서비스를 공유하는 정책이 만들어지고 있다(이상호, 2014). 정보통신기술과 사회미디어(Social Media), 이동통신(Mobile Phone) 등이 이끄는 정보지식기반사회(Information and Knowledge Based Society)가 도래하면서 공유기반 정책은 증폭되고 있다. 축소도시에 대응하기 위한 기반시설의 효율성을 극대화하기 위한 서비스 공유정책이나 우버(Uber)의 자동차 공유, 에어비앤비(Air B&B)의 빈방 공유, 킥스타터(Kickstarter)와 인디고고(Indiegogo) 등의 집단펀딩 등의 신산업도 공유기반으로 나아가고 있다.

넷째, 혁신기반 정책이다. 혁신은 새로운 사회적인 요구나 시장의 요구를 충족시키는 보다 향상된 해법(Solution)을 의미하며, 효과적인 생산과정, 새로운 서비스, 첨단기술, 그리고 창조적인 아이디어를 통하여 성취된다. 최근에는 개방형 혁신이 논의되고 있다. 동종 결합에서 이종 융합으로 전통적인 방식과는 달리 지식, 정보, 기술, 기업가정신과 혁신이 중심이 되고 있다. 뉴 노멀이니 새로운 방식에 의한 지역도시정책은 어쩌면 당연할지 모른다. 그럼에도 불구하고 정책의 정합성과 지속성 측면에서 혁신기반 정책은 늘 어려움에 직면한다. 우리나라의 혁신도시정책, 혁신클러스터정책, 그리고 최신에 다시 이슈로 떠오르고 있는 분권분산정책 등이다. 법 제도적으로는 규제완화 프로그램이나 규제프리 프로그램이 거론되고 있으며, 창조도시정책에도 혁신기반 정책은 맞닿아 있다. 중앙집권적 정책에서 분권형 자치의 시대를 예고하고 있다.

다섯째, 공간기반 정책이다. 자원의 효율적 집행과 공유를 위하여 공간기반계획(Area Based Plan)이 중요하다. 오픈스페이스 확대와 압축도시에 기반한 총밀도는 낮고 순밀도는 높은 Decentralized Concentration, 전원과 도시가 공존하는 쐐기와 회랑(Wedge and Corridors) 패턴 개발, 토지 · 에너지 절약적 복합화 · 입체화 토지이용, 연계와 효율에 입각한 직녹주(職綠住) · 직주근접 · 직주균형, 직주일체, 고속지향의 광역교통망과 교통수단의 다양성 확보, 건강한 걷는 지역도시(Walkable Healthy Region and City)와 자전거 · 대중교통과 TOD 패턴 개발, 유동인구 활동지역의 고밀 · 집적개발과 상주인구 거주지역의 다양한 밀도와 Social Mix, 자연보존 · 자연친화 · 자연환경용량을 감안한 오픈스페이스 개발과 자연형 환경 네트워크 구축, 정보통신 지능기반 도시 구축, 온 · 오프라인(On · Off Line)을 통한 시민 참여와 디지털 지역도시개발 · 관리를 수단으로 하고 있다.

13.4 요약 및 결론

지역도시를 둘러쌓고 있는 환경의 변화는 지역도시의 뉴 노멀을 만들고 있다. 세계적 인구는 지속적으로 증가하지만, 증가된 인구는 도시로 이동한다. 아프리카 등 저발전국가의 인구증가와 달리, 저출산 · 고령화는 시대적 현상이며 우리나라와 선진국들은 심각한 인구의 감소시대를 예고하고 있다. 저출생으로 인한 인구의 절대감소, 고령화로 인한 생산가능인구의 감소 그리고 미래세대의 부양인구의 증가와 세대 간 갈등, 인구의 도시로의 이동이 주택 공급의 한계, 교통 혼잡의 가중, 에너지 자원의 고갈과 인프라 공급의 위기, 토지의 공급 부족 등 도시민의 삶의 질 향상과 일자리를 공급하기 어려운 상황에 직면할 것으로 예상하고 있다.

정보통신기술과 3D 프린터, 인공지능 등 기술의 비약적인 발전은 정치, 경제, 사회, 문화 등의 측면에서 이전과 전혀 다른 문명을 예고하고 있다. 4차 산업혁명과 함께 생산양식의 변화 그리고 새로운 산업의 출현이라는 낙관적인 전망과 함께, 일자리의 소멸과 기계의 지배 등 비관적인 우려가 교차하고 있다. 거리의 소멸에 따른 공간구조의 변혁이 예상되며, 일하고 생활하는 방식의 혁신을 몰고 올 스마트시티의 출현과 초연결사회를 예고하고 있다.

인구의 증가와 도시집중 그리고 새로운 경제의 출현에 소요되는 에너지의 위기는 지역도시에 새로운 도전으로 다가오고 있다. 화석연료의 사용으로 인한 탄소배출과 프레온가스는 지구의 온난화를 가속시키고, 지구 생태계와 환경을 파괴하고 있다. 에너지 공급과 소비 방식 그리고 기후변화에 대한 탄력적인 대응이 지역도시에 요구되고 있다. 시민과 지방 주도의 권력분산과 분권형 자치는 인터넷 기술환경, 다자간 경제 협정, 범지구적 기후협정 등 세계화된 환경에서, 행정–기술–국제적인 통합 상생 거버넌스를 요청하고 있다.

대표적으로 거론되는 미래의 지역도시 유형은 인구, 성장, 인프라 등 지역역량의 쇠퇴에 따른 축소지역도시; 정보통신과 첨단기술이 만들어 내는 생활변혁의 도시 스마트시티와 공생의 지역 스마트리전; 생산양식의 혁신과 일하는 방식의 변화를 촉발하는 글로컬 오픈이노베이션의 4차 산업혁명도시; 테러와 환경 재앙으로 대변되는 불확실성의 시대를 극복하는 레질리언스 포용지역도시, 그리고 작은 것이 아름답고 가까이 있는 것이 소중한 분권형자치지역도시 등이다.

축소지역도시는 넓은 의미에서는 소멸지역도시를 포함한다. 지역이 작아지는 과정을 거치겠지만, 그 과정에서 어느 지역은 소멸하고, 어느 도시는 축소하며, 어느 지역 도시는 성장할 것이다. 그럼에도 불구하고 미래에는 소멸하거나 축소되는 지역이 많아 질 것이라 전망이다. 문제는 이러한 현상을 부정하느냐? 인정하느냐? 에 따라 실현 가능성 있고, 실효성 있는 정책을 만들어 낼 수 있다. 이러한 논리는 대량 실업을 수반할 4차 산업혁명의 도시에서도 비슷하게 적용될 수 있다. 혁신의 시기에 문을 닫을 것인가 ? 문을 열고 적극

대처할 것인가?

미래지역도시의 유형들 중에는 반대급부 또는 상호보완의 모형도 존재한다. 축소지역도시의 이면에는 대도시의 집중과 성장이라는 반대급부도 나타날 가능성이 있다. 중소도시의 쇠퇴와 대도시의 집중으로 지역 간 격차는 커지고, 투자 효율성은 낮아지는 악순환이 가능하다. 이를 풀 수 있는 모형은 대도시와 중소도시의 상생이다. 대도시의 고차서비스를 중소도시에도 누릴 수 있도록 하는 생활복지 센서 네트워크가 구축된 스마트리전의 구축이 시급하다. 스마트시티를 구축하는 한편, 동질한 서비스 광역권을 스마트리전으로 구축하는 것이다. 하나의 도시를 폐쇄적인 관점보다는 상생의 관점에서 바라봐야 풀리는 문제이다. 제로섬 사고에 익숙한 사회에서 쉽지는 않지만 공유와 배려 그리고 포용의 철학이 필요한 이유이기도 하다.

포용지역도시는 어떤 면에서는 생존의 문제이며, 한편으론 인권의 문제이다. 범 지구차원의 환경 파괴로부터 우리의 삶터를 보호해야 하는 당위성과 행복한 삶의 권리를 제공해야 하는 지역도시에 대한 의무이기도 하다. 대량생산체계가 세계 대전을 불러 일으켰듯이, 커지는 경제 격차와 지역격차를 해소할 방안을 찾는 것은 한 순간에 다가올 위험을 예방하는 일이기도 하다. 이런 면에서 분권형 자치는 기존 정책과는 다른 위력을 발휘할 것으로 예측한다. 동시에 테러와 전쟁으로부터 자유로운 지역도시를 만드는 것도 범국가적 세계적 차원에서 포용지역도시가 견지해야 할 영역으로 타당하다.

미래의 지역도시가 직면한 현실은 끓는 물속의 개구리 신드롬(Boiled Frog Syndrome)과 유사한 상황이다. 개구리 한 마리를 비커에 담아 서서히 물을 끓이기 시작하면, 개구리는 물의 온도가 올라가면서 인내를 가지고 적응한다. 어느 정도의 온도까지 견딜 수 있으나 물이 끓는 비등점에 다가가면, 개구리는 견딜 수가 없어 물 밖으로 뛰어 나오기 위해 점프를 한다. 그러나 이미 시기를 놓쳤다. 개구리의 생각처럼 점프가 되지 않는다. 올라가는 온도에 적응하면서 힘을 잃었기 때문이다. 마침내 개구리는 죽는다.

무엇이 개구리를 죽였을까? 직접적인 사인은 끓는 물이다. 하지만 물이 끓는 동안 개구리는 무엇을 하였던 것일까? 한 순간에 100C가 되지 않았는데, 계속 뜨거워지는 물속에서 개구리는 어느 순간이 되면 죽는다는 것을 알지 못한 걸까? 비전상실 증후군에 걸린 끓는 물속에 있는 지역도시는 점점 뜨거워지는 비커를 점프하여 빠져 나와야 한다는 결정을 해야 한다. 늦기 전에 결정하고 늦기 전에 점프하는 실행에 옮겨야 한다.

도시가 작아지고 있다. 가뭄, 허리케인, 폭설, 생태계 교란이 일어나고 있다. 생소한

기술과 새로운 문명이 다가오고 있다. 대도시는 집값에 허덕이고, 중소도시는 가난해지고 있다. 테러와 전쟁은 세계에 위험을 경고하고 있다. 인류와 지역도시에 결단과 실천을 요구하고 있다.

지역도시의 전통적인 경쟁력은 양질의 노동력, 성장기업과 지원, 생활환경과 비즈니스 환경이 잘 갖추어진 지역도시이다. 초연결 불확실성의 시대에는 어떤 지역도시가 경쟁력이 있을까? 보다 낳은 삶(Better Life Index)이 제공되는 지역도시, 표준 플랫폼과 스마트 그린 미래 인프라가 구축된 혁신역량이 있는 지역도시, 불확실성과 위기를 포용할 수 있는 거버너스를 보유한 지역도시, 창조적 인재를 유인할 사회적 분위기와 시스템이 갖추어진 지역도시, 전통적인 경쟁력이 성장을 위한 지역도시의 조건에 초점이 있다면, 미래의 경쟁력은 사람이 중요하고 불확실성에 대응할 혁신 역량과 거버넌스에 방점이 있다.

세계의 모든 지역도시들은 그 지역이 가지고 있는 유·무형의 품질과 속도, 다양성과 선택가능성 그리고 포용성, 아이덴티티와 차별성, 친환경 어메니티와 도시의 지능화, 그리고 혁신성을 중심으로 경쟁력을 키워나가고 있다. 미래의 지역도시들은 요소 경쟁력을 키움과 동시에 도시의 이미지를 브랜드화 하고 있다. 사람이 중요하고 사회적 관계를 중요한 경쟁력의 원천으로 보고 있으며, 친환경적이고 지능화된 물리환경 인프라의 구축을 서두르고 있다. 철학적으로는 소통(Communication)과 공유(Share) 그리고 균형(Balance)에 기반한 함께하는 지속가능성에 경쟁력의 중심을 두고 있다.

새로운 지역도시정책의 뉴 노멀은 인간존중과 자연존중을 기반으로 한 생명을 존중하는 지역도시를 만드는 것이다. 지역도시를 계획하고 만드는 과정에서도, 결과에서도 인간존중이 기반이다. 성장을 위한 성장이 아닌 생명을 위한 지속적인 성장을 추구한다. 정책 분야별로는 스마트한 지역도시의 축소를 계획하고, 배제와 격리가 없는 포용지역도시를 꿈꾸며, 맞춤형 도시와 스마트한 서비스가 넘치는 대도시와 중소도시가 상생하는 지역을 만드는 데 향후 정책 방향이 있다.

축소도시정책은 재생정책, 이주정책, 공유정책, 근린정책(Neighborhood Plan)을 기반으로 하며, 스마트시티와 스마트리전 정책은 서비스정책, 인프라시설구축, 기술개발, 관리운영 정책을 근간으로 삼고 있다. 4차 산업혁명 대응 정책은 국가 주도의 R&D지원과 시범사업, 제조업 서비스화와 혁신생태계의 조성, 혁신 인프라와 거점의 구축, 규제의 재설계 등 규제완화, 창의적 인재 육성, 원천 기술 확보 등에 정책의 중심을 두고 있다. 또한 포용도시정책은 사회적·경제적·공간적·정치적 포용을 기반으로 사회적 배제, 불평등과 불균형, 사회갈등과 통합 등에 정책의 중심을 두고 있다. 분권형자치는 지역주권시대의 철학과 지방의 다양성에 기반한 정책 그리고 재정분권으로 완성된다.

방법론으로는 시장지향형, 성장수용형의 정책을 채택하고, 갈등 해소와 원활한 계획수행을 위한 시민참여를 기본으로 하고 있다. 수요가 있는 곳에 공급을 하며, 느리더라도 민주적인 절차를 중시하는 정책을 중시한다. 근린주구, 도시와 지역적 차원에서 경제적으로 환경적으로 건전하며, 근린주구(Neighborhood)와 커뮤니티(Community)의 활성화를 통해 삶의 질을 증진시키는 섬세하며 실행 가능한 정책이 제시되고 있다. 미래 지역도시정책의 초점은 주민과 시민을 중심에 두고, 지구적으로 연대하고 기술적으로 네트워크화하며; 혁신을 향하여 자원과 서비스를 공유하고, 자원의 효율적 집행을 위하여 공간기반계획(Area Based Plan)을 추진하고 있다.

참고문헌

- 구형수, 김태환, 이승욱, 민범식, 2016. *저성장 시대의 축소도시 실태와 정책방안*, 안양: 국토연구
- 구형수, 김태환, 이승욱, 2017. 지방 인구절벽 시대의 '축소도시'문제, 도시 다이어트로 극복하자. *국토정책 Brief*, (616), pp.1~8.
- 김남규, 2017. 4차 산업혁명과일자리, 그리고 기록관리, *기록인*, 39, pp.28~35
- 류승한, 2017. 혁신도시의 신성장거점화를위한 정책과제. *국토*, 431, pp.17~23.
- 미래창조과학부, 2017. 10년 후, 대한민국 미래 일자리의 길을 찾다
- 박일수, 장유운, 정경원, 이강웅, 권원태, 윤원태, 2014. IPCC 제 5 차 과학평가보고서 고찰. *한국대기환경학회지*, 30(2), pp.188~200.
- 변미리, 서울형 포용도시 지표체계 개발과 서울시의 포용성, 서울연구원
- 이상호, 2005. 도시성장관리와 도시경쟁력. *도시정보*, *27*(9), pp.2~16.
- 이상호, 2014. 창조도시, 대한국토도시계획학회, *새로운 도시계획의 이해*, 보성각
- 이상호, 2018. 미래 도시공간의 변화: 직주일체 도시의 모색, 여시제
- 이상호, 임윤택, 안세윤, 2017. *스마트시티*, 커뮤니케이션북스
- 차미숙, 2017. 지방분권시대의균형발전정책 추진방향, *국토*, 431, pp.8~16
- 최재홍, 2017, 4차 산업혁명, 세계 각국과 기업은 어떻게 준비하고 있을까?, *Samsung Newsroom*.
- 통계청, 2016. 장래인구추계: 2015~2065년
- 통계청, 2016. 2016년 12월 및 연간 고용동향
- OECD, 2016. OECD 한국경제보고서

- Cairncross, F. 1997. *The death of distance: How the communications revolution will change our lives*, Boston: Harvard Business School Press.
- Florida, R., 2002. *The Rise of the Creative Class: And How It's Transforming Work, Leisure, Community and Everyday Life*, New York: Basic Books
- Hollander, J. B., Pallagst, K., Schwarz, T., Popper, F., 2009. Planning shrinking

cities. *Progress in planning*, 72(4), pp.223~232.

- Holling, C., 1973. Resilience and stability of ecological systems. *Annual review of ecology and systematics*, 4, pp.1~23.
- Jabareen, Y., 2013. Planning the resilient city: Concepts and strategies for coping with climate change and environmental risk, *Cities*, 31, pp.220~229.
- Jacobs, J., 2016. *The death and life of great American cities*, Vintage.
- Landry, C., 2012. *The creative city: A toolkit for urban innovators*, Earthscan.
- Lee, S. H., Leem, Y. T., & Han, J. H. 2014. "Impact of ubiquitous computing technologies on changing travel and land use patterns." *International Journal of Environmental Science and Technology*, 11(8), pp.2337~2346.
- Mitchell, W. J., 1996. *City of bits: space, place, and the infobahn*, MIT press.
- Morandi, C., Rolando, A., &Di Vita, S., 2016. *From Smart City to Smart Region: Digital Services for an Internet of Places*. Springer.
- Pomeranz, K. 2009. *The great divergence: China, Europe, and the making of the modern world economy*, Princeton University Press.
- Porter, M. E., 2008. *Competitive advantage: Creating and sustaining superior performance*, Simon and Schuster.
- Rifkin, J., 2011. *The third industrial revolution: how lateral power is transforming energy, the economy, and the world*, Macmillan.
- Schwab, K., 2016. *The Fourth Industrial Revolution*, World Economic Forum
- Toffler, A., &Alvin, T., 1981. *The third wave*, New York: Bantam books.
- Wiechman, T., 2007. Between spectacular projects and pragmatic deconstruction, *The future of shrinking cities: Problems, patterns, & strategies of urban transformation in a global context*, Berkeley, CA. February 8.
- Weiser, M., 1993. Hot topics—ubiquitous computing, *Computer*, 26(10), pp.71~72.

제14장

뉴 노멀 시대의 지역정책

이른바 지역과학(regional science)이라는 새로운 다학문적 분야를 창시한 W. Isard 교수(1919-2010)가 처음으로 서울을 방문한 것은 1983년이었다. 필자는 국토개발연구원 기획조정실장으로 있으면서 당시 김의원 원장(초대 한국지역학회장)의 전폭적 지지를 받아 그 해 8월에 창립된 한국지역학회의 산파역을 맡게 되었다. 60대 초반의 아이사드 코넬대 교수가 IRSA Korean Chapter 설립을 절대 조건 삼아 우리 학회 탄생을 위해 방한하기로 약속한 기억이 엊그제처럼 생생하다. 게다가 오늘 학술대회에서 기조강연을 하게 되어 개인적인 기쁨과 영광이 교차한다.

먼저 주어진 강연 제목에서 제시된 '뉴 노멀' 시대의 의미를 생각해 보았다. 2008년 글로벌 금융위기 이후 나타난 새로운 기준은 '3저 3고' 현상을 배경으로 한다. 전자는 ① 저성장 ② 저출산 ③ 저금리이고 후자는 ① 고령화 ② 고실업 ③ 고위험에 대응해야 하는 새로운 경제사회질서로의 변화를 일컫는 용어가 '뉴 노멀'이 아닌가 한다. 중국에서 신창타이(新常態)로 번역되듯이 변화의 속도와 규모, 범위가 너무 커서 '불확실성의 일상화'가 현실이 된 것이다. 이를 지역정책 측면에서 살펴보면 기성이론의 실패로 말미암아 미래예측이 불가능해진 탓이다. 더군다나 정보화에서 비롯된 3차 산업혁명이 작년부터 대두

그림 14-1 W. Isard 교수와 한국지역학회 창립 협의: 1983.8.20

된 4차 산업혁명으로 이행하는 까닭에 전환기적 혼란마저 가중되고 있다.

이러한 뉴 노멀 시대의 변화여건 속에서 우리나라의 지역정책은 새 정부의 등장과 함께 '脫개발연대' 패러다임에 주목하여야 한다. 첫째는 도시지역 인구가 90%를 넘는 후기도시화시대에 진입하면서, 도시정책과 지역정책의 임의적 대상 구분은 무의미해졌다. 대도시권 위주의 국토공간구조의 개편 논의가 부상하는 이유이기도 하다. 하지만 세종시 건설이라는 중앙정부의 역사적 정책실험에도 불구하고 아직도 강화 일로에 있는 서울 중심 수도권의 압도적 우위는 역대 정권이 외쳐왔던 지역균형발전의 허구성(rhetoric)을 불식시키지 못하고 있다.

둘째로, '지역발전'과 '지역격차'라는 개념의 재정립이 필요하다. 지역이 지닌 고유한 인적/물적 가용자원의 활용이야말로 획일적 잣대에 의한 지역 간 비교보다는 생태적 건강성을 포함한 다면적 가치의 수용·설정이 지역정책의 목표가 되어야 한다. 가령 도로 등 인프라 공급이 어느 정도 충족되었다면 교육, 의료, 문화, 복지와 같은 Software 균등화가 지역격차 해소의 핵심이 되어야 한다. 따라서 지역감정의 정치적 이용을 지양하고 삶의 질이나 만족도를 객관화 시켜 지역 간 상생정책의 틀로서 새롭게 설정하여야 한다.

그렇다면 새 정부의 지역정책 방향은 무엇이 되어야 하는가? 첫째는 인구감소에 대한 절체절명의 대응이다. 앞으로 고령화/저출산 추세와 함께 지역별 가임여성인구의 분포는 시간이 갈수록 양극화로 치달을 전망이다. 마치 오랜 가뭄 끝에 말라 들어가는 저수지처럼 비수도권의 지방소도시는 사실상 소멸이 예상된다. 젊은 生産인구가 줄어드는 지역일수록 당연히 신규 개발수요는 감소하는 반면, 대도시지역은 노후 인프라에 대한 대체·유지관리나 재생수요는 늘어나기 마련이다. 더욱이 유휴시설이나 빈집(空家)들에 대한 대책을 비롯한 소위 '현명한 쇠퇴'(Smart Shrinkage)라는 지금까지 경험하지 못한 정책과제가 등장하는 셈이다.

둘째로 광역대도시권(예: KTX경제권) 단위의 분권화가 요구된다. 여태까지 중앙정부 주도의 지역정책은 주민이 피부로 느끼는 Software 위주의 맞춤형 정책목표 달성에는 적합하지 않다. 향후 지역정책의 핵심은 단순한 권한위임뿐만 아니라 재정분권이다. 중앙정부는 국책사업 수행을 위한 지침을 제공하거나 재원 분담을 통한 직·간접적 지원이 바람직하다. 물론 낙후지역이나 특수지역에 대한 National Minimum 보장 차원의 관심은 지속되어야 한다.

셋째는 개발연대의 하향적 의사결정구조에 기초한 제도/법령/관행을 전면적으로 바꿔야 한다. '양적 성장에서 질적 관리' 시대로 전환된 만큼 지역사회의 이해관계가 조율될 수 있는 거버넌스 시스템의 구축이 필요하다. 모든 지역정책의 입안과 집행에 있어서 최종 결과 못지않게 공론화 과정을 중시하고 公衆참여(public participation)와 투명성이 담보되어야 한다.

끝으로, 모바일 시대의 갈등해소를 위해서는 '소통과 참여'가 원활하게 이루어지도록 민관 사이에 공정한 정보 제공이 필수적이다. 지방자치단체는 각종 지역정책의 수행에 있어서도 사후적 모니터링을 통해서 주민과 진솔하게 대화하여 상호 불신의 장벽을 깨어야 한다. 논어에 나오는 무신불립(無信不立)의 지속적 성찰 없이는 새 정부가 펼칠 지역정책의 실효성을 결코 높일 수 없기 때문이다.

표 10-1 한국지역학회 2017년도 전기학술대회 특별세션 "지역학 원로 라운드테이블" 녹취록 편집본

일시	2017년 6월 23일(금) 14:00-15:00
학술대회	[2017 한국지역학회 전기학술대회] "새 정부의 지역정책 - 지역발전의 조건을 묻다"
장소	국토연구원 3층 대회의실
주제	[특별세션 I 지역학 원로 라운드 테이블] "지역학 원로의 집단지성: 새 정부의 지속가능한 지역정책을 말하다"
토론자	사회자: 이상호 (제20대 한국지역학회 회장, 한밭대학교 교수) 토론자: 권원용 (제6대 한국지역학회 회장, 서울시립대학교 명예교수) 이태일 (제11대 한국지역학회 회장, 한아도시연구소 부회장) 김성배 (제15대 한국지역학회 회장, 숭실대학교 교수) 김재홍 (제18대 한국지역학회 회장, 울산대학교 교수) 김학훈 (제19대 한국지역학회 회장, 청주대학교 교수)

발언자	내 용
	본 장은 2017년 6월 23일 개최된 2017 한국지역학회 전기학술대회 중 '특별세션 I 지역학 원로 라운드 테이블'에서 논의된 내용을 토대로 작성되었습니다.
이상호	안녕하십니까. 2017년도 한국지역학회 전기학술대회를 통해 개최하는 지역학 원로 라운드 테이블의 목표는 두 가지입니다. 첫째는 지속가능한 지역정책에 대한 발전적인 논의를 하는 것이고, 둘째는 토론을 통해 모아진 지식을 기록하여 중계하는 것입니다. 본 토론에서 논의된 주요 내용은 요약하여 한국지역학회에서 발간할 "지역·도시정책의 이해"의 한 장으로 싣고자 합니다. 본 라운드 테이블은 네 가지 주제에 대한 자유토론의 형식으로 진행하겠습니다. 토론의 주제는 축소도시, 대도시권, 4차 산업혁명과 스마트시티, 분권자치입니다. 참여해 주신 토론자분들에 대한 소개는 생략하고 바로 토론에 들어가겠습니다. 첫 번째로 논의할 주제는 축소도시입니다. 축소도시란 기본적으로 도시의 인구가 줄어드는 현상을 뜻하는데, 이 현상이 지속되면 결국에는 규모가 작은 도시, 읍면, 농촌 등이 소멸되는 상황에 이를 수도 있다는 지적들이 제기되고 있습니다. 축소도시 현상은 이미 일본에서 관찰되고 있는 현상이고, 우리나라의 경우도 이 현상의 예외는 아니라고 할 수 있을 것입니다. 따라서 축소도시 현상에 대응하기 위해서 새 정부의 지역정책들이 어떠한 방향으로 나아가야 하는지에 대해서 토론해 주시기를 부탁드립니다. 이태일 박사님, 먼저 말씀 부탁드립니다.
이태일	먼저 한국지역학회 전기학술대회를 통해 특별한 자리를 만들어주신 점에 감사드립니다. 사실 저는 도시계획, 토지정책, 부동산과 관련한 연구를 주로 수행해왔던 터라 지역개발 이슈에 대해서는 심도 있게 생각을 해본 경험은 많지 않습니다. 때문에 권원용 교수님의 기조연설을 통해 새롭게 깨달은 바가 많습니다. 이 시간의 저는 기조연설의 화두이자 본 토론의 첫 번째 주제인 스마트 쉬링크, 그리고 축소도시의 개념에 대해서 말씀드리고자 합니다. 해석상의 차이일 수도 있겠지만, 저는 축소(shrink)라는 단어에 내재된 개념을 도시의 물리적 인구규모와 관련한 현상으로 국한하여 해석할 수는 없다고 생각합니다. 그보다는 광역화되어서 거리의 중요성이 많이 축소된 도시라는 개념으로 바라보는 것이 더욱 적절하다고 생각하고, 이에 맞는 논의가 필요하다고 봅니다.

제가 1981년 국토연구원 초창기에 도시의 적정 배치에 관한 연구를 수행한 적이 있습니다. 연구의 주제는 지리학자 에드윈 폰 뵈벤터(Edwin von Böventer)에 의해 제시된 최소거리모형(pessimum distance model)을 우리나라의 상황에 적용하여 분석을 수행해 보는 것이었습니다. 최소거리(pessimum distance) 개념은 기본적으로 새로운 도시를 건설하기 위한 구상을 하거나, 기존 도시를 성장 혹은 발전시키는 요인으로 두 가지의 힘이 공동작용 한다는 점을 고려할 필요가 있다는 논의로부터 출발합니다.

여기서 첫 번째 힘은 인접지역에 존재하는 모도시로부터의 스필오버(spillover) 효과를 뜻합니다. 즉, 모도시의 성장에 따른 파급효과를 통해 함께 성장할 수 있다는 의미입니다. 두 번째 힘은 배후지효과(hinterland effect)에 의해 발생합니다. 이는 특정 도시가 기존 모도시로부터 멀리 떨어져 있는 경우, 그 자체로 일종의 조그마한 중심지가 되어 성장을 촉진한다는 것입니다. 그래서 저희의 연구주제는 어느 정도의 거리까지가 모도시로부터의 스필오버 효과를 주로 받아 성장하는 경계가 되고, 또한 어떤 경계로부터 배후지효과가 주로 발휘되어 배후지의 중심지로 성장할 수 있는지를 밝히는 것이었습니다.

이러한 배경에서 우리나라 각 도시별 거리, 인구규모, 경제력 등의 자료를 수집하고 에드윈 폰 뵈벤터의 모형을 응용하여 실증분석을 수행해 보았습니다. 분석 결과를 살펴보니, 1981년 당시에는 서울을 중심으로 최소거리에 해당하는 거리가 약 200㎞ 내외 가량으로 도출되었습니다. 이는 서울과 대전 사이의 거리와 유사한 것입니다. 이러한 결과는 이 권역 내에 포함되는 도시들은 서울의 성장에 따른 스필오버 효과를 통해 성장할 수 있다는 것을 의미합니다. 반면, 이 경계를 벗어나게 되면 서울로부터 발생하는 스필오버 효과를 기대하기보다는 배후지 구심점으로서의 역할을 통해 독자적으로 성장을 모색할 필요가 있다는 것입니다.

당시의 분석 결과는 이러했습니다만, 현재의 여건을 고려하여 되짚어보면 고속철도와 같은 교통수단의 발달로 인해 서울을 중심으로 하는 최소거리가 조금 더 길어졌을 것으로 예상이 됩니다. 어쩌면 우리나라 전체가 서울의 영향을 토대로 단일 도시와 같이 성장하게 된다는 의미로 해석될 수도 있을 것 같습니다. 즉, 서울 내에서도 장소별로 인구가 적은 곳도 있고 많은 곳도 있고, 공원도 있고 또 다른 기능을 가지기도 하는 것처럼 우리 국토도 이런 방식으로 성장하는 것이 아닐까. 그런 의미에서 축소도시 개념을 생각해 보았습니다.

이상호

이태일 박사님, 말씀 감사합니다. 저도 삼성그룹 비서실에 근무할 당시에, 공장을 새로 건설할 때 서울로부터 어느 정도 범위 내에 건설해야 생산성의 손실이 발생하지 않을까에 대한 연구를 수행한 적이 있습니다. 1993년에 분석을 수행했는데 앞서 말씀하신 것과 상당히 유사한 거리가 도출되었습니다.

말씀해 주신 의미의 축소도시 개념과 관련해서는 거리의 소멸(death of distance)을 논의해 볼 수 있을 것 같습니다. 과거에는 물리적 거리가 상당히 중요했었는데, 이제는 서울에서 도쿄로 가는 경우나 세종시에서 서울로 가는 경우나 교통비용의 차이가 크게 발생하지 않습니다. 즉, 자연스럽게 물리적 거리의 의미가 축소되고 있는 것입니다. 그렇다면 이러한 흐름 속에서 지역학(regional studies)이 굳이 존재할 근거가 있는가. 또한 거리와 관련한 문제들이 지역학에서 더 이상 중요하지 않은가. 이런 주제에 대해서 토론을 진행할 수 있을 것 같습니다. 자유롭게 말씀해 주십시오. 김성배 교수님, 부탁드립니다.

김성배

네, 지금 말씀하신 거리 문제에 대해서 말씀드릴까 합니다. 제가 2008년 런던정치경제대학교(London Schools of Economics and Political Science)에서 연구년을 보내고 있었을 때, 도시학자 에드워드 글레이저(Edward Glaeser) 교수가 세미나에 참석하여 발표한 적이 있었습니다. 그 발표의 주장이 바로 거리의 소멸에 대한 것이었습니다. 여기서 글레이저 교수의 발표내용을 요약해서 말씀드릴까 합니다.

이상호 교수님 말씀대로 디지털 기술이 발달되면서 거리가 죽었다라는 주장들이 많이 있었고, 앨빈 토플러(Alvin Toffler)를 포함한 여러 학자들이 그런 이야기를 해왔습니다. 반면 글레이저 교수

	의 주장은, 전 세계적으로 나타나는 현상을 살펴보았을 때 거리 개념이 죽었다라기보다는 오히려 도시가 더욱 더 성장을 하고 있다는 것입니다. 그런데 이 현상을 통해 확인할 수 있는 것은, 도시의 존재 이유가 물리적 거리를 줄이기 위한 삶의 패턴, 그 자체라고 볼 수 있기 때문에 여전히 물리적 거리에 대한 논의가 유효하다는 것입니다. 또한 경제구조가 지식기반체제로 전환되면서, 전통적 지식보다는 암묵적 지식, 다시 말해 사람들 간 면대면(face-to-face) 접촉을 통해 확보할 수 있는 지식의 필요성이 커지고 있는 상황을 고려할 필요가 있다는 것입니다. 다시 말해, 이런 지식들이 생산에 있어 중요한 요소가 되고, 경제활동에 상당한 영향을 미치는 흐름이 나타나고 있습니다. 글레이저 교수는 이러한 배경에서 보았을 때 과거 일부 학자들이 언급하던 '거리는 죽었다'라는 주장은 전혀 실현되지 않았고, 오히려 도시를 중심으로 집적이 강화되는 패턴이 관찰되고 있다는 것을 강조하였습니다. 글레이저 교수의 주장에서 더 나아가서 살펴보면, 최근에는 도시뿐만 아니라 지역 단위로도 집적이 일어나는 현상이 관찰되기도 합니다. 이런 측면에서 제가 보았을 때, 거리 개념이 소멸되었다는 주장은 2000년대 초반 발간된 프랜시스 케임크로스(Frances Caimcross)의 저서인 「거리의 죽음(The Death of Distance)」으로 인해 상당한 주목을 받았지만, 현재는 그다지 설득력을 얻지 못하고 있는 상황으로 판단됩니다. 오히려 현상적으로 관찰되는 것은 도시로의 집중이 강화되고, 대도시들의 성장이 촉진되는 패턴이 아닌가 하는 점을 말씀드립니다.
김성배 (이어서)	이어서 축소도시에 대해 말씀드리고자 합니다. 축소도시라는 개념을 제가 정확하게 이해한 것인지 모르겠습니다만, 예를 들어 디트로이트(Detroit)의 경우 인구가 1/3 가량 줄어들고 낡은 집에 사람들이 살지 않아 점차 황폐화되었습니다. 시 차원에서는 그러한 흐름을 억제하기 위해 도시를 축소시키는 전략을 사용했습니다. 즉, 특정 지역의 인구감소와 그에 따른 황폐화가 주변부에도 부정적 영향을 미치기 때문에, 공공재정으로 빈 집들을 구입하여 공원을 만드는 등 도시를 더욱 살기 좋은 형태로 바꾸는 전략을 사용한 것입니다. 이러한 전략의 논리가 축소도시 논의에 기반한 것이라고 보았는데, 지금 그런 의미로 토론이 진행되고 있는 것이 맞는지요? [이상호: 네, 맞습니다.] 네, 저는 축소도시 논의를 바라보는 두 가지의 중요한 관점이 있다고 생각합니다. 이는 축소되는 도시를 살릴 것인지 내버려 둘 것인지에 대한 이슈와 관련된 것입니다. 먼저 정치적 논리로 보았을 때는 당연히 축소도시를 살리려는 노력이 필요하겠지요. 그러나 반대로 경제적 논리로 본다면 이런 도시들을 살릴 만한 가치가 없다는 판단을 내릴 수 있을 것입니다. 저는 한동안 경제적 논리에 몰입해서 투자를 통해 축소도시를 살리는 것이 자원의 낭비이고 실효성이 없다고 생각했습니다. 그렇지만 여기에서 생각해야 할 것은 축소되는 도시에는 경제적으로 이동이 어려운 사람들이 있다는 점입니다. 이런 계층은 경제적 약자이면서 사회적 혜택을 적게 받고 있는 사람들이고, 따라서 경제적으로 도움이 필요한 집단입니다. 이러한 측면에서 보았을 때, 성장 그 자체는 축소도시가 아닌 대도시를 중심으로 이루어져야 할지언정, 이 같은 대도시들의 성장으로부터 얻은 성과를 축소되고 있는 도시에 나누어주는 형태의 메커니즘이 구축될 필요가 있다고 생각합니다. 이는 제도적 지원이나 정책을 통해 가능하리라 생각하는데, 2009년 세계은행에서 발표한 연구보고서 역시 저와 같은 관점에서 이러한 메커니즘의 필요성을 역설합니다. 특히 이러한 메커니즘을 구축하기 위해서는 행정구역의 개편과 같은 단편적 도시정책을 넘어 논의되고 실행되어야 할 부분이 많이 있을 것이라고 생각합니다.
이상호	김성배 교수님께서 굉장히 중요한 논점을 말씀해 주셨습니다. 축소도시 논의에서 주목해야 할 점은 우선 죽어가는 도시 그 자체에 하나가 있고, 다음으로는 죽어가는 도시에 살고 있는 사람들이 어디로 이동할 것인가라는 데에 있는 것 같습니다. 도시가 축소될수록 그곳의 사람들이 더욱 빠르게 대도시로 진출할 것이기 때문이지요. 이러한 측면에서 축소도시 문제를 두 가지로 살펴볼 수 있을 것입니다. 하나는 죽어가는 도시를 어떻게 살릴 것인지에 관한 논의이고, 또 다른 하나는 죽어가는 도시와 대도시를 어떻게 공존시

	킬 것인지에 대한 논의입니다. 즉, 대도시로 인구가 집중되면서 심각해진 대도시와 축소도시 간 격차의 문제를 어떻게 해결할 것인가에 대해 논의가 필요하다는 것입니다. 김재홍 교수님, 울산의 경우 도시의 재구조화(restructuring)가 이루어짐에 따라 자연스럽게 이런 문제들이 논의되고 있지 않습니까?
김재홍	글쎄요, 아직까지는 그런 이슈가 표면화되진 않고 있습니다. 대신에 앞서 토론했던 거리의 소멸에 대해 잠시 말씀을 드릴까 합니다. 저는 앞으로도 거리의 의미가 소멸되지는 않을 것이라고 봅니다. 다만 예전보다 경제적 범위가 더 확산되어 나타날 뿐이고, 외려 과거에 비해 거리에 의존하는 패턴이 공간적으로 집중하는 현상이 나타나고 있다고 봅니다. 예컨대 최근의 허브공항이나 항만의 경우를 보더라도 규모가 크면 클수록 집적이 분명하게 일어나는 현상을 관찰할 수 있습니다. 즉, 유클리드거리(Euclidean distance)의 의미가 없어졌다고 하기 보다는 새로운 시스템이 나타나는 것으로 이해할 필요가 있을 것입니다. 최근 들어서는 도시와 도시가 직접 연결되는 시스템이 나타나고 있기는 하지만, 아직까지 기존의 허브시스템이 여전히 살아있다는 것이 그 증거라고 할 수 있을 것입니다. 실제로 물류나 택배 시스템을 살펴보면, 지방에 있는 사람이 서울에 위치한 회사에 물건을 주문한다고 가정하였을 때 그 물건들이 서울에서 발송되지 않습니다. 즉, 영남권, 부산권, 대구권 등 각 지역별로 권역이 형성되고 그 자체로 기능을 수행하는 형태거든요. 그래서 어떤 의미에서는 예전과 같은 도시 개념이 그대로 존재하는 것이 아니라, 이제는 권역의 개념으로 지역이 바뀌고 있다고 생각합니다. 다시 말해, 저는 이제 거리가 권역을 만들어주는 체제가 존재한다고 보고 있습니나.
이상호	말씀하신 권역이 대도시와 중소규모의 도시, 또한 쇠퇴한 도시까지 포함하는 개념을 말씀하시는 것인지요?
김재홍	그렇습니다. 앞서 말씀드린 물류나 택배에서도 볼 수 있듯이 새로운 시스템은 대도시나 중소규모 도시를 포섭하는, 즉 더 넓은 거리를 포함하는 권역의 개념을 만들어내고 있습니다. 특히 교통은 가면 갈수록 고도화될 것이기에 향후의 농촌 또는 도시문제 역시 이러한 포용 혹은 통합이라는 시스템적 측면에서 바라볼 필요가 있다고 생각합니다. 다시 말해, 거리가 짧아진다는 것은 교통의 발달로 인해 거리가 짧아진다는 개념으로 접근이 가능합니다. 즉, 발달된 교통으로 인해 도시와 그 주변이 하나의 권역으로 통합될 가능성이 있다는 것입니다. 다음으로는 축소도시에 관해 말씀드리겠습니다. 전세계적으로 볼 때, 대체로 선진국 도시들은 인구가 정체 혹은 감소하는 추세를 보이고 있습니다. 반면 중국, 인도와 같이 새롭게 성장하는 국가들에서는 인구가 늘어나는 도시가 다수 관찰되고 있지요. 다시 말해, 축소도시라는 주제가 활발하게 이야기되고 있음에도 불구하고 전세계적으로 보았을 때에는 40% 이상의 도시에서 아직 인구가 증가하고 있다는 것입니다. 더욱 주목해야 할 점은 선진국 도시들의 경우에도 인구가 증가하는 도시들이 일부 존재한다는 것입니다. 이러한 측면에서, 저는 우리나라를 포함한 선진국에서의 축소도시 문제는 결국 성장하는 도시와 축소하는 도시 간의 격차문제로 바라볼 필요가 있다고 생각합니다 우리나라의 경우를 예로 들자면, 구미와 같은 중소도시들은 최근 대체로 인구감소 현상을 겪고 있습니다. 중요한 점은 인구가 감소하고 있는 중소도시들이 대체로 산업도시들이라는 점입니다. 즉, 우리나라의 산업 자체가 발전단계상 성숙기를 넘어 쇠퇴기에 접어들고 있기 때문에, 대부분이 산업도시들인 중소도시가 쇠퇴하는 현상이 나타나고 있는 것입니다. 앞서 이상호 교수님께서 말씀하셨던 울산이 대표적인 예라고 할 수 있을 것입니나. 이처럼 우리나라에서도 축소도시가 큰 문제 중의 하나라고 볼 수 있는데, 저는 이 문제를 산업문제와 연관하여 생각할 필요가 있다고 봅니다. 다시 말해 산업도시와 관련한 문제들을 어떻게 다룰 것인가에 대해서 이야기를 해볼 수 있을 것입니다. 앞서 김성배 교수님께서 말씀하신 것처럼 디트로이트 같은 경우는 도시 규모를 축소시키고 그것

	을 새롭게 정비하는 방법을 택했습니다. 제가 있었던 피츠버그(Pittsburgh) 같은 경우에도 대도시권 인구 자체는 큰 변화가 없지만, 1960년대 60만 가량이었던 중심부 인구가 현재 30만으로 크게 감소했습니다. 이에 피츠버그는 주요 산업종목을 철강에서 IT로 전환하는 방법을 택했습니다. 그러면서 도시환경도 더욱 깨끗해지고 살기에도 좋은 방향으로 성공적인 재생이 이루어졌습니다. 다시 말해, 디트로이트처럼 축소되어 인구가 감소한 지역들을 배제하고 남은 주민들을 대상으로 축소도시 전략을 구축하여 살아나갈 것인지, 아니면 피츠버그처럼 완전히 새로운 방향을 채택하여 전환을 이룰 것인가의 갈림길이 있는 것입니다. 피츠버그 모델이 낫다는 것이 일반적인 의견이고 그러한 방향설정을 해야 하겠지만, 까다로운 문제는 그러한 산업적 전환이 쉽지 않다는 것입니다.
이상호	김재홍 교수님께서 축소도시의 독자생존 모델, 그리고 거리의 마찰(friction)이 작아짐에 따라 서비스권역이 넓어지는 문제를 말씀해주셨습니다. 그렇기 때문에 권역이나 대도시권을 중심으로 정책방향을 설정해야 한다고 말씀하셨고요. 그런데 그런 방향으로 갈 경우에 발생하는 격차의 문제는 새로운 양상으로 나타날 것 같습니다. 즉, 서비스권역 안에 있는 대도시와 소도시 간의 격차가 발생하여 권역 내의 격차가 심화될 가능성이 있어 문제가 될 수 있을 것 같습니다. 이처럼 격차의 성격이나 특징이 지금과 달라지는 문제가 있을 텐데, 이 문제는 어떻게 해결해야 할까요? 이런 점에서 보면 스마트시티 기술이라는 것이 서비스권역의 규모에 비례하여 발생하는 비용이 크지 않다는 점에서 굉장히 중요한 대안이 될 수 있을 것으로 판단됩니다. 과거의 경우 기반시설(infrastructure)을 구축하는 과정에서 국가가 도로망을 건설하는 데 중점을 두었다면, 이제는 정보서비스망을 구축하는 쪽으로 국토계획의 성격이 달라져야 하는 것 아닌가라는 생각이 듭니다. 또한 앞서 말씀하신 서비스권역, 즉 권역에 대해 생각을 해보게 됩니다. 저는 이 개념을 최근 정책에서 중요한 이슈인 분권형 자치와 연관 지을 수 있을 것 같습니다. 분권의 축을 앞서 말씀하신 권역으로 설정해도 되는 것인지에 대한 논의가 가능할 것입니다. 최근 안희정 충남지사는 분권의 단위를 인구 약 500만으로 설정하자고 주장한 바 있습니다. 또한 다른 학자의 경우에는 인구 1,000만인 서울을 독립권역으로 설정하고, 인천-경기를 한 권역으로 묶고, 대전-충남-세종을 또 다른 권역으로 묶는 등 비교적 큰 단위의 분권을 주장하기도 했습니다. 이 주장의 단점은 행정구역을 완전히 물리적으로 가두는 형태가 될 수 있다는 점입니다. 그래서 반대로 어떤 학자는 물리적 행정구역의 구분에 의미를 두기보다는 거버넌스를 통한 접근이 필요하다고 주장하기도 하고, 다른 학자는 스마트시티와 관련해 네트워크를 통한 접근을 말하기도 합니다. [이태일: 여러 가지 콤비네이션이 가능하겠지요.] 그런데 정책을 만드는 입장에서는 여전히 물리적 구분을 선호하고 있지 않습니까?
이태일	앞으로도 국토계획에서 중앙정부가 주체가 되어야겠다고 생각하면 큰 문제가 될 수 있을 것입니다. 하지만 지방정부가 실질적으로 인프라를 구축하는 활동 등에서의 주체가 될 수 있다면 그 부분은 큰 문제는 아니라고 봅니다.
김성배	지금 이상호 교수님께서 말씀하신 주제가 제가 최근 고민을 했던 부분입니다. 우리가 앞서 이야기를 나누었지만, 저는 우리 경제성장의 주도적 역할을 해야 하는 주체가 대도시권이라고 생각합니다. 세계적인 통계를 보더라도 경제성장의 대부분을 대도시권에서 주도하고 있고요. 우리가 보통 대도시권이라고 하면 인구가 약 50만 정도 되는 도시권을 생각할 수 있는데, 지금의 문제는 대도시권이라는 개념이 기존의 행정구역과 잘 맞지 않는다는 것입니다. 그렇기 때문에 거버넌스 체제가 더욱 잘 구축될 필요성이 있다고 봅니다.
김성배 (이어서)	간단히 말씀드리면, 우리는 여전히 중앙정부 주도적 시스템을 채택하고 있습니다. 예컨대 중앙정부의 특정 부처가 다양한 광역사업의 수행방식을 조정하기도 하고, 지자체 단위의 협의체 또는 조합을 만들기도 하면서 행정구역과 일치하지 않는 공간 단위에서의 기능적 수요를 충족하는 방식을 사용하고 있는 것이죠. 하지만 이러한 접근방법은 기본적으로 중앙집권적 접근방법이라고

	생각됩니다. 제가 보기에 우리나라의 대도시권은 도와 광역시가 분리되어 있어 외국의 다른 도시들과 비교하였을 때 생산성이 상당히 떨어지고 있는 것으로 판단됩니다. 저는 도시가 가지고 있는 여러 잠재력이라든지 이런 것으로 보았을 때 가장 활발한 생산활동을 해낼 수 있는 공간단위가 대도시권이라고 봅니다. 그러나 중앙정부가 권한을 가진 채 정책을 집행하고, 도와 광역시가 분리되어 있는 여건들 때문에 대도시권이 활성화되지 못하는 문제가 발생하고 있습니다. 그런 맥락에서, 저는 기존의 도와 광역시를 통합하여 일종의 한 지역, 혹은 권역으로 만들어야 한다고 생각합니다. [이상호: 행정구역 간의 협력뿐만 아니라 물리적 통합도 중요하다는 말씀이시지요?] 그렇습니다. 물리적 통합이 이루어져야 할 것입니다. 이와 관련하여 거버넌스 체제를 구축하는 방식이 크게 두 가지로 구분됩니다. 하나는 최초의 여성 노벨경제학상 수상자인 엘리너 오스트롬(Elinor Ostrom)이 주장하는 단일중심(polycentric) 시스템이고, 다른 하나는 포섭된(nested) 시스템이 있습니다. 포섭거버넌스(nested governance)라고도 하는데, 이 개념은 완전한 중앙집권적 체제가 아니면서도 개별 지역에 자율성을 부여하면서 전체적인 조합을 구성할 수 있는 시스템입니다. 저는 이 시스템이 우리나라의 현 시스템에 적합하다고 생각합니다. 즉, 기존의 도와 광역시를 합쳐서 우리나라를 전체 8개 또는 9개 권역으로 나누자는 것입니다. 물론 이때의 권역설정 및 의사결정에 있어서는 주민들의 의사가 반영될 수 있도록 절차적 체제를 구성해야 할 것입니다. 예를 들어, 강원도의 경우 다른 권역에 비해 규모가 작은 점을 감안하여 제주도와 같이 특별자치도로 설정하는 식의 방법을 사용할 수 있을 것입니다. 중요한 점은 이 과정에서 중앙정부의 권한이 많이 축소되어야 한다는 점입니다. 이는 현 체제 하에서는 불가능한 일입니다. 일본의 경우에는 도주제를 주장하고 있는데, 우리나라 역시 그런 체제를 참고할 필요가 있다고 생각합니다. 특히 장기적으로 봤을 때 통일시대의 북한지역을 고려한다고 하면 향후 이러한 방향으로 나아가는 것이 바람직하다고 생각합니다. 또한 국가운영시스템은 연방제까지는 아니라고 할지라도 상당히 분권화된 체제를 수립해야 하지 않을까 생각합니다.
김학훈	우선 축소도시와 관련해서는 미시적 거리가 과거보다 더욱 중요해졌다고 생각합니다. 기존의 거리 개념이 축소된 것은 사실이지만, 사람들이 심리적으로 떠올리는 미시적 거리는 여전히 그 중요성을 유지하고 있다고 생각합니다. 집적이 발생하는 이유도 같은 맥락에서 설명할 수 있을 것입니다. 저는 처음 축소도시라는 용어를 들었을 때 압축도시를 지칭한다고 생각했습니다. 하지만 토론 과정을 듣다보니 압축도시 논의와는 다른 방향으로 진행되고 있는 것 같습니다. 저는 축소도시(shrinking city)와 압축도시(compact city) 간의 차이를 논의해 볼 필요가 있다고 생각합니다. 우리는 지금까지 교외화가 비경제적이고 비효율적이기에 압축도시가 바람직하다고 생각해왔고 그것을 지향해왔습니다. 하지만 축소도시라는 개념은 이에 비해서는 조금 수동적인 의미를 담고 있는 개념입니다. 즉, 인구가 줄어들고 있는 상황에서 어쩔 수 없이 이 문제를 조정해야 하는 상황에 놓여서, 그에 수반되는 도시문제를 어떻게 해결할까를 고민하는 과정들이 축소도시 개념에 포함되어 있는 것입니다. 앞서 디트로이트 사례를 통해 논의된 것처럼, 저는 우리가 도시의 축소현상에 대해 단순히 수동적으로 대응하는 것은 적절치 못하다고 생각합니다. 즉, 적극적, 선제적으로 압축도시를 지향한다면 도시 축소에 따른 문제들의 해결방향을 찾을 수 있다고 봅니다. 그래서 최근 우리나라에서는 도시재생과 관련한 논의가 많이 이루어지고 있습니다. 그러나 일반적으로 도시재생은 상가활성화와 같이 물리적인 측면에서 논의되고 있는 것이 사실입니다. 하지만 저는 그보다는 커뮤니티개발(community development) 측면에서 도시재생을 다루는 것이 타당하다고 봅니다. 다시 말해, 도시계획에서 주로 논의되는 주민들의 행복과 삶, 그리고 소득 보장과 같은 이슈들을 포괄적으로 생각하여 도시재생에 접근하는 것이 축소도시 문제에 대응할 수 있는 방안이 될 수 있다고 생각합니다.

김학훈(이어서)

첨언하여 젠트리피케이션(gentrification)에 대해서도 말씀을 드리겠습니다. 매스컴에서는 젠트리피케이션을 우리가 대처해야 하는 문제로 자주 묘사하고 있습니다. 하지만 저는 기회가 있을 때마다 젠트리피케이션이 사실은 바람직한 목표를 지닌 운동으로부터 시작되었다는 점을 강조하고 있습니다.

젠트리피케이션은 1960년대부터 서구사회에서 다운타운을 재활성화하기 위해 시작된 운동입니다. 하지만 우리나라에서는 그 용어의 의미가 잘못 이해되는 경우가 많습니다. 그 결과로 공무원들이나 기자들은 젠트리피케이션을 도심재활성화 과정에서 나타나는 부작용, 다시 말해 원주민 또는 세입자들이 높은 임대료를 감당하지 못해 쫓겨나는 현상 그 자체인양 오해하고 있습니다. 하지만 이러한 현상은 젠트리피케이션에 따른 하나의 부작용일 뿐입니다. 도시재생을 논함에 있어 젠트리피케이션의 부작용만 지나치게 강조하는 것은 바람직하지 않으며, 도시문제를 해결하는 데 장애물로 작용할 수 있습니다. 이와 더불어 저는 또한 뉴어바니즘(new urbanism)에 기초한 접근 역시 축소도시 문제의 해결책이 될 수 있다고 생각합니다.

대도시권 문제에 대해서도 말씀을 드리고자 합니다. 저는 이 문제가 수도권정비계획법과 직접 관련된 문제가 아닌가 생각합니다. 2000년대 중반부터 수도권에서 미군 공여지 문제가 대두되고 있습니다. 지자체들은 그 넓은 부지를 개발하기 위해 대학교를 유치하는 방법을 시도했는데, 이것은 수도권 내 대학교 신설을 불허하는 수도권정비계획법과 위배되는 방법입니다. 저는 이러한 법률이 통과되었는지 잘 몰랐습니다만, 과연 이러한 법이 수도권을 정비하는 데 있어 바람직한 것인지에 대해서 다시 한 번 고려해 볼 필요가 있다고 생각합니다.

한편, 4차 산업혁명과 관련한 가장 큰 우려는 지역의 고용감소가 있을 것입니다. 하지만 저는 우리나라에서 4차 산업혁명이 빠른 시일 내에 전면적으로 이루어질 것이라고 생각하지는 않습니다. 독일과 미국에서 그런 조짐이 보이고는 있지만, 한국은 아직까지 AI보다는 IT시대에 놓여 있다고 생각합니다. 다만 최근 나타나고 있는 고용감소 문제에 대해서는 대처를 할 필요가 있겠지요. 최근에 제가 휴대전화 서비스를 받기 위해 삼성전자 서비스센터에 전화를 걸었더니 대구에서 전화를 받았습니다. 이처럼 특정한 지역 권역을 뛰어넘어 우리 국토 전체에서 고객을 상담하는 서비스가 이루어지고 있다고 합니다. 이러한 맥락에서 볼 때, 한국이 IT를 넘어 AI시대로 간다고 하더라도 우리나라 전체적으로 생각을 한다면 새로운 형태의 고용을 창출해 낼 수 있는 기회가 있을 것이라고 생각합니다.

김학훈(이어서)

또한 앞서 분권자치와 관련하여 협치, 즉 거버넌스에 대한 논의가 있었습니다. 그런데 저는 협치라는 용어에도 조금 문제가 있다고 생각합니다. 정치학에서는 공무원, 민간, 전문가들이 함께 모여 토론을 거쳐 의사결정을 수행하는 과정을 거버넌스라고 말합니다. 그리고 그 거버넌스라는 용어를 협치라고 번역한 것이지요. 그런데 약 2년 전부터 정치권에서 국회의원들이 여야 간 협의하는 과정을 협치라고 이야기하기 시작하면서 혼동이 발생하기 시작했습니다. 정치학 등 학문에서 말하는 협치의 개념은 정치권에서 말하는 것과는 전혀 다른 의미를 지니지요. 이러한 용어상의 혼동을 피하기 위해 최근 학자들은 협치라는 용어 대신 거버넌스라는 용어를 더욱 적극적으로 사용하고 있습니다.

거버넌스는 국가 전체의 분권에 있어 매우 중요한 역할을 담당합니다. 그러나 우리나라의 각 지방도시들은 재정자립도가 낮아 중앙정부에 의존하는 바가 크기 때문에 분권자치와 거버넌스라는 것이 이루어지기 매우 어려운 환경입니다. 그러므로 각 지방도시의 재정적 자립을 어떻게 성취하고 유지해 나갈 것인가라는 점이 지역발전의 중요한 과제라고 생각합니다.

이상호

김학훈 교수님, 말씀 감사합니다. 이어서는 대도시권에 대해 토론을 조금 더 해보고 싶습니다. 김성배 교수님께서는 물리적 권역을 우선 형성한 이후에 대도시를 중심으로 한 정보통신망을 토대로 하는 서비스권역을 만드는 방법이 우리가 앞으로 추구할 수 있는 모델이라고 말씀하셨습니다. 김재홍 교수님께서는 축소도시 이슈와 관련하여 피츠버그 사례를 언급하셨는데, 저는 이와 관련하여 스위스의 꼬뮨(commune) 사례 역시 주목할 만하다고 생각합니다. 스위스의 한 꼬뮨 같은 경우에는 인구가 약 16,000명에 불과한 작은 꼬뮨인데 세계적 기업인 네슬레가 들어와 있습니다. 이것은 작은 도시를 중심으로 특화가 이루어지고, 이를 통해 발전하는 전략이라고 볼 수 있습니다.
이처럼 대도시권을 중심으로 포용적으로 다른 지역을 끌어안는 전략이 있는가 하면, 피츠버그나 꼬뮨의 사례처럼 도시재생 등을 통해 혁신을 수행하는 전략도 존재하는 것입니다. 저는 이러한 두 전략이 다소 대치되는 측면이 있다고 보는데, 그렇다면 제기될 수 있는 질문은 두 전략을 동시에 추구해야 하는 것인지에 대한 것입니다. 여러분께서는 우리가 어떠한 전략을 지향해야 한다고 생각하십니까?

김재홍

1차 산업혁명이 전세계적으로 확산되는 데 약 120년이 걸렸다고 합니다. 또한 인터넷이 보급되는 데에는 10년이 걸렸습니다. 우리나라는 인터넷 보급에 따른 기회를 아주 잘 이용했다고 생각합니다. 소위 말해 인터넷의 등에 올라타서 지금과 같은 성장을 이룰 수 있었기 때문입니다.
앞서 김학훈 교수님께서는 4차 산업혁명이 근시일 내 발생할 것인지 잘 모르겠다고 말씀하셨습니다만, 전 이 현상이 우리가 인지하지 못하는 사이 별안간 발생할 것 같다는 생각이 듭니다. 그래서 우리나라가 4차 산업혁명의 확산 측면에서 앞서 있는 부분은 살리고, 약한 부분은 보완하는 접근이 중요하다고 생각합니다. 그리고 저는 도시와 관련한 부분에서 4차 산업혁명에 따른 변화를 접목시킬 준비가 미진하다고 생각합니다.
과거에는 지역 간 격차가 줄어들거나 역전되는 현상을 우리가 패러다임시프트(paradigm shift)라고 불렀습니다. 즉, 서로 다른 지역들을 방치하면 군나르 뮈르달(Gunnar Myrdal)이 이야기한 것처럼 누적적 인과를 통해 공고해질 것 같던 격차가 실제로는 어느 날 갑자기 뒤바뀌곤 했던 것이지요. 저는 4차 산업혁명이 이러한 패러다임시프트의 기회를 제공할 가능성이 있다고 생각합니다. 다시 말해, 경제체제가 과거의 대량생산 체제에서 지금과 같은 모습으로 변화함에 따라 이 체제 하에서는 영향력을 가지지 못했던 도시들이 어느 순간 아주 중요한 도시로 떠오를 수 있다는 것입니다. 앞서 말씀하신 네슬레가 입지한 꼬뮨도 마찬가지고, 디트로이트, 피츠버그, 울산 등 쇠퇴하는 것으로 보이던 도시들도 기회를 얻을 수 있다는 것입니다. 이러한 점에서 저는 4차 산업혁명이 새로운 패러다임시프트의 구심점이 된다면 현재의 저개발지역에서도 그런 가능성이 나타날 수 있다고 생각합니다.
다만, 4차 산업혁명의 결과로 기존과 달리 지역의 우위관계가 바뀌지 않을 수 있다는 사실이 염려되기도 합니다. 과거에는 오래된 산업이 중심이던 도시들이 쇠퇴하여 문제가 되는 반면, 새로운 산업을 중심으로 새로운 지역이 나타나 빛을 내는 경우도 많았습니다. 하지만 4차 산업혁명 시대에는 오래된 대도시일지라도 그 기능이 더욱 강화되어 발전할 가능성이 있을 것입니다. 이처럼 어떠한 지역들은 4차 산업혁명을 기회로 삼아 전혀 새로운 지역으로 변모할 수 있는 것입니다. 따라서 우리가 도시 차원에서 4차 산업혁명의 흐름을 어떻게 잘 접목하고 이용할 수 있을 것인지에 대해 논의하는 것이 매우 중요한 문제라고 봅니다.

이상호

말씀 감사합니다. 그야말로 도시의 변신인 것 같습니다. 과거에는 우리나라에 카드시스템이 도입됨에 따라 현금 없이 결제가 가능한, 아주 큰 편리성을 제공했습니다. 하지만 오늘날에는 [illegible]과 같은 모바일 결제시스템으로 넘어가는 데 있어 카드시스템이 오히려 걸림돌로 작용하고 있습니다. 마찬가지로 대도시가 4차 산업혁명의 수혜를 받기 위해서는 상당한 형태의 자기혁신이나 규제완화가 전제되어야 할 것 같습니다. 예를 들어 과거에는 우리가 아이디어를 만들어서 디자인을 하고, 그 과정을 공장에 맡기는 일종의 조닝(zoning) 시스템이 존재했습니다. 그러나 3D프린터의 등장과 같이 4차 산업혁명의 수혜로 말미암아 같은 장소에서 아이디어가 창출되고 제품까지 만들어지는 시스템이 구축된다면 기존의 조닝 시스템은 없어져야 합니다. 과연 이것이 바람직하기만 한 변화인지, 그에 따른 부작용은 없을 것인지 염려가 됩니다. 이 부분에 대해서 논의를 부탁드립니다, 김성배 교수님.

김성배

4차 산업혁명과 관련하여, 전 네슬레가 입지한 꼬뮨의 사례는 예외적인 경우라고 생각합니다. 우

	리가 도시에서의 생산을 주로 이야기하지만, 소비 역시 도시에 사람들이 모이는 또 다른 중요한 이유라고 할 수 있습니다. 4차 산업혁명이라는 것은 결국 지식기반이라고 볼 수 있고, 지금까지 물리적 거리를 극복할 수 있는 다양한 기술이 많이 발전되어 왔음에도 여전히 대도시의 중요성은 높은 상황입니다. 앞서 말씀드렸지만, 생산 측면에서 경제구조가 혁신 중심으로 변화할 것이라고 예상되는 가운데 사람들 간의 면대면 접촉(face-to-face contact)은 여전히 중요성을 지니고 있습니다. 또한 소비도시(consumer city)라는 용어가 존재하는 것처럼, 사람들은 단순히 생산적인 측면에서뿐 아니라 소비적, 문화적 측면에서 더 높은 삶의 질을 누리기 위해 대도시권에 집중되는 측면이 있습니다. 소득수준이 높아짐에 따라 도시를 통해서 누릴 수 있는 여러 혜택들이 여전히 존재하기 때문이지요. 그렇기 때문에 저는 네슬레가 입지한 스위스 꼬뮨이 예외적인 사례라고 생각하고, 대도시권 중심의 성장이 향후에도 유효할 것이라고 봅니다.
이상호	흔히 4차 산업혁명 시기는 소비가 생산과 바로 연결되는 프로슈머(prosumer) 시대라고 이야기합니다. 이런 측면에서는 대도시가 훨씬 유리할 것이라는 생각은 들지만, 일부 학자들은 아주 창의적인 계층들이 모여 있는 작은 지역이 규제 등에 탄력적으로 대응함으로써 대도시보다 유리한 점을 가질 것이라고 주장하기도 합니다. 이러한 측면에서, 4차 산업혁명 시기에는 작은 규모의 도시가 더욱 이점을 얻을 것인지, 아니면 대도시가 성장에 더욱 유리할 것인지에 대한 논의를 해보았으면 합니다. 현재 흐름을 살펴보면 80 대 20 정도로 대도시가 4차 산업혁명에 유리하다는 방향으로 학자들의 논의가 모아지고 있는 것으로 판단됩니다만, 새로운 관점의 논의를 부탁드립니다.
김성배	2012년 맥킨지(McKinsey)에서 발표한 'Urban World: Cities and the Rise of the Consuming Class'라는 보고서에는 앞으로 어떤 도시를 성장할 것인지 예측한 내용이 담겨 있습니다. 해당 보고서에서는 전세계적으로 중간 규모의 도시들이 크게 성장할 것이라고 예측한 것으로 기억하고 있습니다. 맥킨지는 주로 소비 측면에 초점을 두고 기업이 투자를 한다고 할 때, 어느 쪽으로 투자를 하는 것이 유리할지에 대한 분석을 수행한 것이었습니다. 이들의 논의에서 특별한 논리가 제시되었다고 볼 수는 없습니다. 다만 현재 나타나고 있는 여러 현상들을 보았을 때, 주로 개발도상국 등에서의 중간 규모 도시들이 성장할 것이라는 주장을 펴고 있습니다.
이상호	저도 비슷한 UN 보고서에서 향후 어떤 도시가 성장할 것인지를 다룬 내용을 본 적이 있습니다. 이 보고서는 첫째, 생활비가 저렴한 도시, 둘째, 세계적 언어의 소통이 가능한 도시, 셋째, 폐쇄적이지 않고 창조적이며 실패가 용인되는 도시, 다시 말해 창조계급이 거주하는 창조도시가 성장할 것이라고 주장합니다. 동시에 대도시는 규모가 너무 크기 때문에 성장의 흐름에 동참하지 못할 것이라는 이야기를 하고 있습니다. 이러한 맥락에서 보았을 때, 향후 지역정책의 핵심은 규모가 커지느냐 작아지느냐의 문제를 넘어선 것 같습니다. 다시 말해, 권원용 교수님께서 기조강연에서 말씀하신 성장의 요건들 중 속도(speed)를 어떻게 따라갈 수 있고, 그 속도를 만들어낼 역량을 가지고 있느냐라는 점이 더욱 중요할 것으로 보입니다.
이태일	그런 측면에 있어 공민 또는 지방정부의 역량과 창의성이 굉장히 중요해질 것 같다고 생각합니다. 다시 말해, 앞으로의 지역정책의 핵심은 결국 대도시권 단위의 큰 공간 내에서 큰 도시와 작은 도시들이 어떻게 네트워킹을 하고, 어떻게 특화를 하고, 어떻게 기능분담을 할지를 잘 조율해 내는 것이 될 것으로 보입니다. 저는 그런 주체가 중앙정부가 되지는 않을 것이라고 생각해요. 중앙정부가 도움을 줄 수는 있겠지만, 지방정부가 그 자체로 역량을 강화해야 할 것 같다는 생각입니다.
이상호	말씀 감사합니다. 토론시간이 약 5분가량 남았습니다. 권원용 교수님께서 해주신 기조강연의 주요 이슈들이 전반적으로 잘 논의된 것 같습니다. 특히 축소도시, 대도시의 기술혁신, 분권 등 다양한 측면의 토론이 이루어진 것 같습니다. 권원용 교수님, 마무리 발언을 부탁드립니다.
권원용	제 개인적인 의문 중의 하나는 축소도시 현상을 한국적 현실에 어떻게 비추어볼 수 있을까 하는 것입니다. 우리나라는 2030년경부터 전 국민의 절대인구가 감소하는 상황이 예견되고 있습니다.

	그리고 그에 따른 영향은 지역별로 매우 다르게 나타나게 되겠지요. 여기서 일반적인 생각은 요즘과 같이 가뭄이 오면 저수지가 자꾸 말라가지 않습니까, 그런데 둑 쪽에 있는 물은 그래도 조금씩 남아있거든요. 저수지의 가장자리부터 점차 말라 들어오는 것인데, 저는 이런 모습을 축소도시 현상에 비추어보면 어떨까 합니다. 향후 축소도시 현상이 가속화된다고 하였을 때, 변두리로부터 시작되어 중심부로 확산되는 양상으로 나타날 것이기 때문입니다. 다시 말해, 수도권 도시들은 축소도시 현상에 대해 어느 정도 버틸 힘을 가지고 있겠지만 지방의 도시들은 과연 어떻게 될 것인가. 말하자면, 일본에서 보는 것과 같이 지자체의 소멸과 같은 현상이 우리나라라고 오지 않으리라는 법이 없는 것이지요. 또한 김학훈 교수님께서는 조금 다른 생각을 가지고 계신 것 같지만, 저는 김재홍 교수님과 마찬가지로 4차 산업혁명이 어느 날 갑자기 우리 곁에 다가와 있을 가능성이 높다고 봅니다. 특히 인공지능의 학습속도나 모든 것을 감안했을 때, 도시계획 혹은 지역계획가도 직업이 없어질 위협감을 느끼는 상황이라는 것이지요. 따라서 인문학적 상상력을 발휘해서 도시계획 부문에서 인간만이 할 수 있는 일이 무엇일까라는 부분에 대한 고민이 필요할 것 같습니다. 또한 인공지능과의 분업화, 즉 인간과 인공지능의 공정을 획정하는 부분에 대한 논의도 고민해 볼 시점입니다. 개인적으로 볼 때, 기계학습(machine learning)의 발전 양상을 살펴보면 도저히 인간이 따라갈 수 없는 역량이 있는 것으로 보이거든요. 때문에 오히려 인간이 AI의 지배를 받게 되는 시대도 그려집니다. 조금은 무서운 상상입니다만, 포스트휴먼 시대라는 논의를 통해서도 언급되듯이 인간이 컴퓨터에 모든 것을 의탁하는 그런 시대가 올 수도 있다는 생각이 들기도 합니다. 요약컨대, 저는 이와 같은 4차 산업혁명 이슈는 너무 멀리 내다볼 필요가 없으며 빠르게 대응책을 찾아야 할 문제라고 생각합니다. 따라서 지역정책의 측면에서도 이 부분에 대한 논의가 절박하게 필요한 시점이라고 보고 있습니다.
이상호	감사합니다. 오늘 토론에서 원로들께서 제시해 주신 몇 가지 주요한 논제들은 다음과 같이 요약할 수 있을 것 같습니다. 첫째, 축소도시는 피할 수 없을 것 같다. 둘째, 축소되는 지역은 규모 자체를 축소하는 전략을 사용할 것인지, 혹은 재생 전략을 사용한다면 어떻게 할 것인지가 중요한 이슈이다. 셋째, 축소도시의 인구가 대도시로 유입된다고 할 때, 대도시 내에서의 격차 문제가 중요한 이슈로 떠오를 것 같다. 그리고 이는 지금까지 다루어왔던 지역 간 격차가 아닌 지역 내 격차의 문제이다. 넷째, 물리적으로는 도와 광역시를 통합한 대도시권을 구축할 필요가 있을 것 같다. 다섯째, 과거와 달리 도로와 같은 물리적 기반시설보다는 네트워크와 정보통신 등을 활용하여 해당 지역의 역량을 강화하는 것이 중요한 과제이다. 마지막으로, 이러한 과제가 분권자치계획의 핵심이 되어야 한다. 이와 같은 내용들이 논의가 되었습니다. 기존과 다른 형태의 토론방식이어서 어려움이 조금 있었지만, 원로분들께서 아주 자연스럽게 논의를 이끌어주신 것 같습니다. 이 토론에 참석해 주신 이태일 박사님, 김성배 교수님, 김재홍 교수님, 김학훈 교수님 그리고 특별히 기조강연과 토론에 참여해 주신 권원용 교수님께 다시 한 번 감사드립니다. 원로 토론은 학회가 있을 때마다 진행할 생각입니다. 그 과정을 통해 원로분들이 가지고 계신 경험과 지식들을 공유하고 전파할 수 있는 시스템을 발전시켜 가겠습니다. 토론에 참여해 주셔서 대단히 감사합니다.

▸▸ 찾아보기

ㄱ

ㅇ

ㅈ

지역 · 도시정책의 이해

2018년 8월 25일 제 1 판 인쇄
2018년 9월 10일 제 1 판 발행

저 자 한국지역학회 편
발행인 임 권 규
발행처 弘 文 社

05855 서울시 송파구 송파대로 167 테라타워 B동 802호
登錄 1993. 6. 24 第 1－1543 號
TEL : (02) 712－5311(代) FAX : (02) 716－5311
http://www.hongmoonsa.co.kr

값 32,000원

ISBN 978-89-7770-417-6 93320